「绿色生态」可持续发展与植物保护

◎ 陈万权 主编

中国农业科学技术出版社

图书在版编目（CIP）数据

绿色生态可持续发展与植物保护 / 陈万权主编 .—北京：中国农业科学技术出版社，2017. 10

ISBN 978-7-5116-3209-8

Ⅰ. ①绿…　Ⅱ. ①陈…　Ⅲ. ①生态环境-可持续性发展-研究②植物保护-研究　Ⅳ. ①X22②S4

中国版本图书馆 CIP 数据核字（2017）第 189426 号

责任编辑　姚　欢
责任校对　贾海霞

出 版 者　中国农业科学技术出版社
　　　　　北京市中关村南大街 12 号　邮编：100081
电　　话　(010)82106636(编辑室)　(010)82109702(发行部)
　　　　　(010)82109709(读者服务部)
传　　真　(010) 82106631
网　　址　http://www.castp.cn
经 销 者　各地新华书店
印 刷 者　北京富泰印刷有限责任公司
开　　本　787 mm×1 092 mm　1/16
印　　张　23. 25
字　　数　580 千字
版　　次　2017 年 10 月第 1 版　2017 年 10 月第 1 次印刷
定　　价　120. 00 元

前　言

2017年是中国植物保护学会换届之年，经本会十一届十三次常务理事会研究决定，2017年学术年会将与中国植物保护学会第十二次全国会员代表大会同时举行。本届学术年会是在全国人民喜庆党的十九大胜利召开，学习贯彻十九大精神的历史关键节点上召开的一次团结奋进、继往开来的盛会。千余名植保科技工作者将欢聚一堂，回顾过去，展望未来，总结经验，交流成绩。中国植物保护学会第十一届理事会在习近平总书记系列重要讲话精神的鼓舞下，以创新争先行动为引领，在学科发展、学术交流、科学普及、科技培训、科技咨询、科技评价、科技奖励、人才举荐、建言献策等多方面开展了卓有成效的活动，发挥了科技社团作为国家创新体系重要组成部分的积极作用，促进了学会的创新发展和自身建设，成为我国发展植物保护科技事业的重要社会力量。

本届学术年会提出以“绿色生态可持续发展与植物保护”为主题。党中央、国务院在《关于加快推进生态文明建设的意见》中，明确指出生态文明建设是中国特色社会主义事业的重要内容，关系人民福祉，关乎民族复兴，事关“两个一百年”奋斗目标和中华民族伟大复兴中国梦的实现。先后出台了一系列重大决策部署，推动生态文明建设取得了重大进展和积极成效。国家启动了化肥农药减施增效重点研发计划，农业部提出实施农药减量增效行动计划，这是落实中央有关生态文明建设的重要举措。植物保护学科与加快推进生态文明建设有着紧密关系。全国农业科研院所、高等院校和技术推广等部门在农药减量增效方面，开展了全国大协作，在推进农作物有害生物绿色防控技术、高效节药植保机械、高效低风险农药研发等方面，取得了一批研究进展和成果，并在生产中得到了广泛应用，将作为本次年会的重要交流内容。

本届学术年会在中国植物保护学会各分支机构和各省、自治区、直辖市植物保护学会的大力支持下，广大会员和植保科技工作者参会踊跃、投稿积极。因论文集需在会前正式出版，编辑工作量大、时间紧，编委会本着文责自负的原则，对作者投文未作修改。错误之处在所难免，请读者批评指正。部分投文已错过时间未能录用，请作者谅解。

祝中国植物保护学会第十二次全国会员代表大会暨2017年学术年会圆满成功！

编　者

2017年10月

目　录

特邀大会报告

植物病害

农业害虫

生物防治

有害生物综合防治

特邀大会报告

Bt 棉花 20 年：害虫防治的理论与实践

吴孔明
（中国农业科学院，北京　100081）

我国 1997 年开始商业化种植转基因抗虫棉花（Bt 棉花），在棉花产区形成了 Bt 棉花与其他作物复合构成的农业生态系统，新的以转基因技术产品为核心的生态系统不可避免地改变了传统生态系统中的物种关系和害虫发生规律。中国农业科学院和南京农业大学等单位围绕 Bt 棉花生态系统靶标害虫与寄主的互作机制、天敌与害虫的协同进化机制、食物链的结构功能与调控机理以及靶标害虫抗性治理和非靶标害虫的控制技术等开展了系统研究工作。取得的主要进展如下。

1　靶标害虫的种群演替

由于棉铃虫成虫具有趋花产卵习性，导致 6 月进入蕾花期的棉花成为棉铃虫最主要的产卵作物。Bt 棉花的大规模种植形成了 6—7 月集中诱杀棉铃虫的死亡陷阱而破坏了其寄主转换的食物链，高度抑制了棉铃虫在棉花、玉米、大豆等作物田的发生程度。相对而言，红铃虫的寄主较为单一，随着长江流域 Bt 棉花的大规模种植，种群发生密度逐年降低。

2　非靶标害虫的种群演替

由于盲蝽具有趋花习性，6—7 月多迁入处于蕾花期的棉田，普通棉花防治棉铃虫的大量用药使棉田成为集中诱杀盲蝽的死亡陷阱，而有效抑制了盲蝽的发生和为害。Bt 棉花的大规模种植，有效控制了棉铃虫的发生为害，防治棉铃虫农药的减少使棉田成为了盲蝽种群发展的场所，导致盲蝽上升成为 Bt 棉花的主要害虫。但另一方面，随着 Bt 棉花种植导致杀虫剂施用的减少，3 类主要食肉节肢动物（瓢虫、草蛉和蜘蛛）的种群数量显著上升，并通过它们的捕食作用显著降低了棉花蚜虫的自然种群数量。同时，这些天敌还从 Bt 棉田进入邻近的玉米、花生和大豆等田地，对多种蚜虫发挥了自然控制作用。

3　棉铃虫对 Bt 棉花的抗性治理

研究明确了棉铃虫抗性形成的生态、行为、生理生化和分子机制，以及我国农业生态系统下棉铃虫对 Bt 棉花的抗性风险。建立了棉铃虫抗性早期预警与监测技术体系，提出了适合小农生产模式的利用玉米、大豆和花生等寄主作物提供的天然庇护所治理棉铃虫的策略与技术，预防性控制了棉铃虫抗性的产生和发展。

4　红铃虫对 Bt 棉花的抗性治理

监测表明，长江流域红铃虫 2008 年左右已进入早期抗性阶段，但此后生产上开始大

规模种植 F_2 代杂交抗虫棉。由于抗虫杂交棉父本、母本多为一个抗虫棉品系和一个常规棉品系，其 F_2 代分离产生普通棉株，这些分离的普通棉花为敏感红铃虫提供了庇护所。鉴于红铃虫自然种群抗性为隐性遗传，Bt 棉株存活的抗性红铃虫与普通棉株敏感红铃虫交配产生的杂合子，仍然可以被 Bt 棉花杀死，而不能形成抗性纯合的红铃虫种群。随着 F_2 代杂交抗虫棉大面积的生产应用，红铃虫对 Bt 棉花的抗性得到了有效治理。

基于病菌和病毒导向的绿色农药与分子靶标的研究

宋宝安　俞　露　李向阳　胡德禹　陈　卓　金林红

（贵州大学绿色农药与农业生物工程国家重点实验室培育
基地和教育部重点实验室，贵阳　550025）

摘　要：近年来，受耕作模式和气候的不断改变以及生态条件恶化和农药抗性增加等问题的影响，生物灾害防控形势十分严峻，生物灾害损失日趋严重。其中植物细菌病和病毒病素有植物“癌症”之称，是世界性病害，研究和防治病毒病和细菌病害一直是农业生产中的世界重大难题。笔者研究团队以我国粮经作物中重大病毒病害黄瓜花叶病、马铃薯Y病毒、番茄褪绿病、烟草花叶病、南方水稻黑条矮缩病以及重大细菌病害水稻白叶病、番茄青枯病、柑橘溃疡病等为研究对象，从天然植物资源阿魏、姜黄素、查尔酮、香草醛和β-氨基酸酯及以动物中发现的天然氨基膦酸为先导，设计合成了α-氨基膦酸酯、香草硫缩病醚、喹唑啉的戊二烯-1，3-酮-2、含杂环β-氨基酸酯、取代苯基丙烯酸酯、手性α-氨基膦酸酯、手性氰基丙烯酸酯、手性β-氨基酸酯类、杂环（及螺环）体系的内酯、手性β-磺酰基酮、手性吲哚醌及杂环硫醚及砜类等多个系列新化合物，进行了抗PVY、ToCV、TMV、CMV、SRBSDV病毒和*Xoo*、*Xac*及*Pseudomonas solanacearum*等细菌生物活性、结构与活性关系研究、从中发现高效抑菌抗植物病毒活性先导结构，开展以超高效、调控和免疫为特征的分子靶标导向的新型抑菌抗病毒药剂的创新研究；对高活性农药先导化合物及候选药物开展了农药免疫调控分子靶标的化学生物学研究，以TMV-心叶烟、CMV-苋色藜、SRBSDV-水稻的互作模型，采用分子生物学方法进行作用机制研究。构建了基于植物抗病激活发现抗植物病毒先导的新方法，建立了活体与分子水平相结合的抗植物病毒药物筛选模型和细胞水平抗南方水稻黑条矮缩病毒药物筛选模型及SRBSDV快速检测方法，寻找新的作用机制、新分子靶标，创制出毒氟磷、香草缩醛、Vc-Ti、甲磺酰菌唑、二氯噁菌唑和氟苄噁唑砜（图）等多个具有自主知识产权的绿色新农药，构建了以毒氟磷和海岛素为核心的全程免疫防控新技术，并在全国进行了大面积推广应用。

关键词：植物细菌病害；植物病毒病害；先导结构；绿色农药；分子靶标；创新研究

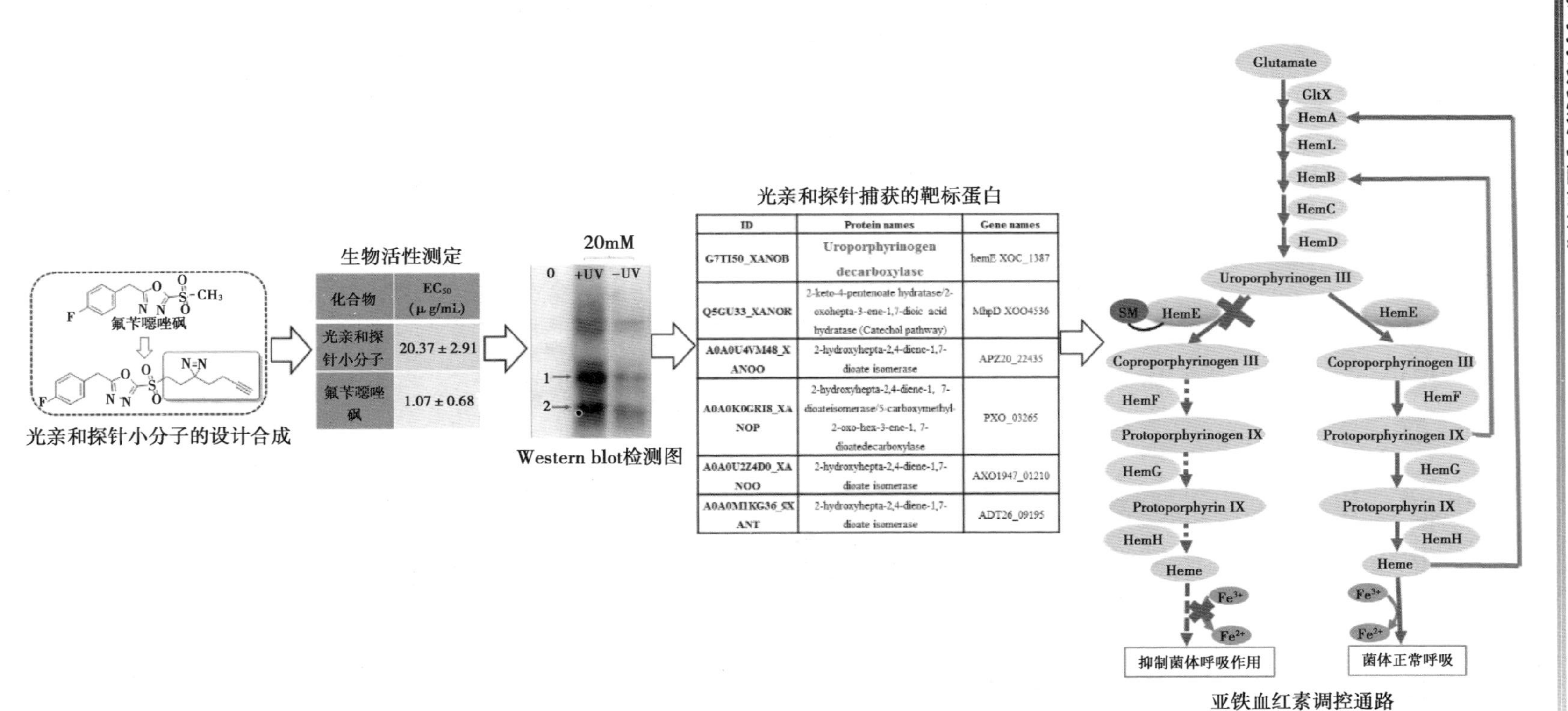

图　氟苄噁唑砜抗水稻白叶枯病的分子靶标

植物病理学科发展研究进展

王锡锋　蔺瑞明　王国梁　赵廷昌　彭德良　周焕斌
（中国农业科学院植物保护研究所，北京　100193）

摘　要：近年来，受全球气候气候变化和农业生产结构调整等因素的影响，我国农作物病虫害呈多发重发态势，其中植物病害因其间歇流行性和暴发性所造成的问题愈加突出。常发性病害频繁暴发，灾害持续不断、经济损失巨大；一些次要病害逐步上升为主要灾害，境外植物疫情不断传入并呈扩散蔓延态势，对我国农业持续丰收构成严重威胁。近年来，我国众多的研究单位和科技工作者以农作物重大病害为研究对象开展了系列的研究工作，并取得了许多重要进展。笔者概述了2014—2017年我国学者在稻瘟病等重要植物真菌病害、植物病毒病害、植物细菌病害、植物线虫病害、植物基因组定点编辑技术在植物保护中的应用和重大植物病害防控发展研究的现状，其中大豆疫霉、大丽花轮枝菌和小麦条锈菌等病原菌的效应因子鉴定与功能研究，病原真菌致病因子和植物抗病机理研究，植物病毒基因功能、症状形成及运动机制、RNA沉默介导的病毒抗性和介体昆虫传播病毒分子机制，黄单胞菌群体感应机制和三型分泌系统，作物重要抗病基因标记定位、克隆和功能等方面的研究均与世界同步，甚至引导国际植病领域的前沿。在“一因多效”抗病新基因资源发掘与利用、在初侵染阶段寄主植物抗病信号识别与信号传导、植物—病原物—传病生物多方互作机制、抗病新物质的鉴定、新抗病生物技术开发与应用，是当前更为迫切的研究领域。需要加强对我国丰富的作物遗传资源中包含的抗性基因标记定位与克隆，在基因组、转录组或蛋白质组数据分析的基础上，凝练作物抗病或病原物致病性调控的关键因子，将RNAi技术、广谱植物受体蛋白用于抗病转基因工程，为开发新药剂、新防治技术提供技术支撑。对于大规模暴发流行性病害，病原物群体毒性结构变异和主栽品种、重要抗源材料抗性变化及时监测是有效防控这类病害的前提，需要加强流行病害监测网络建设和分子病害流行学的研究。

关键词：植物病害；现状研究；流行分析

农林生态系统中的植物化感作用机制及其利用

孔垂华*

（中国农业大学资源与环境学院，北京　100193）

摘　要：植物可以通过产生和释放次生代谢物质调控邻近生物的生长和种群建立，即所谓的植物化感作用（allelopathy）。原始的植物化感作用定义是指一种活或死的植物通过适当的途径向环境释放特定的化学物质从而直接或间接影响邻近或下茬（后续）同种或不同种植物萌发和生长的效应，而且这种效应绝大多数情况下是抑制作用。目前的植物化感作用定义已扩展为由植物、真菌、细菌和病毒产生的化合物影响农业和自然生态系统中的一切生物生长与发育的作用。植物化感作用是生态系统中自然化学调控机制之一，是植物对环境适应的一种化学响应。植物化感作用在生态学科表现为植物—植物、植物—动物和植物—微生物间的化学联系，而在植物保护学科则体现为作物和病虫草害的化学调控作用。因此，阐明农林生态系统中的植物化感作用机制不仅有助于理解作物与有害生物个体和种群及其群落的相互作用，还能为实现农林业的可持续发展和达到对自然资源的保护提供新的视野和途径。鉴于此，本报告结合植物化感作用学科当前国际前沿热点，并通过具体研究实例，剖析农林生态系统中植物化感作用机制，尤其是发生在地下的化感作用机制及其应用潜力。在杉木与火力楠人工混交林生态系统中，揭示混种的火力楠促进自毒的杉木生长是通过地下的化学作用而实现的。即混种的火力楠可以改善杉木根系生长和土壤微生物群落包括菌根真菌，尤其是导致杉木减少自毒性的化感物质合成释放，这一研究对正确认识连作（栽）障碍及其减缓机制具有积极意义。在作物化感品种与杂草的相互作用中，发现作物首先是要通过对邻近杂草的化学识别，然后才是决定是否合成释放相应的化感物质抑制杂草，化感作用和化学识别通讯是两个密不可分的同步发生过程。在此基础上，进一步发现植物亲属识别（kin recognition）对作物化感品种调控农田杂草的作用以及作物化感品种对日益发生的除草剂抗性杂草的调控作用。最后，简单介绍作物化感新品种选育以及植物化感作用的“理论研究—技术集成—示范应用”在目前生态文明建设和绿色发展国家战略下的意义。

关键词：植物化感；种群；化学识别通讯

* 第一作者：孔垂华；E-mail：kongch@ cau. edu. cn

植物病害

我国东北稻瘟病菌无毒基因型鉴定及分析

王世维[*] 邸 劼 原 恺 王 宁 吴波明
（中国农业大学植物保护学院，北京 100193）

摘 要：由稻瘟病菌（*Magnaporthe oryzae*）引起的稻瘟病，在我国各稻区常年发生，严重威胁水稻的产量及质量。根据“基因对基因”学说，通过鉴定稻瘟病菌的无毒基因型 *Avr-pik* 和 *AvrPiz-t*，了解这两个无毒基因在东北三省稻区的分布情况，为品种抗性基因的合理布局提供参考。根据稻瘟病菌无毒基因 *Avr-pik* 和 *AvrPiz-t* 的序列设计引物，选取来自我国东北三省稻瘟病常发区的287株稻瘟病菌单孢菌株，提取各菌株DNA作为模板进行PCR扩增。在对PCR产物的琼脂糖凝胶电泳检测中，所有287株样本菌株均有 *Avr-pik* 条带，除了1株未扩增出特异性序列外，其余286株均有 *AvrPiz-t* 条带。对 *Avr-pik* 扩增产物的序列分析显示，除了已报道的7种 *Avr-pik* 等位基因型外，还发现了新的 *Avr-pik* 的等位基因类型G1（HA1525）、G2（HD1625）、G3（HF1504），频率最高的3种基因型为 *Avr-pik*-B，*Avr-pik*-C 和 *Avr-pik*-I。序列比对结果表明，无毒基因 *Avr-pik* 的基因型多变，且变化较为集中几个碱基位点，因此针对基因的主要基因型，布局对应的主效抗性基因，能有效减缓由该基因效应因子主导的致病过程；无毒基因 *AvrPiz-t* 在样本群体表现稳定，只在5个样本菌株中发生了突变，且在东北三省稻区稻瘟病菌群体出现较为广泛，可见在东北布局其对应的抗性基因的重要性。

关键词：稻瘟病菌；无毒基因型；频率

* 第一作者：王世维；E-mail：wsw20112549@126.com

东北稻区与江西稻区稻瘟病的致病型比较

王　宁* 杨仕新 郭芳芳 王世维 原　恺 陈兴龙 吴波明**

（中国农业大学植物保护学院，北京　100193）

摘　要：为了比较我国东北和江西水稻产区稻瘟病菌群体的致病型组成及其动态。于2015—2016年从我国江西和东北两个水稻主产区的感病寄主丽江新团黑谷上采集稻瘟病样本，分离纯化得到206株稻瘟病菌的单孢菌株，用离体叶片划伤接种法接种以丽江新团黑谷为背景的24个单基因系来分析其致病型。

单基因系能检测的全部24个无毒基因在样本中都有检出，各无毒基因的频率介于31.6%~57.3%；每个菌株所含的无毒基因数最少0个，最多22个。总体来看大部分菌株为中等致病力菌株（能侵染9~16个供试单基因系），弱致病力（只能侵染8个或更少单基因系）和强致病力（能侵染16个以上单基因系）菌株都是少数。这一点在地区间没有显著差异，但2016年的稻瘟菌菌株的致病力要略低于2015年。无毒基因Avr-Piks、Avr-Pik、Avr-Pikh、Avr-Pikm和Avr-Pita2的频率在两个稻区都随着时间的变化而有显著改变，因此我们在规划品种布局时要根据实际情况作出调整。致病型聚类分析将206个菌株划分为27个致病型群，表明稻瘟病菌群体多样性极其丰富，江西稻区和东北稻区的稻瘟病菌，各有一些独特的致病型，同时也存在很多共享致病型。

江西稻区和东北稻区的稻瘟病在致病型方面有极高的多样性，无毒基因频率存在一定地区差异且随时间变化。

关键词：稻瘟病；抗瘟单基因系；无毒基因；致病型

* 第一作者：王宁，研究生，从事植物病害流行学研究；E-mail：ningw931204@163.com

** 通信作者：吴波明，教授；E-mail：bmwu@cau.edu.cn

我国浙江和福建地区水稻细菌性穗枯病的发现及其病原菌的分离鉴定*

徐以华[1,2**]　刘连盟[2]　王　玲[2]　孙　磊[1,2]
梁梦琦[2]　高　健[2]　黎起秦[1***]　侯雨萱[2***]　黄世文[2,1***]
（1. 广西大学农学院，南宁　530004；2. 中国水稻研究所，杭州　310006）

摘　要：水稻细菌性穗枯病（Bacterial panicle blight of rice，BPBR）是新发现并不断上升的水稻后期穗部病害，目前在全球各水稻种植区大范围发生流行，并成为水稻主要病害之一。在我国，曾报道从海南和黑龙江健康稻种中分离到该病原菌颖壳伯克氏菌（*Burkholderia glumae*），2007年将其列为我国的检疫性有害生物。但是我国目前尚未完全证实有此病的发生和流行，对该病原菌的预防和控制工作没有引起高度重视。

本实验室分别从浙江富阳和福建南平采取水稻细菌性穗枯病疑似症状的水稻病株，经过选择性培养基NA划线分离，根据菌落形态初步进行筛选；然后运用*B. glumae*特异性引物进行PCR扩增测序，Blast比对分析。结果显示，从NA上挑取的圆形隆起、光滑、灰白色单菌落，进行PCR扩增后电泳，凝胶成像显示条带大小正确；根据网上上传的*B. glumae*序列比对分析同源性为100%。将从富阳和南平两地区分离到的2株病原菌分别接种烟草，均表现出明显的过敏反应。同时，回接宿主水稻，也表现出苗烂、穗枯等水稻细菌性穗枯病典型症状。上述均证实从富阳和南平两地分离到的病原菌为水稻细菌性穗枯病病原菌*B. glumae*。

通过对富阳、南平地区水稻细菌性穗枯病病原菌的分离鉴定，初步确定了该病害在我国发生与流行的可能性。目前，在日本、韩国、泰国、越南等邻国均有水稻细菌性穗枯病暴发流行的报道，而我国部分地区又有与上述邻国相似的气候条件，较适宜该病原菌的发生。因此，应尽快证实该病是否在我国发生流行，并对该病害进行风险分析，特别是评价分析该病害对我国农作物水稻的风险，同时应大力开展对水稻细菌性谷枯病的检测和防控技术研究，高度重视水稻细菌性穗枯病在我国的发生和防治，以便有效地阻止该病在我国的传播与蔓延。

关键词：水稻；水稻细菌性穗枯病；颖壳伯克氏菌（*Burkholderia glumae*）；分离鉴定

---

* 基金项目：国家自然科学基金（31601288）；中国农业科学院科技创新工程“水稻病虫草害防控技术科研团队”

** 第一作者：徐以华，女，硕士研究生，主要从事植物病原生物学研究；E-mail：570193119@qq. com

*** 通信作者：黎起秦；E-mail：qqli5806@ gxu. edu. cn；侯雨萱；E-mail：houyuxuan@ caas. cn；黄世文；E-mail：huangshiwen@ caas. cn

小麦品种抗条锈性鉴定及遗传多样性分析*

王明玉** 冯 晶*** 蔺瑞明 王凤涛 徐世昌
（中国农业科学院植物保护研究所，植物病虫害生物学国家重点实验室，北京 100193）

摘 要：小麦条锈病是由条锈病菌（*Puccinia striiformis* f. sp. *tritici*）侵染引起的气传小麦真菌病害，是小麦生产上严重的病害之一，曾在我国发生多次大流行并造成严重的产量损失。种植抗病品种是控制小麦条锈病害最为经济、有效的方法。因此，明确各小麦品种的抗病性情况和小麦品种的遗传多样性，对小麦育种具有重要的价值。

选用 120 个小麦品种，其中 75 个农家品种，45 个生产品种，在苗期接种小麦条锈菌生理小种 CYR32 和新致病类型 V26 进行抗病性鉴定，并利用 SSR 分子标记技术进行遗传多样性分析。结果表明，在抗性鉴定中，对于小种 CYR32，农家品种中有 6 个［（Z）早春入梅、古城营、红洋辣子、老兰麦、红剑条、竹叶青（白）］表现出免疫，生产品种中表现免疫的有 3 个（普冰 06-X4488、品冬 904054-6、品冬 904024）；对于致病类型 V26，农家品种表现出免疫的有 2 个（白芒麦、老兰麦）；生产品种中表现出免疫的有 3 个（普冰 06-X4488、普冰 06-X4492、品冬 904024）。通过农家品种与生产品种的对比，对于小种 CYR32 的农家品种抗性水平要高，而对于致病类型 V26 的抗性水平相似，无明显差距。在遗传多样性分析中，小麦品种遗传相似系数地区之间无明显差异［山东农家品种（0.64）<山农品系（0.68）；陕西农家品种（0.66）<普冰品系（0.69）；山西农家品种（0.61）<晋系（0.65）；河南农家品种（0.66）>豫系（0.64）］，但是由于山东、陕西、山西和河南 4 个地区农家品种和本地区的生产品系比较，前 3 个地区生产品系遗传相似系数都大于所对应地区的农家品种，说明所选用的地区的生产品种间亲缘关系要大于当地的农家品种。因此在品种改良过程中应引用不同类群的优质亲本，拓宽小麦育种的遗传基础，充分利用优质野生资源，适当搭配，选育更多小麦优良品种。

关键词：小麦条锈病；生产品种；农家品种；SSR；遗传多样性分析

---

* 基金项目：国家自然科学基金（31272033，31261140370）；国家重点基础研究发展计划（973 计划）（2013CB127700）；中国农业科学院基本科研业务费专项院级统筹（Y2017P706）

** 第一作者：王明玉，硕士研究生，研究方向为小麦条锈病抗病遗传机制；E-mail：13011230633@163.com

*** 通信作者：冯晶；E-mail：jingfeng@ippcaas.cn

甘谷县春季空气中小麦条锈菌孢子动态与田间病情及气象因素的相关性分析*

谷医林** 王翠翠[1] 初炳瑶[1] 骆 勇[1,2] 马占鸿[1]***

(1. 中国农业大学植物病理学系，农业部植物病理学重点实验室，北京 100193；
2. 美国加州大学 Kearney 农业研究中心，Parlier CA 93648)

摘　要：小麦条锈病是由专性活体寄生菌条形柄锈菌小麦专化型（*Puccinia striiformis* f. sp. *tritici*）侵染引起的一种世界性病害。该病害在我国发生严重且具有特有的流行特点，给我国小麦的高产稳产带来了极为严重的威胁。西北地区被认为是我国小麦条锈菌重要的越夏地和小种策源地，在我国小麦条锈病的大范围流行中起到了至关重要的作用。甘谷县地处甘肃省天水市，小麦条锈菌在当地可完成周年循环，是我国小麦条锈病流行的重要菌源中心之一。

为了解小麦条锈病春季流行期甘谷县空气中病菌夏孢子的动态变化，孢子密度与病情的关系以及气象因素对孢子密度和病情的影响，于 2013—2015 年春季利用孢子捕捉的方法采集甘谷县南山和北山空气中小麦条锈菌夏孢子；并通过定量 PCR 对该时期空气中夏孢子密度的动态变化进行定量监测；同时进行田间病情调查、收集气象数据，分析孢子密度与病情的相关关系以及气象因子对病情指数和空气中孢子密度变化的影响。结果显示，2 个监测点春季夏孢子动态变化趋势相似，均在 5 月中下旬出现明显的增长期，而南山空气中夏孢子密度明显高于北山，而且 2 个监测点地空气中的孢子密度与田间病情呈显著相关；除 2013 年外，空气中孢子密度和田间病情与温度和光照呈正相关关系；孢子密度与相对湿度和降水量为负相关而田间病情则与其呈正相关关系，春季降水天数也能够显著影响甘谷县小麦条锈病的发生和发展，而风速则对空气中夏孢子的密度和田间病情的发展影响较小。综上所述，对甘谷县空气中小麦条锈菌夏孢子的监测并结合当地的气象因素有助于制定合理的病害防治策略，对小麦条锈病进行精确地定点和定期防治。

关键词：小麦条锈病；孢子动态；监测；气象因素

---

* 基金项目：国家重点研发计划（2016YFD0300702）；国家自然科学基金（31371881）；国家科技支撑计划（2012BAD19B04）

** 第一作者：谷医林，男，博士研究生，研究方向为植物病害流行学；E-mail：guyilin1987@ 126.com

*** 通信作者：马占鸿，男，教授，研究方向为植物病害流行学与宏观植物病理学；E-mail：mazh@ cau.edu.cn

对 402 份春小麦种质资源的抗条锈病性鉴定分析*

侯　璐** 张调喜 闫佳会 姚　强 郭青云***

（青海大学，农林科学院（青海省农林科学院），农业部西宁作物有害生物科学观测实验站，青海省农业有害生物综合治理重点实验室，省部共建三江源生态与高原农牧业国家重点实验室，西宁　810016）

摘　要：结合苗期 4 个条锈菌生理小种分别接种和大田成株期接种发病条件下对搜集到的 402 份春小麦种质资源进行抗条锈病鉴定，初步确定各个春麦资源的抗条锈病情况、抗病类型及抗病性关系。鉴定结果表明：各抗性组成表现为免疫 I、近免疫 NIM、高抗 HR、中抗 MR、中感 MS 和高感 HS，接种 CYR32 后，各抗性组成资源数和所占比例分别为 13（3.23%），38（9.45%），12（2.99%），5（1.24%），5（1.24%）和 329（81.84%）；接种 CYR33 后，资源数和所占比例分别为 2（0.50%），8（1.99%），12（2.99%），7（1.74%），14（3.48%）和 359（89.30%）；接种 Sun11-4 后，分别为 2（0.50%），60（14.93%），11（2.74%），14（3.48%），27（6.72%）和 288（71.64%）；接种 Sun11-6 后，为 0（0.00%），45（11.19%），11（2.74%），13（3.23%），14（3.48%）和 319（79.35%）；大田成株期条件下，免疫 I、近免疫 NIM、高抗 HR、中抗 MR、中感 MS 和高感 HS 的资源数和所占比例分别为 2（0.50%），100（24.88%），31（7.71%），35（8.71%），29（7.21%）和 205（51.00%）。具有全生育期抗病性（简称 ASR）的资源为 43 份占 10.70%，具成株期抗病性（简称 APR）的资源为 125 份占 31.09%，具有仅苗期抗病性（简称 SR）的资源为 56 份占 13.93%，感病（简称 S）的资源为 178 份占 44.28%。聚类分析结果表明该 402 份种质资源中表现有抗病性的资源之间抗性聚类相对分散，遗传多样性水平较高。本研究为小麦育种提供条锈病抗性材料和理论依据。

关键词：春小麦；种质资源；条锈病；抗病性

---

* 基金项目：国家自然科学基金（31660513；31360421）；青海省科技厅项目（2016-HZ-810）

** 第一作者：侯璐，博士，副研究员，研究方向：植物抗病遗传；E-mail：mantou428@163.com

*** 通信作者：郭青云；E-mail：guoqingyunqh@163.com

小麦条锈病高光谱遥感监测与分子检测相关研究*

李　薇**　刘　琦　秦　丰　谷医林　马占鸿***

（中国农业大学植物病理学系，农业部植物病理学重点实验室，北京　100193）

摘　要：在小麦的生产上，由小麦条锈病对其造成的损失一直以来备受关注。而小麦条锈病具有潜伏侵染的特点，所以若能对其潜育期实现快速识别及检测，则对病害的防控、农药的安全使用、环境的保护等具有重大意义。

本研究通过人工接种不同品种的小麦诱发条锈病，在小麦条锈病菌尚处于潜育期时，采集小麦的冠层光谱数据，并利用双重 Real-time PCR 分子生物学技术获得条锈菌潜育菌量。基于 Logistic、IBk 以及 Randomcommittee 三种方法，建立高光谱遥感技术监测潜育期小麦条锈病的识别模型；同时，结合冠层高光谱数据及潜育期分子病情数据，找到了利用高光谱遥感技术可以监测到的潜育期小麦条锈菌的最小检测极限。

研究结果表明，在 325~1 075nm 全波段范围内，基于 Logistic、IBK 以及 Randomcommittee 方法建立高光谱技术监测潜育期小麦条锈病的模型模拟识别潜育期小麦条锈病是可行的，但识别效果有一定的差异，3 种方法的模型平均准确率分别是 83%~85%、87%~89%、93%~94%。而在全波段范围内，利用决策树中的 CART 算法对 30 个训练集及全集进行分类分析，找到利用冠层高光谱数据能够监测潜育期小麦条锈菌的最小检测极限为 0.7，即高光谱技术刚好能够监测到潜育期条锈菌的最小分子病情指数为 0.7。利用 Logistic、IBk 以及 Randomcommittee 方法对最小检测极限进行模拟识别，结果显示，3 种不同建模方法在不同的光谱参数及不同的建模比例下所建模型对潜育期条锈菌的最小分子病情指数的识别效果是有差异的。其中以 IBk 法的识别效果最优，其训练集的平均准确率为 100%，测试集的平均准确率为 84.44%，10 折交叉验证的平均准确率为 86.15%。

关键词：小麦条锈病；潜育期；高光谱监测；分子检测；检测极限

---

* 基金项目：国家重点研发计划项目“五大种植模式区主要病虫害的监测预警技术及信息化预警平台”（课题编号：2016YFD0300702）

** 第一作者：李薇，女，主要从事植物病害流行学研究；E-mail：15600912689@163.com

*** 通信作者：马占鸿，男，教授，主要从事植物病害流行与宏观植物病理学研究；E-mail：mazh@cau.edu.cn

2016年云南小麦条锈菌群体毒性状况*

李明菊[1**]　程加省[2]　丁明亮[2]　张　庆[1]　杨韶松[1]

(1. 云南省农业科学院农业环境资源研究所，昆明 650205；

2. 云南省农业科学院粮食作物研究所，昆明 650205)

摘　要：条锈病（*Puccinia striiformis* f. sp. *tritici*）是严重威胁小麦安全生产的重大流行性病害，选育和种植抗病品种是防治该病最经济、有效、环保、可持续的防治措施。云南是我国小麦条锈病的重发区，为我国广大麦区条锈病春季流行提供初侵染来源。研究云南小麦条锈菌群体毒性及抗条锈基因的有效性，可为抗锈育种及抗病基因合理利用提供依据，同时还能监测新小种的出现，为条锈菌的起源及传播提供有力的证据。采用 *Yr*1，*Yr*5，*Yr*6，*Yr*7，*Yr*8，*Yr*9，*Yr*10，*Yr*15，*Yr*17，*Yr*24，*Yr*27，*Yr*32，*Yr*43，*Yr*44，*YrSP*，*YrTr*1，*YrExp*2，*YrTye* 等 18 个抗条锈近等基因系鉴别寄主对 2016 年采自云南 9 个州市的 136 个小麦条锈菌系进行毒性分析，按照八进制法对小种进行命名。结果表明：云南小麦条锈菌群体毒性丰富，共鉴定出 64 个毒性小种。居于前两位的小种是 550273（毒性/无毒性公式为：1，6，7，9，27，43，44，SP，Exp2，Tye / 5，8，10，15，17，24，32，Tr1）和 550073（毒性/无毒性公式为：1，6，7，9，43，44，SP，Exp2，Tye / 5，8，10，15，17，24，27，32，Tr1），出现频率依次为 28.68%和 11.76%，是本年度的优势小种，是当前云南小麦抗病育种的主要针对目标。其他小种出现频率均在 5%以下，为本年度次要小种。条锈菌群体对 *Yr*5，*Yr*10，*Yr*15，*Yr*32 等 4 个抗条锈基因的毒力频率均为 0，对 *Yr*8，*Yr*17，*Yr*24，*YrTr*1 等 4 个抗条锈基因的毒力频率为 0.74%～11.76%。从频率衡量，可认为这 8 个基因是当前云南有效的抗条锈基因，可进一步加以利用，并密切监测其变异动态。对 *Yr*27 的毒力频率为 52.94%，对 *Yr*1，*Yr*6，*Yr*7，*Yr*9，*Yr*43，*Yr*44，*YrSP*，*YrExp*2，*YrTye* 等 9 个抗条锈基因的毒力频率为 77.94%～91.91%。可认为这 10 个基因在云南抗性已经失效，生产上应尽量压缩含有这些基因的小麦品种播种面积。

关键词：小麦条锈菌；生理小种；毒性；抗条锈基因；云南

---

* 基金项目：国家自然科学基金（31260417，31560490）

** 通信作者：李明菊，女，博士，研究员，主要从事小麦锈病研究；E-mail：limingju1996@hotmail.com

四川省100个小麦品种（系）抗叶锈病鉴定与评价*

初炳瑶** 李雪华 马占鸿***

（中国农业大学植物病理学系 农业部植物病理学重点开放实验室，北京 100193）

摘 要：小麦叶锈病（*Puccinia triticina*）是四川省小麦生产上重要的病害之一，筛选和培育抗病品种是防治此病害最为经济、安全和有效的途径。为了解四川麦区近年小麦主栽品种对当前叶锈菌流行小种的抗性水平；给该地区小麦安全生产与品种合理布局提供依据。以四川省小麦叶锈菌当前流行小种混合接种到诱发品种铭贤169上，待100个供试四川小麦品种（系）充分发病后，调查普遍率和严重度及反应型，计算出各个品种的病情指数，用SAS软件Cluster过程进行聚类分析。结果表明，供试100个品种中表现免疫或近免疫的品种有9个，占9%；高抗品种有12个，占12%；中抗品种有44个，占44%；中感品种有16个，占16%；高感品种有19个，占19%。供试的四川省100个小麦品种对叶锈菌的抗性水平较低，威胁小麦的生产安全，建议减少高感品种在小麦叶锈病高发地区的推广使用。

关键词：小麦；叶锈病；抗性评价

---

* 基金项目："973"项目（2013CB127700）

** 第一作者：初炳瑶，女，博士研究生，主要从事植物病害流行学研究；E-mail：chubingyao@163.com

*** 通信作者：马占鸿，教授，主要从事植物病害流行和宏观植物病理学研究；E-mail：mazh@cau.edu.cn

我国小麦白粉菌群体遗传多样性及耐高温菌株 *CRT* 基因的表达研究*

王振花** 刘 伟 张美惠 孙超飞 范洁茹 周益林***
（中国农业科学院植物保护研究所/植物病虫害生物学国家重点实验室，北京 100193）

摘 要：小麦白粉病是由专性寄生菌 *Blumeria graminis* f. sp. *tritici* 引起的一种气传真菌病害，流行年份对我国小麦生产造成严重的产量损失。本研究利用 SSR 分子标记技术对 16 省（市）的 434 个小麦白粉菌菌株进行了遗传多样性研究，并利用 29 个已知抗白粉病基因的载体品种对其进行了毒性分析。同时，还通过筛选温度敏感菌株和耐高温菌株，并对其高温处理下钙网蛋白（*Calreticulin*，*CRT*）基因的表达量进行了初步研究。小麦白粉菌群体遗传多样性分析结果显示，河北小麦白粉菌群体遗传多样性 Nei 信息指数最高，其次是河南，西藏最低；Shannon 信息指数在山东最高，其次是河北，西藏最低；16 个省（市）小麦白粉菌群体间的遗传距离与地理距离存在显著的正相关关系。毒性分析结果表明，病菌群体对抗白粉病基因 *Pm3c*、*Pm3f*、*Pm3e*、*Pm5a*、*Pm6*、*Pm7*、*Pm8* 和 *Pm19* 的毒性频率在 80%～100%，而对 *Pm12*、*Pm13*、*Pm16*、*Pm21* 和 *Pm35* 的毒性频率小于 30%，其中对 *Pm21* 的毒性频率为 0，对 *Pm24*、*PmXBD*、*Pm46* 等的毒性频率在不同省（市）有较大差异；病菌群体间的毒性距离与地理距离也存在显著的正相关关系。同时病菌群体遗传多样性和毒性多样性的相关性分析结果显示，两者在等位基因数目、有效等位基因数目和多态性位点上存在显著相关性，但在 Nei 信息指数和 Shannon 信息指数上没有显著的相关关系。小麦白粉菌 *CRT* 基因的克隆及序列分析结果发现，该基因全长为 1 887bp，编码 549 个氨基酸，1—21 位氨基酸为信号肽位点，无跨膜区，含有钙网蛋白家族保守结构域。此基因的表达量研究表明，不同温度敏感型的小麦白粉菌菌株在 24℃处理的大部分时间下，其 *CRT* 基因的表达量要高于未经高温处理的表达量，多数菌株的表达量出现两个高峰期，且耐高温菌株相对表达量要高于或远高于敏感菌株。以上结果可为小麦抗病育种和抗病基因的合理利用及小麦白粉病的流行预测提供依据。

关键词：小麦白粉菌；毒性；遗传多样性；钙网蛋白；表达量

---

* 基金项目：国家重点基础研究发展计划项目（2013CB127704）；公益性行业（农业）科研专项（201303016）

** 第一作者：王振花，博士，主要从事小麦病害研究；E-mail：1300849699@ qq. com

*** 通信作者：周益林，研究员，主要从事小麦病害研究；E-mail：ylzhou@ ippcaas. cn

基于无人机航拍数字图像的小麦白粉病监测和产量估计研究*

刘 伟 王振花 张美惠 孙超飞 范洁茹 周益林**
（中国农业科学院植物保护研究所，植物病虫害生物学国家重点实验室，北京 100193）

摘 要：本研究利用八旋翼无人机搭载的高分辨率数码相机分别于2012年、2013年和2014年在距地面50m、100m、200m和300m高度下获取田间不同小麦白粉病发生情况下的小麦冠层无人机航拍数字图像，提取了图像颜色特征参数红（R）、绿（G）、蓝（B），并由RGB颜色系统转换到HIS颜色系统，得到色调（H）、亮度（I）、饱和度（S）值，并对利用这些图像参数来监测田间小麦白粉病的发生情况以及病害发生后估计小麦产量的可行性进行了分析，结果表明，3年度距地面50m、100m、200m和300m无人机数字图像的颜色特征参数R、G、B及H、I、G/R与田间小麦白粉病病情指数均存在显著或极显著的相关性，即随着病情指数增加，图像的R、G、B值增大，H值减小。3年度基于参数R所建白粉病病情估计模型准确度要高于基于H所建模型，然而基于H所建模型普适性要好于基于R所建模型。同时分析结果还发现，R、G、I与产量之间也存在显著的负相关性，故此建立了基于R或者I的产量估计模型，两个不同参数所建模型对产量的估计准确性相当。以上结果说明，在300m高度内，利用无人机数字图像获取的RGB系统参数或者HIS系统参数来监测小麦白粉病的发生流行和估计小麦产量是可行的。随着图像分辨率的逐渐增加，数据提取和存储的简便化以及无人机平台的灵活性、稳定性、快捷性和可操作性的增强，利用无人机搭载的数码相机来监测病害发生和流行在未来有很好的应用前景。

关键词：小麦白粉病；无人机航拍；数字图像参数；病害流行监测

---

* 基金项目：国家重点研发计划（2016YFD0300702）；国家自然科学基金项目（31671966）；公益性行业科研专项（201303016）

** 通信作者：周益林，研究员，主要从事小麦病害研究；E-mail：ylzhou@ippcaas.cn

山东省小麦茎基腐病病原鉴定*

王　恒[1,2**]　马立国[1]　张　博[1]　张悦丽[1]　祈　凯[1]　李长松[1]　齐军山[1***]
（1. 山东省农业科学院植物保护研究所/山东省植物病毒学重点实验室，
济南　250100；2. 山东师范大学生命科学学院，济南　250014）

摘　要：小麦茎基腐病（crown rot of wheat）是近年来严重发生的一种土传真菌病害。国内2012年在河南省率先报道，2016年该病在全国多个省份大发生，对小麦生产造成了严重的威胁。近两年，该病已经上升为山东省小麦生产上的主要病害，严重地块该病导致的白穗率达50%以上。小麦茎基腐病菌侵染后还会产生真菌毒素，影响粮食品质。鉴定小麦茎基腐病的病原，对该病的防治具有重要的意义。

2016年5—6月，从山东省28个地区，共采集147份小麦茎基腐病害样品，分离到病菌223株，经形态学鉴定及ITS和EF-1α基因序列分析，鉴定出3个种。其中，假禾谷镰刀菌（*Fusarium pseudograminearum*）159株，占71.30%。禾谷镰刀菌（*Fusarium graminearum*）58株，占26.01%。尖孢镰刀菌（*Fusarium oxysporum*）6株，占2.69%。致病性测定发现，假禾谷镰刀菌致病力最强，麦苗接菌5天后出现叶鞘变黄，植株矮小的症状，7天后出现死棵症状。尖孢镰刀菌致病力较弱，麦苗接菌12天后出现病斑，15天后出现幼苗黄化、死棵症状。

关键词：小麦茎基腐病；假禾谷镰刀菌；禾谷镰刀菌；尖孢镰刀菌

* 基金项目：山东省现代农业产业技术体系小麦创新团队（SDAIT-01-10）；山东省重点研发计划（2016ZDJS08A02）；山东省农业重大应用技术创新项目“基于生物防治的粮食作物病虫害安全防控技术模式研究与示范”；公益性行业（农业）科研专项经费（201503112）；国家重点研发计划（2016YFD0300705）；山东省自然科学基金（ZR2014CM034）

** 第一作者：王恒，男，硕士研究生，研究方向：微生物学

*** 通信作者：齐军山；E-mail：qi999@163.com

大麦褐穗病病原菌的初步鉴定

杨克泽* 马金慧 吴之涛 任宝仓**

(甘肃省农业工程技术研究院，武威 733006)

摘 要：在甘肃、青海高海拔地区大麦、黑麦上发生一种未曾见过的病害，损失严重；发病时出现小穗甚至全穗褐色腐烂的症状，故被称为褐穗病。通过田间调查表明：有些病株表现为主穗发病，分蘖无病，有些为主穗无病，分蘖发病，有些二者均发病，田间多表现分蘖株发病，病株多数较矮，特别是病株分蘖比健株矮 1/2~1/3；此病可侵染青稞、啤酒大麦、野燕麦、黑麦；品种间发病率有差异，山丹、永昌、民乐的甘啤 4 号发病很轻，但甘啤 3 号发病达到 12%，而哈瑞特高达 21%，而合作市城郊的肚里黄发病率 6.4%，天祝藏族自治县的北青发病率 5.4%，昆仑发病率高达 24.4%，另外在打碾的场地边发病重。采用常规组织分离法对病原菌进行了分离培养，通过观察其培养性状、形态特征，进行致病性测定和带菌部位测定，结果表明：菌落在 PDA 培养基上雪白色颗粒状；菌丝直径 2.8~3.1μm，分枝呈直角和锐角，分枝处不缢缩或缢缩，分枝处未见分隔，棉兰染色亦未见。菌核小型，可聚生，近球形，直径 0.1mm，初白色后黑褐色，内部黄褐色，构成细胞多角形，直径 6.5~7.8μm，边缘细胞褐色较小，内部细胞可与担子、担孢子混生。担子棒状、圆柱形，上粗下稍细，偶有一横隔，无色，顶生 2~4 个小梗，(16.7~30.8) μm×(3.6~6.7) μm，平均 (23.9×5.3) μm；小梗 (7.7×2.1) μm；担孢子卵圆形、椭圆形，顶端圆、基部圆或尖，单胞无色，(5.7~13.4) μm×(4.6~12.3) μm，平均 10.0μm×8.3μm，鉴定为罗尔伏革菌 *Corticium rolfii* Curzi Tu et kimbr，异名 *Athelia rolfsii* (Curzi)，无性态 *Sclerotium rolfsii* Sace；主要的带菌部位为穗轴（菌丝数为 22.7），其次是颖壳（菌丝数为 13.0），麦芒和叶鞘菌丝数较少（菌丝数分别为 8.98 和 5.48），而茎秆和旗叶上的镜检未发现菌丝。

关键词：大麦；褐穗病；田间调查；罗尔伏革菌；病原鉴定；带菌部位测定

* 第一作者：杨克泽，主要从事作物真菌性病害的研究工作；E-mail：307231530@qq.com

** 通信作者：任宝仓，主要从事啤酒原料及大田作物病害防治研；E-mail：463573198@qq.com

玉米弯孢叶斑病菌 Clt-1 蛋白调控毒素、黑色素合成及致病性分子机制*

高金欣** 陈 捷***

（上海交通大学农业与生物学院，都市农业（南方）重点开放实验室，上海 200240）

摘 要：Clt-1 蛋白可以调控玉米弯孢叶斑病菌毒素和黑色素的合成、孢子的形成和致病性。生物信息学分析表明，Clt-1 蛋白含有一段蛋白-蛋白互作的 BTB 保守结构域。Clt-1 可能通过与其他功能蛋白的互作而实现对毒素、黑色素合成的调控，但与 Clt-1 的互作蛋白尚不清楚。因此，鉴定与 Clt-1 的互作蛋白及作用方式，是进一步揭示 Clt-1 系统调控玉米弯孢叶斑病菌产生毒素、黑色素机理的重要前提。本研究首先构建了玉米弯孢叶斑病菌酵母双杂交 cDNA 文库，以 Clt-1 为诱饵蛋白筛选得到了 2 个功能蛋白——木聚糖酶（ClXyn24）和木聚糖乙酰转移酶（ClAxe43）。通过 Y2H、BiFC 和 pull-down 实验证明了 Clt-1 和全长的 ClXyn24、ClAxe43 发生互作，BTB 结构域是互作的关键区域。功能分析表明，Clt-1 与 ClXyn24、ClAxe43 互作调控了弯孢菌对木聚糖代谢，而木聚糖降解产生的乙酰辅酶 A 为毒素和黑色素的合成提供了原料或前体物质，也为孢子的形成提供了能量和中间代谢产物。

关键词：玉米弯孢叶斑病菌；Clt-1；毒素；黑色素

---

* 基金项目：国家自然科学基金（31471734）；国家玉米产业体系（CARS-02）

** 第一作者：高金欣，男，博士生，主要从事分子植物病理学研究；E-mail：jinxingao@ yeah. net

*** 通信作者：陈捷，教授，博士生导师，主要从事植物病理学和环境微生物工程研究；E-mail：jiechen59@ sjtu. edu. cn

玉米抗玉米大斑病 Marker 基因的确定*

张晓雅** 臧金萍 谷守芹*** 董金皋

(河北农业大学真菌毒素与分子病理学实验室，保定 071001)

摘 要：玉米大斑病（Northern Leaf Blight of Corn）是世界各地玉米产区的一种重要真菌病害，在流行年份感病品种减产可达 50%以上，甚至会加重玉米茎腐病等病害的发生和危害程度，严重影响玉米的产量和品质。因此，玉米抗病及抗病相关基因的快速筛选不仅对品种抗性水平检测，也对抗性品种的选育及推广具有重要意义。

本研究首先选取了生产上常用的玉米自交系 B73/B73Ht 为玉米材料，在未接菌及接菌条件下进行 RNA-Seq 分析，筛选出 8 个在抗病品种中表达水平均显著高于感病品种的抗病及抗病相关基因。进一步利用上述 RNA-Seq 中初步确定的抗性基因作为候选 Marker，对 B73/B73Ht、A619/ A619Ht1/ A619Ht2/ A619Ht3/ A619HtN 萌芽阶段的种子、苗期（2 叶期、4 叶期、6 叶期）的玉米材料利用 Real-time PCR 技术，分析上述 8 个基因的表达水平是否是在抗病品种中高于感病品种，进一步确定从 8 个基因中筛选稳定表达的 Maker 基因。本研究下一步将选择生产上已知的抗性品种，对我们获得 Marker 基因做进一步的验证。

基于此，本研究的最终目的在于筛选玉米抗大斑病的 Marker 基因，利用 Real-PCR 技术建立苗期玉米抗性水平鉴定的技术体系，为抗病品种的早期鉴定提供技术支持。该研究不仅有助于从分子水平上揭示玉米抗大斑病的机制，也为抗大斑病品种的早期筛选提供可靠的技术保障。

关键词：玉米大斑病；生物信息学分析；抗大斑病 Marker 基因；Real-time PCR 技术

---

* 基金项目：国家自然科学基金项目（31371897，31671983）；河北省自然科学基金项目（C2017204069，C2017204076）

** 第一作者：张晓雅，硕士研究生，研究方向为植物学；E-mail：13334459613@ qq. com

*** 通信作者：谷守芹，教授，博士生导师；E-mail：gushouqin@ 126. com；
董金皋，教授，博士生导师；E-mail：dongjingao@ 126. com

玉米外来种质资源的引进与抗小斑病鉴定*

李　梦[1**]　赵　璞[2]　温之雨[2]　及增发[1]　马春红[2***]
(1. 河北省农林科学院，石家庄　050051；
2. 河北省农林科学院遗传生理研究所，河北省植物转基因中心，石家庄　050051)

摘　要：种质是玉米育种和生产的基础和源头。种质基础狭窄限制了玉米育种的灵活性，导致产生新的病虫为害，通过育种手段挖掘品种产量潜力和提高品种抗性成为必然。玉米小斑病是世界普遍发生的严重真菌病害之一。为我国玉米产区重要病害之一，在黄河和长江流域的温暖潮湿地区发生普遍而严重。在夏玉米产区发生严重，一般造成减产15%～20%，减产严重的达50%以上，甚至无收。此病除为害叶片、苞叶和叶鞘外，对雌穗和茎秆的致病力也比大斑病强，可造成果穗腐烂和茎秆断折。其发病时间，比大斑病稍早。1970年美国大面积种植用T－CMS配制的杂交种约占玉米总面积的70%～90%，导致当年小斑病突发性的大流行，损失产量15亿kg，产值约达10亿美元。1988年，河北省农业科学院魏建昆等首次报道了中国存在寄主专化性玉米小斑病菌C小种，引起国内外高度重视。鉴于玉米品种的细胞质类型分为T型、C型、S型和正常N型4种，按照对不同细胞质的专化性，通常把玉米小斑病菌也分为T、C、S和O等4个小种。成株期接种鉴定：①接种：抽雄前将粉碎的头一年病叶撒入心叶喇叭口，接种应在下午或傍晚湿度较大时进行。天气干燥时，接种后可在每株心叶喷水。②病情鉴定和分级标准：一般用于苗期和成株期抗病性鉴定。以叶片为单位，计算病叶率和病情指数。根据病斑占叶片面积的百分率，记载每片叶的感病程度。发病程度分为9级。抽丝后15天左右进行病情鉴定，鉴定应在同一天内完成，发病程度以整株为单位，分7个等级。整株调查中，植株上、中、下叶片的划分，以第一果穗上下两片叶为中部叶，其下为下部叶，其上为上部叶。③病株率和病情指数计算：病株率和病情指数计算是以整株为单位进行。病株率（%）＝发病株数/调查总株数×100；病情指数＝∑（各级病株数×该级的代表数值）/调查总株数×最高一级代表数值×100。从非洲及泰国引进的玉米材料组配的杂交种和自交系进行鉴定。由河北省农林科学院植物保护研究所权威机构进行田间玉米检测鉴定，抗性评价标准：《国家玉米区试品种抗病虫鉴定方法》。结果表明：对小斑病表现高抗的有1份：南非8（病级1级）；抗性的有2份：南非6/早599、南非5（病级3级）；中抗的有1份：543·178/P279（病级5级）；感病的有1份：南非G1/2017－N（病级7级）。拓展玉米种质的遗传基础，已成为玉米育种所面临的一大关键问题和增加抗逆性的重要手段。而利用外来玉米种质已成为改良玉米籽粒品质、提高产量和增加抗逆性的重要手段。

关键词：玉米小斑病；种质资源；鉴定

---

* 基金项目：科技部科技伙伴计划资助项目（KY201402017）；河北省科技计划项目（17396301D）

** 第一作者：李梦，女，助理研究员，主要从事植物保护研究；E-mail：463186299@qq.com

*** 通信作者：马春红，研究员，主要从事作物抗逆生理及种质资源创新研究；E-mail：mch0609@126.com

2016年东北春玉米区穗腐病致病镰孢菌的分离与鉴定*

贾　娇** 张　伟 孟玲敏 李　红 晋齐鸣 苏前富***
（吉林省农业科学院，农业部东北作物有害生物综合治理重点实验室，公主岭　136100）

摘　要：镰孢菌是造成玉米穗腐病发生的主要病原菌，其可以分泌多种毒素，不仅导致玉米品质下降，而且可直接威胁人类健康。近年来，国内外研究人员一直关注镰孢菌的发生流行动态。2011年，张婷等报道造成东北地区玉米穗腐病的优势病原菌为半裸镰孢菌；2014年，秦子惠等报道禾谷镰孢菌在吉林省广泛分布；孙华等发现吉林省和黑龙江省2015春玉米穗腐病主要病原菌为禾谷镰孢菌复合种。本研究对来自2015—2016年在吉林省和黑龙江省春玉米区62个乡镇的玉米穗腐病样品进行病菌的分离和鉴定，结果发现分离的病原菌主要有禾谷镰孢菌、亚粘团镰孢菌、拟轮枝镰孢菌、层出镰孢菌、温暖镰孢菌、亚洲镰孢菌、布氏镰孢菌等7种镰孢菌，其中禾谷镰孢菌和亚粘团镰孢菌分离频率最高，分别为25.8%和22.58%。结果显示：黑龙江省禾谷镰孢菌和亚粘团镰孢菌分离频率最高，分别为37.5%和18.75%，主要来自于黑河、克山、佳木斯和哈尔滨；吉林省拟轮枝镰孢菌和层出镰孢菌分离频率最高，分别为26.67%和20%，主要来自于公主岭、双辽和洮南。本研究在黑龙江省玉米穗腐病样品中分离鉴别的禾谷镰孢菌复合种有：禾谷镰孢菌6株、亚洲镰孢菌1株和布氏镰孢菌3株，在吉林省鉴别的有禾谷镰孢菌2株和布氏镰孢菌1株。结果表明，东北春玉米区造成玉米穗腐病的主要病原菌为禾谷镰孢菌复合种，黑龙江省的禾谷镰孢菌复合种较为复杂，目前为止吉林省仅发现禾谷镰孢菌复合种2种。因此，密切关注东北春玉米区镰孢菌穗腐病病原菌的动态变化，了解穗腐病发生规律，对指导玉米品种的合理布局和有针对性的防治病害具有指导意义。

关键词：春玉米；穗腐病；镰孢菌

---

* 项目基金：公益性行业（农业）科研专项（201503112）；国家玉米产业技术体系（CARS-02）

** 第一作者：贾娇，女，助理研究员，博士，研究方向：玉米病虫害综合防治；E-mail：jiajiao821@163.com

*** 通信作者：苏前富，男，博士，副研究员；E-mail：qianfusu@126.com

谷子抗锈病过程中NAC转录因子的表达分析*

宋振君[1,2]** 李志勇[1] 王永芳[1] 刘 磊[1] 全建章[1] 董志平[1] 白 辉[1]***

(1. 河北省农林科学院谷子研究所，国家谷子改良中心，河北省杂粮研究实验室，石家庄 050035；2. 河北师范大学 生命科学学院，石家庄 050024)

摘 要：NAC是植物所特有的一类转录因子，参与植物生长发育、形态建成以及生物、非生物胁迫反应的抗逆过程。相比于拟南芥、水稻、小麦、大豆和杨树中的研究，谷子中关于NAC基因在生物胁迫反应中的表达研究相对较少。谷锈病是谷子生产上重要病害之一，筛选抗锈相关基因对于揭示抗锈机理意义重大。已有研究表明谷子中50个NAC家族成员参与了谷子盐、低温等非生物胁迫反应，据此本研究利用Real-Time PCR技术对其中33个NAC基因（SiNACs）在谷子抗、感锈病反应的5个时间点（0h、12h、24h、48h、72h）中的表达模式进行了分析，以期筛选到抗锈相关基因。主要研究结果如下：

首先分析了33个SiNACs基因在谷子抗病反应中的表达。①共筛选到22个SiNACs基因在谷子抗病反应中上调表达。其中以SiNAC03为代表的11个基因表达模式相似，接种后12h上调表达最显著，SiNAC21在接种后24h表达量最大，推测上述12个基因可能正调控谷子早期抗锈病反应；以SiNAC01表达为特点的10个基因在抗病反应的五个时间点中持续上调表达，在接种后48h和72h上调最显著，推测它们在抗病反应过程中持续发挥正调控作用。②共筛选到以SiNAC02为代表的5个基因在谷子抗病反应中下调表达。这些基因在接种后12h出现表达量下调，其中SiNAC25下调最显著，之后3个时间点几乎检测不到表达量，推测上述基因在谷子早期抗病反应中起负调控作用。③还筛选到SiNAC07、10、17共3个基因在抗病反应早期下调表达，后期显著上调表达，推测这些基因可能在抗病反应的后期发挥调控作用。

之后对比分析了抗病反应中30个差异表达基因在抗、感锈病反应中的表达，共筛选到19个表达模式不同的抗病相关基因。其中，以SiNAC01表达为代表的9个基因在谷子抗病反应的某个或多个时间点上调表达，在感病反应中下调表达；以SiNAC31表达为特点的4个基因，抗病反应中上调或下调表达，而感病反应中没有明显表达变化；SiNAC04、06和32三个基因抗感反应中均上调表达，但时间点不同；SiNAC10、21、26三个基因在感病反应中的变化时间点早，上调幅度大。上述基因属于抗病反应特异性基因，推测是与谷子抗锈病反应相关，需要进一步功能验证。

关键词：谷子；NAC；转录因子；抗锈病基因；Real-Time PCR

---

* 基金项目：农业部转基因生物新品种培育重大专项重点课题（2014ZX0800909B）；国家现代谷子糜子产业技术体系建设项目（CARS-07-12.5-A8）；国家自然科学基金项目（31101163；31271787）；河北省自然科学基金项目（C2014301028）

** 第一作者：宋振君，主要从事谷子抗锈病分子生物学研究；E-mail：740838796@qq.com

*** 通信作者：白辉；E-mail：baihui_mbb@126.com

参与谷子抗锈病途径的 R2R3-MYB 类转录因子的筛选鉴定研究[*]

白　辉[**]　石　灿　李志勇　王永芳　全建章　刘　磊　董志平[***]

（河北省农林科学院谷子研究所，国家谷子改良中心，
河北省杂粮研究实验室，石家庄　050035）

摘　要：谷锈病是谷子生产上的主要病害，流行年份植株倒伏、颗粒无收，严重影响着谷子的稳产和高产。筛选抗锈相关基因对于揭示抗锈机理意义重大。MYB 家族转录因子在调控植物发育以及响应逆境胁迫过程中发挥着重要的作用，R2R3 亚类主要参与应答外界环境胁迫与抵抗病原菌的侵害。本研究利用谷子基因组数据库与前期基因表达数据鉴定到谷子中 70 个 R2R3-MYB 基因（简称“SiMYBs”），并利用 Real-Time PCR 技术对它们在谷子抗、感锈病反应的 5 个时间点（0h、12h、24h、48h、72h）中的表达模式进行了系统分析，以期筛选获得抗锈相关基因。主要研究结果如下所述：首先分析了 70 个 SiMYBs 基因在谷子抗锈病反应中的表达。与 0h 时间点相比，其他时间点差异表达倍数不低于 2 倍（｜log2ratio｜ ≥1）作为筛选条件，共筛选到谷子抗病过程中表达发生变化的基因 53 个（上调表达 21 个，下调表达 32 个）。

之后，进一步比较分析了差异表达基因在谷子抗、感锈病反应中表达。①在抗病反应上调表达的 21 个 SiMYB 基因中，17 个基因在抗、感反应中表达模式相同，其中，SiMYB7、33、34、57、13、27 和 53 七个基因在抗病反应中的上调表达倍数高于感病反应，推测上述 17 个基因在谷子基础抗病反应中发挥作用；3 个基因在抗、感病过程中表达模式不同，其中，基因 SiMYB56 在感病反应 12h 达到表达高峰，早于抗病反应的 24h，SiMYB 36、58 二个基因在抗、感病反应中表达模式相反，感病反应中表达下调或者无变化，推测这两个基因是谷子抗锈病特异性基因。②在抗病反应表达下调的基因中，有 26 个 SiMYB 基因在抗、感病反应中表达模式相同，均呈现为下调表达；有 6 个 SiMYB 基因在抗、感病反应中表达模式不同，其中，SiMYB14、27、32 在感病反应中均表现为接种后 12h 开始上调表达，而在抗病反应中的 12h 三个基因均显著下调，推测这些基因在抗病反应中起负调控作用。综上所述，共鉴定到 10 个 SiMYB 基因在抗、感锈病反应中的表达模式不同，属于抗病反应特异性基因，推测参与了谷子抗锈病反应，需要进一步功能验证。

关键词：谷子；R2R3-MYB；转录因子；抗病相关基因；Real-Time PCR

---

* 基金项目：农业部转基因生物新品种培育重大专项重点课题（2014ZX0800909B）；国家现代谷子糜子产业技术体系建设项目（CARS-07-12.5-A8）；国家自然科学基金项目（31101163；31271787）；河北省自然科学基金项目（C2014301028）

** 第一作者：白辉，主要从事谷子抗锈病分子生物学研究；E-mail：baihui_ mbb@ 126. com

*** 通信作者：董志平；E-mail：dzping001@ 163. com

利用 SRAP 标记分析谷瘟病菌遗传多样性*

李志勇[1**]　任世龙[1,2]　白　辉[1]　董志平[1***]　邢继红[2***]

（1. 河北省农林科学院谷子研究所/河北省杂粮重点实验室/国家谷子改良中心，石家庄　050035；2. 河北农业大学生命科学学院，保定　071001）

摘　要：由谷瘟病菌（*Magnaporthe oryzae*）引起的谷瘟病是谷子生产中的重要病害之一，研究不同地区谷瘟病菌群体遗传多样性对了解谷瘟病菌的遗传变异和指导病害防控具有重要意义。本研究采用序列相关扩增多态性（sequence-related amplified polymorphism，SRAP）荧光标记对不同谷子产区的 90 个谷瘟病菌菌株的遗传多样性进行了分析。8 对 SRAP 荧光标记引物共获得 1 485 个位点且均为多态性位点，多态性比例为 100%。UPGMA 聚类结果显示，在相似性系数为 0. 818 时，可将供试 90 个菌株划分为 8 个分组，每组包含的菌株个数分别为 32、29、15、7、4、1、1 和 1。SRAP 分组显示来源于春谷种植区与夏谷种植区的谷瘟菌菌并没有明显分为两簇，而是成簇交替分布在各分组之中，该分组显示与寄主谷子的品种无明显的相关性，但与谷瘟病菌菌株的地理来源具有一定的相关性。聚类分析结果表明，中国不同谷子产区的谷瘟病菌整体亲缘关系较为相近，但谷瘟病菌菌株间存在遗传差异，各地区谷瘟病菌遗传多样性较为丰富。

关键词：谷瘟病菌；谷子；SRAP 标记；遗传分化

---

* 基金项目：河北省优秀专家出国培训项目；国家现代农业产业技术体系（CARS-07-13. 5-A8）

** 第一作者：李志勇，博士，男，研究员，主要从事谷子病害研究；E-mail：lizhiyongds@ 126. com

*** 通信作者：董志平，硕士，女，研究员，主要从事谷子病害研究；E-mail：dzping001@ 163. com
邢继红，博士，女，教授，主要从事植物病原与寄主互作研究；E-mail：xingjihong 2000@ 126. com

谷瘟病菌无毒基因鉴定与分析*

任世龙[1,2**]　白　辉[1]　王永芳[1]　邢继红[2]　李志勇[1***]　董志平[1***]

（1. 河北省农林科学院谷子研究所，河北省杂粮重点实验室，国家谷子改良中心，石家庄　050035；2. 河北农业大学生命科学学院，保定　071001）

摘　要：谷瘟病菌（*Magnaporthe oryzae*）与谷子寄主之间的互作关系和水稻与稻瘟病菌之间一样，符合 Flor 的“基因对基因”学说。谷瘟病菌在侵染谷子的过程中，谷子所携带的抗病基因与谷瘟病菌无毒基因的编码产物相互作用，进而引发寄主过敏性坏死反应（HR），抑制谷瘟病菌扩大侵染，从而产生抗病效果。已克隆的稻瘟病菌无毒基因主要分为两种，即寄主特异性的 PWL 基因家族和与稻瘟病菌致病相关的 Avr-gene 家族。本实验利用 7 个无毒基因的特异性引物对近年来分离自黑龙江、吉林、辽宁、山西、陕西、山东、河北、河南、海南、内蒙古和新疆共计 76 株谷瘟病菌单孢菌株的 7 种不同无毒基因 *Avr1-co39*；*Avr-pita*；*ACE1*；*Avr-piz-t*；*Avr-pii*，*Avr-pia* 和 *Avr-pik* 进行扩增测序分析。结果表明 *Avr1-co39*；*Avr-pita*；*ACE1*；*Avr-piz-t* 的扩增检出率为 100%，没有地区的差异性，说明这 4 个无毒基因在谷瘟病菌进化中较为稳定。而 *Avr-pii*，*Avr-pia* 和 *Avr-pik* 则以不同的频率在不同的地区出现，*Avr-pik*、*Avr-pia* 和 *Avr-pii* 的总扩增率分别为 63.2%、42.1%和 21.1%，*Avr-pii* 和 *Avr-pia* 两种无毒基因的 CDS 区相对保守。含有 *Avr-pia* 的 32 个谷瘟病菌菌株中仅 P18 菌株的 *Avr-pia* 在 CDS 区发生一处错异突变，导致该变异位点由编码苏氨酸突变为编码异亮氨酸，对于该基因突变所产生的致病力变化还需进一步的接菌验证。鉴定不同地区谷瘟病菌无毒基因类型，有助于携带相关抗病基因的谷子品种合理布局，能够为有效的控制谷瘟病的发生提供理论指导，从而减轻谷瘟病的为害。

关键词：谷瘟病菌；无毒基因；鉴定分析

---

* 基金项目：河北省优秀专家出国培训项目；国家现代农业产业技术体系（CARS-07-13.5-A8）

** 第一作者：任世龙，硕士研究生，主要从事谷瘟病菌研究；E-mail：renshilong1993@163.com

*** 通信作者：李志勇，博士，男，研究员，主要从事谷子病害研究；E-mail：lizhiyongds@126.com

董志平，硕士，女，研究员，主要从事谷子病害研究；E-mail：dzping001@163.com

转 *hrpZm* 基因大豆对疫霉根腐病抗性提高的分子机理*

杜　茜[1,2**]　杨向东[1]　杨　静[1]　郭东全[1]　张金花[1]
汪洋洲[1]　张正坤[1]　李启云[1***]　潘洪玉[2***]
（1. 吉林省农业科学院植物保护研究所，公主岭　136100；
2. 吉林大学植物科学学院，长春　130062）

摘　要：植物对胁迫所引起的一系列基因表达和基因的产物是特异的，植物表达抗病反应的过程也是抗病信号传递的过程。本研究以通过连续多代的后代筛选获得的转 *hrpZm* 基因高抗大豆疫霉根腐病的单拷贝纯合株系为试验材料，以该株系的受体材料为对照，采用 Real time -PCR 技术测定了水杨酸、茉莉酸、细胞程序性死亡等多条信号途径关键基因表达量，其中水杨酸信号途径关键基因 PR1、PR12、PAL 在大豆疫霉根腐病为害的大豆植株的叶片上基因表达量均表现出明显的上调。茉莉酸信号途径基因 AOS 基因表达量在叶片上微弱上调，而 PPO 却明显的上调。细胞程序性死亡 GmNPR1 和 GmNPR2 明显上调，而与 R 基因抗性相关的基因 GmSGT1 基因表达量微弱上调，RAR 基因表达量明显的上调。基因的相对表达量结果表明，转 *hrpZm* 基因大豆株系中对大豆疫霉根腐病的抗性是多种调控机制共同作用的结果，多条抗病途径的协同交互作用实现了该过程。转 *hrpZm* 基因的转基因株系 B4J9116-6 的纯合后代，在抵抗大豆疫霉根腐病的侵染时 PR1、PR12、PAL、PPO、GmNPR、RAR 等 6 个基因均起到了重要的作用。除 GmNPR 基因转录水平的表达需要病原菌侵染的诱导外，其余 5 个基因均以组成型防御的特点保护植株免受病原菌的伤害。来源于转 *hrpZm* 基因转基因事件 B4J9116 的转基因株系 B4J9116-6 的纯合株系，由于外源基因的转入其对病原菌的伤害与受体相比表现出了不同的防御机制。

关键词：转基因大豆；大豆疫霉根腐病；*hrpZm* 基因；分子机理

---

* 基金项目：转基因生物新品种培育科技重大专项（2016ZX08004-004）

** 第一作者：杜茜，女，副研究员，硕士，从事微生物农药及微生物分子生物学研究；E-mail：dqzjk@163.com

*** 通信作者：李启云，男，研究员，博士；E-mail：qyli@cjaas.com
潘洪玉，男，教授；E-mail：panhongyu@jlu.edu.cn

根腐病对青稞根际土壤酶活性及土壤微生物群落结构的影响*

李雪萍[1**]　李建宏[2]　漆永红[1,2]　郭　成[1,2]　郭　炜[2]　李　潇[2]　李敏权[1,2***]

（1. 甘肃省农业科学院植物保护研究所，兰州　730070；
2. 甘肃农业大学草业学院，兰州　730070）

摘　要：为研究青稞根腐病对其根际土壤酶活性及土壤微生物群落结构的影响。以甘肃青稞主产区甘南藏族自治州临潭县为研究区，对其青稞根腐病的发病率进行调查，并采集样品，对比研究健康青稞植株和根腐病植株根际过氧化氢酶、碱性磷酸酶、脲酶、蔗糖酶、纤维素酶等土壤酶活性，以及土壤细菌、放线菌、真菌的数量组成。结果发现，研究区10个采样点青稞均有根腐病的发生，发病率在5%～20%，发生呈普遍性和区域性特征。青稞根际土壤过氧化氢酶、蔗糖酶、脲酶、碱性磷酸酶的活性因根腐病的发生而降低，而纤维素酶活性则因根腐病的发生而升高，不同样地间土壤酶活性不同。而土壤微生物数量总体呈现细菌>放线菌>真菌的趋势，但不同微生物对根腐病发病的响应不同，细菌和放线菌数量因根腐病的发生而减少，真菌的数量则增多。不同样地之间土壤微生物数量不相同，细菌和真菌呈现区域性特征，放线菌的数量不呈现地域性。相关性分析表明，土壤过氧化氢酶、蔗糖酶、脲酶、碱性磷酸酶以及纤维素酶的活性变化都与根腐病的发生相关，土壤细菌、真菌、放线菌等三大类微生物的数量也与根腐病的发生相关。总体来说，根腐病的发生改变了青稞根际土壤代谢过程和土壤微生物的区系组成。

关键词：青稞；根腐病；土壤酶；土壤微生物

* 基金项目：国家公益性行业（农业）计划项目“作物根腐病综合治理技术方案”子项目“西北地区麦类及蔬菜根腐类病害综合治理”（项目编号：201503112）

** 第一作者：李雪萍，女，博士，主要从事植物病理学研究；E-mail：lixueping0322@ 126. com

*** 通信作者：李敏权，研究员，主要从事植物病理学研究；E-mail：lmq@ gsau. edu. cn

宜宾马铃薯常见病害为害现状及其对策*

吴郁魂[1**] 周黎军[1] 赵 军[1] 罗家栋[2] 张 芹[3]

（1. 宜宾职业技术学院，宜宾 644003；2. 宜宾市农业局，宜宾 644000；
3. 筠连县农业局，筠连 645250）

摘 要：报道了宜宾马铃薯常见侵染性病害有12种，非侵染性病害2类。归纳了其特点：病毒病分布普遍，发生频繁；马铃薯晚疫病流行性强，最具有毁灭性；带毒带菌种薯为多种马铃薯病害的主要越冬场所和初侵染源；在非传染性病害中，除草剂药害和二次药害问题值得关注。并就宜宾马铃薯病害的绿色防控对策进行了探讨。

关键词：宜宾；马铃薯；病害；绿色防控；对策

宜宾市地处我国西南地区四川盆地南缘，海拔236.3~2 008.7m，气候垂直分布，年均温17.7~18.0℃，降水量1 144.61mm，雾多、温差大，土壤酸性至微碱性，具有发展马铃薯生产得天独厚的条件。推进马铃薯主粮化发展战略是宜宾市农业供给侧结构性改革的重要内容。在“十二五”期间，全市马铃薯种植面积由2.35万hm^2提高到4.83万hm^2，总产量（折合原粮）由5.73万t提高到13.5万t。其中，春马铃薯1.04万hm^2，产量3.64万t；秋冬马铃薯3.79万hm^2，产量9.86万t[1]。2015年农业部提出马铃薯主粮化发展后，马铃薯已经成为宜宾市重要的作物和很有希望的特色农产品。然而，长期以来，病害是影响宜宾马铃薯生产的一大制约因素，由于马铃薯病害种类多、发生面广、为害严重，常造成马铃薯大面积减产，质量难以提高。为有效控制病害，笔者对宜宾市马铃薯常见病害种类及其为害现状进行了调查，并提出了绿色防控对策。

1 宜宾马铃薯常见病害的为害现状

通过调查明确了宜宾马铃薯上常见侵染性病害有12种，其中真菌病害有早疫病、晚疫病、疮痂病、立枯丝核菌病4种，细菌病害有青枯病、环腐病和黑胫病3种，病毒病有马铃薯X病毒（PVX）、马铃薯Y病毒（PVY）、马铃薯卷叶病毒（PLRV）、烟草花叶病毒（TMV）、黄瓜花叶病毒（CMV）5种，此外，还有除草剂药害和缺素症等非侵染性病害的发生，在马铃薯不同生育期都有不同病害发生，归纳起来具有以下特点：

1.1 病毒病分布普遍，发生频繁

病毒病为系统侵染病害，症状特点只有病状，没有病征，而且多表现为变色、畸形、坏死。病毒病田间表现症状复杂多样，由于防治不及时，植株受害后发育畸形、矮小产量降低，同时由于病毒病的影响使马铃薯种薯退化。在宜宾马铃薯产区，分布广、为害重的病毒病有马铃薯X病毒（PVX）、马铃薯Y病毒（PVY）、而马铃薯卷叶病毒（PLRV）

* 基金项目：宜宾市科技局立项“《宜宾马铃薯生产技术规范》研究与应用”（2015RY006）

** 第一作者：吴郁魂，男，硕士，教授，从事植物保护、农业产业化教学与研究工作；E-mail：wuyuhun@163.com

等为零星发生。此外，侵染烟草、黄瓜、番茄等的一些病毒也侵染马铃薯，如 TMV、CMV 等。在病毒病中，马铃薯 Y 病毒是近年来为害马铃薯的最重要病毒，严重影响马铃薯的产量与品质。根据在南溪区调查，部分田块因为 PVY 导致减产达到 80%以上。

1.2 马铃薯晚疫病流行性强，最具有毁灭性

该病在宜宾各地普遍发生，为害严重，常常表现为叶片萎垂，卷缩，终致全株黑腐，全田一片枯焦，散发出腐败气味。块茎染病，病部皮下薯肉亦呈褐色，慢慢向四周扩大或烂掉，最具有毁灭性。必须进一步掌握其发生规律，加强防控。关于马铃薯晚疫病发生规律与防治，目前，有 3 点需要注意研究和解决：①晚疫病菌 A2 菌株的快速发展使得马铃薯晚疫病的防治更具挑战性。1996 年中国首次报道晚疫病菌发生 A2 交配型[2]，以后在马铃薯主产区陆续发现 A2 交配型，A2 交配型孢子萌发速度快，A2 菌株在叶片的侵染速度也很快，侵染部分的面积更大，孢子形成的更多，茎部的侵染更严重，更耐高温，既可独立繁殖也可与 A1 产生杂交（A1 + A2），因此，我们需要采取更新的防治策略对付日益严重且致病力更强的 A2 菌株。②应当注意马铃薯茎部受到侵染对于晚疫病发生和流行的重要影响。田间调查表明：茎部侵染常由叶腋部开始，但是茎部侵染的症状很难察觉，比叶片侵染的速度慢，从茎部受到晚疫病菌侵染到茎部可观察到症状（表现褐色条斑）的潜伏期长达 10 天，一旦发病，茎部在很长时间内都可能产生孢子囊，因此，茎部病斑往往是晚疫病田间的初侵染源和发病中心，而晚期的茎部侵染基本上会引起严重的块茎感染。③过去长期使用甲霜灵和精甲霜灵作为保护剂，导致当地晚疫病菌已普遍对甲霜灵及精甲霜灵产生抗药性；同时，对于甲霜灵・锰锌也产生了一定的交互抗药性。群众普遍反映甲霜灵类保护剂防治效果不给力，甚至几乎无效，这是化学防治晚疫病的短板。因此，在对甲霜灵和精甲霜灵普遍产生抗性的地区，应优先选用与甲霜灵、精甲霜灵作用机理不同的药剂防治马铃薯晚疫病。

1.3 带毒带菌种薯为多种马铃薯病害的主要越冬场所和初侵染源

在宜宾，马铃薯常见病害有 12 种，以带菌种薯越冬的就有 10 种，占病害总量的 83.3%。由于种薯的异地调运，通过种薯带菌传播病害现象非常严重，马铃薯种薯带毒带菌一方面造成窖薯发病率严重，导致贮藏期间病害发生日益严重，造成烂窖现象，成为限制马铃薯产业健康发展的瓶颈，另一方面带毒带菌的种薯种植后影响出苗并成为多数马铃薯病害的初侵染源。这不仅在病毒病中常见，而且在真菌病和细菌病中也成为严重问题。例如，环腐病主要是种薯带菌传播，带菌种薯是初侵染来源，切块是传播的主要途径。实验表明，一般切一个病薯可把病害传染到 24～28 个健薯，因此，建立无病留种基地，是防治马铃薯病害最根本最经济最有效的措施，必须落实到位。

1.4 在非传染性病害中，除草剂药害和二次药害问题值得关注

由于农业的劳动力缺乏及人工费用的不断上涨，目前，绝大多数农民在种植作物时都喜欢施用除草剂。然而，不少群众在选择使用除草剂时，只考虑当季除草效果，忽视了对除草剂敏感的下茬作物的影响和安全等待期。以至于常常会引起除草剂药害，甚至二次药害。例如，在翠屏区和南溪区最近就发生过多起玉米套种马铃薯田中因为莠去津、硝磺草酮使用不当造成马铃薯受到除草剂药害，出现马铃薯生长迟缓，迟迟不发芽，出芽以后，种薯上密密麻麻全是根，但是不往下扎。出苗后，薯苗又细又黄并且卷叶。地下的马铃薯畸形，和生姜相似，而且薯小，大幅度减产。这种绝产的除草剂药害和二次药害事例，必

须引起注意，要加强预防。

2 绿色防控对策探讨

针对宜宾马铃薯主要病害发生为害特点，马铃薯病害绿色防控应贯彻“预防为主，综合防治”的植保工作方针，以农业防治为基础，综合运用各种防治措施，科学、合理使用化学农药，将病害损失控制在经济允许受害水平以下，将商品马铃薯中的农药残留量降低到国家规定的标准范围以内，发展环境友好型的“绿色”马铃薯生产技术，实现商品马铃薯的生态、优质、安全。

2.1 加强植物检疫

马铃薯癌肿病 1895 年首次发现于匈牙利，现在已经成为世界上许多国家马铃薯生产上的危险性病害，在我国确定为一类检疫性真菌病害。这种病害在常发区一般减产 50%，并且降低薯块品质，重者绝收或虽有产量但病薯煮不烂，不堪食用[3]，其教训可资借鉴。然而，从国外（荷兰、秘鲁、墨西哥等）及外地（云南宣威、河北张家口等）引进优良的马铃薯品种和种质资源是当前宜宾推进马铃薯主粮化战略，发展马铃薯产业的必然趋势，但是必须贯彻执行《中华人民共和国进出境动植物检疫法》《植物检疫条例》及其《实施细则》等法律法规，强化植物检疫执法工作的力度。要提高马铃薯种薯经销大户的植物检疫意识和法制意识，从源头上加强了植物检疫监督管理，针对随种薯传播的马铃薯病害，如马铃薯环腐病、马铃薯癌肿病和马铃薯胞囊线虫，给予密切注意，加强植物检疫，杜绝病菌的传入，特别是要注意宜宾市邻近马铃薯癌肿病疫区凉山州，在调种换种时要坚决禁止从感病地区调运马铃薯种薯，这是控制检疫性病害蔓延最有效的方法。要把好调种检疫关，必要时进行复检把关，特别要检查可疑马铃薯芽眼周围有无肿瘤，避免马铃薯癌肿病等检疫性病害的传入，从而实现马铃薯生产可持续发展，保护薯农利益。

2.2 农业防治

预防为主是植物保护工作方针的首要任务，必须坚持；农业防治是预防为主的基础一环。为此，必须把各项措施落到实处。

培育和推广抗病虫品种。培育和推广抗病品种是最经济有效的病害控制措施，应严格挑选通过国家或省级审定并在当地示范成功的脱毒马铃薯种薯，按照目前的种植水平，如果全部更换成脱毒优质种薯，宜宾马铃薯单产就能提高 30%。种薯质量应符合 GB 4406—4406《种薯》和“GB 18133—2012《马铃薯脱毒种薯》的要求。要防止抗性品种的单一化种植，注意抗性品种轮换，合理布局具有不同抗性基因的品种，做到当家品种、搭配品种和后备品种一起抓，同时配以其他综合防治措施，提高利用抗病品种的效果。例如，费乌瑞它较抗病毒病，克新 18 号、克新 3 号抗晚疫病。实行合理的轮作倒茬，可以恶化病虫发生的环境。例如，在宜宾推广“稻-马铃薯”水旱轮作种植模式，大大减轻了一些土传病害（如青枯病）的为害。还可与非茄科作物轮作 3 年以上。栽培密度要适宜，不要过密。宜采用大垄双行种植，有利于抑制晚疫病、青枯病等病害的发生。采用测土配方施肥技术，做到肥料元素养分齐全、均衡，适合马铃薯生长需求，防止马铃薯生长过嫩过绿，以减轻多种病害的发生。注意清洁田园，发现晚疫病的中心病株和感染病毒病的病株，要及时清除并远离深埋，降低病源数量。

综上所述，以农业防治基础，创造有利于抗病不利于发病的农田生态环境，可显著地减轻病害的发生，控制发病率，有利于减少农药使用量，减少马铃薯中有害成分的残留。

2.3 生物防治

（1）以菌治菌（病）。利用对马铃薯有益的微生物及其代谢产物来影响或抑制病原物的生存和活动，减少病原物的数量，从而控制植物病害的发生与发展。如利用腐生木霉（*Trichoderma*）制剂防治植物土传病害，用农用链霉素防治细菌性病害。

（2）根据交叉保护作用的原理，利用弱毒疫苗（N14、L871、L872、L881、S542）防治病毒病，利用83增抗剂、宁南霉素防治病毒病。

（3）利用烟蚜茧蜂［*Aphidius gifuensis*（Ashmead）］防治蚜虫，可减少蚜虫种群数量，同时可降低蚜虫所传播的病毒病的发病率。

2.4 物理防治

物理防治是利用物理方法清除、抑制、钝化或杀死病原物来控制烟草病害发生发展的方法。如蒸汽消毒，即用80~90℃的热蒸汽处理土壤30~60 min，可杀死其中绝大多数病原物和害虫。还可用40目的尼龙网在棚四周严密覆盖，防止蚜虫等害虫进入棚内。用黄板（柱）等方法诱杀蚜虫等，从而减轻病毒病的发病率。

2.5 化学防治

2.5.1 农药施用原则

严格执行GB 4285—1989《农药安全使用标准》和GB/T 8321《农药合理使用准则》的规定，应做到对症下药，适期用药，合理轮换用药，运用适当浓度与药量，合理混配药剂，并确保农药施用的安全间隔期，注意保护生态环境。

2.5.2 主要病害防治

（1）早疫病。一般在马铃薯田间下部叶片早疫病的病斑率达到5%时，应进行早疫病的初次用药，以后每隔7~10天喷施一次，还可轮换施用如25%嘧菌酯悬浮剂2 000倍液、68.74%代森锰锌·噁唑菌酮水分散粒剂1 000~1 500倍液或25%双炔酰菌胺悬浮剂1 000~1 500倍液等药剂进行防治，连续防治2~3次。

（2）晚疫病。要关注马铃薯晚疫病监测预警系统（http：//218.70.37.104：7002），搞好晚疫病的科学防控。在马铃薯生育中后期容易发生晚疫病，当田间未出现中心病株时，可从现蕾期开始间隔期7天喷施1~2次保护性杀菌剂，如可轮换使用80%代森锰锌可湿性粉剂400~600倍液、25%双炔酰菌胺悬浮剂2 500倍液、10%氰霜唑悬浮剂2 000~2 500倍液等保护性杀菌剂；在马铃薯晚疫病发病后应用内吸治疗剂：可交替使用52.5%噁酮·霜脲氰水分散颗粒剂1 800倍液、64%恶霜灵·代森锰锌可湿性粉剂500倍液、68.75%氟吡菌胺·霜霉威悬浮剂700倍液等系统性治疗的杀菌剂喷施。

（3）青枯病。发病初期用72%农用链霉素可溶性粉剂4 000倍液，或3%中生菌素可湿性粉剂800~1 000倍液，或77%氢氧化铜可湿性微粒粉剂400~500倍液灌根，隔10天灌1次，连续灌2~3次。

（4）病毒病。治蚜防病：马铃薯出苗后，立即用杀虫剂喷药防治蚜虫；喷药抑制病毒病：发病前至发病初期，可采用宁南霉素、盐酸吗啉胍·乙酸铜、菌毒·吗啉胍、菌毒清、三氮唑核苷等药剂进行防治。

参考文献（略）

马铃薯腐烂茎线虫在陕西省的适生性分析*

洪　波[1,2**]　张　锋[1,2]　李英梅[1]　刘　晨[1]　张淑莲[1]　陈志杰[1***]
(1. 陕西省生物农业研究所，西安　710043；
2. 渭南渭丰源现代农业科技有限公司)

摘　要：马铃薯腐烂茎线虫（*Ditylenchus destructor* Fhorne）是严重为害马铃薯的重要病原之一，是我国重要的检疫性有害生物。陕西省属于马铃薯种植大省，近年来马铃薯腐烂茎线虫在周边省份都有分布，因此，对马铃薯腐烂茎线虫进行陕西省潜在适生区预测和风险评估，具有重要理论和现实意义。本研究应用两种生态位模型 CLIMEX 和 MaxEnt，对马铃薯腐烂茎线虫在陕西省的适生区进行了预测。结果表明：榆林市绝大部分属于高度适生区，延安市大部分属于中度适生区，而陕南的汉中市和安康市绝大部分属于低度适生区和非适生区。研究结果为线虫在各地区的风险分析和检疫控制提供了理论依据，可用于指导和制订检疫控制方案，避免或降低线虫在陕西省的发生风险。

关键词：马铃薯腐烂茎线虫；CLIMEX；MaxEnt；适生区；风险评估

马铃薯腐烂茎线虫（*Ditylenchus destructor* Fhorne）是严重为害马铃薯的重要病原之一，也是一种重要的全球检疫性有害生物。该线虫最早于1930年在美国新泽西州发现[1]，目前已广泛分布于美洲、欧洲、亚洲、澳洲和非洲等国家和地区[2]。该线虫自1937年由日本传入我国以来，目前在我国主要分布于北京、天津、山东、河北、河南、安徽、江苏、浙江、辽宁、吉林、福建、海南、新疆、甘肃等省（区）市，其中以山东和河北两省的为害最为严重[2-3]。马铃薯腐烂茎线虫主要为害寄主植物地下部分，如马铃薯块茎、甘薯块根、当归的根、百合的鳞球茎等，在我国主要为害马铃薯和甘薯，引起马铃薯或甘薯茎线虫病，一般可使田块减产30%~50%，严重时可减产80%以上，甚至绝收[4-5]。

马铃薯是全球第四大粮食作物，也是我国继小麦、玉米、水稻之后的第四大粮食作物，在农业生产中具有重要的地位。我国是世界上最大的马铃薯生产国，马铃薯的产量和种植面积均居世界第一。其中，陕西省马铃薯种植面积已达到600万亩，年产量500多万吨，面积、产量均居全国前列[6]。同时，陕西省已成为中国乃至世界马铃薯的最佳适种区之一。随着改革开放和经济的发展，国外植物、植物产品的大量进口，外来植物检疫性有害生物传入的风险日益增大。目前，马铃薯腐烂茎线虫已在河南、甘肃等陕西周边省份发生，传入陕西省并继续蔓延的危险性日趋严重。

马铃薯腐烂茎线虫的传播途径主要分为人为传播和自然传播，研究其在陕西省的潜在适生分布区将对监测其发生范围、制定适当的预防手段和控制措施等具有重要的指导意

* 基金项目：陕西省科技厅农业攻关项目（2015NY018）；西安市科技局农业科技创新项目（NC1502）；陕西省科学院应用基础研究项目（2015K-06）

** 第一作者：洪波，男，博士研究生，主要从事植保信息技术研究；E-mail：hb54829@163.com

*** 通信作者：陈志杰；E-mail：zhijiechen68@sina.com

义。近年来，随着计算机技术的发展，越来越多的研究者利用生态位模型软件对一些外来入侵线虫物种的适生区进行了风险分析：李建中等[7]应用 GARP 和 MaxEnt 两种模型进行了甜菜孢囊线虫（*Heterodera schachtii* Schmidt）在中国的适生性风险分析；吕全等[8]利用 CLIMEX 模型和模糊综合评判法对松材线虫（*Bursaphelenchus xylophilus* Nickle）在我国的潜在适生性进行了评价；崔金璐[9]利用 GARP 和 MaxEnt 模型软件对鳞球茎茎线虫［*Ditylenchus dipsaci*（Kühn）Filijev］入侵与适生性进行了风险分析；李建中[10]应用 CLIMEX、GARP 和 MaxEnt 模型对 6 种潜在外来入侵线虫在中国的适生性进行了风险分析。综上所述，这些研究主要是对某种入侵物种进行全国范围的适生性分析，而具体到某个省份或地区时，由于模型参数的设置差别及建模数据的缺失，导致适生区预测范围误差较大，不利于检疫测报工作的开展。本研究应用生态气候模型 CLIMEX 和最大熵模型 MaxEnt 两种生态位模型软件，结合陕西省气象环境等建模数据，预测了马铃薯腐烂茎线虫在陕西省潜在的高、中、低适生区和非适生区，以期为进一步开展该线虫在我省的分布区域测报及制定有效的检疫措施和防治决策提供依据。

1 材料与方法

1.1 软件平台简介

本研究采用的 CLIMEX 是澳大利亚科学与工业研究组织（Commonwealth Scientific and Industrial Research Organization，CSIRO）的科学家于 1999 年开发的一种预测物种潜在适生区的软件，版本为 1.1[11-12]；MaxEnt 为 Philips 等[13]在 2004 年基于最大熵理论而开发的软件，版本为 2.3；地理信息软件使用美国 ESRI 公司开发的 ArcGIS，版本为 9.2。

1.2 马铃薯腐烂茎线虫全球分布数据

马铃薯腐烂茎线虫在世界范围内的分布数据来自于 EPPO（https://gd.eppo.int/taxon/DITYDE/distribution）。如图 1 所示，目前马铃薯腐烂茎线虫在全球 53 个国家和地区已有分布。应用 ArcGIS 软件自带的空间地图数据集，获取线虫全球分布数据 93 点，并将查阅文献[3,10]得到的马铃薯腐烂茎线虫在国内的分布数据 54 点与全球分布数据合并，按照 MaxEnt 模型要求的格式录入 EXCEL 表中，生成 CSV 格式文件。

1.3 环境数据的采集和整理

1.3.1 CLIMEX 模型

由于 CLIMEX 模型气象数据库中只包括了国内 85 个气象站点，而陕西省内只包括西安 1 个气象站点，用来预测本省线虫适生区准确度会很低，因此，通过陕西省气象局获取全省 88 个县（市）区站点的经纬度数据，与国内 84 个站点（除西安市外）合并为 172 个站点，将这些站点的气象数据整理成月平均最高气温、最低气温、降水和相对湿度等 CLIMEX 软件要求的格式导入模型，用于模型分析。

1.3.2 MaxEnt 模型

MaxEnt 模型的环境数据使用 1961—2000 年全球 14 项环境因子栅格图层数据，其中，气候环境图层包括：年平均温度、年最高温度、年最低温度、年降水量、年蒸发量、年湿度、年辐射、年有霜期；自然物理图层包括：地貌、数字高程、坡度、植被、灌溉水累积量、灌溉水流向。栅格数据的空间分辨率为 0.1°，数据格式为 ASC[14]。

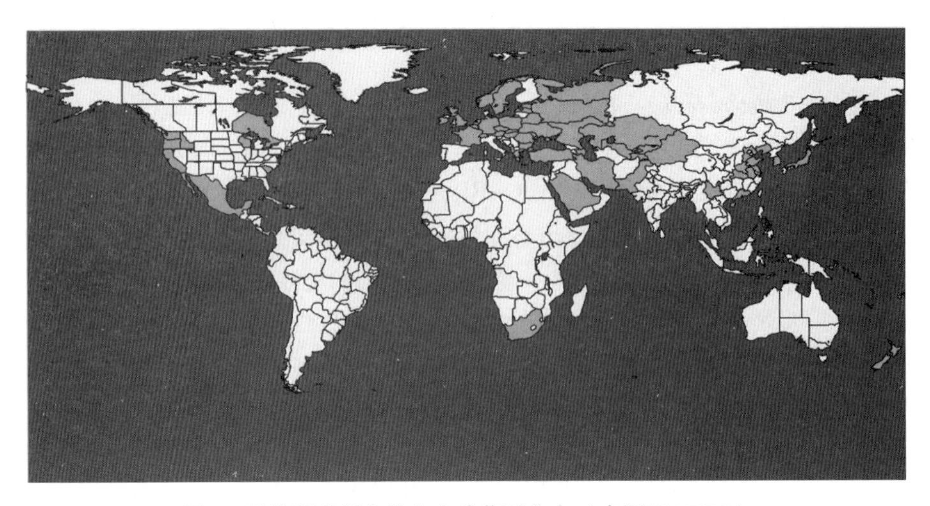

图 1　马铃薯腐烂茎线虫全球范围分布（来源于 EPPO）

1.4　模型分析方法

1.4.1　CLIMEX 模型

CLIMEX 模型采用位置比较分析法，利用马铃薯腐烂茎线虫生物学参数（参考李建中[10]）预测其在全球实际分布地区的可能性，然后根据生态气候指数（EI）公式计算出各站点 EI 值，将各站点经纬度及 EI 值整理为 EXCEL 格式，导入 ArcGIS 中进行反距离权重（IDW）插值，生成马铃薯腐烂茎线虫在陕西省的适生区图层，预测出其在陕西省的潜在分布区。在 CLIMEX 模型预测中所用到的 14 个生物学相关参数及修正值如表 1 所示。

表 1　马铃薯腐烂茎线虫基于 CLIMEX 模型的生物学相关参数

参数名称	参数含义	参数修正值	参数名称	参数含义	参数修正值
DV0	发育起点温度	10	SM3	限制性最高湿度	0.45
DV1	适宜温度最低值	20	PDD	有效发育积温	410
DV2	适宜温度最高值	27	TTCS	冷胁迫积累阈值	0
DV3	限制性高温	32	THCS	冷胁迫积累速度	0.000095
SM0	限制性最低湿度	0.1	TTHS	热胁迫积累阈值	35
SM1	适宜湿度最低值	0.2	THHS	热胁迫积累速度	0.02
SM2	适宜湿度最高值	0.4	SMDS	干胁迫积累值	0.05

1.4.2　MaxEnt 模型

将 1.2 中生成的马铃薯腐烂茎线虫分布数据 CSV 文件与 1.3.2 中的环境数据文件导入 MaxEnt 模型，并进行参数设置：测试数据比例为 15%，最大迭代次数为 500 次，收敛阈值为 0.000 01，输出的栅格数据为 ASC 格式，取值范围在 0～100，生成全球预测结果图，然后导入 ArcGIS 进行处理，切割出马铃薯腐烂茎线虫在陕西省内的适生区图层，预测出其在陕西省的潜在分布区。

2 结果与分析

2.1 CLIMEX 模型适生性分析

经 CLIMEX 模型预测，按照 EI 不同级别将陕西地区划分为 4 个适生区，结果见图 2。马铃薯腐烂茎线虫在陕西省的适生区范围较广，其中，榆林和关中中西部地区为高度适生区（EI>15），延安、商洛、关中东北及陕南北部地区为中度适生区（10<EI<15），安康和汉中大部分地区属于低度适生区或非适生区（EI<10）。

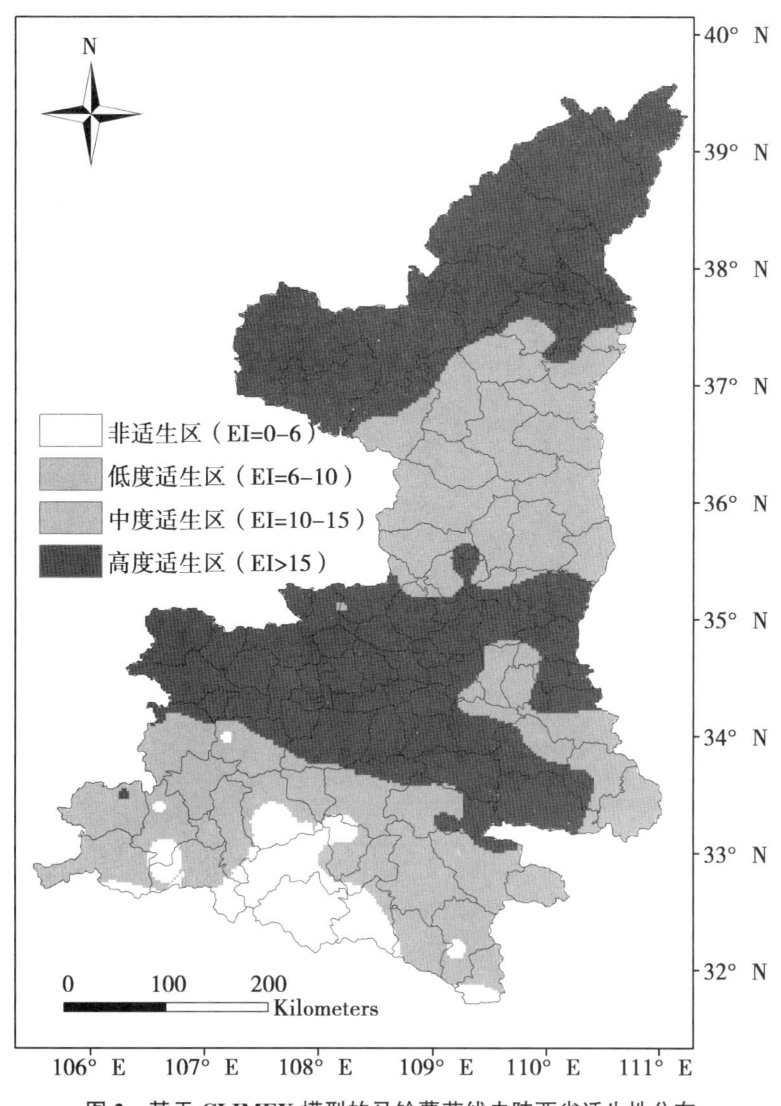

图 2 基于 CLIMEX 模型的马铃薯茎线虫陕西省适生性分布

2.2 MaxEnt 模型适生性分析

经 MaxEnt 模型预测，按照适生性指数的不同级别将陕西地区划分为 4 个适生区，结果见图 3。MaxEnt 模型的适生区范围与 CLIMEX 模型略有不同。其中，榆林和延安小部分地区为高度适生区（适生性指数为 55～100），延安大部分地区和关中中部地区为中度适生区（适生性指数为20~55），关中西部、东部和商洛地区为低度适生区（适生性指数为8~20），陕南的汉中和安康大部分地区为非适生区（适生性指数<8）。

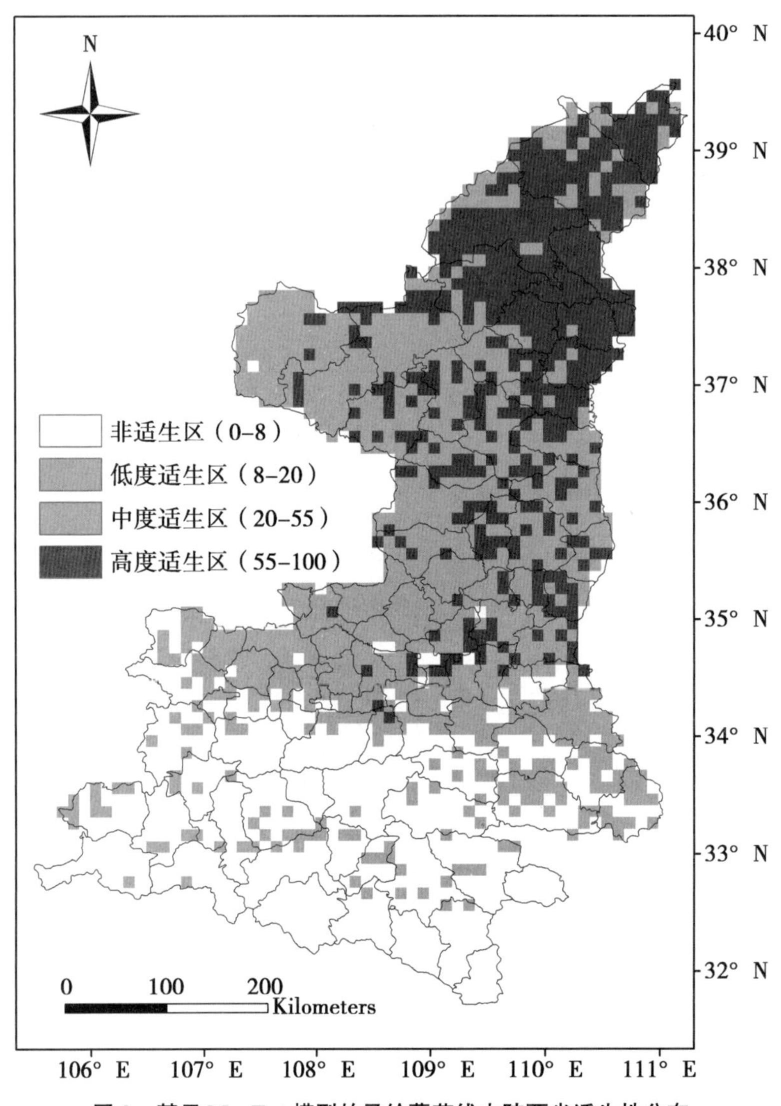

图3　基于MaxEnt模型的马铃薯茎线虫陕西省适生性分布

3　讨论

本研究通过CLIMEX和MaxEnt两种生态位模型软件与ArcGIS软件的结合，预测出马铃薯腐烂茎线虫在陕西省的潜在适生区。两种模型预测结果的最主要差异是CLIMEX预测的高度适生区较MaxEnt预测的范围更大，不仅包括了陕北榆林地区，还包括关中中西部地区；而MaxEnt预测的非适生区较CLIMEX预测的范围更大，基本涵盖了整个汉中和安康地区。产生这样结果的原因可能是由于两种模型预测原理的不同。CLIMEX是一个用于物种生态分析的动态气候模型，该模型的预测结果仅考虑气候因子，并没有考虑如寄主分布情况、地形、人类活动等其他因素之间的相互影响，预测结果往往会忽视物种的实际分布情况。而 MaxEnt 模型是一种基于机器学习和数学统计的最大熵模型，它包含影响物种分布的多个环境变量图层，不需要大量的物种生态生理资料，具有更大的灵活性，最可能接近物种分布的真实状态。

首先结合马铃薯腐烂茎线虫的寄主分布来看，陕西省马铃薯种植面积为 600 万亩，主要集中在榆林、延安和安康 3 个地区。其中，榆林市马铃薯种植面积达到 349 万亩，约占全省的 60%，其次为延安市和安康市，马铃薯种植面积均约为 75 万亩[15]。关中中西部地区在 CLIMEX 模型中被预测为高度适生区，但由于该地区马铃薯实际种植面积较小，尽管环境条件适宜，该线虫在非马铃薯寄主上却无法顺利定殖，而 MaxEnt 模型预测出陕北的榆林市和延安市为中高度适生区，与马铃薯寄主分布的实际情况比较吻合，可信度较高。除寄主外，环境因素也对该线虫的分布具有重要作用，研究得知 35℃以上的高温对马铃薯腐烂茎线虫有抑制作用，40℃以上就能将其杀死[16]。虽然陕南的安康地区马铃薯种植面积较大，但两种模型都预测出该地区为线虫的中低适生区，说明该地区夏季的高温仍是制约该线虫定殖的一个重要因素。综上所述，MaxEnt 和 CLIMEX 相比，兼顾了寄主和环境因素，具有较好的预测结果。通常情况下，在预测某一物种的分布情况时，将以上两种模型结合起来互相参照，并分析重叠部分和差异部分，往往可以获得更加准确的结果。

随着国际和国内贸易的不断增加，寄生有马铃薯腐烂茎线虫的种苗、种薯等无性繁殖材料通过土壤、货物、包装材料、农事等途径在地区间进行运输，为马铃薯腐烂茎线虫的远距离传播扩散提供了便利条件。并且，人为传播的途径广泛迅速，加之线虫自身繁殖力、适应性和抗逆性强等特点，一旦传入非疫区，进行防治会比较困难。因此，通过生态位模型预测方法，可以得知马铃薯腐烂茎线虫的空间分布趋势，为线虫在非疫区的风险分析和检疫控制提供理论依据，各地区可根据线虫的适生区来制订检疫控制方案，避免或降低其发生的风险，从源头上阻止和延缓线虫的传播和扩散。

参考文献

[1] Kreis HA. On some infection experiments made with *Tylenchus dipsaci* on sweet and Irish potatoes [J]. Parastitol, 1931, 27: 236.

[2] 黄健.腐烂茎线虫种内不同群体形态及遗传分析 [D]. 江苏：南京农业大学，2008.

[3] 徐鹏刚.甘肃定西马铃薯腐烂茎线虫的发生、病原学研究及品种抗性评价 [D]. 兰州：甘肃农业大学，2016.

[4] 周忠，马代夫.甘薯茎线虫病的研究现状和展望 [J]. 杂粮作物，2003，23 (5)：288-290.

[5] 朱秀珍，田希武，王随保，等.甘薯茎线虫病发生规律及综合防治 [J]. 山西农业科学，2004，32 (3)：54-57.

[6] 方玉川.陕西省马铃薯产业发展现状及思考 [J]. 农业科技通讯，2015，10：4-6.

[7] 李建中，彭德良，刘淑艳.潜在外来入侵甜菜孢囊线虫在中国的适生性风险分析 [J]. 植物保护，2008，34 (5)：90-94.

[8] 吕全，王卫东，梁军，等.松材线虫在我国的潜在适生性评价 [J]. 林业科学研究，2005，18 (4)：460-464.

[9] 崔金璐.鳞球茎茎线虫入侵与适生性风险分析 [J]. 上海农业科技，2015，1：31-32.

[10] 李建中.六种潜在外来入侵线虫在中国的适生性风险分析 [D]. 长春：吉林农业大学，2008.

[11] 程俊峰，万方浩，郭建英.西花蓟马在中国适生区的基于 CLIMEX 的 GIS 预测 [J]. 中国农

业科学，2006，39（3）：525-529.

[12] 侯柏华，张润杰.基于 CLIMEX 的桔小实蝇在中国适生区的预测［J］. 生态学报，2005，25（7）：1569-1574.

[13] S.J.Phillips，M. Dudik，R. E Schapire. A maximum entropy approach to species distribution modeling［J］. Proceedings of 21st International Conferenee on Machine Learning［M］. NewYork：ACMPress，2004.

[14] 洪波，王应伦，赵惠燕.苹果绵蚜在中国适生区预测及发生影响因子［J］. 应用生态学报，2012，23（4）：1123-1127.

[15] 中国马铃薯网.陕西省马铃薯种植面积情况［EB/OL］.（2016-02-29）［2017-03-17］. http：//www.malingshu7.com/zx/show-518.html.

[16] 原霁虹.马铃薯腐烂茎线虫病害的发生及其防治措施［J］. 青海农林科技，2012，3：41-43.

番茄溃疡病菌 VBNC 状态下的菌体形态变化*

韩思宁** 万 琪 罗来鑫 蒋 娜 李健强***
（中国农业大学植物病理学系，种子病害检验与防控北京市重点实验室，北京 100193）

摘 要：细菌在有关条件诱导下可进入有活力但不可培养（Viable But Non-Culturable，VBNC）状态，VBNC 状态是细菌抵抗逆境的一种方式。有报道表明 VBNC 状态的副溶血性弧菌（*Vibrio parahaemolyticus*）的菌体形态变为球形，表面伴随出现凹凸的变化；霍乱弧菌（*Vibrio cholerae*）进入 VBNC 状态后，菌体的表面变得粗糙且出现不规则的变化，从而增强了其对逆境的抵抗能力。前期研究显示，番茄溃疡病菌（*Clavibacter michiganensis* subsp. *michiganensis*，简写为"Cmm"）经 Cu^{2+} 诱导可以进入 VBNC 状态，为了进一步探究 VBNC 状态的 Cmm 的菌体形态是否发生变化，本研究借助扫描电子显微镜（SEM）和透射电子显微镜（TEM）技术，观测了经 50μmol/L 铜离子诱导的 Cmm 细胞在 1 天、2 天、5 天、7 天和 10 天后的菌体形态，并与对数期以及对数期经 75%酒精处理和 100℃高温加热的 Cmm 菌体形态进行对比分析，测量不同处理中 100 个 Cmm 菌体的长度和宽度值并对菌体形态及表面和内部组成进行观察。结果表明，VBNC 状态 Cmm 菌体的长度由 1 082nm 减小到 874nm，宽度由 395nm 增加到 530nm；形态由标准的短杆棒状菌体变为表面粗糙并带有畸形突起的棒状细胞；VBNC 状态 Cmm 细胞内的核物质区域缩小。分析认为，Cu^{2+}诱导下 VBNC 状态的 Cmm 发生的菌体形态变化，可能与其在该状态下应答胁迫的机制相关，其细胞壁成分发生变化与否以及 VBNC 状态相关机制等值得开展深入研究。

关键词：番茄溃疡病菌；VBNC；SEM；TEM

---

* 基金项目：国家自然科学基金面上项目资助（No. 31571972）

** 第一作者：韩思宁，男，博士研究生，主要从事种传细菌病害研究；E-mail：hsn668800@126. com

*** 通信作者：李健强，教授，主要从事种子病理学和种传细菌病害研究；E-mail：lijq231@cau. edu. cn

番茄抗南方根结线虫的转录组测序与分析*

陆秀红** 黄金玲 张 禹 杨尚臻 刘志明
(1. 广西农业科学院植物保护研究所，广西作物病虫害生物学重点实验室，南宁 530007)

摘 要：根结线虫病是番茄（*Lycopersicon esculentum*）的重要病害，选育和推广抗病品种是防治该病最经济、有效、安全的方法，利用基因工程技术获得抗病基因是一条新的抗病育种途径。本研究利用转录组学的方法，分析南方根结线虫（*Meloidogyne incongnita*）侵染过程中番茄抗性材料的抗性相关基因。

利用 DESeq 软件进行南方根结线虫侵染和未侵染番茄抗性材料样本的差异基因筛选，得到 1116 个差异表达基因，其中 731 个上调基因，385 个下调基因。对 731 个上调表达基因进行 GO 和 KEGG 富集分析发现，抗性相关通路如过敏反应、防御反应、细胞坏死等显著富集，表明其可能参与抗病过程。3 个 WRKYL 转录因子，ID101268787、ID101255501 和 ID101258194，可能参与调控番茄的抗病反应。一个热激蛋白，ID101260143 可能调控过敏反应（Hyperensitive response，HR）。此外，13 个可能参与调控气孔关闭、细胞壁增厚等抗病相关的基因也显著上调表达。本研究发现的候选抗根结线虫相关基因，为进一步鉴定抗病基因及种质创新提供了理论依据。

关键词：番茄；南方根结线虫；抗性；转录组

---

* 基金项目：国家自然科学基金（31460465）；广西农业科学院科技发展基金项目（桂农科 2016JZ06，2015JZ20）

** 第一作者：陆秀红，副研究员，从事植物线虫学研究；E-mail：lu8348@ 126. com

重庆主栽辣椒品种对番茄斑萎病毒的抗性评价*

楚成茹** 孙 淼 马明鸽 吴根土 孙现超 青 玲***

（西南大学植物保护学院，植物病害生物学重庆市高校级重点实验室，重庆 400716）

摘 要：番茄斑萎病毒（*Tomato spotted wilt virus*，TSWV）是布尼亚病毒科（Bunyaviridae）番茄斑萎病毒属（*Tospovirus*）的代表种，主要由西花蓟马传播，可侵染烟草、大豆、番茄、花生、辣椒、莴苣、菊花、凤仙花等1 000多种植物。2015年重庆地区首次报道了在辣椒上检测到TSWV，因重庆是我国辣椒的主产区和集中消费区之一，对重庆地区主栽辣椒品种进行针对TSWV的抗性分析，可为育种工作者提供依据。本研究收集了9个重庆主栽辣椒品种：大将、乐椒三号、艳椒425、航椒8号、庆椒薄皮王、艳椒11、艳椒417、朝天椒和早春，通过摩擦接种，在接种后7天，利用TSWV的特异性血清，运用斑点酶联免疫吸附测定法（Dot-ELISA）以及RT-PCR对接种辣椒进行检测，然后利用实时荧光定量PCR（RT-qPCR）对发病植株进行病毒粒子积累量分析，并结合症状观察，进行植株的抗性分析。结果表明，在航椒8号、庆椒薄皮王、艳椒417中TSWV的检出率均为50%，艳椒425和朝天椒检出率为37.5%，大将和早春检出率为33.3%，乐椒三号检出率为28.6%，艳椒11检出率最低，为25%。症状观察表明，艳椒425症状最严重，叶片上枯斑连成一片，朝天椒叶片上出现坏死斑点，艳椒417大量叶片黄化和植株矮化，艳椒11少量叶片黄化，而其他品种的辣椒均出现不同程度叶片黄化现象。结合病毒粒子积累量对辣椒进行抗性分析表明，在这9个重庆主栽辣椒品种中，艳椒11对TSWV的抗性相对较强，艳椒417对TSWV的抗性最弱，朝天椒、航椒8号、庆椒薄皮王和艳椒425对TSWV较敏感。

关键词：辣椒；番茄斑萎病毒；Dot-ELISA；RT-PCR；RT-qPCR；抗性

---

* 基金项目：重庆市社会民生科技创新专项（cstc2016shmszx0420）；国家公益性行业（农业）科研专项（201303028）；西南大学基本科研业务费“创新团队”专项（XDJK2017A006）

** 第一作者：楚成茹，女，硕士研究生

*** 通信作者：青玲，女，博导，教授，主要从事分子植物病毒学研究；E-mail：qling@swu.edu.cn

首次鉴定报道新月弯孢引起辣椒叶斑病*

裴月令** 孙燕芳 冯推紫 龙海波***

（中国热带农业科学院环境与植物保护研究所，海口 571101）

摘 要：2015 年 12 月，在海南省文昌市潭牛镇对辣椒病害进行调查时从线椒上发现一种新的叶斑病。发病初期叶片上出现小的水浸状的灰色小圆斑点，随后病斑迅速扩大，小病斑在叶脉间汇集成长条型褐色病斑。采集样品带回实验室，对病样进行分离、纯化。分离物在 PDA 平板上的菌落最初为灰绿色，最后变为褐色。对分离物进行人工产孢，观察其分生孢子梗和分生孢子性状。该分离物分生孢子梗为浅褐色、直立或稍微弯曲。孢子褐色，一般有 3 个隔膜，从基部起第三个细胞弯曲、最大、颜色最深，两端的细胞最小、颜色浅、透明。对 200 个孢子的宽度和长度进行测量，孢子大小为（7.0～14.5）μm×（13.1～26.8）μm（平均为 10.8μm ×21.5 μm）。其形态特征同新月弯孢 *Curvularia lunata*（Wakk.）的描述极为相似。根据柯氏法则对分离物进行回接，接种 7 天后植株开始出现同原始症状类似症状，从病健交界处又重新分离到病原物。利用 CTAB 法对病原物进行 DNA 提取，利用通用引物 ITS1，ITS4 以及根据网上公布的弯孢属菌株转录延伸因子 EF1a 部分基因序列设计引物 ef-1f2 和 ef-1r2 进行扩增。获得的序列在 GenBank 上登录获得序列号分别为 No. KY971620 和 No. MF422530。对获得序列在 NACI blast 数据库中进行比对，它们分别与 *Curvularia lunata*（No. KY077531.1，No. KX100866.1）序列 100%一致。因此，通过形态和分子鉴定，最终确定其为 *Curvularia lunata*（Wakk.）。这是新月弯孢在辣椒上引起病害的首次报道。

关键词：新月弯孢；辣椒；叶斑病；鉴定

---

* 基金项目：中国热带农业科学院基本科研业务费专项资金 1630042017024

** 第一作者：裴月令

*** 通信作者：龙海波；E-mail：longhb@ catas. cn

湖北省茄科蔬菜根病发生现状及致病病原种类调查*

汪　华[1**]　张学江[1]　向礼波[1]　杨立军[1]　王　飞[2]　喻大昭[1]

（1. 湖北省农业科学院植保土肥研究所，农作物重大病虫草害防控湖北省重点实验，农业部华中作物有害生物综合治理重点实验室，武汉　430064；2. 湖北省农业科学院经济作物研究所，武汉　430064）

摘　要：茄科蔬菜根病是指由土传真菌侵染导致的根腐，基腐和茎腐病害的总称，全国各地均有发生。近年来，受连作，重茬的影响，湖北省茄科蔬菜根病发生率正随着种植时间的延长而增加，以严重影响茄科蔬菜的发展。本文作者分别于 2015 年 8—9 月、2016 年 7—8 月，通过对湖北省利川、长阳、兴山、十堰、神龙架、襄阳、东西湖、崇阳等茄科（辣椒/番茄/茄子）蔬菜主产区根病发生面积和严重度进行调查，基本掌握了湖北省主要茄科蔬菜根病的发生现状，调查表明，茄科蔬菜根腐病的发生在不同生态区不同年份的表现存在明显差异。各地样本分离培养结果表明：茄科蔬菜根病是由多种病原侵染所致，主要致病病原有蠕孢菌、丝核菌、镰刀菌、链格孢菌等 4 个属；其中利川番茄、利川辣椒、东西湖辣椒、兴山辣椒和长阳蕃茄根病主要病原分离物为镰孢菌，其次为丝核菌，少量蠕孢菌，咸宁崇阳辣椒、神农辣椒根病主要病原分离物为丝核菌，其次为镰孢菌，少量蠕孢菌。

关键词：茄科蔬菜；根病；发生现状；病源菌

---

* 基金项目：公益性行业专项“作物根腐病综合治理技术方案（201503112-8）”；国家重点研究项目“种子、种苗与土壤处理技术及配套装备研发”（2017YFD0201600）；湖北省农业科学院青年基金项目“小麦全蚀病农药室内生测方法研究（2013NKYJJ09）”

** 第一作者：汪华，男，副研究员，主要从事作物根部病害、农药研发及应用研究；E-mail：wanghua4@163.com

中国菜豆根腐病原菌分离鉴定

杨　藜[1*]　卢晓红[2]　吴波明[1]　李世东[2]

（1. 中国农业大学植物保护学院，北京　100193；
2. 中国农业科学院植物保护研究所，北京　100193）

摘　要：菜豆根腐病是一种世界性病害，在大部分国家均有发生。近几年，菜豆根腐病在我国发生越来越重。这种病害是有多种病原菌复合侵染导致，明确该病害的病原菌致病类群将能有效地防治该病害。为了确定引起菜豆根腐病的病原菌，2016 年 6 月中旬，笔者从 14 个省份采集到了 120 菜豆根腐病植株样本。通过室内样本分离，总共分离到 1 564株菌株，其中 1 055株菌株进行形态鉴定。在所有鉴定的菌株中，共鉴定出 11 种菌，分别是茄病镰孢菌（*Fusarium solani*），尖孢镰孢菌（*Fusarium oxyporum*），立枯丝核菌（*Rhizoctonia solani*），青霉（*Penicilium*），链格孢（*Alternaria* Nees），木霉（*Trichoderma* spp.），疫霉（*Phytophthora*），腐霉（*Pythium* ），齐整小菌核（*Sclerotium rolfsii*），曲霉（*Aspergillus*），禾谷镰孢菌（*Fusarium graminearum*）。其中茄病镰孢菌（*Fusarium solani*）的分离频率高达 35. 07%，其次是尖孢镰孢菌（*Fusarium oxysporum*）为 33. 93%，立枯丝核菌（*Rhizoctonia solani*）分离频率为 21. 71%。其他种菌株的分离频率明显低于这三种菌。每种菌均经过致病性测定且都能致病，茄病镰孢菌、尖孢镰孢菌和立枯丝核菌的致病力明显高于其他种菌株。因此，茄病镰孢菌、尖孢镰孢菌和立枯丝核菌是引起中国菜豆根腐病的主要病原菌。这些发现为该病害的防治提供了重要的理论支撑。

关键词：菜豆根腐病；病原；茄病链孢菌

* 第一作者：杨藜，从事土传病害流行研究；E-mail：2218819500@ qq. com

工艺葫芦炭疽病病原菌的分离鉴定*

盛宴生** 程 姣 任爱芝 赵培宝***
（聊城大学农学院植物保护系，聊城 252059）

摘 要：山东聊城堂邑镇种植工艺葫芦 1 217hm^2，被称为“江北葫芦之乡”。葫芦炭疽病是葫芦生产上的重要病害，可以为害幼苗、叶片，特别是为害果实后影响工艺葫芦的商品性及收藏价值。因葫芦种植基地多年连作重茬，病菌积累量大、病害发病严重，同时因为生产上连年大量用药，该病原菌抗药性强，造成葫芦炭疽病难以控制，严重影响老百姓经济效益。为此我们开展了该病原菌的分离和防治研究。

经过对土壤、病株上病原菌进行分离，初步鉴定葫芦炭疽病菌原包括黑刺盘孢菌（*Colletotrichum nigrum*）和瓜类炭疽菌（*Colletotrichum orbiculare*）。

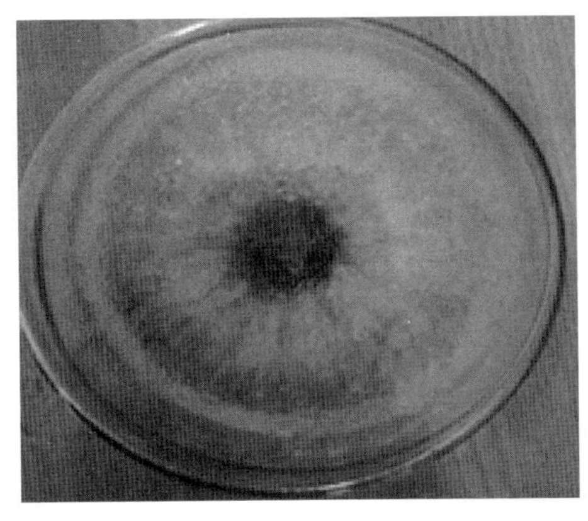
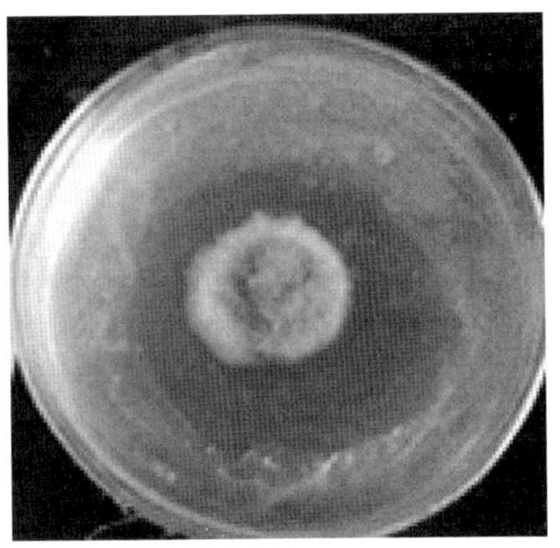

并探索了不同杀菌剂对葫芦炭疽病的防治效果，发现咪鲜胺对两种葫芦炭疽病菌抑制效果最好，其次为苯醚甲环唑、嘧菌环胺，多菌灵防效较差。

关键词：工艺葫芦；炭疽病

* 基金项目：聊城市科技计划项目（2014GJH03）
** 第一作者：盛宴生，2016 级研究生
*** 通信作者：赵培宝，博士，副教授，从事植物与病原物分子互作研究；E-mail：zhaopeibao@163.com

苹果炭疽叶枯病菌致病相关基因 *FR*18 的克隆及功能分析*

王美玉** 张俊祥***

（中国农业科学院果树研究所，兴城 125100）

摘 要：苹果炭疽叶枯病是由胶胞炭疽菌（*Glomerella cingulata*）引起，在我国山东、河南、河北、陕西、山西等苹果主产区连年大发生，给苹果产业带来严重经济损失。该病害发病速度快，从侵染叶片到始见病斑仅需 2 天。病斑由初期的褐色小点随病情发展为不规则的大型坏死斑，在 4~5 天造成树体大量落叶。果实受侵染初期在表面形成大量深褐色病斑，后期病斑连接成片，严重影响果实的品质。苹果炭疽叶枯病已经从一种苹果新病害上升为苹果的重要病害。目前，国内外关于苹果炭疽叶枯病菌的病原和侵染流行规律已相对清楚，主要集中于致病机理等方面的研究。本实验室已经通过建立农杆菌介导的苹果炭疽叶枯病菌遗传转化技术体系，构建了苹果炭疽叶枯病菌菌株 W16 的 T-DNA 插入突变体库，并通过致病性测定筛选得到多株致病性变异的突变体。其中突变体 M63 丧失了致病能力，利用 Southern 杂交技术进行检测，结果显示突变体 M63 的 T-DNA 插入为单拷贝插入。利用 TAIL-PCR 扩增突变体 M63 的侧翼序列，获得了 T-DNA 插入位点的左臂侧翼序列，通过与数据库中围小丛壳菌 23 基因组数据比对，得知 T-DNA 插入位点位于基因组数据库 Scaffold -3 序列。Fgenesh 程序预测该基因是由 3 个外显子和 2 个内含子组成，共含有 2 568个碱基，外显子碱基 2 202个，编码氨基酸 733 个。通过生物信息学分析预测编码蛋白并且亚细胞定位预测，定位于细胞核上。通过 PCR 成功克隆了 *FR*18 基因，并将其与红色报告基因融合构建瞬时表达载体，通过侵染烟草试验初步验证该基因功能。并通过同源重组敲除 *FR*18 基因，已获得敲除突变体菌株。通过观察菌落形态、孢子萌发、侵染钉形成等过程探究该基因的功能。本研究结果将为进一步鉴定苹果胶胞炭疽菌效应因子及其功能，解析“苹果胶胞炭疽菌—苹果”互作分子机制提供重要帮助，具有重要的意义。

关键词：苹果胶胞炭疽菌；致病机理；效应因子；突变体；基因

---

* 基金项目：国家自然科学基金青年科学基金项目（31501596）；中央级公益性科研院所基本科研业务费专项（1610182016002）；中国农业科学院科技创新工程

** 第一作者：王美玉，女，硕士研究生，主要从事分子植物病理学研究

*** 通信作者：张俊祥；E-mail：zhangjunxiang@ caas. cn

不同病毒侵染的桃树 microRNA 初步分析*

卢美光** 许云霄 肖 红

（中国农业科学院植物保护研究所，植物病虫害生物学国家重点实验室，北京 100193）

摘 要：对 RT-PCR 检测为 PLMVd 侵染和 PLMVd/CGRMV 复合侵染的具有不同表型的 S01 和 S02 桃树样品进行 sRNA 高通量测序和 microRNA（miRNA）分析，结果表明：通过对 2 个样品的 small RNA 测序，共得到 58.44 M Clean Reads，各样品不少于 15.37 M Clean Reads，使用 miRDeep2 软件，采用贝叶斯模型经打分最终实现了 miRNA 的鉴定。两个样品共鉴定到 456 个 miRNA，其中已知 miRNA 152 个，新预测 miRNA 304 个，生成的成熟 miRNA 长度主要集中在 20~24nt，其中预测的已知的 miRNA 以 21 nt 为主，新预测的以 24 nt 为主。定量各样品 miRNA 的表达丰度，获得了差异表达 miRNA 筛选：通过 S01_ vs_ S02 差异表达分析，筛选到差异表达 miRNA 78 个，其中上调 54 个，下调 24 个。对差异表达的 miRNA 靶基因的 GO 分类分析表明，差异表达的 miRNA 靶基因的富集趋势在分子转导活性和受体活性方面与全部基因富集趋势有较大的不同，可以在后续的研究中重点分析此两功能是否与差异相关。对差异表达的 miRNA 靶基因的 KEGG 的注释结果按照 KEGG 中通路类型进行分类，注释到植物病原互作（Plant-pathogen interaction），硫代谢（Sulfur metabolism），油菜素甾醇生物合成（Brassinosteroid biosynthesis），植物激素信号转导（Plant hormone signal transduction），氨酰-tRNA 生物合成（Aminoacyl-tRNA biosynthesis）五个通路下的基因数各为 1 个，各占 20%。分析结果为 PLMVd 侵染和 PLMVd/CGRMV 复合侵染的不同表型症状的 miRNA 调控机制的深入研究提供依据。

关键词：病毒；桃树；microRNA

---

* 基金项目：国家自然科学基金项目（31471752）

** 第一作者：卢美光，女，副研究员，果树病毒与类病毒防治研究；E-mail：mglu@ ippcaas. cn

柑橘黄化脉明病毒安岳柠檬分离物的全基因组序列测定及遗传多样性分析*

刘惠芳[1**] 吴根土[1] 周 彦[2] 孙现超[1] 王雪峰[2***] 青 玲[1,2***]

（1. 西南大学植物保护学院，植物病害生物学重庆市高校级重点实验室，重庆 400716；
2. 中国农业科学院柑桔研究所，重庆 400712）

摘 要：柑橘黄化脉明病毒（*Citrus yellow vein clearing virus*，CYVCV）属 α 线性病毒科 Alphaflexiviridae 印度柑橘病毒属 *Mandarivirus*，主要为害柠檬、酸橙等柑橘类植物。对我国云南、四川、湖北等省进行 CYVCV 侵染状况检测发现，该病毒在不同地区呈现不均匀分布。目前 NCBI 收录了 CYVCV 共 8 个分离物 RL、YN、CQ、HU、PK、Y1、IS、JX 的全基因组序列。本研究从四川安岳采集了柠檬样品，采用 RT-PCR 方法扩增获得 CYVCV 全基因组序列 CYVCV-AY，全长 7 531bp，包含 6 个开放阅读框，分别为 ORF1（81—5030，4 950nt）、ORF2（5037—5714，2 678nt）、ORF3（5692—6018，177nt）、ORF4（5945—6127，183nt）、ORF5（6150—7127，978nt）和 ORF6（6827—7495，669nt），3′末端包含有 36nt 非翻译区，5′末端包含有 80nt 非翻译区，相对于 Y1 分离株 5′末端的非翻译区，在 26、27 两个位置出现 A、C 两个碱基插入。系统发育分析发现，该分离物聚类在 CYVCV 中国分支。本研究分别基于各个编码区构建了 CYVCV 自然种群，发现其碱基突变类型主要包括碱基插入、缺失和替换，而且 CYVCV 种群在编码区的突变分布也不均衡，该病毒的变异类型以碱基替换为主，有少量碱基插入和缺失类型。

关键词：柑橘黄化脉明病毒；基因组序列；遗传多样性

---

* 基金项目：重庆市社会民生科技创新专项

** 第一作者：刘惠芳，女，西南大学植物保护学院 2015 级硕士研究生

*** 通信作者：王雪峰，男，研究员，主要从事柑橘病毒学研究；E-mail：wangxuefeng@cric.cn
青玲，女，博导，教授，主要从事分子植物病毒学研究；E-mail：qling@swu.edu.cn

贵州省福泉市葡萄灰霉病病原的初步鉴定*

李冬雪[1**] 赵晓珍[1,2] 王 勇[1,3] 谈孝凤[4] 李向阳[1]
包兴涛[1] 任亚峰[1] 胡德禹[1] 陈 卓[1***]
(1. 贵州大学绿色农药与农业生物工程国家重点实验室培育基地，贵阳 550025；
2. 贵州省果树科学研究所，贵阳 550025；3. 贵州大学农学院，贵阳 550025；
4. 贵州省植保植检站，贵阳 550025)

摘　要：葡萄是贵州省近年来重点发展的精品水果产业之一，对于当地农民脱贫致富具有重要意义。受气候因素影响，贵州省福泉市等地区普遍发生葡萄灰霉病，给葡萄的产量和品质带来极大影响。本研究对筛选高效安全药剂、制订绿色防控技术方案，保障葡萄品质和质量安全，分离和鉴定葡萄灰霉病的病原具有重要意义。

本研究对贵州省福泉市双谷葡萄园区的葡萄病害进行取样，采用柯赫氏法则对病害进行病原菌的分离、纯化及分子鉴定。结果表明，代表性菌株 GZFQ-1 在 PDA 和 PSA 培养基上具有典型的 *Botrytis cinerea* 的形态特征。采用真菌通用引物 ITS4 和 ITS5 对 GZFQ-1 菌株的 DNA 进行扩增及序列测定，及 BLAST 在线比对。比对结果与 *Botrytis cinerea* strain G409（KR094468.1）的等同率均为 100%。

关键词：葡萄灰霉病；病原菌；分子鉴定

* 基金项目：国家科技支撑计划专题（2014BAD23B03）；贵州省科技厅-黔南州人民政府农业科技合作专项计划（2013-01）

** 第一作者：李冬雪，女，硕士研究生，主要从事植物病理学的相关研究；E-mail：1973266776@qq.com

*** 通信作者：陈卓，男，博士，教授，主要从事农作物病虫害相关研究；E-mail：gychenzhu@aliyun.com

贺兰山东麓酿酒葡萄霜霉病孢子囊时空动态与田间病情及环境因子相关分析

李文学[1*]　郭琰杰[2]　胡婧棪[2]　顾沛雯[1**]

（1. 宁夏大学农学院，银川　750021；2. 宁夏大学葡萄酒学院，银川　750021）

摘　要：研究贺兰山酿酒葡萄霜霉病孢子囊的田间密度和飞散程度与田间病情及环境因子之间的相关性，确定孢子囊飞散与病情变化和环境因子之间的关系，为贺兰山东麓酿酒葡萄霜霉病的科学防控提供理论指导。以贺兰山东麓酿酒葡萄主栽品种赤霞珠和霞多丽为研究对象，在田间试验区定株调查其自然发病获得发病率和病情指数以及定点使用孢子捕捉仪定时捕捉田间霜霉病孢子囊获得孢子囊密度，应用 SPSS 19.0 进行田间气象监测数据间的相关性分析，获得孢子囊密度和田间病情以及环境因子之间的相关程度。贺兰山东麓酿酒葡萄霜霉病的季节流行曲线呈“S”形，基本符合逻辑斯蒂（Logistic）增长模型，推导得知贺兰山东麓酿酒葡萄霜霉病季节性流行时间：始发期为 7 月底至 8 月初、盛发期为 8 月初至 9 月中旬、衰退期为 9 月中旬至葡萄生长末期；葡萄霜霉病孢子囊飞散与田间病情发生趋势存在显著相关性，其孢子囊密度呈正态分布、表观侵染速率动态与流行趋势相一致；气象因子对田间葡萄霜霉病的流行有显著影响，其中赤霞珠葡萄霜霉病表观侵染速率与前 7 天平均相对气温和前 7 天累计降水量呈显著正相关、霞多丽葡萄霜霉病流行速率与当日平均气温、前 5 天平均气温和前 5 天积累降水量呈正相关、而与当日降雨量呈负相关，其中相对气温和累计降雨量是影响贺兰山东麓地区酿酒葡萄霜霉病流行的主导因子；贺兰山东麓葡萄霜霉病最佳防治时间是 7 月底至 8 月初，根据相关环境因子对霜霉病病害流行的影响可以进一步科学构建贺兰山东麓酿酒葡萄霜霉病的预测模型。

关键词：贺兰山东麓地区；酿酒葡萄霜霉病；葡萄霜霉病孢子囊；田间病害流行动态；环境因子

* 第一作者：李文学，硕士研究生，研究方向为植物病害流行和监测预警；E-mail：410137928@qq. com

** 通信作者：顾沛雯，硕士生导师，研究方向为植物病害流行和生物防治；E-mail：gupeiwen2013@126. com

枣果贮藏期红粉病菌鉴定及环境因子对其分生孢子萌发的影响*

殷　辉[1**]　周建波[1]　吕　红[1]　常芳娟[1]　郭　薇[1]　张志斌[1]　赵晓军[***]

（1. 山西省农业科学院植物保护研究所，农业有害生物综合治理山西省重点实验室，太原　030031）

摘　要：迄今为止，在世界各地的多种植物上都有关于 *Trichothecium roseum* 引起贮藏期病害的报道，可侵染黄瓜、苦瓜、甜瓜、龙眼、苹果、梨、桃、柑橘、棉铃、芒果、橄榄、葡萄、番茄、菜豆等多种植物，给瓜果蔬菜的生产造成严重损失。2015 年在山西省临县、太谷县调查时发现枣贮藏期红粉病，严重时病果率达 35%。即使在 0℃的环境中，含水量为 50%的带菌枣果贮藏 35 天后霉层密布整个果面。枣贮藏期红粉病，发病初期果实表面出现圆形或椭圆形的白色絮状霉点，后期形成较厚粉状霉层，常常造成发病果实变褐、变苦。从病样中分离获得 2 株代表性菌株，通过病原菌分离培养、致病性测定、形态学特征及 ITS 序列特征分析，确定引起枣贮藏期红粉病的致病菌为粉红单端孢（*T. roseum*）。

温湿度对病菌分生孢子萌发及侵染影响的研究一直备受关注。分生孢子在病原菌初侵染中扮演着极其重要的角色，了解环境因素对 *T. roseum* 分生孢子萌发的影响，有助于为病害防治提供理论依据。研究结果表明适合该病菌分生孢子萌发的温度为 20~25℃，相对湿度为大于 75%，pH 值=4~10，致死温度为 48℃、处理 10min。适宜芽管生长的温度为 20~25℃，空气相对湿度为大于 75%，最适 pH 值=6。温湿度对 *T. roseum* 的分生孢子存活有显著影响，其致死温度为 48℃，处理 10 min。鉴于此，可以为热处理技术防控枣贮藏期红粉病提供理论依据。当空气相对湿度低于 23%、温度低于 10℃时，分生孢子萌发率降低到 1.5%以下。因此，枣果采后需要及时翻晒，通风换气。空气相对湿度控制在小于 23%、温度低于 10℃，可以降低红粉病的发生。本研究结果可为枣贮藏期红粉病的诊断和防治措施的制定提供理论依据。

关键词：红粉病；粉红单端孢；分生孢子；枣

---

* 基金项目：山西省重点研发计划项目（农业方面，201603D221013-3）；山西省应用基础研究计划青年基金项目（201601D202073）

** 第一作者：殷辉，主要从事果蔬病害病原菌多样性研究；E-mail：yinhui0806@163.com

*** 通信作者：赵晓军；E-mail：zhaoxiaojun0218@163.com

猕猴桃夏季溃疡病原菌的分离鉴定*

伍文宪[1,2]** 刘 勇[1,2]*** 张 蕾[1,2] 黄小琴[1,2] 周西全[1,2] 刘红雨[2]

（1. 农业部西南作物有害生物综合治理重点实验室，成都 610066；
2. 四川省农业科学院植物保护研究所，成都 610066）

摘 要：猕猴桃因其果实细嫩多汁、口味好，营养价值高，深受消费者喜爱。近年来猕猴桃产业发展迅猛，种植规模不断扩大。四川省成都市蒲江县地理位置优越，是世界公认的猕猴桃最佳种植区。然而从2016年夏季开始，笔者在蒲江县大兴镇多个村庄的黄金果品种上发现疑似溃疡病的细菌性病害，该症状表现为枝干流锈水不止，韧皮部溃疡腐烂，枝条变褐干枯，未成熟的果实软化，极易从果树上脱落，严重影响了果实产量，当地村民损失严重。

上述症状与丁香假单胞菌猕猴桃专化型（PSA）致病菌引起的溃疡病极为相似，区别在于PSA通常只在早春时节造成流胶、树体溃疡等症状。为了确定该夏季溃疡病的病原，平板涂布法分离病原菌后，利用BIOLOG微生物鉴别仪及分子鉴定方法对分离的细菌进行鉴定，BIOLOG结果显示病原菌呈革兰氏阴性，兼性厌氧，棒状，对四唑紫敏感，同时该菌能严重引起烟草叶片过敏反应。经16S rDNA基因序列分析及特异性引物分析，该病原菌被鉴定为 *Pectobacterium carotovorum* subsp. *actinidiae*。通过回接实验再次证实了 *P. carotovorum* subsp. *actinidiae* 是引起猕猴桃枝条流锈水等上述症状的唯一病原。

查阅资料发现这是我国首次报道该病原菌引起猕猴桃夏季溃疡病。后期研究发现，该病菌传播速度较快，适宜温度广泛，且在猕猴桃果实接近成熟时造成为害，应引起我们的充分重视。

关键词：猕猴桃；溃疡病；鉴定

---

* 基金项目：四川省农业科学院优秀论文基金：四川省猕猴桃溃疡病病原生物学特性研究

** 第一作者：伍文宪，男，研究实习员，硕士；E-mail：wuwenxian07640134@163.com

*** 通信作者：刘勇，男，研究员，博士；E-mail：liuyongdr@163.com

广西蔗区检测发现检疫性病害甘蔗白条病*

李文凤** 单红丽 张荣跃 仓晓燕 王晓燕 尹 炯 罗志明 黄应昆***
（云南省农业科学院甘蔗研究所，云南省甘蔗遗传改良重点实验室，开远 661699）

摘 要：为明确2016年在广西北海、来宾、百色蔗区发现的疑似甘蔗白条病症状蔗株致病病原。利用白条黄单胞菌特异性引物XAF1/XAR1对采自这3个蔗区的62份疑似病样进行PCR检测鉴定。鉴定结果表明：62份疑似病样都能够获得约600bp的特异性片段，所得序列完全一致大小均为608bp（GenBank登录号：KY315183-KY315203），其与白条黄单胞菌*raxB*1基因核苷酸序列（GenBank登录号：FP565176）一致性为100%，在系统进化树中处于同一分支，这是引起检疫性病害甘蔗白条病的白条黄单孢菌在我国大陆的首次报道。田间调查结果显示：甘蔗品种桂糖46号、桂糖06-2081对于白条黄单胞菌高度感病，病株率一般为18%~50%，严重田块高达100%；染病严重蔗株全叶枯萎，茎的节部长出许多侧芽，侧芽叶片具白色条纹，造成大幅度减产减糖。本研究在广西蔗区检测发现检疫性病害甘蔗白条病是一种极易随种苗传播的危险性病害，其对甘蔗产业的发展具有严峻灾害威胁。建议有关部门采取相应的预防与管理措施，加强对各级繁种基地扩繁种苗病情监测，严禁从发生区引种，从源头上控制其扩散蔓延，确保甘蔗安全生产和蔗糖产业可持续发展。

关键词：广西蔗区；甘蔗白条病；PCR检测；白条黄单胞菌；系统进化分析

---

* 基金项目：国家现代农业产业技术体系建设专项资助（CARS-20-2-2）；云南省现代农业产业技术体系建设专项资助

** 第一作者：李文凤，女，研究员，主要从事甘蔗病害研究；E-mail：ynlwf@163.com

*** 通信作者：黄应昆，研究员，从事甘蔗病害防控研究；E-mail：huangyk64@163.com

甘蔗梢腐病暴发流行诱因及产量糖分损失测定*

李文凤** 尹 炯 单红丽 张荣跃 仓晓燕 王晓燕 罗志明 黄应昆***
(云南省农业科学院甘蔗研究所，云南省甘蔗遗传改良重点实验室，开远 661699)

摘 要：近年我国蔗区雨季来得早且持续时间长，阴雨天多、日照少、温凉高湿，为甘蔗病害大发生流行创造了极其有利条件，感病品种遇上适宜气候条件（多雨高湿）导致多种甘蔗重要病害并发流行、大面积为害成灾，并存在日趋严重趋势。本文在调查研究基础上，紧扣寄主植物、病原物和环境条件等植物病害暴发流行三要素，分析明确了甘蔗梢腐病暴发流行诱因，测定评估了甘蔗产量糖分损失，并提出了相应的防控策略措施。据调查，梢腐病主要发生于滇西南湿润蔗区，长期重茬连片种植粤糖93-159、新台糖1号、川糖79-15、新台糖25号、粤糖00-236、闽糖69-421、粤糖86-368、福农91-21等高感品种和多雨高湿是梢腐病暴发流行主要诱因。通风不良、偏施氮肥等极易暴发流行，感病品种发病严重，常使大量蔗茎枯死，减产减糖严重。据小样点分析评估：病株率平均为81.1%，严重的100%；甘蔗产量损失率平均为38.42%，最多的48.5%；甘蔗糖分平均降低3.14%，最多的降低4.21%；重力纯度平均降低4.15%，最多的降低8.14%。注重合理布局和选用抗病品种，大力推广使用脱毒健康种苗，因时因地制宜强化田间管理，密切监测感病品种病情动态和发病初期选用50%多菌灵可湿性粉剂或75%百菌清可湿性粉剂500~600倍液加0.2%~0.3%磷酸二氢钾液（300~500倍液）及时喷药防治，可有效控制甘蔗梢腐病大面积暴发流行。

关键词：甘蔗梢腐病；流行诱因；甘蔗产量和糖分；损失评估；防控策略

---

* 基金项目：国家现代农业产业技术体系建设专项资金资助（CARS-20-2-2）；云南省现代农业产业技术体系建设专项资金资助

** 第一作者：李文凤，女，研究员，主要从事甘蔗病害研究；E-mail：ynlwf@163.com

*** 通信作者：黄应昆，研究员，主要从事甘蔗病害防控研究；E-mail：huangyk64@163.com

Foc 中 *SIX*2 和 *SIX*6 基因敲除突变体的生物学特性

杨腊英[1*]　陈平亚[2]　郭立佳[1]　梁昌聪[1]　汪　军[1]　刘　磊[1]
周　游[1]　黄俊生[1]
（1. 中国热带农业科学院环境与植物保护研究所，农业部热带作物有害生物综合治理重点实验室，海口　571101；2. 海南出入境检验检疫局检验检疫技术中心，海口　570311）

摘　要：尖孢镰刀菌古巴专化型（*Fusarium oxysporum* f. sp. *cubense*，Foc）依据对寄主的侵染能力分为4个不同的生理小种，其中4号生理小种（Foc4）几乎能为害目前所有栽培品种。为研究其SIX（Secreted in xylem）蛋白编码基因*SIX*2和*SIX*6在Foc4对寄主差异性选择中的作用，利用PEG介导的原生质体转化法分别得到了*SIX*2和*SIX*6基因缺失突变体，分析敲除突变体与野生型的生物学特性差异。生物学研究结果表明：*SIX*2、*SIX*6基因的缺失突变体均菌丝稀疏，生长速率减慢，产孢率降低，菌丝异核率增加，对温度、pH值及渗透压等外源胁迫更为敏感。不同致病力分析实验发现Δ*FoSIX*2和Δ*FoSIX*6突变体的孢子在香蕉苗的幼嫩根部附着量减少，孢子入侵数目降低；Δ*FoSIX*2菌株基本上丧失了对巴西蕉的致病力，而对粉蕉仍有较强的致病能力；Δ*FoSIX*6菌株则对粉蕉苗、巴西香蕉苗盆栽致病力均呈极显著下降。依据生物学与致病力测定结果，推测Foc4中*SIX*6基因决定Foc4对寄主的致病力，而*SIX*2基因则决定Foc4对寄主的差异性选择能力。

关键词：香蕉枯萎病菌；基因敲除；生物学特性；SIX（Secreted in xylem）蛋白编码基因；*SIX*2；*SIX*6

[*] 第一作者：杨腊英；E-mail：layingyang1980@163.com

苦豆子内生真菌 $NDZKDF_{13}$ 诱导子对宿主赖氨酸脱羧酶基因表达的影响*

孙牧笛**　胡丽杰　顾沛雯***
（宁夏大学农学院，银川　750021）

摘　要：目前，通过添加真菌诱导子刺激植物组织来提高次生代谢物产量的研究已经成为国内外研究的热点，内生真菌普遍存在于健康植物组织中，是植物微生态系统的重要组成部分。与植物在长期“协同进化”过程中形成了一种稳定的互惠共生关系，大量研究表明，内生真菌可能产生与宿主相同或相似的次生代谢产物。本研究利用荧光定量 PCR 技术检测由苦豆子内生真菌 $NDZKDF_{13}$ 诱导后宿主赖氨酸脱羧酶基因的表达情况。从分子角度研究苦豆子内生真菌诱导子对宿主合成喹诺里西啶碱生物碱途径关键酶活性的影响，探讨苦豆子合成生物碱的诱导途径和诱导机制。赖氨酸脱羧酶（Lysine Decarboxylase，LDC）基因是苦豆子（*Sophora alopecuroides* L.）苦参碱（Matrine，MT）和氧化苦参碱（Oxymateine，OMT）生物合成途径的第一个关键酶基因，在其生化代谢过程中起着重要的作用。针对 LDC 基因设计了一对特异性引物 QLDC，同时设计 1 对扩增内参基因 Lectin 引物，提取苦豆子各不同处理样本总 RNA 并反转录得到 cDNA，以混合样本 cDNA 为模板，5 倍梯度稀释作为标准样品，用于实时荧光定量 PCR 中 QLDC 基因及内参基因 Lectin 标准曲线的构建，并对实时荧光定量 PCR 反应的反应条件及熔解曲线、灵敏度等进行了初步探索。利用优化后的实时荧光定量 PCR 反应体系，检测苦豆子内生真菌 $NDZKDF_{13}$ 诱导处理下与不接入诱导子处理下，在不同诱导时间里，组培苗中 LDC 基因的相对表达积累情况。结果表明：采用以 QLDC-F/R 为目的基因，以 Lectin-F/R 为内参基因的相对定量检测苦豆子中赖氨酸脱羧酶基因表达的方法。其标准曲线循环阈值与模板浓度呈良好的线性关系，目的基因与内参基因的扩增效率都为 99%，相关性系数分别为 0.995 09和 0.998 25，目的基因与内参基因的灵敏度分别是半定量 RT-PCR 的 5^2倍和 5 倍，在稀释度为 5^{-7}倍时达到灵敏度检测下限，且其熔解曲线分析结果显示产物特异的单峰。苦豆子无菌组培苗经过内生真菌 $NDZKDF_{13}$ 诱导后 LDC 基因表达显著上调，与对照组的 LDC 基因的表达趋势相似，皆随时间增长呈现先上升后下降再上升的趋势，内生真菌 $NDZKDF_{13}$ 诱导组在各个时间点的 LDC 基因表达量都高于对照组，在诱导第 9 天时达到峰值，基因相对表达量达到对照的 580.15 倍。苦豆子内生真菌诱导子 $NDZKDF_{13}$ 在一定程度上促进宿主赖氨酸脱羧酶基因的表达。

关键词：苦豆子；内生真菌诱导子；赖氨酸脱羧酶基因；荧光定量 PCR

---

* 基金项目：国家自然基金项目“苦豆子内生真菌促进宿主喹诺里西啶生物碱合成积累的机制研究”（31260452）

** 第一作者：孙牧笛，女，硕士研究生，生物防治与菌物资源利用；E-mail：1169158591@ qq.com

*** 通信作者：顾沛雯，女，教授，硕士导师，博士，研究方向：生物防治与菌物资源利用；E-mail：gupeiwen2013@ 126.com

甘肃会宁小扁豆根腐病研究*

胡进玲[1**]　李彦忠[1,2***]

（1. 草地农业生态系统国家重点实验室，兰州大学草地农业科技学院，兰州　730020；
2. 中国农业科学院草原研究所，呼和浩特　010010）

摘　要：小扁豆（*Lens culinaris*）又名滨豆、鸡眼豆、眉豆等，富含蛋白质、矿物质和维生素，栽培历史已有8000~12000年。近年来研究发现小扁豆富含原花青素、儿茶素等活性物质，具有抵抗氧化衰老，预防心脏病和癌症的功能。世界约有40个国家栽培小扁豆，在中国主要分布在陕西、甘肃、宁夏、山西、内蒙古、云南和西藏等地区。甘肃会宁县被誉为小杂粮之乡，是小扁豆的主产地之一。近年来小扁豆在开花前后大量死亡，产量大幅降低，甚至绝收，为确定小扁豆死亡的真正原因，笔者从会宁县采样分离到4种真菌，经形态学和分子生物学鉴定，确定该4种病原菌分别为三线镰孢（*Fusarium tricinctum*）、腐皮镰孢（*Fusarium solani*）、尖镰孢（*Fusarium oxysporum*）、立枯丝核菌（*Rhizoctoniasolani*）。致病性测定表明，该4种真菌均为病原菌，接病原菌后小扁豆植株出现叶片变黄掉落，茎秆枯萎，根茎部出现形状各异的病斑等症状，且发病率分别为为100%、92%、88%和71%；与对照相比，接种病原菌的植株株高和根长均显著减小；处理组植株地上与地下生物量也明显减少，且与对照（0.039 g/株、0.012 g/株）相比差异显著，其中接种三线镰孢的病株生物量最小，地上与地下分别为0.01 g/株和0.005g/株；皮层变色指数由大到小顺序为：粉红镰孢（85.6）>尖镰孢（66.4）>腐皮镰孢（60.8）>立枯丝核菌（52.8）；中柱变色指数较高的3种菌为粉红镰孢（97.6）、腐皮镰孢（65.4）、尖镰孢（50.4）；因此，笔者得出三线镰孢、腐皮镰孢和尖镰孢为会宁小扁豆根腐病的主要致病菌，可为小扁豆病害防治提供理论依据。

关键词：小扁豆；病原菌；鉴定；致病性测定

---

* 基金项目：国家自然科学基金（No. 31272496）；公益性行业（农业）科研专项经费项目（No. 201303057）和国家牧草产业技术体系（CFGRS）

** 第一作者：胡进玲，女，硕士研究生，主要从事植物病理学研究；E-mail：hujl15@lzu.edu.cn

*** 通信作者：李彦忠，男，教授，博士，主要从事植物病理学研究；E-mail：liyzh@lzu.edu.cn

象耳豆根结线虫新效应基因 *Me-3C06* 的克隆及功能分析*

冯推紫** 龙海波*** 裴月令 孙燕芳 魏丽莎子
（中国热带农业科学院环境与植物保护研究所，海口 571101）

摘 要：象耳豆根结线虫（*Meloidogyne enterolobii*）是近些年引起广泛关注和重视的一个热带根结线虫新种，在亚洲、非洲、欧洲以及北美热带和亚热带地区均有发生分布，该线虫也是为害我国华南热带作物的重要根结线虫种类。研究表明，食道腺细胞特异表达的效应蛋白是根结线虫识别寄主、侵染和寄生的关键因子。本研究从 *M. enterolobii* 中分离到一个食道腺细胞特异表达的新效应子基因 *Me-3C06*（KY386298）。序列分析显示 *Me-3C06*cDNA 全长为 1 313bp，开放阅读框（987bp）推导编码 328 个氨基酸。Southern blot 确认 *Me-3C06* 在基因组中存在且具有多拷贝，属多基因家族成员。原位杂交显示 *Me-3C06* 在 *M. enterolobii* 二龄幼虫的腹食道腺细胞特异表达。利用 RT-PCR 分析 *Me-3C06* 在 *M. enterolobii* 不同发育期的表达类型，电泳检测结果显示，*Me-3C06* 在象耳豆根结线虫在迁移性二龄幼虫以及固着性寄生阶段和雌成虫期均能高峰度表达，但在卵期表达水平相对较低。通过将 *Me-3C06* 开放阅读框序列克隆至瞬时表达载体，重组子瞬时表达能够诱导烟草细胞死亡。体外反转录合成 dsRNA，结合利用 RNAi 活体外干扰技术，体外反转录合成 *Me-3C06*dsRNA 序列，成功诱导了 *Me-3C06* 基因的下调表达，并且导致象耳豆根结线虫诱导番茄根系病情指数相比对照下降约 46%。根据以上研究结果，可以推测 Me-3C06 蛋白在 *M. enterolobii* 的寄生过程中具有重要作用。

关键词：效应子；亚细胞定位；原位杂交；RNA 干扰

---

* 基金项目：国家自然科学基金（31401717）；中国热带农业科学院基本科研业务费专项资金 1630042017024

** 第一作者：冯推紫，研究方向为植物寄生线虫学；E-mail：fengtuizi@ 163. com

*** 通信作者：龙海波；E-mail：longhb@ catas. cn

钩藤丝核菌猝倒病病原鉴定*

陈小均[1**]　黄　露[1]　吴石平[1]　何海永[1]　莫章刑[2,3]
杨　仟[2,3]　杨再刚[2]　龙明成[3]
（1. 贵州省植物保护研究所，贵阳　550006；2. 剑河县钩藤研究所，剑河　556400；
3. 剑河县科技局，剑河　556400）

摘　要：钩藤［*Uncaria rhynchophylla*（Miq.）Jacks.］属茜草科植物，别名钓藤、倒挂刺。具有较高药用价值。“剑河钩藤”为贵州剑河县主要人工大面积种植的一种地道中药材，已获得国家地理标志。然而，近年来在温室漂盘育苗中钩藤猝倒病发生严重，由于因病原种类不清楚和控制不及时造成死苗，死亡率达 10%～50%，严重时全棚毁苗。为了查明病因，笔者于 2015—2016 年对该病害进行相关研究，通过病原分离、结合形态学和分子生物学方法以及柯赫氏法则验证，最终鉴定了引起剑河钩藤猝倒病的病原为立枯丝核菌（*Rhizoctonia solani*）。丝核菌属是一种致病较强的一种土传性病原真菌，可以引起多达 200 多种植物发生病害。然而，该病菌能引起钩藤发生猝倒病，钩藤成为立枯丝核菌的新寄主，目前在国内外未见报道。笔者对该病害的形态特征和田间症状进行描述，该研究结果可为钩藤猝倒病的诊断和防控有着重要指导意义。

田间发病及回接后发病症状：育苗盘中发病后幼苗，叶片及根茎部出现水浸状腐烂，病斑呈红褐，发病后期，大面积倒伏腐烂。通过病原致病性回接，接种后 3 天，幼苗叶片接种点处开始出现水浸状褪绿斑，病斑呈红褐色。发病症状与田间发病症一致。

病原菌的形态特征：分离与再分离的菌株形态特征极为相似。病原菌在 PDA 平板生长较快。菌落呈圆形，初为白色、较稀薄，随培养时间推移，逐渐变成米黄色至褐色，培养 7 天后，菌落上会产生菌核。通过对菌丝体进行显微观察，幼嫩菌丝无色，后期菌丝渐变为褐色，多核。在菌丝体呈直角或近直角分枝，且分枝处有缢缩，并形成一隔膜。菌丝平均直径 6～10 μm。这是丝核菌的典型特征。根据病原菌的培养性状、形态特征，可初步鉴定该病原菌为立枯丝核菌。

ITS 测序测定结果：将扩增产物测序所得序列与 GenBank 中核酸数据进行 Blast 分析的结果表明，该序列与已报道的立枯丝核菌（*Rhizoctonia solani*）序列同源性最高，同源性达 100%，因此通过分子鉴定结果为立枯丝核菌。

关键词：钩藤猝倒病；立枯丝核菌；鉴定；形态特征；ITS 测序

---

* 基金项目：贵州省农业委员会项目“贵州省中药材现代产业枝术体系建设专项”（GZCYTX-02）；贵州省剑河钩藤产业科技合作项目（剑科合字〔2013〕3 号）

** 第一作者：陈小均，男，副研究员，硕士，从事植物病理及防治技术研究；E-mail：240255044@qq.com

一种钩藤叶部新病害叶斑病的病原鉴定*

陈小均[1**]　黄　露[1]　吴石平[1]　何海永[1]　杨　仟[2,3]
莫章刑[2,3]　杨再刚[2]　龙明成[3]
(1. 贵州省植物保护研究所，贵阳　550006；2. 剑河县钩藤研究所，剑河　556400；
3. 剑河县科技局，剑河　556400)

摘　要：中药材钩藤在贵州剑河县大面积植，一种真菌引起的叶斑病发生普遍，对钩藤产业或将造成潜在影响，但目前对钩藤病害的研究还比较少，还未见有钩藤病害的相关报道。拟盘多毛孢属很多种都可引起多种植物产生病害，如芒其、紫荆等植物。笔者从发病的钩藤叶片上分离一株真菌性病原，为了进一步对病原进行准确鉴定，笔者结合形态学和分子生物学方法以及柯赫氏法则进行研究。经鉴定，钩藤叶斑病由拟盘多毛孢属引起，该结果为国内外未见报道，为增加钩藤病害目录和病害防控提供依据。

症状描述：该病害主要为害叶片，形成圆形或近圆形病斑，红褐色，病斑上着生小黑点。以培养物进行接种后，叶片初期呈水渍状，以接种点为圆心向四周扩展，受叶脉影响，病斑形状不规则，圆形或近圆形。后期变为红褐色，其上散生近球状的黑色颗粒（分生孢子盘），病健交界明显。回接发病症状与野外采集的病叶症状一致。

病原菌分离、培养和鉴定结果：对钩藤病叶标样进行表面消毒后，在解剖镜下挑取黑色分生孢子器，对获得的培养物进行柯赫氏法则验证，在发病部位再次分离获得纯培养物。在 PDA 上培养的菌落呈圆形，菌丝体白色，致密，其菌落生长边缘整齐，气生菌丝发达，菌丝纤细无隔，少数锐角分枝，培养 2~3 个星期后能形成类似菌核的黑色分生孢子堆，后期产生分生孢子盘，分布于整个菌落；分生孢子盘呈球形，直径为 100~200μm，顶端有墨汁状黏液，镜检内含大量分子孢子。分生孢子梗的基部菌丝膨大呈球状，顶端有瓶状孢子梗；分生孢子成熟后直立或稍弯曲，长 18. 8~25. 1μm，宽 6. 4~8. 1μm，具 5 个细胞，具 3 根细长顶毛，其分生孢子呈纺锤形，有 4 个隔膜，基胞无色，平截，壁光滑。根据以上特征认为，该菌株无性阶段属于半知菌亚门黑盘孢目，拟盘多毛胞属（*Pestalotiopsis* sp.）。

将扩增产物测序所得序列与 GenBank 中核酸数据进行 Blast 分析的结果表明，该序列与已报道的拟盘多毛胞属（*Pestalotiopsis* sp.），因目前数据库中已报道的该属其他种同源性不高，因此不能鉴定具体的种。或许该分离物是一个未报道的种。

关键词：钩藤叶斑病；新病害；拟盘多毛胞属；鉴定；形态特征；ITS 测序

---

* 基金项目：贵州省农业委员会项目“贵州省中药材现代产业枝术体系建设专项”（GZCYTX-02）；贵州省剑河钩藤产业科技合作项目（剑科合字〔2013〕3 号）

** 第一作者：陈小均，男，副研究员，硕士，从事植物病理及防治技术研究；E-mail：240255044@qq. com

苜蓿假盘菌研究现状*

李 杨** 史 娟***
（宁夏大学农学院，银川 750021）

摘 要：苜蓿假盘菌［*Pseudopeziza medicaginis*（Lib.）Sacc.］引发苜蓿褐斑病，本文针对苜蓿假盘菌的生物学特性、侵染过程、基因组DNA提取等实验方法的研究现状进行了综述，以期为从事相关研究学者提供参考。

关键词：苜蓿假盘菌；研究现状

苜蓿假盘菌［*Pseudopeziza medicaginis*（Lib.）Sacc.］属子囊菌纲，柔膜菌目，皮盘菌科，假盘菌属真菌，该菌引发的苜蓿褐斑病具分布广，为害重等特点，是世界苜蓿产区的主要病害之一。该病的发生不仅严重影响苜蓿产量及品质[1-3]，而且使苜蓿产生香豆雌酚等类黄酮物质，家畜采食后导致流产和不育[4-6]，为此科学家们进行了相关研究。目前国内对此病原菌的研究不仅限于生物学特性、培养条件方面，而且还涉及侵染途径和侵染后寄主的酶活性变化。随着对该病原菌的深入研究，在基因组DNA提取方法、ISSR反应体系优化及指纹图谱的构建等方面有了重要突破。本文对国内的研究结果加以总结，以期全面了解该病原菌的研究现状，进行更加深入的研究。

1 形态特征、生物学特性与寄主范围

1.1 形态特征

人工培养的苜蓿假盘菌菌落呈粉色或灰黑色，球形或不规则形。直径1.0~3.0mm；粉色菌落表面光滑，无菌丝，不形成子囊盘、子囊以及子囊孢子。灰黑色菌落可形成子囊盘、子囊和子囊孢子，子囊盘肉质，呈扇形，侧丝略高于子囊，顶端不膨大，子囊棒状，无色透明，大小为（25.1~36.1）μm×（3.2~4.9）μm，内含8个子囊孢子，卵圆形，大小为（3.0~4.9）μm×（2.0~2.9）μm，单排或双排排列，孢子两端有2~4个大小不等的油滴[7-8]。目前没有发现其无性繁殖方式。

1.2 生物学特性

苜蓿假盘菌在5~30℃，pH值=4.0~10.0可生长，20~25℃，pH值=5.0~6.5时为最适生长条件；随光照强度的增加其生长受到抑制[9]；苜蓿假盘菌子囊孢子在6~25℃可萌发，最适为15~20℃，芽管在10~30℃可生长，最适为20℃；适宜子囊孢子萌发和菌落生长的pH值分别为3~8和4~6（最适为5）[10]。葡萄糖和麦芽糖不仅利于其生长，还

* 基金项目：国家自然科学基金（31460033）和宁夏大学草学一流学科建设项目资助
** 第一作者：李杨，女，硕士研究生，从事草原保护研究；E-mail：mu2yu@qq.com
*** 通信作者：史娟；E-mail：shi_j@nxu.edu.cn

可促使有性生殖的发生，乳糖则抑制其有性生殖；该菌利用无机氮源优于有机氮源，尿素抑制其生长；水分可促进子囊盘孢子释放和萌发；无机盐不影响有性生殖的发生[9]。苜蓿假盘菌最适生长的培养基是 V8 - 碳酸钙琼脂培养基，其次为燕麦片、苜蓿汁液培养基，在 PDA 培养基上不能形成成熟的子囊盘[10]；王蓟花等[8]研究发现番茄汁培养基、马铃薯胡萝卜汁培养基等也适于假盘菌的生长。子囊盘成熟率最好的是番茄培养基和 V8 - 碳酸钙培养基，V8 培养基和苜蓿汁液培养基次之，酵母淀粉琼脂培养基上可形成子囊盘，但子囊变形扭曲；马铃薯胡萝卜培养基和马铃薯蔗糖培养基上可以形成子囊盘结构，但不形成子囊，菌丝中间或顶端形成糖葫芦状膨大体，组成子实体的菌体组织粗壮，似珊瑚状；燕麦片琼脂培养基极易污染；查彼培养基上不形成菌落[7,11]。为得到可育菌落应使用 V8 - 碳酸钙培养基，在 20℃下进行培养。

1.3 寄主范围

苜蓿假盘菌对寄主具有专化性，可以为害苜蓿属的紫花苜蓿、杂花苜蓿、镰荚苜蓿，草木樨属的白花草木樨、黄花草木樨，三叶草属的库拉三叶草，在苜蓿属和黄花草木樨上可以形成成熟的子实体和子囊孢子，在白花草木樨和库拉三叶草上不能形成子实体[12]。

2 侵染机制

2.1 侵染过程研究

史娟等[13-14]通过细胞学研究发现苜蓿假盘菌子囊孢子弹射到苜蓿叶片后，先萌发产生芽管，利用芽管进入寄主表皮细胞，之后芽管发育为菌丝侵入叶肉细胞，进行胞内生长，最终形成菌落及子囊盘。接种到叶片上的子囊孢子 4h 开始萌发，12h 后芽管直接侵入或利用细胞间隙进入叶片表皮细胞，24h 后在表皮细胞内形成菌丝，36h 菌丝内液泡给予较大压力帮助其直接穿透细胞壁侵入叶肉细胞进行胞内生长，接种 72h 后形成菌落，随菌丝的生长发育进而形成子囊盘。整个侵染过程不似稻瘟病菌形成附着胞等侵染结构[15]。

2.2 侵染后寄主病理变化

菌丝进入寄主细胞后，寄主原生质膜内陷，原生质膜与细胞壁间沉积颗粒物质，菌丝在寄主细胞内不断扩展并形成菌丝鞘，随着原生质膜不断内陷逐渐被降解，菌丝开始侵染叶绿体等细胞器，首先菌丝鞘与叶绿体等细胞器的细胞器膜连接，然后降解其基粒片层，被降解的组织沉积在菌丝与细胞壁周围。侵染后期，菌丝向胞内和胞外不断延伸，处于降解物中的胞内菌丝细胞壁比胞外扩展菌丝厚，寄主细胞内聚集大量颗粒物[14]。由此可见，苜蓿假盘菌在活体时侵染，在死亡的组织上扩展，可认为是活体-死体营养型真菌。

肖爱萍等[16]对病菌侵染初期叶片酶活性变化的研究发现，苯丙氨酸解氨酶（PAL），过氧化物酶（POD），超氧化物歧化酶（SOD）活性在抗、感品种均呈上升趋势，而过氧化氢酶（CAT）则呈下降趋势。接种 12h 时，抗病品种较感病品种的 PAL 和 POD 活性上升幅度大，CAT 活性减少幅度大；接种 24 h 时，抗病品种 SOD 活性较感病品种增加幅度大。黄海燕等[17]发现接菌 20 天内二胺氧化酶（DAO）、超氧化物歧化酶（SOD）、多胺氧化酶（PAO）、过氧化氢酶（CAT）活性先升高再降低。高抗株系 DAO 活性高于高感株系；在第 3~10 天感病株系 SOD 活性高于抗病株系；高抗株系 PAO 和 DAO 活性峰值出现早于高感株系，而高抗株系 CAT 活性峰值则晚于高感株系。袁庆华等[18]研究证明，接种苜蓿假盘菌 17 天内超氧化物歧化酶（SOD）、过氧化物酶（POD）和多酚氧化酶（PPO）

活性均呈先升后降趋势，抗病株的酶活性增加高于感病株。病菌侵染过程中，抗、感病品种与胁迫相关的酶活性总体变化趋势均呈先增强后减弱的趋势，但在病菌侵染前期抗病品种较感病品种增强幅度大，说明这些酶在病菌侵染早期发挥主要作用。

3 试验技术

3.1 假盘菌的分离方法

张君艳等[11]使用离心稀释法：将苜蓿病叶清洗消毒捣碎后加无菌水 8 000r/min 离心 5min，弃上清，反复 3 次后用适量无菌水稀释，用毛细管吸取分离物移至涂有水琼脂的载玻片上，在显微镜下用玻璃针挑取成熟子囊盘接至 V8-碳酸钙琼脂培养基上，20℃培养 30 天；叶片弹射法：用清洗消毒后的苜蓿病叶保湿放于皿盖上倒扣在 V8-碳酸钙培养基上，20℃培养 30 天。结果发现叶片弹射法在病斑保湿 24h 后弹射、萌发，但最终不会形成菌落，而利用离心稀释法，可以形成菌落。袁庆华等[10]利用组织块分离法：将清洗消毒后的苜蓿干病叶放于 V8-碳酸钙培养基上进行培养，与离心稀释法相比不能获得病原菌。史娟等[7]将组织块分离法加以改进，即利用苜蓿病叶病斑进行培养，此方法与叶片弹射法和离心稀释法相比效果最好。

3.2 叶片接种方法

王华荣等[19]使用逆向产孢法：将 V8-碳酸钙培养基上成熟菌落挑出置于底部铺有滤纸的培养皿盖上，利用自然弹射对保湿叶片进行接种；菌落悬浮液涂抹法：将成熟菌落在无菌水中捣碎制成菌悬液，用毛刷蘸取涂抹于苜蓿叶片；菌落接种法：把成熟菌落放在叶片中间，灭菌水保湿进行接种；病叶接种法：用清洗后的苜蓿病叶置于湿润滤纸上，到放在苜蓿健叶上进行接种；孢子悬浮液喷雾法：将浓度为每毫升（3~15）$\times10^5$个孢子的菌悬液用喷雾器对苜蓿叶片进行接种；接种后叶片与 20℃ 下进行暗培养后发现，逆向产孢培养法接种孢子数量多且无杂质易观察，病叶接种法、菌落接种法、菌落悬浮液接种法和孢子悬浮液接种法均有杂质，影响观察结果。

3.3 基因组 DNA 提取

为从分子水平对苜蓿假盘菌进行系统深入研究，张君艳等[20]对苜蓿假盘菌基因组 DNA 提取方法进行了筛选，综合考虑发现氯化苄法最为合适，此法通过降解真菌细胞中的几丁质来破坏细胞壁，使 DNA 充分释放，简单、省时；SDS-CTAB 效果好，但同时使用两种表面活性剂可能造成 DNA 部分降解，步骤烦琐，成本较高；SDS 法通过表面活性剂 SDS 与高盐结合进行细胞裂解释放内容物，但这种组合可能对真菌细胞壁裂解不充分，DNA 不能完全释放，效果欠佳。进一步研究发现提取缓冲液 pH 值在 9.0~10.0 时得到的 DNA 效果最好；液氮的使用不影响 DNA 质量和得率；蛋白酶 K 会影响 DNA 质量与纯度。

3.4 ISSR 反应体系优化及指纹图谱构建

袁庆华等[21]研究发现苜蓿假盘菌 ISSR 优化反应体系为：20μl 反应体系中应由 0.1 ng 模板 DNA，2.0 mmol/ L $MgCl_2$，0.5 μmol/L Primer，1 U Taq DNA 聚合酶，0.2 mmol/ L dNTP，2 μl 10×PCR Buffer 和 2.5%去离子甲酰胺组成；在此反应体系基础上，建立了 6 个地理来源不同的苜蓿假盘菌菌株指纹图谱，对其亲缘关系进行聚类和相关性分析发现，在 0.55 遗传相似水平下，6 个供试菌株可以分为两个遗传谱系，菌株的遗传谱系与其地理来源不相关。

4 展望

苜蓿褐斑病作为世界苜蓿主产区的重要病害，无论是病菌的生物学基础、侵染机制还是研究手段都有了一定的发展，但与作物病害研究相比依然存在很大的差距。为了减少差距，仍需在分子研究领域实现突破。结合蛋白质组和代谢组等分子生物学技术手段在病菌的侵染机制方面开展研究，寻找病菌侵染寄主和寄主防御病菌的关键物质，研究其介导的生理生化反应，实现分子研究领域的突破，为苜蓿的抗病育种提供理论依据。为从分子水平上对苜蓿假盘菌进行深入研究，需建立更加系统、完善的研究方法体系。

参考文献

[1] 南志标，李春杰，王赟文，等.苜蓿褐斑病对牧草质量光合速率的影响及田间抗病性［J］. 草业学报，2001，10（1）：26-34.

[2] Morgan C，Parbery D G.Effects of Pseudopeziza leafspot disease on growth and yield in lucerne［J］. Australian Journal of Agricultural Research，1977，28：1029-1040.

[3] 庞伟英，冯彦雪，任俊，等.褐斑病对苜蓿叶常规营养成分含量的影响［J］. 当代畜牧，2012（6）：34-35.

[4] Bickoff E M，Loper G M，Hanson C H，*et al*.Effect of common leafspot on coumestans and flavones in alfalfa［J］. Crop Science，1967，7：259-261.

[5] Loper G M，Hanson C H，Graham J H.Coumestrol content of alfalfa as affected by selection for resistance tofoliar diseases［J］. Crop Science，1967，7：189-192.

[6] Wong E，Flux D S，Latch G C M.The oestrogenic activity of white clover［J］. New Zealand Journal of Agricultural Research，1971，14：639-645.

[7] 史娟，贺达汉，王蓟花.不同培养条件下苜蓿假盘菌培养特性及分离方法的研究［J］. 西北农业学报，2007，16（3）：260-263.

[8] 王蓟花，史娟，于有志.不同培养基上苜蓿假盘菌生长状况及形态学研究［J］. 农业科学研究，2007，28（1）：15-17.

[9] 钟少林，王华荣，史娟.苜蓿假盘菌的生物学特性研究［J］. 草业科学，2011，28（6）：946-950.

[10] 袁庆华，李向林，张文淑.苜蓿假盘菌及其生物学特性研究［J］. 植物保护，2001，27（1）：8-12.

[11] 张君艳，陈本建.苜蓿假盘菌分离方法及培养性状比较研究［J］. 草原与草坪，2012，32（4）：20-23.

[12] 马鸿文，袁庆华，徐秉良.苜蓿假盘菌对一些豆科牧草寄主侵染能力的初步研究［J］. 植物保护，2007，33（6）：54-56.

[13] 史娟，韩青梅，张宏昌，等.苜蓿假盘菌侵染苜蓿叶片的细胞学研究［J］. 菌物学报，2008，27（2）：183-192.

[14] 史娟，王华荣，钟少林.苜蓿假盘菌与苜蓿叶片亲和性互作的超微结构特征［J］. 草业学报，2012，21（5）：122-127.

[15] 张红生，吴石雨，鲍永美.水稻与稻瘟病菌互作机制研究进展［J］. 南京农业大学学报，2012，35（5）：1-8.

[16] 肖爱萍，张学乐，王蓟花，等.苜蓿假盘菌侵染过程中不同抗性苜蓿品种叶片几种酶活性变化［J］. 农业科学研究，2010，31（1）：4-8.

[17] 黄海燕，王瑜，袁庆华，等.不同抗性苜蓿株系叶片感染假盘菌后酶活性的变化［J］. 中国草地学报，2015，37（3）：55-59.

[18] 袁庆华，桂枝，张文淑.苜蓿抗感褐斑病品种内超氧化物歧化酶、过氧化物酶和多酚氧化酶活性的比较［J］. 草业学报，2002，11（2）：100-104.

[19] 王华荣，史娟，任斌.苜蓿褐斑病菌离体叶片接种方法及侵染途径观察［J］. 草业科学，2012，29（12）：1816-1820.

[20] 张君艳，袁庆华.苜蓿假盘菌基因组 DNA 提取方法［J］. 植物保护，2006，32（6）：132-135.

[21] 袁庆华，张君艳.苜蓿假盘菌 ISSR 反应体系优化及指纹图谱构建［J］. 草地学报，2008，16（1）：17-22.

宁夏隆德地区黄芪根腐病主要病原菌的分离鉴定与致病性测定*

王立婷** 史 娟***

（宁夏大学农学院，银川 750021）

摘　要：近年来，宁夏隆德地区黄芪根腐病普遍发生，是严重影响黄芪产量的病害之一，为确定其主要致病菌及其致病性，本试验进行了黄芪根腐病的田间调查、病原菌的分离鉴定和致病性测定。结果表明：田间调查的黄芪根腐病症状有四种，初步分离鉴定得出主要病原菌为茄病镰刀菌（*Fusarium solani*）、尖孢镰刀菌（*Fusarium oxysporum*）和串珠镰刀菌（*Fusarium moniliforme*）。对健康黄芪根部截段的侵染试验得出刺伤接种病原菌的黄芪幼根发病率为65.07%，显著高于未刺伤处理组34.92%的发病率，说明表皮有损伤的黄芪更易受到根腐病的为害。病原菌孢子液灌根接种试验表明，表皮接种前受到损伤的黄芪更易受到根腐病的侵染。

关键词：黄芪；根腐病；分离；鉴定；致病性

黄芪（*Astragalus membranaceus* Bge.）以根入药，主要成分包含黄芪甲苷、皂苷类、多糖、黄酮类、维生素、不饱和脂肪酸、氨基酸、微量元素等[1]，是大宗药材之一。黄芪主产于内蒙古、山西、甘肃、黑龙江、宁夏等地，宁夏主要在六盘山地区广泛种植[2]。隆德地区地处黄土高原西部，土壤类型与气候条件适宜多种中药材的种植，是国家中药材种植基地。蒙古黄芪是该地区主要的种植品种之一。

近年来，随着黄芪的需求量不断增加，人工种植面积的不断扩大，连作问题不断突显，黄芪根腐病等土传病害日益加重，严重影响了黄芪的产量与品质，不仅造成较大经济损失，而且影响药农种植药材的积极性[3]。目前各大种植基地开展了黄芪根腐病的相关研究，并且获得了一定的研究结果。牛市全[4]通过培养特征、显微形态及 rDNA ITS 序列对甘肃陇西黄芪根腐病病原菌进行了分离与鉴定。罗光宏等[5]从河西走廊绿洲灌区的黄芪病根中分离并鉴定的尖孢镰刀菌（*Fusarium oxysporum*）与茄病镰刀菌（*Fusarium solani*）为黄芪根腐病的主要致病菌；陈垣等[6]利用离体根部接种法回接鉴定的甘肃地区黄芪根腐病的致病菌为尖孢镰刀菌（*Fusarium oxysporum*）、茄病镰刀菌（*Fusarium solani*）、立枯丝核菌（*Rhizoctonia solani*）；张艳芳[7]通过对黄芪病株的病根解剖观察，发现真菌通过侵染黄芪根部来汲取细胞中营养物质的同时产生抑制根部细胞正常生长的代谢产物，使得大量细胞解体死亡，最终导致植株死亡；陈玉萍[8]研究了黄芪感染根腐病时植物抗逆生理生化指标的变化，发现黄芪植株可以通过提高抗氧化能力来抵抗病害胁迫带来的伤害，但其防御系统的能力有限；辛中尧等[9]利用芽孢杆菌进行黄芪根腐病的防治

---

* 基金项目：宁夏科技支撑计划（2014106）宁夏六盘山区中药材病虫害绿色防控关键技术研究

** 第一作者：王立婷，女，在读硕士；E-mail：ting2wl@163.com

*** 通信作者：史娟；E-mail：shi_j@nxu.edu.cn

研究。隆德县作为中药材种植示范基地，黄芪根腐病仍然成为突出问题，隆德县根腐病是否与前人研究结果一致？我们尚不清楚。为了明确此问题，本文采集了隆德不同病斑形态的黄芪病根，并进行了病原菌的分离鉴定，为进一步指导该地区黄芪规范化种植，提高宁夏地区黄芪的产量与质量提供理论支撑。

1　材料与方法

1.1　供试材料

蒙古黄芪［*A. membranaceus*（Fish.）Bge. var. *Mongholicus*（Beg.） Hsiao］。

1.2　试验方法

1.2.1　田间调查与分级

于2014—2015年10月采挖季节，在宁夏隆德县温堡乡前进村、神林乡叶同村和沙塘镇许川村等种植基地调查，每个基地分别选取3个样地，采用五点取样法在每个样地随机抽取45株人工种植两年生蒙古黄芪，对照分级标准（0级：全株无病斑；Ⅰ级：全株1~2个病斑；Ⅱ级：全株3~5个病斑；Ⅲ级：全株6~10个病斑；Ⅳ全株10个以上病斑）进行根腐病病级调查，统计发病率和病情指数，同时测定其株高、主根长和根头粗。并将有病害的植株装入保鲜袋带回实验室进行进一步的观察和分离鉴定。

1.2.2　病原菌的分离与纯化

选取不同症状的根腐病病斑，统计不同形态病斑个数及病斑直径大小。并采用组织分离法[10]和单孢分离法进行病原菌的分离与纯化。单孢分离纯化采用平板稀释画线分离法[11]。

1.2.3　主要病原菌的初步鉴别

根据Leslie，魏景超和戴芳澜[12-14]等人有关专著的描述、图及检索进行对比，最后综合鉴定镰刀菌属种类。

1.2.4　病原菌的致病性测定

采取离体根部刺伤接种法和根部切伤灌根接种法[15]进行病原菌的致病性测定。离体组织为健康的黄芪根截段；灌根根系为活体，健康的黄芪植株。

1.3　数据处理

使用Excel2010，SAS8.2软件进行数据处理。

2　结果与分析

2.1　田间调查结果分析

田间调查结果表明黄芪根腐病在5月中旬左右出现，7—8月进入发病盛期，3个样地黄芪根腐病发病率均达90%以上，病情指数均达30%~50%。对黄芪根腐病病级统计与分析得出不同样地的黄芪均有明显的染病情况，病级主要在Ⅱ级，Ⅲ级和Ⅳ级（图1）。从图2中可以看出前茬作物不同的黄芪种植地，根腐病对其株高、主根长和根头粗均有影响。第一块样地前茬作物为藏木香，Ⅳ级病苗最多，Ⅲ级病苗数次之，株高和主根长较短，其生长发育和药材品质均低于其他两个样地；第二块样地前茬作物为玉米，病株主要集中于Ⅳ级与Ⅱ级，主根最长。第三块样地前茬作物为板蓝根，较其他两块样地根腐病病情虽有减轻但病情等级依然集中在Ⅱ级与Ⅳ级，其生长发育和药材品质均优于其他两个

样地。

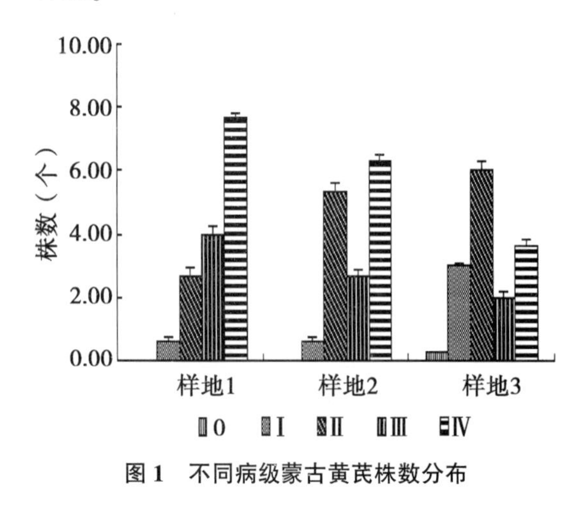

图 1　不同病级蒙古黄芪株数分布

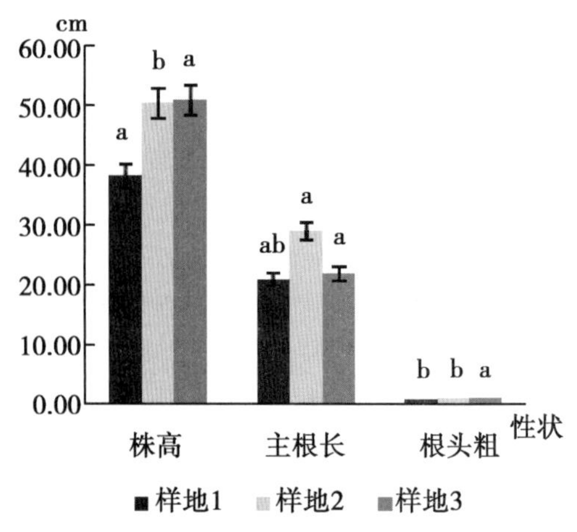

图 2　不同种植地蒙古黄芪生长量分布

2.2　病原菌的分离纯化与初步鉴别

2.2.1　主要病斑类型

由表 1 可知，病斑形态主要分为 4 种：第一类病斑黑色，圆形或椭圆形，深孔状，根部表皮深度凹陷腐坏；第二类病斑形状不规则，病斑中心褐色，边缘暗红色，根表皮轻微的凹陷腐坏，面积较大；第三类病斑细长条状，根部表皮轻度破裂，损伤表皮边缘为微红色；第四类病斑棕色，形状不规则，表皮褶皱。从病斑数目来看，第一类病斑数目>第二类病斑数目>第三类病斑数目>第四类病斑数目。病斑大小最小 $3mm^2$，最大 $70mm^2$，平均病斑大小为 $21.95mm^2$。

表 1　宁夏隆德蒙古黄芪常见根腐病病斑形态与大小

种苗编号	病斑形态	单株病斑数（个）	病斑大小
ZA	黑色圆点状病斑，表面凹陷，深孔状	8	3mm×1mm
ZB	黑色椭圆形病斑，病斑表面深度凹陷	6	10mm×7mm
ZC	不规则形状棕黑色病斑，边缘暗红色，表面轻微凹陷	11	9mm×7mm
ZD	细条状红色病斑，表面轻度凹陷	9	5mm×3mm
ZE	不规则棕色病斑，病斑表面褶皱	6	6mm×5mm

2.2.2　主要病原菌分离与纯化

通过对宁夏蒙古黄芪 3 次病原菌的分离与纯化，共得到 5 种分离物，根据菌落形态特征，培养性状以及显微结构特征初步鉴定到属，分别为尖孢镰刀菌（*Fusarium oxysporum*），茄病镰刀菌（*Fusarium solani*），串珠镰刀菌（*Fusarium moniliforme*）与未知菌类 a，未知菌类 b。3 批次分离频率见表 2。

表 2　蒙古黄芪根腐病主要病原菌分离结果

分离物名称	3 批次分离频率								
	第一次			第二次			第三次		
	分离皿数	总分离皿数	所占百分数（%）	分离皿数	总分离皿数	所占百分数（%）	分离皿数	总分离皿数	所占百分数（%）
尖孢镰刀菌	8	15	53. 33	13	25	52	18	35	47. 4
茄病镰刀菌	4	15	26. 67	3	25	12	5	35	14. 3
串珠镰刀菌	2	15	13. 3	2	25	8	1	35	2. 9
未知菌 a	1	15	6. 7	0	25	0	1	35	2. 9
未知菌 b	0	15	0	1	20	5	0	35	0

2. 2. 3　主要病原菌的初步鉴别

经分离纯化与初步鉴定，发现黄芪根腐病主要病原菌为尖孢镰刀菌，茄病镰刀菌与串珠镰刀菌 3 种。

尖孢镰刀菌，菌落表面初期呈白色随生长逐渐变红，初生菌丝绒絮状，气生菌丝卷曲集聚，后呈羊毛絮状。小型分生孢子为卵形且数目较多，孢子中无隔或 1 隔，大小（5. 1~10. 4）μm×（2. 5~4. 0）μm。大型分生孢子呈镰刀状，2~3 隔，两端光滑，大小为 6. 5μm×（6. 6~10. 5）μm×10. 7μm，单瓶梗，产孢梗较短。菌落在 PDA 培养基培养 5~6 天即可长满全皿（90mm）。

茄病镰刀菌，菌落初期乳白色，随生长逐渐变黄，菌丝为棉絮状，小型分生孢子为卵圆形或团圆形，多无隔，大小（2. 4~3. 2）μm×（3. 0~4. 1）μm，大型分生孢子大小为（4. 7~4. 8）μm×（3. 1~4. 0）μm。产孢梗为单瓶梗且瓶梗较长。

串珠镰刀菌，菌落初期为乳白色，随生长正面变为淡粉红色或蓝紫色，菌丝棉絮状，小型分生孢子呈椭圆形，数量较多，大小为（5~10）μm×（2. 4~4. 5）μm。大型分生孢子较少，产孢梗为单瓶梗。

2. 3　不同病原菌对健康黄芪根腐病的致病性研究

2. 3. 1　各类病原菌对健康黄芪根部截段的侵染试验

结果表明，尖孢镰刀菌，茄病镰刀菌及串珠镰刀菌对于健康黄芪根部截段均有侵染（表 3），被侵染各部表面出现大小不同的黑色病斑。未知菌 1 与未知菌 2 未能对黄芪根部造成腐坏为害，因此并不是病原菌。由于处理方式不同，被刺伤的黄芪根部发病明显比未做刺伤处理的黄芪根部严重，刺伤后的黄芪侵染 5 天后便出现病斑，而未做刺伤的黄芪根段侵染 10 天后才逐渐出现病斑且病斑面积较小，刺伤处理后的黄芪表面的病斑生长速度也明显快于未做刺伤处理组，因此刺伤处理促进了黄芪根腐病的发生与蔓延。

3 种主要病原菌对健康于黄芪的侵染速度也不尽相同，茄病镰刀菌的侵染速度最快，刺伤处理组侵染 5 天后便出现病斑，未做刺伤处理组侵染 7 天后同样出现病斑，刺伤组病斑大小平均是 8. 33~9. 1mm^2，未刺伤组病斑大小平均也达到了 2. 0~2. 4mm^2。排第二位的是尖孢镰刀菌，刺伤处理组侵染 5 天后同样出现根腐症状，但病斑大小明显小于茄病镰刀菌，平均大小为 2. 6~3mm^2，未做刺伤处理组虽然尖孢镰刀菌侵染 10 天才零星出现病斑，但病斑大小却有 2mm^2，侵染 20 天后病斑大小达到了 3. 5~4mm^2。串珠镰刀菌在 3 种主要病原菌中侵染速度最慢。刺伤组侵染10天后出现病斑，病斑大小为5mm²，未做刺伤处理组串珠镰刀菌侵染10天后病斑大小仅为1.5mm²，侵染20天后病斑大小为5mm²。

表3　不同病原菌对黄芪健康截段不同培养天数病斑大小　(mm^2)

菌名	处理手段	不同天数				处理手段	不同天数			
		5天	10天	15天	20天		5天	10天	15天	20天
ZC-1-2（茄病）	C	0±0c	2.11±2.42c	2.44±2.65c	3.33±2.91c	BC	0±0b	0±0c	0±0c	0.78±1.56de
ZG-1-3（茄病）	C	5.33±3.5a	6.89±2.47c	8.33±4.27a	9.11±3.98a	BC	0.33±1.0a	0.33±1.0bc	1.44±1.81bc	2.44±2.40bcd
ZG-1-1（串珠）	C	0±0c	5.11±0.92b	6.78±1.99ab	7.56±1.5ab	BC	0±0b	1.56±2.12ab	3.78±4.48a	5±4.41a
ZB-1-1（尖孢）	C	2.78±2.86b	5.11±1.83b	5.89±2.57b	7.22±2.27ab	BC	0±0b	2.11±2.85a	3.1±3.39ab	4.3±3.49ab
ZB-1-1①（尖孢）	C	1.67±2.54bc	4.33±1b	5.58±1.01b	6.33±1.32b	BC	0±0b	0±0c	1.78±2.68abc	2.11±3.25cde
DZ-4-1（未知1）	C	0±0c	0±0d	0±0d	0±0d	BC	0±0b	0±0c	0±0c	0±0e
ZB-1-2（未知2）	C	0±0c	0±0d	0±0d	0±0d	BC	0±0b	0±0c	0±0c	0±0e
CK	C	0±0c	0±0d	0±0d	0±0d	BC	0±0b	0±0c	0±0c	0±0e

注：同列不同小写字母表示同一药剂不同浓度间差异显著，$P<0.05$

由表4可以看出5种主要分离致病菌仅尖孢镰刀菌，茄病镰刀菌以及串珠镰刀菌发病。未知菌1，未知菌2以及对照组均未发病。同时刺伤处理发病率普遍高于非刺伤处理组，因此刺伤处理对黄芪根腐病的发生与蔓延起到了很大的促进作用，从接种后发病点病斑上均能再次分离到先前接种的同种病原菌，符合柯赫氏法则。

表4　不同病原菌侵染发病率结果

病原菌名	C处理发病接种点数目	C处理病原菌接种点数目	C端发病率（%）	BC处理发病点数目	BC处理病原菌接种点数目	BC处理发病率（%）
ZC-1-2（茄病）	6	9	66.70	2	9	22.20
ZG-1-3（茄病）	8	9	88.90	4	9	44.40
ZG-1-1（串珠）	9	9	100	6	9	66.70
ZB-1-1（尖孢）	9	9	100	7	9	77.80
ZB-1-1①（尖孢）	9	9	100	3	9	33.30
DZ-4-1（未知1）	0	9	0	0	9	0
ZB-1-2（未知2）	0	9	0	0	9	0
CK	0	9	0	0	9	0
C处理接种点总发病数	41	C处理总接种点数	63	C处理总发病率	65.08%	
BC处理接种点总发病数	22	BC处理总接种点数	63	BC处理总发病率	34.92%	

注：C表示刺伤处理，BC表示未刺伤处理

2.3.2　*不同病原菌对活体蒙古黄芪的灌根致病试验*

本试验通过选用3种主要病原菌孢子冲洗液对一年生活体蒙古黄芪幼苗进行灌根侵染

试验，比较不同种类病原菌处理组病斑出现时间早晚，病斑大小，以及单株平均病斑数目。探讨各类病原菌对于活体黄芪根腐病的致病情况。试验结果表明串珠镰刀菌侵染病斑出现时间早，直径大，扩大速度慢；茄病镰刀菌侵染病斑出现时间晚，直径大小适中，扩大速度快；尖孢镰刀菌组侵染病斑出现晚，病斑直径小，扩大速度慢（图 3）。

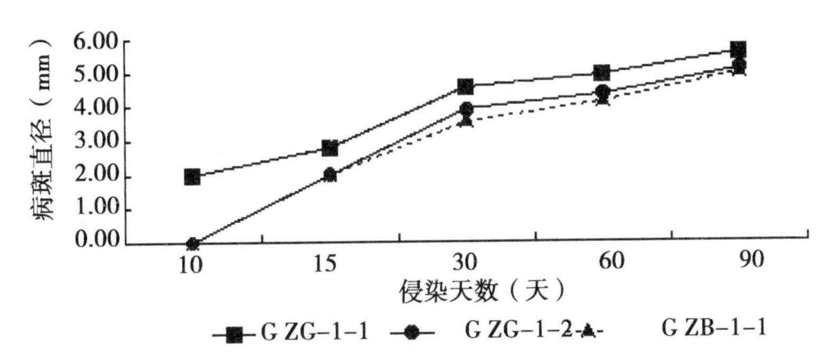

图 3　不同培养天数不同病原菌侵染活体黄芪病斑大小

由图 4 可知串珠镰刀菌病斑出现时间最早，随侵染时间增长，单株病斑个数增多；茄病镰刀菌病斑出现时间较晚，随侵染时间增长，病斑数目增加。尖孢镰刀菌病斑出现时间与茄病镰刀菌相近，随侵染时间增加，病斑数目快速增加。

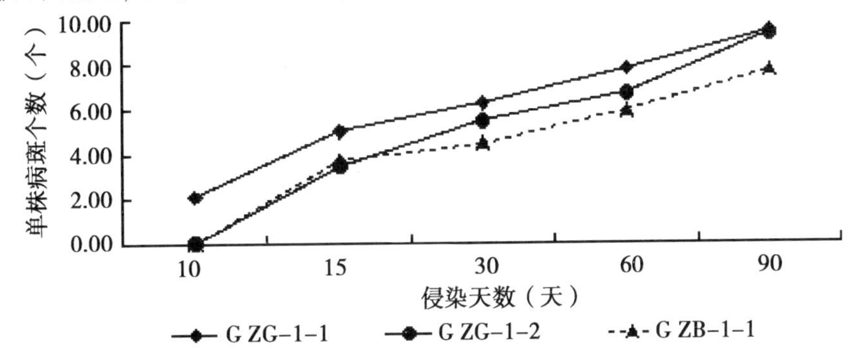

图 4　不同培养天数不同病原菌对活体黄芪侵染病斑数目

3　结论与讨论

本实验结果表明，宁夏六盘山地区蒙古黄芪根腐病的主要病原菌为镰刀菌属内的尖孢镰刀菌（*Fusarium oxysporum*），茄病镰刀菌（*Fusarium solani*）与串珠镰刀菌（*Fusarium moniliforme*）3 种，前人研究表明[16]多种病原菌均可引起植物根腐病的发生，Skovgaard[17]通过对两块豌豆地 5 个采样点共分离到 49 个镰刀菌菌株，其中尖孢镰刀菌是豌豆根腐病的主要病原菌；黄仲生等[18]经分离鉴定的尖孢镰刀菌会致黄瓜枯萎病；李金花等[19]明确茄腐镰刀菌属于甘肃马铃薯干腐病的优势病原菌种；向征等[20]从新疆南疆枣树苗根茎部分离的尖孢镰刀菌茄腐镰刀菌会致枣树根腐。病柴胡根部病害的病原菌也是尖孢镰刀菌[21]。尖孢镰刀菌和茄病镰刀菌在内蒙古与甘肃的黄芪根腐病致病原中也有过报道，但串珠镰刀菌对黄芪根腐病的病害在前人的研究中并未报道，表明黄芪根腐病的病原菌种类有很大的地域差异。通过对健康黄芪根部截段的侵染试验发现，刺伤接种病原菌的黄芪幼根发病率为 65. 07%，显著高于未刺伤处理组 34. 92%的发病率，说明表皮有损伤的黄芪更易受到根腐病的为害。病原菌孢子液灌根接种试验表明，表皮接种前受到损伤的黄芪更易受到根腐病的侵染。

参考文献

[1] 南换杰，秦雪梅，武兵，等.黄芪根腐病研究概况［J］. 陕西中医学院院报，2009，10（1）：67-70.

[2] 覃红萍，鲁静，林瑞超，等.不同种，不同地产黄芪中黄酮类 HPLC 指纹图谱研究［J］. 中国药师，2013（7）：954-958.

[3] 骆得功，韩相鹏，邓成贵，等.定西市药用黄芪病害调查与病原鉴定［J］. 甘肃农业科技，2004，1：38-40.

[4] 牛世全，耿晖，韩彩虹，等.甘肃陇西黄芪根腐病病原菌的分离与鉴定［J］. 西北师范大学学报：自然科学版，2016，52（2）：75-78，83.

[5] 罗光宏，陈叶，王振，等.黄芪根腐病发生危害与防治［J］. 植物保护，2005，31（4）：74.

[6] 陈垣，朱蕾，郭凤霞，等.甘肃渭源蒙古黄芪根腐病病原菌的分离与鉴定［J］. 植物理学报，2011，41（4）：428.

[7] 张艳芳.黄芪根腐病病根的形态及解剖学研究［D］. 兰州：西北师范大学，2013.

[8] 陈玉萍.黄芪根腐病病原菌的致病性及其对植物抗逆生理生化指标的影响［D］. 兰州：西北师范大学，2013.

[9] 辛中尧，徐红霞，陈秀蓉.枯草芽孢杆菌（*Bacillus subtilis*）B1、B2 菌株对当归、黄芪的防病促进生长效果［J］. 植物保护，2008，34（6）：142-144.

[10] 谢昌平，谭翰杰，张能，等.斐济金棕叶斑病菌鉴定及生物特性［J］. 植物保护，2009，35（3）：111-114.

[11] 朱蕾.蒙古黄芪根腐病病原菌的分离鉴定及药剂筛选防治研究［D］. 兰州：甘肃农业大学，2010.

[12] 康天芳.几种杀菌剂对甜瓜蔓枯病的室内毒力测定［J］. 甘肃农业大学学报，2002，37（1）：78-81.

[13] 魏景超.真菌鉴定手册［M］. 上海：上海科学出版社，1979.

[14] 戴芳澜.中国真菌总汇［M］. 北京：科学出版社，1979.

[15] 方中达.植物病研究方法［M］. 北京：农业出版社，1979.

[16] 孙文姬，简桂良，刘秀兰，等.山东菏泽地区牡丹根腐病病原真菌的分离鉴定［J］. 植物病理学报，2000，29（2）：177-180.

[17] Skovgaerd K，Bodker L，Rosendahl S.Population structure and pathogenioity of members of the *Fusarium oxysporum* complex isolated from soil and root necrosis of pea［J］. EMS Microbiology，2002，42（3）：367-374.

[18] 黄仲生，黄习军，杨玉茄，等.京郊黄瓜枯萎病病原菌鉴定初报［J］. 植物病理学报，1984，14（4）：249.

[19] 李金花，王蒂，柴兆祥，等.甘肃省马铃薯镰刀菌干腐病优势病原的分离鉴定［J］. 植物病理学报，2011，41（5）：456.

[20] 向征，钟聪慧，胡军，等.新疆南疆枣树根腐病原的分离与鉴定［J］. 植物病理学报，2015，45（1）：80.

[21] 李勇，李时轮，杨成民，等.北京地区柴胡根腐病病原菌鉴定［J］. 植物病理学报，2009，39（3）：312-317.

烟草脉带花叶病毒芝麻分离物全序列测定及分析*

王红艳[1,2]** 闫志勇[2] 赵 鸣[1] 宫慧慧[1] 李向东[2] 薛 超[1]
（1. 山东棉花研究中心，济南 250100；2. 山东农业大学植物保护学院，泰安 271018）

摘 要：烟草脉带花叶病毒（*Tobacco vein banding mosaic virus*，TVBMV）是马铃薯 Y 病毒属（*Potyvirus*）的一个确定种，在我国的发生呈逐年上升趋势。TVBMV 能够自然侵染烟草、马铃薯、曼陀罗、野茄子、番茄等茄科植物。2016 年我们从济南章丘芝麻田中采集到表现黄绿花叶、细叶及皱缩的芝麻病株叶片进行小 RNA 测序，检测到 TVBMV，这是 TVBMV 能够自然侵染芝麻系首次报道，也是 TVBMV 能够侵染除茄科以外作物的首次报道。

进一步 RT-PCR 及血清学检测证实了小 RNA 的测序结果。利用步移扩增和 5′ RACE 方法获得了 TVBMV-Zhangqiu 分离物的全基因组序列，其全基因组序列为 9 596个核苷酸。TVBMV-Zhangqiu 分离物 A、U、C、G 含量依次为：31.9%、26.4%、19.1%和 22.7%。将 TVBMV-Zhangqiu 分离物与 GenBank 已登录的其他 13 个 TVBMV 分离物的全基因组核苷酸序列及编码蛋白的一致率进行比较，TVBMV-Zhangqiu 分离物与山东沂源的 YY 分离物（JN630472）的核苷酸及氨基酸一致率最高，分别为 97.89%和 99.06%。利用 MEGA6 的 CLUSTAL W 将包含 TVBMV-Zhangqiu 分离物在内的 TVBMV 的 14 个分离物全基因组序列进行比对，系统进化分析结果表明 14 个分离物分成两个大组：来源于中国大陆的 MC 组和来源于中国云南的 YN 组，TVBMV-Zhangqiu 分离物聚类到来源于中国大陆的 MC 组。重组分析表明 TVBMV-Zhangqiu 分离物是 SDYS1 与 YN 分离物的潜在重组体，属于 MC 组的组内重组，其基因组的主要亲本是 SDYS1，8 642~9 533nt 来源于 YN。

关键词：烟草脉带花叶病毒；芝麻；全序列；系统进化树

* 基金项目：山东省自然科学基金（ZR2015CQ024）

** 第一作者：王红艳，女，助理研究员，博士，从事植物病害及其生物防治相关研究；E-mail：sdauwhy@ 163.com

NS3影响本氏烟内源基因表达的研究*

郑桂贤** 陈广香 胡 桥 孙现超 吴根土*** 青 玲***
（西南大学植物保护学院，植物病害生物学重庆市高校级重点实验室，重庆 400716）

摘 要：水稻条纹病毒（*Rice stripe virus*，RSV）是由灰飞虱（*Laodelphax striatellus*）终生带毒传播的纤细病毒属（*Tenuivirus*）病毒。RSV基因组由4条单链RNA组成，按照分子量由大到小分别命名为RNA1-RNA4，其中RNA3编码的NS3是病毒沉默抑制子（viral suppressors of RNA silencing，VSR）。RNA沉默是植物天然的抗病毒防御机制，然而在长期的进化过程中，几乎所有植物病毒均能编码RNA沉默抑制子来抑制寄主的RNA沉默，达到顺利侵入、复制及系统扩散的目的。本实验通过叶盘法获得转NS3再生本氏烟植株，并通过摩擦接种RSV，发现与野生型本氏烟相比，在转NS3的本氏烟RSV积累量减少、症状形成减缓。但NS3在本氏烟增强抗性的分子机制还不清楚。利用转录组测序，从转NS3再生本氏烟中筛选出597个上调和1 936个下调的差异表达基因，根据GO，KEGG分析筛选出了53个关于核糖体，碳代谢和光合成的差异表达基因。通过RT-qPCR验证，筛选出了26个关于与组氨酸H3，核苷酸键连、亮氨酸富集区、过氧化酶和硫氰酸酶等功能相关的差异表达基因。实验结果表明，转NS3本氏烟中关于核糖体和抗病相关的基因表达量下调，只有与转录进程有关的热激因子蛋白相关基因上调表达。根据研究结果推测，可能NS3作用于转基因本氏烟的转录进程从而提高了抗性，但具体作用途径和差异表达基因的功能验证还需要进一步的研究。

关键词：水稻条纹病毒；病毒沉默抑制子；NS3；转录组测序

---

* 基金项目：西南大学基本科研业务费专项资金“一般项目”（XDJK2015C168）

** 第一作者：郑桂贤，女，硕士研究生

*** 通信作者：吴根土；E-mail：wugtu@163.com

青玲；E-mail：qling@swu.edu.cn

赛葵黄脉病毒及其伴随卫星影响本氏烟内源基因表达分析*

余化斌** 荆陈沉 李彭拜 李 科 杜 江 吴根土 孙现超 青 玲***
（西南大学植物保护学院，植物病害生物学重庆市高校级重点实验室，重庆 400716）

摘 要：赛葵黄脉病毒（*Malvastrum yellow vein virus*，MaYVV）是菜豆金色花叶病毒属（*Begomovirus*）且伴随β卫星分子 MaYVB 的单组份双生病毒，在我国云南、四川等地区的赛葵上广泛发生。该病毒在本氏烟上造成曲叶和黄脉症状，为明确 MaYVV 及其卫星 MaYVB 侵染本氏烟后寄主内源基因的表达情况，本研究以 MaYVV 及其卫星 MaYVB 侵染性克隆接种本氏烟 21 天后叶片为材料，构建了本氏烟基因表达谱（委托北京诺禾致源生物信息科技有限公司），并运用 Gene Onlogy（GO）数据库、KEGG pathway 数据库对差异表达基因的功能和可能参与的分子调控途径进行了分析与预测。差异表达基因筛选以 padj<0. 05 为标准，分析结果得出，处理组总共有 5 040条基因差异表达，其中有 2 327条基因表达上调、2 713条基因表达下调。对差异表达基因进行 GO 功能富集分析可知，这些差异表达基因显著富集到 136 个 term，分布在分子功能、生物过程和细胞组分三大类中。其中，生物过程有 75 个，主要包括：有机物代谢（合成）过程、初级代谢产物、氮化合物代谢过程、酰胺生物合成过程、肽代谢（合成）过程、羧酸代谢过程、tRNA 代谢过程等；细胞组分有 25 个，主要包括：光系统 II 析氧复合体、转录因子 TFIID 复合物、转录因子复合体等；分子功能部分有 36 个，主要包括：连接酶活性、细胞骨架蛋白结合、蛋白复合体结合等，对差异基因 KEGG 通路富集分析可知，这些差异表达基因主要富集在核糖体、卟啉与叶绿素代谢、氨酰 tRNA 生物合成等 3 个通路中。以上结果为进一步了解赛葵黄脉病毒与寄主的互作机理奠定基础。

关键词：赛葵黄脉病毒；表达谱；Gene Onlogy；KEGG pathway

---

* 基金项目：西南大学基本科研业务费“创新团队”专项（XDJK2017A006）

** 第一作者：余化斌，男，硕士研究生

*** 通信作者：青玲，女，博导，教授，主要从事分子植物病毒学研究；E-mail：qling@ swu. edu. cn

长三角城市群观叶植物叶部病害的调查研究*

宋晓贺[1**]　李彦凯[1]　汪礼君[1]　高正煜[1]　马　青[2]

（1. 皖西南生物多样性研究与生态保护安徽省重点实验室，安庆师范大学生命科学学院，安庆　246133；2. 旱区作物逆境生物学国家重点实验室，西北农林科技大学植物保护学院，杨凌　712100）

摘　要：长江三角洲城市群，简称长三角城市群，包括上海、江苏、浙江、安徽等26市。在长三角城市群中，冬青卫矛和红叶石楠由于其耐贫瘠土壤、抗寒、抗旱、抗粉尘和有毒气体污染、易修剪等特点，常作为绿篱和观叶植物种植于城市的公园、街道两旁、住宅小区、机关和学校等地方。然而近几来，冬青卫矛和红叶石楠叶部病害发生普遍且危害严重，轻者病斑累累，重者叶片大量枯死脱落，严重影响其观赏价值及绿化效果。据笔者2015年4月至2016年10月调查发现，冬青卫矛和红叶石楠叶部病害5月初开始发生，8—9月趋于严重，管理粗放的地方，发病率可达85%以上。因此，在上海、安徽、江苏、浙江等一些重要城市开展冬青卫矛和红叶石楠叶部病害系统调查，掌握病害的种类、发生流行规律，鉴定其主要病害病原菌，对于挖掘其抗病种质资源以及制订有针对性的综合防治措施均具有重要的指导意义。

2015年4月至2017年8月，分别对安庆、上海、杭州、嘉兴、马鞍山、芜湖、合肥、南京、六安9个城市51个调查点3 000株冬青卫矛和2 000株红叶石楠植株为普查对象，调查地点包括各城市道路、广场、公园、机关、学校、城区、住宅小区以及苗圃等。详细记录调查日期、调查地点、发病株数、危害部位、分布情况、自然条件及管理水平（地势、土质及气候条件），对发病典型的病叶（正面、背面）、病枝、整株拍照记录。并按照叶部病害的分级标准，统计发病率、感病指数。对发病症状典型病叶，采样带回实验室，进行病原菌形态学鉴定和分子鉴定。

调查结果表明，冬青卫矛叶部病害在各调查地点发病普遍，8—9月为发病盛期，平均发病率为56.0%，病情指数为25.0。其中安庆地区冬青卫矛发病率最高，为70.0%，病情指数为35.0。共调查到冬青卫矛叶部病害有6种，分别是叶斑病、炭疽病、疮痂病、叶枯病、白粉病、煤污病。其中冬青卫矛叶斑病和炭疽病是发病盛期危害最严重的两种病害，常常混合发生，在发病最为严重的调查点安庆市菱湖公园，发病率为85.3%，病情指数为41.0，植株长势衰弱，叶片枯死，脱落，严重影响其观赏价值，造成一定的经济损失。红叶石楠叶部病害在各调查地点均有发生，平均发病率为39%，病情指数为37.00。其中上海红叶石楠发病率最高，为71.3%，病情指数为21.7。共调查到红叶石楠

---

* 基金项目：留学人员科技活动项目（皖人社秘〔2015〕229号）；徽省教育厅重点项目（批准号：KJ2016A435）

** 第一作者：宋晓贺，主要从事植物病害综合防治研究；E-mail：sxhapril@163.com

叶部病害主要有3种，分别是炭疽病、叶斑病和灰霉病。笔者课题组通过病原菌的分离培养，已获得冬青卫矛叶斑病菌、冬青卫矛炭疽病菌、红叶石楠炭疽病菌和红叶石楠叶斑病菌，下一步将对这些病原菌进行生物学特性、致病力分化等方面进行研究，为新型药剂的筛选、病害综合防治策略的制定奠定基础。

关键词：冬青卫矛；红叶石楠；叶部病害；观叶植物

咖啡驼孢锈菌 EST-SSR 分子标记筛选与评价

吴伟怀* 黄 兴 李 锐 郑金龙 梁艳琼 习金根 贺春萍 易克贤

（中国热带农业科学院环境与植物保护研究所/农业部热带农林有害生物入侵检测与控制重点开放实验室/海南省热带农业有害生物检测监控重点实验室，海南海口 571101）

摘 要：基于前期从咖啡叶锈病菌冬孢子与附着胞9 234条转录组数据中搜查到1 292个1-6碱基SSR。利用软件primer5.0软件随机设计了58对引物进行PCR扩增，经由8%的非变性聚丙烯酰胺凝胶电泳分析所选取SSR引物PCR扩增产物的有效性。结果从58对引物中筛选出46对能有效扩增出条带的引物，占所开发引物的79.3%。利用采自我国云南咖啡上的46份DNA样本对所筛选出的46对引物的扩增多态性进行分析。结果表明，46对引物共扩增出116条带，其中扩增出条带数为1、2、3、4、5、7的引物对依次为11、16、10、6、2以及1对，依次占扩增引物的23.9%、34.8%、21.7%、13%、4.3%、2.17%。最后利用46对经验证的EST-SSR引物对46个咖啡锈菌菌株的亲缘关系分析获得了理想的研究结果。

关键词：咖啡锈菌；EST-SSR；遗传多样性

* 第一作者：吴伟怀；E-mail：weihuaiwu2002@163.com

海南橡胶树胶孢炭疽病菌的分子系统学研究*

曹学仁　车海彦　罗大全**

（中国热带农业科学院环境与植物保护研究所，农业部热带作物有害生物综合治理重点实验室，海口　571101）

摘　要：天然橡胶是我国四大战略物资之一，海南是我国重要的天然橡胶生产种植基地。炭疽病是海南橡胶树上的一种重要叶部病害，其病原菌包括胶孢炭疽菌（*Colletotrichum gloeosporioides*）和尖孢炭疽菌（*C. acutatum*），已有研究证实目前海南橡胶树苗圃和开割胶园炭疽病的病原菌均以 *C. gloeosporioides* 为主。近年来随着分子系统学的方法引入炭疽菌属的分类研究，结果发现 *C. gloeosporioides* 是一个复合种，最新的研究表明该复合种内包括 38 个种。为了明确海南橡胶树 *C. gloeosporioides* 的种类，2015—2017 年，从海南儋州、定安、文昌、屯昌、琼中、保亭、琼海、万宁、陵水、三亚、海口、澄迈和乐东等市县采集橡胶树炭疽病标样，共分离胶孢炭疽菌 168 株，根据形态差异和地理分布，对其中的 23 株进行 β-微管蛋白基因（β - tublin gene，TUB2）、3-磷酸甘油醛脱氢酶基因（glyceraldehydes-3-phosphate dehydrogenase gene，GDPH）、核糖体转录间隔区序列（internal transcribed spacer，ITS）、肌动蛋白基因（actin gene，ACT）、几丁质合成酶 A 基因（chitin synthase 1 gene，CHS-1）、谷氨酰胺合成酶（glutamine synthetase，GS）和交配型蛋白与 Apn2-Mat1-2 基因间隔区（mating type protein，and the Apn2-Mat1-2 intergenic spacer，ApMat）的 PCR 扩增、测序，将测序结果分别按 ACT-CHS-1-GDPH-ITS-TUB2 和 ApMat-GS 拼接后，利用 MEGA v. 6. 0 软件对其进行比对和手动校正，比对后的序列采用 Paub 4. 0 beta 10 软件和 MrBayes 3. 2. 6 软件分别进行系统发育分析。结果表明，海南橡胶树胶孢炭疽菌包括 2 个种：*C. siamense* 和 *C. fructicola*，其中以 *C. siamense* 为优势种。

关键词：橡胶树；胶孢炭疽病菌；种类

---

* 基金项目：中央级公益性科研院所基本科研业务费专项资金（No. 2016hzs1J039）；中国热带农业科学院基本科研业务费专项资金（No. 1630042016029，No. 17CXTD-26）

** 通信作者：罗大全，研究员；E-mail：luodaquan@ 163. com

农业害虫

旋幽夜蛾幼虫取食量及成虫羽化节律的研究

赵　琦　刘朝晖　李冠甲　马占鸿
（中国农业大学开封实验站，开封　47500）

摘　要：研究了旋幽夜蛾（*Scotogramma trifolii* Rottemberg）幼虫的取食量及成虫的产卵习性。结果表明，在开封地区，第三代旋幽夜蛾的幼虫历期约为12天，取食量达1.279g/头。成虫羽化高在幼虫化蛹后第9~17天。在24h内，20:00~22:00羽化量最大。

关键词：旋幽夜蛾；幼虫；取食量；羽化节律

旋幽夜蛾（*Scotogramma trifolii* Rottemberg）又名三叶草夜蛾，属鳞翅目，夜蛾科，是间歇性局部发生的多食性害虫，在中国东北、华北、西北各地均有分布[1]。幼虫具有多食性、暴发性和迁移危害性的特点。危害作物有甜菜、棉花、亚麻、马铃薯、花生、玉米、向日葵和大豆等多种作物[2]。目前，关于该虫的报道相对较少，研究基础薄弱，仅见其有效积温[3]、迁飞性[4]、过冷却点[5]等方面有少量研究。而研究食叶害虫的取食量是探讨为害程度、防治适期和防治指标的基础[6]。因此，阐明旋幽夜蛾幼虫的取食危害及羽化节律的研究，无论是对于了解旋幽夜蛾的发生危害规律，揭示其大发生危害的特征，还是对于指导旋幽夜蛾的防治或预测预报都有十分重要的意义。

1　材料与方法

1.1　虫源

2017年6月在河南省开封市中国农业大学开封实验站试验田内设置高空探照灯诱捕成虫，将诱捕到的成虫在实验室人工喂养，待其产卵。室内饲养一代后的初孵幼虫作为供试虫源。

1.2　取食量的确定

选择同时孵化、健壮的初孵幼虫置于2cm×10cm的指行管中用灰菜（试验田周边摘取）单头饲养，每天更换饲料。每天10:00用电子天平（精度为0.000 01g）进行称量。每天所称量的幼虫数量为50头。同时，为排除试验期间的叶片因水分蒸发对称量造成的影响，设置空白对照，更准确的确定幼虫的取食量。

1.3　羽化节律的观察

将老熟幼虫放入装有土的塑料箱中，待其钻土化蛹，放在室温下自然羽化，供试蛹量每箱130头，3次重复。每隔2h观察一次并记录羽化数，直至全部羽化，计算其羽化率。

2　结果与分析

2.1　各龄幼虫的取食量

从表1可以看出，随着龄期的增大，平均每头幼虫的取食量也逐渐增大。旋幽夜蛾幼虫一生需取食 1.279g，从每龄幼虫的取食量占据整个幼虫期取食总量的比例，各龄幼虫的取食量有极显著差异。2、3、4、5 龄幼虫的取食量分别是 1 龄幼虫取食量的 2.7 倍、6.3 倍、10.7 倍、12.7 倍。而 1、2 龄幼虫的取食量分别为 38.4mg，102.3mg，仅占幼虫期取食量的 3%和 8%；3 龄幼虫的取食量为 243.0mg，所占比例达 19%；而 4、5 龄幼虫的取食量分别为 409.2mg 和 486.0mg，为幼虫期取食量的 32%和 38%，4，5 龄幼虫的取食量占了幼虫期取食量的 70%。

表 1　不同龄期幼虫的取食量

龄期	平均取食量（mg）	取食量百分比（%）
一龄	38.4 A	3
二龄	102.3 B	8
三龄	243.0 C	19
四龄	409.2 D	32
五龄	486.0 E	38

2.2.1　羽化日节律

旋幽夜蛾自化蛹第 9 天开始羽化，持续至化蛹第 17 天，共羽化成虫 345 头，总体羽化率达到 88.5%。从表 2 可以看出，除化蛹后第 11 天和第 13 天与化蛹后第 17 天的羽化率存在显著性差异，其余羽化日的羽化率并无显著差异。

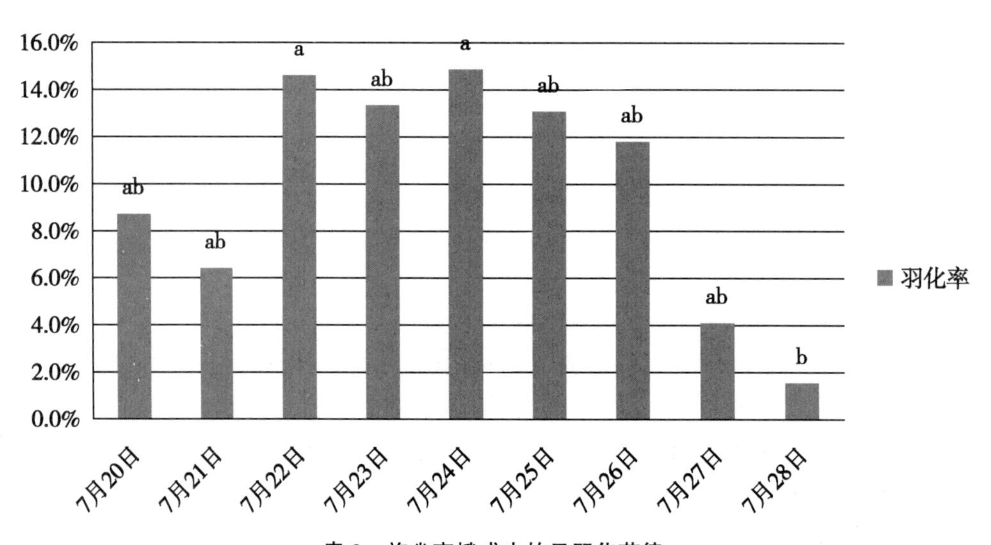

表 2　旋幽夜蛾成虫的日羽化节律

2.2.2　羽化时节律

从旋幽夜蛾 24 小时内不同时间段的羽化节律看，蛹的羽化主要集中在 18:00~20:00，20:00~22:00之内，分别达到 21.0%和 24.1%，其余时间段的羽化率均较低。

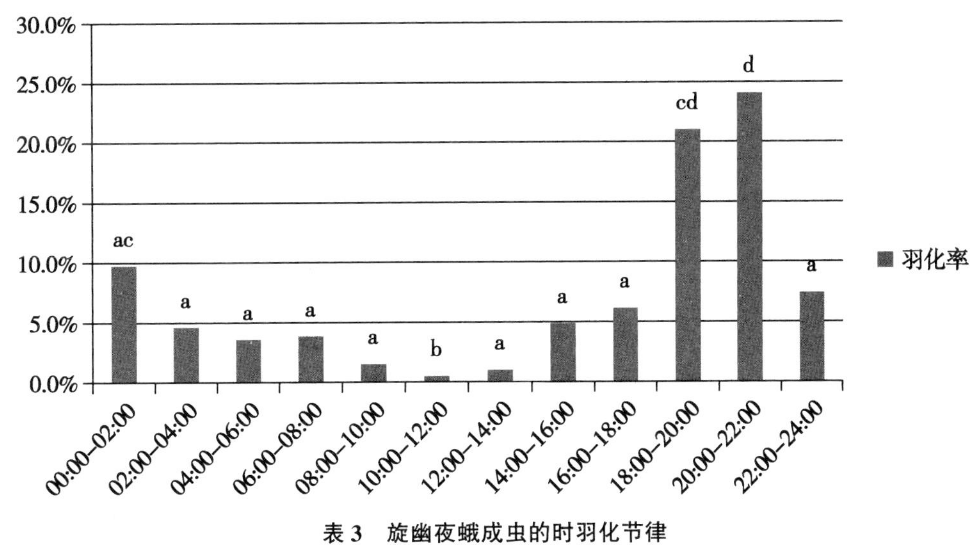

表 3　旋幽夜蛾成虫的时羽化节律

3　讨论

旋幽夜蛾幼虫一生共取食 1.279g 灰菜，与草地螟幼虫一生取食 0.635g 食物[7]相比，几乎达到草地螟幼虫取食量的两倍。不同龄期取食量结果表明，旋幽夜蛾幼虫 1 龄及 2 龄幼虫的取食量较小，并且一般此时幼虫的抗药能力弱，一般的杀虫剂均可收到理想的防治效果，因此是防治幼虫减少危害损失的最好时期。

旋幽夜蛾蛹 18:00 开始羽化量显著增多，持续到 22:00，为今后进一步研究羽化后取食交配等一系列行为规律奠定了一定基础。蛾类昆虫的昼夜行为节律主要涉及化蛹、羽化、交配、孵化等。通过了解蛾类行为节律，对行为节律进行总结，有助于掌握种群活动规律，为蛾类益虫利用和害虫防治提供重要的理论依据[8]。

参考文献

[1]　赵占江，陈恩祥，张毅．旋幽夜蛾生物学特性与防治研究［J］．中国甜菜，1992（4）：25-28.

[2]　王大光，那玛加甫，刘淑红．棉田旋幽夜蛾的发生特点与防治技术［J］．中国植保导刊，2009（1）：33-34.

[3]　赵占江，张毅，陈恩祥．旋幽夜蛾发育有效积温的研究［J］．昆虫知识，1991，28（2）：88-91.

[4]　张云慧，程登发，陆红．北京延庆地区旋幽夜蛾春季欠费的雷达观测［J］．植物保护与现代农业，2007：346-350.

[5]　赵琦，张云慧，韩二宾，等．旋幽夜蛾各虫态的过冷却点测定［J］．植物保护，2010（2）：63-66.

[6]　王凤，鞠瑞亭，李跃忠，等．褐边绿刺蛾的取食行为和取食量［J］．昆虫知识，2008，45（2）：233-235.

[7]　罗礼智，刘大海，张蕾．草地螟幼虫取食量、头宽、体长及体重的测定［J］．植物保护，2008，34（6）：32-36.

[8]　涂小云，陈元生．蛾类昆虫行为节律［J］．生物灾害科学，2013，36（1）：18-21.

麦长管蚜 U6 snRNA 的鉴定及表达分析*

杨超霞[1,2]** 张方梅[3] 李祥瑞[1]*** 张云慧[1] 朱 勋[1] 郑海霞[2] 程登发[1]
（1. 中国农业科学院植物保护研究所，植物病虫害生物学国家重点实验室，北京 100193；
2. 山西农业大学，太原 030801；3. 信阳农林学院，信阳 464000）

摘 要：在昆虫基因表达水平的研究中，实时荧光定量 PCR 技术（qRT-PCR）是一种检测特定基因表达水平和转录分析的有效手段。而稳定的内参基因是定量 PCR 法准确定量基因表达量的重要前提，理想的内参基因要求不受外界任何环境因素影响，在不同实验条件下均能稳定表达。目前，关于定量检测麦长管蚜 *Sitobion avenae*（Fabricius）的 microRNAs 内参基因的筛选目前并没有相关的报道。本研究根据已知的非洲爪蟾 *Xenopus silurana* 和黑腹果蝇 *Drosophila melanogaster* 的 U6 snRNA 序列，在 5′端保守区域设计一对引物扩增麦长管蚜 5′端基因片段，然后采用 miRNA 线性加尾法对 U6snRNA 的 3′端片段进行扩增，将两端 PCR 产物回收后克隆测序，最终克隆获得麦长管蚜 U6snRNA 全长基因序列。该序列全长为 92bp，经与 GenBank 数据库中已经注册的 9 个物种的 U6snRNA 序列进行比对，相似性达到 90%以上。最后，利用 Real-time PCR 系统进行荧光定量检测，并用相应的软件分析 U6snRNA 在麦长管蚜有翅型和无翅型不同发育阶段的表达量，结果显示 U6snRNA 基因的表达量较稳定。说明麦长管蚜 U6 基因在不同物种间高度保守，且在麦长管蚜不同翅型不同发育阶段稳定表达，根据内参基因的候选条件，适合做麦长管蚜 microRNAs 表达量分析的内参基因。研究结果为麦长管蚜 microRNA 表达水平的准确定量奠定了基础。

关键词：麦长管蚜；U6 snRNA；内参基因；qRT-RCR

* 基金项目：国家自然科学基金（31301659），现代农业产业技术体系 CARS-03

** 第一作者：杨超霞，女，硕士研究生，研究方向为昆虫分子生物学；E-mail：ycx930501@163.com

*** 通信作者：李祥瑞，副研究员；E-mail：xrli@ippcaas.cn

郑海霞，副教授；E-mail：zhenghaixia722@163.com

鞘翅目昆虫转录组研究进展*

王超群[1,2**] 热孜宛古丽·阿卜杜克热木[1] 马艳华[1] 李 雪[1]
曹雅忠[1] 李克斌[1] 张 帅[1] 彭 宇[2] 尹 姣[1***]
（1. 中国农业科学院植物保护研究所，北京 100193；
2. 湖北大学生命科学学院，武汉 430062）

摘 要：转录组可以从整体水平上研究基因功能以及调控规律，揭示特定生物学过程以及疾病发生过程中的分子机理。鞘翅目是昆虫纲中乃至动物界种类最多、分布最广的第一大目。鞘翅目昆虫中有很多是农林作物重要害虫、仓储物和人类居室中的常见害虫，捕食性甲虫中有很多是害虫的天敌。此外，有些甲虫则具巨大的医药价值。因此，从转录组水平揭示鞘翅目昆虫生命活动中相关基因功能、系统发生与进化以及昆虫与其他生物相互作用等成为研究热点。本文论述转录组学在鞘翅目中的应用，旨在为了鞘翅目的深入研究提供参考，对进一步改善昆虫生态控制提供理论依据。

关键词：鞘翅目；昆虫；转录组

鞘翅目昆虫通称甲虫，属昆虫纲有翅亚纲、全变态类，是昆虫纲中数量最大的类群，目前已知39万多种[1]。鞘翅目昆虫绝大多数取食植物，其中很多种类是森林、果树等的重要害虫，有些甚至是毁灭性害虫。其幼虫具有种类多、分布广、隐蔽危害等特点，大多数是国内外公认的难以防治的害虫。但是大多数鞘翅目昆虫的基因功能、转录组学等研究开展较少。随着后基因组时代的到来，转录组学、蛋白质组学、代谢组学等各种组学技术相继出现，其中转录组学是率先发展起来以及应用最广泛的技术[2]。广义的转录组是指细胞或组织内全部的RNA转录本，包括编码蛋白质的mRNA和非编码RNA。而狭义的转录组是指所有编码蛋白质的mRNA总和。转录组可以反映不同发育阶段、组织类型、生理状态以及环境条件下基因表达的水平，可以从整体水平上反映细胞中基因表达情况及其调控规律。因此，转录组是解读基因组功能元件和揭示细胞及组织中分子组成所必需的，并且对理解机体遗传、生长发育、免疫等方面具有重要作用。

1 鞘翅目转录组研究概况

近年来，随着DNA高通量测序技术的发展，出现了第二代DNA测序，这些大规模平行测序技术的出现已完全改变了转录组研究的方式，产生了“RNA测序技术”[3-4]。基于高通量测序技术的转录组分析越来越成为非模式生物中发掘功能基因的一种有效的手段[5]。新一代测序技术的出现，为更多昆虫“组学”研究提供了可能，极大地促进了昆

* 基金项目：国家自然科学基金项目（31572007，31371997）
** 第一作者：王超群，硕士，研究方向为昆虫分子生物学；E-mail：18810390324@163.com
*** 通信作者：尹姣，研究员，研究方向为昆虫分子生物学；E-mail：jyin@ippcaas.cn

虫转录组学的研究。赤拟谷盗在2008年获得基因组测序，拉开了鞘翅目昆虫转录组学的研究序幕。

近5年来鞘翅目昆虫的转录组研究获得一些进展，已有云杉八齿小蠹、山松大小蠹[6]、暗黑鳃金龟[7]、赤拟谷盗[8]、云斑天牛[9]、铜绿金龟子[10]、甘薯象甲[11]、白星花金龟[12]、斑蝥[13]、椰心叶甲[14]、榆紫叶甲[15]、红棕象甲[16]、白蜡窄吉丁[17]、大猿叶甲[18-19]、松墨天牛[20]、花绒寄甲[21]、山松大小蠹[22]、红脂大小蠹[23]、象鼻虫[24]、七星瓢虫[25]、香蕉象甲[26]、光肩星天牛[27]、泰国萤火虫[28]、异色瓢虫[29]、沟眶象[30]、谷蠹[31]、孟氏隐唇[32]、凹眼萤[33]、赤拟谷盗[34]等鞘翅目昆虫进行了转录组测序，发掘到大量具有潜在应用价值的单一基因，并开展了一系列基因功能的研究。

2 转录组研究在鞘翅目昆虫中的应用

2.1 昆虫不同发育阶段和组织中基因差异性表达

昆虫转录组可以揭示昆虫生长发育不同阶段和组织中的基因差异性表达，为昆虫的生长发育阐明分子机理。Sayadi[24]等对象鼻甲虫不同发育阶段进行转录组研究，发现幼虫角质蛋白仅在幼虫中表达，是幼虫体壁角质层发育的重要蛋白。蛹中发现了对蛹形成末期非常重要的角质层蛋白 8FPKM52. 12 和角质蛋白 7FPKM3. 36。同时，蛹中存在节肢弹性蛋白 FPKM164. 68 和调控肌肉收缩的肌球蛋白 FPKM5；其中结构蛋白-2 和微管蛋白 a-1 只在成虫表达，这两种蛋白与配子的产生有关。

触角是昆虫极为重要的器官，可以感受到外界环境中的气味、信息素、温湿度、CO_2和水等，从而引起感觉、听觉、嗅觉和味觉等机体反应。Wang[15]等通过比较榆紫叶甲触角和足的转录组序列，鉴定了嗅觉基因；通过 qRT-PCR 发现了 OBP1/2/4/7/C1/C6，CSP3/9，OR8/9/10/14/15/18/20/26/29/33，IR8a/13/25a 在嗅觉器官中特异性表达，推测这些基因可能在觅食和嗅觉检测中发挥重要作用。OBP4/C5，CSP7/9/10，OR17/24/32 和 IR4 在雄虫触角中的表达量显著高于雌虫触角，这些基因可能参与调控榆紫叶甲的交配行为。

2.2 遗传进化的应用

进化树在生物学中，用来表示物种之间的进化关系。根据转录组获得的序列可以构建进化树，进而了解生物的进化历程和亲缘关系。张伟对花绒寄甲进行转录组测序，对参与解毒和代谢过程的 *P*450 基因家族进行分析，为进一步研究 *P*450 基因在花绒寄甲长寿的分子机制中的作用提供理论依据[21]。Christopher 等通过研究凹眼萤和其他三种萤火虫全身的转录组，运用系统进化树发现荧光素酶基因（*X*89479）可以将凹眼萤从萤科中区分出来，与之前用线粒体 DNA 鉴定的结果一致[33]，为甲虫发光性状的起源和进化提供丰富的数据资源。

2.3 昆虫与其他生物的互作

2.3.1 昆虫和植物互作

随着暗黑鳃金龟触角转录组序列的获得，房迟琴等[35]制备暗黑鳃金龟 OBP15a 的蛋白质，并与58种化合物进行结合试验，发现该蛋白对榆树挥发物十二烷的结合能力最强，因此该蛋白可能在暗黑鳃金龟对榆树的定位过程中具有重要作用。

2.3.2　昆虫与昆虫互作

云杉八齿小蠹和山松大小蠹均是利用信息聚集素大量破坏针叶林，Andersson 等[6]通过 Roche454 获得转录组数据，根据 GO 注释表明在两个物种间有高相似度的转录本，为深入探究嗅觉基因的作用提供分子基础。

2.3.3　昆虫与细菌、真菌互作

Kyeongrin 等[14]通过转录组测序研究白星花金龟幼虫免疫相关基因，通过注射真菌，细菌免疫应答后与未处理对比，发现革兰氏阳性菌主要引起 GNBPs-1 蛋白表达量增加，真菌引起 GNBPs-3 蛋白表达量增加。处理后的幼虫甲虫素类似蛋白（内含丰富的 AMP）表达量显著上调。革兰氏阳性菌和真菌处理后的幼虫中 Toll 样受体 TLR4 和 TLR7 表达量中度上调，TLR3 和 TLR6 不受影响。革兰氏阴性菌和真菌处理导致 Imd 信号转导中 Rel、Dredd 和 IAP 表达量增加。因此，提供调控免疫应答相关基因可以达到控制白星花金龟幼虫数量，从而减少其对所食植物的破坏。

2.3.4　昆虫和天敌互作

昆虫和天敌共同进化基于食物网，而不同的信号影响了进化，其中化学物质起了重要作用。同时植物化学信息素对天敌同样起到定位作用。Wang[36]等用 Illumina 获得松墨天牛和它的拟寄生物花绒寄甲的转录本，发现两者有高度相似性。通过进化树分析发现有些分支有两种昆虫共同的 OBPs 和 CSPs。CSPs 的同源性表明两种昆虫分享化合物具有一定的物种特异性，这可能为两种昆虫的防治提供新思路。

2.4　昆虫适生性研究

研究昆虫发育和代谢的基因表达及调控机制，不仅有利于揭示变态发育机制，也为遗传学防治害虫提供思路与基础。贺华良等对黄曲条跳甲转录组测序，发现 9 个基因可能参与卵泡细胞迁移“性别分化”、生殖腺发育和交配行为等[37]，为今后黄曲条跳甲的生殖发育及生殖行为调控的研究提供了宝贵的序列信息。同时，发现 6 个基因对于阐明黄曲条跳甲对植物次生代谢分子或挥发性气味分子的识别和信息反馈具有非常重要的意义。Qi 等通过 Illumina 测序获得七星瓢虫转录本，通过基因比对发现 443 个基因在滞育期特异性表达，这些基因对 DNA 聚合酶活性和脂肪酸代谢有显著影响[25]。为研究昆虫滞育提供分子机制和研究方向。Li 等通过研究孟氏隐唇瓢虫适应饮食相关的转录组发现，核糖体基因和四龄幼虫翻译基因表达上调有助于更好的生存。其中某些膜运输、代谢、解毒相关基因表达上调可以适应猎物的营养及非营养（有毒）的变化[32]。为深入研究昆虫生存发展和解毒等机制提供了基础。

2.5　昆虫绿色治理

化学农药发展到 20 世纪 60 年代，“农药公害”问题日趋严重。因此，人们开始致力研究和开发用于防治害虫的生物农药。Wu 等通过分析松墨天牛幼虫杀虫剂相关基因的转录组，发现组织蛋白酶 B、半胱氨酸蛋白酶、神经肽和丝氨酸蛋白酶通过 G 蛋白受体调控松墨天牛的生长、繁殖、行为等生理过程[20]，因此可以将这 4 种蛋白作为调控松墨天牛的控制靶点。Christopher 等用保幼激素 III 处理山松甲虫的成虫，通过中肠和全身的定量代谢组、蛋白质组和转录组分析，探究其聚集信息素（南部松小蠹集合信息素、西部松小蠹诱剂和反-马鞭草烯醇）的生物合成途径中的候选基因[22]。可以通过对候选基因的调控可以降低山松甲虫聚集信息素的生成，从而减少该虫对森林的危害。Huang 等通过 Illumina Hiseq 2000 研究斑蝥素生物合成的相关基因和潜在途径，发现雄虫 HMGS 和 HMGR 蛋白表达量显著高于雌虫。其中 HMGR 被认为是高等植物中 MVA 途径中稀有的限制酶。同时，没有发现 MEP/DOXP 途径的基因。表明斑蝥素的生物合成途径只有 MVA 途径，而没有 MEP/DOXP 途径或者两者共同作用。该研究还发现保幼激素和斑蝥素都可以被 6-氟甲羟戊酸封闭，推测斑蝥素的生物合成可能与保幼激素的合成或消化有关[13]。该研究为斑蝥素的生物合成途径阐明机理，通过调控 MVA 途径或保幼激素的含量可以有效地增加斑蝥素的合成。

3 展望

随着高通量测序技术的迅速发展，为转录组学研究提供了一个崭新的平台和巨大的发展机遇。通过转录组学的研究，可以获得丰富的 DNA 数据，且不易受遗传背景限制，可构建丰富的表达基因数据库，为进一步研究提供重要基础。尽管昆虫的生理机能、生长发育机制得到初步探索，但对其功能研究、生物学意义的研究尚进行缓慢，需要加强转录组学与基因组学、蛋白组学等的交叉应用，从而揭示昆虫进化与系统发育的关系，明确重要昆虫类群的起源与进化过程，探讨昆虫生殖发育等生命活动的分子调控机理，阐明害虫暴发的内在机制。深入研究昆虫与昆虫、植物、环境之间的协同互作机理，为害虫可持续控制提供新原理与方法。系统研究昆虫的抗药性，寻找害虫可持续控制的新靶标，为生物学防治和生物农药的研发提供科学的数据支持。深入研究昆虫的药用价值，探究其分泌药用蛋白的调控机制，为中药开发和生产奠定强有力的理论基础。

近年来转录组技术得到迅速发展，但仍有其不足之处。①庞大的数据量带来的信息分析整合难题。这就需要发展更简单有效的生物信息学方法，最大限度地挖掘数据中蕴含的有用信息；目前的高通量测序技术对样品的纯度和丰度要求较高。因此如何降低转录组起始样本量，提高 RNA 质量是一个亟待解决的问题。②研究成本高昂。目前高通量 DNA 测序仍然依赖于非常昂贵的测序设备，所以导致研究的昆虫种类仍较少，且研究类群比较局限。③测序的偏好性问题[45]。偏好性使得不同基因之间或者不同细胞之间的转录水平无法直接进行有效的比较。

随着第三代 DNA 测序技术实时测序省略扩增步骤，短时间内测得大量低误读的长片段，从而获得更精确的、信息含量更高的转录组图谱。

转录组学的不断发展，促使昆虫转录组研究进入全新的发展阶段，必将革新经典昆虫学研究手段，因此在未来的鞘翅目昆虫研究中，将不断扩大所研究的昆虫种类，针对更多的非模式生物、农业重大害虫和经济型昆虫进行转录组测序。转录组学数据将为构建更好的昆虫系统进化树奠定重要的基础，对比较基因组学和进化研究也具有十分重要的意义。

参考文献

[1] 聂瑞娥，等.鞘翅目昆虫线粒体基因组研究进展［J］. 昆虫学报，2014，57（7）：860-868.

[2] Lockhart D J，Winzeler E A.Genomics，gene expression and DNA arrays［J］. Nature，2000，405（6788）：827-836.

[3] Schuster S C.Next-generation sequencing transforms today's biology.［J］. Nature Methords，2008，

5: 16-18.

[4] Ansorge W J. Next - generation sequencing techniques [J]. New Biotechnology, 2009, 25: 195-203.

[5] Shu S, Chen B, Zhao X, *et al.* Denovo sequencing and transcriptome analysis of Wolfiporiacocos to reveal genes related to biosynthesis of triterpenoids [J]. Plos One, 2013, 8 (8): e71350.

[6] Andersson M N, Ewald G W, Christopher C I, *et al.*Antennal transcriptome analysis of the chemosensory gene families in the tree killing bark beetles, *Ips typographus* and *Dendroctonus ponderosae* (Coleoptera: Curculionidae: Scolytinae) [J]. BMC Genomics, 2013, 14: 198.

[7] Shu C L, Tan S Q, Yin J, *et al.*Assembling of *Holotrichia parallela* (dark black chafer) midgut tissue transcriptome and identification of midgut proteins that bind to Cry8Ea toxin from *Bacillus thuringiensis* [J]. Appl Microbiol Biotechnol, 2015, 99 (17): 7209-7218.

[8] Stefan D, *et al.*Tissue-specific transcriptomics, chromosomal localization, and phylogeny of chemosensory and odorant binding proteins from the red flour beetle *Tribolium castaneum* reveal subgroup specificities for olfaction or more general functions [J]. BMC Genomics, 2014, 15: 1141.

[9] Li H, Zhang A J, Chen L Z, *et al.*Construction and analysis of cDNA libraries from the antennae of *Batocera horsfieldi* and expression pattern of putative odorant binding proteins [J]. Journal of Insect Science, 2014, 14: 57.

[10] Li X, Ju Q, Jie W C, *et al.*Chemosensory gene families in adult antennae of *Anomala corpulenta* motschulsky (Coleoptera: Scarabaeidae: Rutelinae) [J]. Plos One, 2015, 10 (4): e0121504.

[11] Ma J, *et al.*Transcriptome and gene expression analysis of *Cylas formicarius* (Coleoptera: Brentidae) during different development stages.Journal of Insect Science [J]. 2016, 16 (1): 63.

[12] Kyeongrin B, Sejung H, Jiae L, *et al.* Identification of immunity-related genes in the larvae of *Protaetia brevitarsis* seulensis (Coleoptera: Cetoniidae) by a next-generation sequencing-based transcriptome analysis [J]. Journal of Insect Science, 2015, 15 (1): 142.

[13] Huang Y, Wang Z, Zha S, *et al.*De novo transcriptome and expression profile analysis to reveal genes and pathways potentially involved in cantharidin biosynthesis in the blister beetle *Mylabris cichorii* [J]. Plos One, 2016, 11 (1): e0146953.

[14] Yan W, Liu L, Li C X, *et al.*Transcriptome sequencing and analysis of the coconut leaf beetle, *Brontispa longissima* [J]. Genetics and Molecular Research, 2015, 14 (3): 8359-8365.

[15] Wang Y L, Chen Q, Zhao H B, *et al.*Identification and comparison of candidate olfactory genes in the olfactory and non-olfactory organs of elm pest *Ambrostomaquadriimpressum* (Coleoptera: Chrysomelidae) based on transcriptome analysis [J]. Plos One, 2016, 11 (1): e0147144.

[16] Antony B, Soffan A, Jakše J, *et al.*Identification of the genes involved inodorant reception and detection in the palm weevil *Rhynchophorus ferrugineus*, an important quarantine pest, by antennal transcriptome analysis [J]. BMC Genomics, 2016, 17: 69.

[17] Jun D, Tim L, Daniel D, *et al.*Transcriptome analysis of the Emerald Ash Borer (EAB), *Agrilus planipennis*: de novo assembly, functional annotation and comparative analysis. [J]. Plos One, 2016, 10 (8): e0134824.

[18] Tan Q Q, Zhu L, Li Y, *et al.*A de novo transcriptome and valid reference genesfor quantitative real-time PCRin *Colaphellu sbowringi* [J]. Plos One, 2015, 10 (2): e0118693.

[19] Li X M, Zhu X Y, Wang Z Q, *et al.* Candidate chemosensorygenesidentified in *Colaphellus bowringi* by antennal transcriptome analysis [J]. BMC Genomics, 2015, 16: 1028.

[20] Wu S, Zhu X, Liu Z, *et al.*Identification of genes relevantto pesticides and biology from global

transcriptomedata of *Monochamus alternatus* hope (Coleoptera: Cerambycidae) larvae [J]. Plos One, 2016, 11 (1): e0147855.

[21] 张伟.花绒寄甲转录组测序及重要功能基因分析 [D]. 杨凌：西北农林科技大学，2014.

[22] Christopher I K, Maria L, Harpreet K, *et al*. Quantitative metabolome, proteome and transcriptome analysis of midgut and fat body tissues in the mountain pine beetle, *Dendroctonus ponderosae* Hopkins, and insights into pheromone biosynthesis [J]. Insect Biochemistry and Molecular Biology, 2016, 70: 170-183.

[23] Gu X C, *et al*. Antennal transcriptome analysis of odorant reception genes in the Red Turpentine Beetle (RTB), *Dendroctonus valens* [J]. Plos One, 2015, 10 (5): e0125159.

[24] Sayadi A, Immonen E, Bayram H, *et al*.The De novo transcriptome and itsfunctional annotation in the seed beetle *Callosobruchus maculatus* [J]. Plos One, 2016, 11 (7): e0158565.

[25] Qi X Y, Zhang L S, Han Y H, *et al*.De novo transcriptome sequencing and analysis of *Coccinella septempunctata* L.in non-diapause, diapause and diapauseterminated states to identify diapauseassociated genes [J]. BMC Genomics, 2015, 16: 1086.

[26] Valencia A, Wang H, Soto A, *et al*.Pyrosequencingthe midgut transcriptome of the Banana Weevil *Cosmopolites sordidus* (Germar) (Coleoptera: Curculionidae) reveals multiple protease-like Transcripts [J]. Plos One, 2016, 11 (3): e0151001.

[27] Hu P, Wang J Z, Cui M M, *et al*.Antennal transcriptome analysis of the Asian longhorned beetle *Anoplophora glabripennis* [J]. Scientific Reports, 2016, 6: 26652.

[28] Vongsangnak, *et al*.Transcriptome analysis reveals candidate genes involved in luciferin metabolism in *Luciola aquatilis* (Coleoptera: Lampyridae) [J]. PeerJ, 2016, 4: e2534.

[29] Havens, Lindsay A, MacManes, *et al*.Characterizing the adult and larval transcriptome of the multicolored Asian lady beetle, *Harmonia axyridis* [J]. PeerJ, 2016, 4: e2098.

[30] Liu Z K, and Wen J B.Transcriptomic analysis of *Eucryptorrhynchus chinensis* (Coleoptera: Curculionidae) using 454 pyrosequencing technology [J]. Journal of Insect Science, 2016, 16 (1): 82.

[31] Diakite M M, Wang J, Ali S, *et al*. Identification of chemosensory gene families in *Rhyzopertha dominica* (Coleoptera: Bostrichidae) [J]. Canadian Entomologist, 148 (1): 8-21.

[32] Li H S, Pan C, Clercq P D, *et al*.Variation in life history traits and transcriptome associated with adaptation to diet shifts in the ladybird *Cryptolaemus montrouzieri* [J]. BMC Genomics, 2016, 17: 281.

[33] Wang K, Hong W, Jiao H, *et al*.Transcriptome sequencing and phylogenetic analysis of four species of luminescent beetles [J]. Scientific Reports, 2017, 7: 1814.

[34] Pridöhl F, Weißkopf M, Koniszewski N, *et al*.Transcriptome sequencing reveals maelstrom as a novel targetgene of the terminal system in the red flour beetle *Tribolium castaneum* [J]. The Company of Biologists Ltd Development, 2017, 144: 1339-1349.

[35] 房迟琴，张鑫鑫，刘丹丹，等.暗黑鳃金龟气味结合蛋白 OBP15a 基因的克隆及功能分析 [J]. 昆虫学报，2016，59 (3): 260-268.

[36] Wang J, Li D Z, Min S F, *et al*.Analysis of chemosensory gene families in the beetle *Monochamusalternatus*and its parasitoid *Dastarcus helophoroides*. [J]. Comparative Biochemistry and Physiology, 2014, Part D 11: 1-8.

[37] 贺华良，宾淑英，吴仲真，等.基于 Solexa 高通量测序的黄曲条跳甲转录组学研究 [J]. 昆虫学报，2012 (1): 1-11.

暗黑鳃金龟发生及防治研究现状

热孜宛古丽·阿卜杜克热木* 王超群 李 雪 马艳华
张 帅 尹 姣 曹雅忠 李克斌**
（中国农业科学院植物保护研究所，北京 100193）

摘 要：暗黑鳃金龟（*Holotrichia parallela*）是一种世界性分布的重要地下害虫。近几年，随着免耕等种植模式的调整，暗黑鳃金龟在我国的发生日益严重，对农作物造成极大的为害。本文介绍了暗黑鳃金龟发生为害现状，化学防治、物理防治、生物防治、性信息素和植物挥发物防治等具体措施。探讨了暗黑鳃金龟防治方面存在的主要问题，并就加强发生规律和有效防控的研究进行了展望。

关键词：暗黑鳃金龟；发生规律与为害；防治技术

暗黑鳃金龟（*Holotrichia parallela*）是世界性的重要农业害虫，在我国各农作物种植区广泛分布，是许多地区的重大地下害虫。其成虫和幼虫（称为蛴螬）均能为害农作物和林木等多种植物。成虫主要取食寄主植株的叶片、花等地上器官，而幼虫常年在土壤中生活和取食，咬断寄主幼苗根部、咬伤植物嫩茎和其他地下组织，导致农产品品质下降、作物缺苗断行，严重地块绝产绝收[1]。

暗黑鳃金龟幼虫为害独特，为害时间长，且多生活在地下、隐蔽为害，防治非常困难。蛴螬等地下害虫长久以来依赖化学药剂防治，因而带来污染环境、杀伤天敌和产生抗药性等“3R”问题，不仅防治效果不理想，也不符合现代绿色农业发展的要求[2]。因此，探索“地下害虫，地上防治”、“加强成虫防治，控制幼虫为害”等技术策略，寻找高效、安全的地下害虫绿色防控新途径已经成为当务之急[3]。

1 暗黑鳃金龟的发生与为害

1.1 暗黑鳃金龟的分布

暗黑鳃金龟是在我国发生为害严重的优势种金龟子之一[4]，在我国，分布于黑龙江、吉林、辽宁、甘肃、青海、陕西、山西、河北、河南、山东、安徽、浙江、江苏、湖北、湖南、四川、江西、福建、贵州等地域；在国外，主要分布于俄罗斯（远东地区）、朝鲜和日本等地。

1.2 暗黑鳃金龟的生活习性

在我国大部分地区，暗黑鳃金龟每年完成 1 个世代。2009—2012 年，史树森[5]等在

---

* 第一作者：热孜宛古丽·阿卜杜克热木；硕士，专业为农业昆虫与害虫防治；E-mail：1481234957@qq.com

** 通信作者：李克斌；研究员，研究方向为昆虫生理及害虫综合治理；E-mail：kbli@ippaas.cn

河南黄泛区采用田间系统调查、灯光诱集以及室内饲养的方法，发现暗黑鳃金龟在该地区越冬幼虫4月中旬化蛹，5月中旬始见成虫羽化，6月中旬左右成虫开始产卵，经过半个月后卵开始孵化，3龄幼虫发生盛期在8月下旬，9月底幼虫老熟开始下移，进入越冬状态。

罗益镇[6]调查表明，暗黑鳃金龟的成虫属于夏季发生型，一般在6月上中旬开始出土活动，直到8月中下旬结束，其间常有两次高峰：第一次发生在6月下旬至7月上、中旬，持续的时间较长，田间虫量较大，是形成幼虫的主要来源；第二次高峰出现在8月上旬，持续时间短，虫量少。主要以老熟幼虫或少数当年羽化未出土的成虫越冬。

成虫有求隔日出土和昼伏夜出的习性，一般在19:30以后开始出土，20:00至20:30为群体飞翔、求偶盛期，然后停于灌木、作物上交尾，21:00左右开始取食树叶。成虫的飞翔力强，有趋光性。幼虫具有假死性和负趋光性[7]。

1.3 暗黑鳃金龟的发生与为害

暗黑鳃金龟的为害虫态主要是幼虫，其终年在土壤中生活。因此，土壤的环境以及对土壤有影响的农事操作等都直接影响幼虫的发生。越冬幼虫的存活率与地温关系密切，如幼虫处于冻土层时，其死亡率较高；因此，冬季来临前幼虫下潜到冻土层以下越冬。越冬幼虫的化蛹率主要取决于地表下5cm深土层的温度，当该温度达到并稳定在18.8℃左右时，老熟幼虫开始化蛹，当该温度为21.1℃时，进入化蛹盛期，且化蛹速度较快。卵期的长短也因土壤温度的不同而不同，当温度在22.9℃时，卵期平均为13.2天，当温度在24.7℃时，卵发育最快，卵期平均8~9天；幼虫发育最佳的温度为25℃[8-10]。除了土壤温度影响其存活和发育外，土壤湿度也至关重要。杨秀梅在试验中发现，在土壤水分饱和的条件下，暗黑鳃金龟卵虽然能正常孵化，但是刚孵化的幼虫死亡率较高，当处理12h时死亡率高达50%[11]。周丽梅等对暗黑鳃金龟幼虫生长发育的研究结果显示，其最适土壤含水量为18%~20%，且在此条件下，可将田间约360天完成1个世代的生活周期缩短至室内的180天[12]。

对于成虫而言，降水量或土壤湿度主要影响其出土活动。若在成虫出土的正常时期内，少雨、干旱、土壤板结将推迟出土日期和数量。暗黑鳃金龟的发生动态除了受自然环境因素影响外，天敌等生物因素也有较大影响。暗黑鳃金龟幼虫的天敌包括捕食性天敌、寄生性天敌和土壤中的病原菌微生物，暗黑鳃金龟幼虫的发生数量与天敌数量呈现为此消彼长的趋势，也就是说天敌种群密度越大，其幼虫发生量就相对越少[13]。

暗黑鳃金龟幼虫喜食刚萌发的种子、嫩根，咬食胡萝卜和马铃薯等的块茎和块根。据不完全统计，作物地下部分受害中的86%是均由蛴螬的为害所造成[14]。川北地区进行的调查也发现，暗黑鳃金龟是该地区的优势种[15]。罗宗秀等针对河南省新乡和驻马店地区地下害虫的调查表明，花生田的害虫主要是以蛴螬为主的地下害虫，其中暗黑鳃金龟和华北大黑鳃金龟是花生田蛴螬优势种，平均虫口密度为0.80~18.90头/m^2[16]。由于暗黑鳃金龟幼虫最喜食幼嫩的花生荚，所以在花生作物田发生严重，一般为害可导致花生减产10%~30%，严重地块减产达60%~70%，甚至绝收[17]；臧东初等的调查发现，暗黑鳃金龟幼虫对大豆根部的为害率达到20%~40%，一般大豆田减产10%~20%，严重时减产在30%以上，显著影响大豆的产量和质量。由于暗黑鳃金龟等蛴螬的暴发为害经常造成大豆和花生作物生产巨大的损失，严重挫伤了农民对花生、大豆和马铃薯等作物种植的积极性[18]。近年来，一些高毒农药如甲基对硫磷等被禁止应用，再加上一系列免耕、浅耕保护性耕作制度及机械化播种等的广泛推广，导致暗黑鳃金龟幼虫在全国范围内的发生为害日趋严重[19]。

暗黑鳃金龟成虫嗜食榆叶，取食加杨、槐树、柳树、桑树、梨树、苹果树等的叶片，并对树种、树段有一定选择，具有暴食习性，也取食花生、大豆、玉米、高粱、马铃薯、甘薯、向日葵、麻类等大田作物的叶片。

2 暗黑鳃金龟的防治技术现状

有关对暗黑鳃金龟的防治也具有久远历史，但因其幼虫在地下生活，隐蔽为害，生活史长短不一，致使一些技术或措施的防治难度增加，防治效果不理想；有必要开发新型、高效、安全的防控技术，并增强综合防治。

2.1 化学防治

化学防治（也称药剂防治）一直以来都是我国防治地下害虫的主要方法，目前在害虫的综合防治中仍然占据重要的地位。在20世纪20—30年代，有机氯药剂的使用对蛴螬（金龟子幼虫）等地下害虫防治效果显著，但后来发现此类药剂不仅剧毒而且高残留，从而引起了广泛的关注。到60年代，开始研发和使用低毒的有机磷农药，替代了有机氯农药；80年代以后更加注重对环境保护和食品安全的问题，加速新产品研发，我国开始进入利用新型农药防治地下害虫的时期。20世纪90年代以后，开发出毒死蜱、米乐尔等新型药剂，属于高效、低毒、安全、经济的新型农药，对蛴螬等地下害虫的防治效果显著[20]。

2.2 物理防治

利用昆虫的趋光性来进行害虫防治，其优越性在我国的农业生产实际当中日益突出。诱虫灯最初应用于害虫监测预警，直到1958年开始应用于棉区灯光诱杀棉红铃虫及其他害虫防治。自1964年开始诱虫灯的大面积应用，此后利用灯光诱杀害虫的物理防治技术得到迅速、全面推广。诱虫灯由最初的日光灯、高压汞灯已发展到今天更为高效节能的黑光灯、频振式杀虫灯等类型[21]。由于暗黑鳃金龟成虫具有很强的趋光性，已有利用灯光进行诱捕防治的先例。为提高诱虫效率，采用双色灯或振频式诱虫灯诱杀防治[22]。在河南省新乡和驻马店地区花生田地下害虫的调查结果表明，成虫（金龟子）在地上活动，产卵量大，控制成虫数量可显著减少幼虫（蛴螬）暴发为害。通过改进黑光灯特定的波长，能诱捕大量的暗黑鳃金龟成虫，在一定程度上减少了蛴螬的发生量。

2.3 农业防治

农业防治是害虫综合防治的基础和重要手段之一。农业防治主要是通过改变栽培耕作制度和相应的农业生态环境，创造不利于暗黑鳃金龟的生存条件，从而达到有效防治的目标。目前常用的措施主要包括：施用充分腐熟的农家肥，以减少暗黑鳃金龟产卵、降低幼虫的虫口基数[23]；在作物田边种植蓖麻等植物引诱金龟子（成虫）取食，导致金龟子麻痹，从而使其不能正常入土[24]；选择暗黑鳃金龟非寄主植物进行轮作倒茬，加强深耕细耙，减少虫口基数[25]；保持作物田的清洁，可以减少成虫在田间产卵的机会。

2.4 生物防治

生物防治技术以其效果持久且安全性高、污染环境少等特点，近来有关研究获得了长足的发展和应用，越来越多的生物防治方法和技术产品得到推广应用，防治效果接近甚至超过化学防治。

2.4.1 微生物防治

长期施用化学农药会产生的环境污染、残留和“三致”问题，引起了各界广泛关注。因此，环保的、可持续的植物保护技术和措施成为迫切需求。广义的生物防治技术主要包括利用害虫的天敌昆虫、昆虫信息素、病原微生物、昆虫行为调节剂、植物抗虫性等[26]。已发现的蛴螬天敌和病原微生物至少有13种，包括细菌、真菌、病原线虫、寄生蜂等，其中有的已经进行商品化应用[27]，并在田间农作物地下虫害治理中发挥了作用。

20世纪初期，美国首先使用春黑钩土蜂（*Tiphia vernalis*）和弧丽钩土蜂（*Tiphia popilliavora*）两种寄生蜂来防治日本丽金龟。之后对上述品种的钩土蜂开展了生活史及寄主世代等研究[28]。我国对钩土蜂的生物学特性以及其寄主范围等也进行了大量的研究，但对于钩土蜂寄生机理及寄生后蛴螬的生理变化等的研究仍处于匮乏状态。

2.4.2 昆虫寄生线虫

昆虫寄生线虫的一些种类对蛴螬具有高效捕捉和寄生作用，全球范围内，常用于防治害虫的病原线虫主要有斯氏线虫属和异小杆线虫属。其中有10个斯氏线虫种，3个异小杆线虫种。斯氏线虫属线虫具备较强的垂直扩散能力，而异小杆线虫属的线虫则有较强水平扩散能力。有研究表明，幼龄蛴螬对嗜菌异小杆线虫 *H. bacteriophora* 的敏感性一般比老龄的蛴螬敏感性高，更容易被病原线虫感染和罹病死亡[29]。刘树森等[30]测定了嗜菌异小杆线虫沧州品系对3种金龟子（2龄）幼虫的致病力，发现该线虫对暗黑鳃金龟幼虫的感染致死作用效果最好，而对华北大黑鳃金龟的作用效果最差。

随后，孙昊雨等[31]利用透射电镜技术，观测了暗黑鳃金龟和华北大黑鳃金龟2龄幼虫感染病变情况，两种蛴螬被嗜菌异小杆线虫沧州品系侵染后，中肠组织、脂肪体细胞以及中肠细胞等形态逐渐发生变化。开始时脂肪球变形或变小，颜色变浅；脂肪体细胞和中肠细胞的内质网、线粒体肿胀，中肠微绒毛变形并有脱落等；到48h后包裹脂肪球的膜结构出现破裂，中肠细胞线粒体和脂肪体细胞破裂，细胞内质网数量减少，中肠微绒毛断裂、大量脱落，核内染色质大量解离，核膜出现破裂。

2.4.3 病原细菌

利用病原细菌进行蛴螬的防治过程中，对苏云金芽孢杆菌（简称Bt）的研究和应用最为普遍。它对多种昆虫尤其是鳞翅目昆虫有致病作用。其中已经商品化的Bt药剂占生物农药总产量的70%以上[32]。早在1989年，Höfte和Whiteley发现Bt蛋白Cry III对鞘翅目昆虫具有杀伤作用[33]。Bt晶体蛋白为其主要的杀虫活性成分。其作用机理是Bt被昆虫取食后进入消化道侵入中肠组织，产生毒素而使昆虫罹病死亡。日本科学家Ohba等在1992年首次从苏云金芽孢杆菌中分离出了对金龟子幼虫（蛴螬）具有特异杀虫活性的新Bt菌株Bui Bui，并进一步克隆到了*Cry 8Ca1*基因，通过测定该基因对蛴螬具有特异杀虫活性[34]。近几年，发现了针对鞘翅目的诸多Bt杀虫基因，在Gen Bank上已经登录有相关基因40多个[35]。另外，张杰等[35]等构建了对蛴螬高效的Bt工程菌株，其中能够兼治鳞翅目和鞘翅目害虫的Bt工程菌株，已经获得了田间释放试验许可证书。

2.5 性信息素

20世纪70年代，世界上第一个金龟子性信息素苯酚被鉴定出，由雌性成虫体内分泌的苯酚能引诱新西兰肋翅鳃金龟雄虫进行交配[36]。80 年代，Tamaki[37]等研究发现红铜丽金龟的性信息素为十四碳烯酸甲酯。90 年代，Leal 等鉴定与报道了十余种金龟子性信息素。21 世纪后，华北大黑鳃金龟、暗黑鳃金龟、毛黄鳃金龟等很多金龟子的性信息素的研究得到快速的发展，为以后的金龟甲性引诱剂的研究提供了可靠的依据。

Leal[38]发现从雌性暗黑鳃金龟腹部末端腺体得到的粗提物，能引诱雄性成虫。随后研究得出暗黑鳃金龟性信息素主要成分为 L-异亮氨酸甲酯、R-（-）-芳樟醇为微量成分，通过田间实验发现，R-（-）-芳樟醇对暗黑鳃金龟没有引诱活性，但 L-异亮氨酸甲酯与 R-（-）-芳樟醇的比例为 5：1 时却能大大提高 L-异亮氨酸甲酯的生物活性。2010 年，罗宗秀对暗黑鳃金龟性信息素防治中的利用进行了系统研究。结果表明，总剂量为 100mg 的 L-异亮氨酸甲酯与 R-（-）-芳樟醇的比例为 4：1 的诱捕效果明显好于其他比例；并表明用二氯甲烷做溶剂、以绿色天然橡胶塞为诱芯载体，以及采用自制诱捕器并设置 1.5m 的高度时其诱捕效果最佳[39]。

2.6 植物挥发物

植物挥发物物质来源于植物或植物的次生代谢产物，它们具有杀虫活性，因为植物源杀虫物质具有很多化学农药不具有的优点，例如对环境友好，对农作物毒性小，对人、畜危害性低。所以，它将在绿色防控中占有重要的位置。

很多研究证实植物的挥发性气味对植食性昆虫定位寄主有很重要的影响，有些植物挥发物对昆虫有引诱作用[40]，也有些植物挥发物对昆虫有趋避作用，且有些已运用到生产实践中。植物释放的挥发性化合物通常由叶、花或芽等散发的多种挥发性次生物质所组成，这些次生物质一般是结构比较简单的天然化合物，主要分为萜类、芳香化合物、脂肪酸衍生物，这些物质具有分子质量小、含量少、成分多样以及易变化等特点[41]。这些植物挥发物大部分对植物正常生长发育并不重要，但这些挥发物对植食性昆虫定位寄主有很重要的影响[42]。对植物挥发性化合物有效组分及其比例和释放机制的研究有助于了解植食性昆虫定位寄主的原理，也可为天然植物挥发性化合物在害虫无公害综合治理中发挥作用提供理论依据。

2012 年，费仁雷通过触角电位反应发现，暗黑鳃金龟成虫对寄主植物的 6-甲基-5-庚烯-2-酮、辛醛、2-乙基-1-己醇和壬醛 4 种挥发物比较敏感[43]。其他的物理方法如火堆诱虫、糖醋液诱杀和人工捉虫等也有一定的应用效果[44]。

3 展望

暗黑鳃金龟是地下害虫金龟子类群中发生最为严重的种类之一，尤其是近年来，一些高毒农药如甲基对硫磷、甲胺磷、磷胺等被禁止应用，再加上一系列免耕制度、保护地设施等的广泛推广，使得暗黑鳃金龟幼虫在全国范围内的为害日趋严重。因此，针对目前高效、安全的防控金龟子幼虫技术措施严重匮乏的现状，本着“加强成虫防治，控制幼虫为害”的思想，积极探索防治成虫的新途径，以期提高对暗黑鳃金龟等地下害虫的防控效果。

防治暗黑鳃金龟的措施主要包括：化学、农业、物理和生物防治等几个方面，其中化学防治见效较快，效果较好，是目前主要的防治手段。但化学药剂的使用容易造成药物残留、污染环境，频繁使用还容易使害虫产生抗药性，同时会对天敌生物产生负面影响。物理性的防治，需要与一些农业措施配合，劳动成本较高、效率低、不易彻底防治。生物防治，可以很好地解决农药使用的弊端但是见效较慢，容易受气候环境影响，一些生物制剂，由于含量低、性质不稳定，使其应用存在一定的局限性。

由于地下为害具有隐蔽性的特点，因此不能及时有效地对害虫暴发进行预测、防控。错过了害虫防治的最佳时期，不能有效的控制其为害减少经济损失，因而地下害虫的防治一直是农业生产上难以突破的重点、难点。另外，在使用化学防治控制暗黑鳃金龟时，需要使用大量的化学农药进行灌根等，不可避免会出现农药残留、环境污染、害虫抗药性等弊端，因此，生产上迫切需要研发绿色、无污染、高效专一的技术措施对暗黑鳃金龟进行有效防治。

参考文献

[1] 张芝利.中国经济昆虫志—鞘翅目金龟总科幼虫［M］.北京：科学出版社，1984.

[2] 孟宪佐.我国昆虫信息素研究与应用的进展［J］.昆虫知识，2000（37）：75-84.

[3] 李为争，袁莹华，原国辉，等.暗黑鳃金龟成虫对非寄主蓖麻和几种寄主叶片的选择和取食反应［J］.河南农业大学学报，2010（04）：438-442，447.

[4] 罗益镇.暗黑鳃金龟发生规律和防治方法［J］.植物保护学报，1981（03）：179-185.

[5] 史树森，崔娟，齐灵子，等.温度对斑鞘豆叶甲成虫取食量和耐饥力的影响［J］.吉林农业大学学报，2013，35（4）：406-410.

[6] 罗益镇.暗黑鳃金龟发生规律和防治方法［J］.植物保护学报，1981（3）：179-185.

[7] 仵均祥.农业昆虫学［M］.北京：中国农业出版社，2009：53-54.

[8] 赵彭彬.花生蛴螬（暗黑鳃金龟）发生规律及其防治［J］.昆虫知识，1983（5）：219-212.

[9] 陈树仁，张毅，程新霞，等.白芍田蛴螬分布型及防治对策［J］.昆虫知识，1997，20（11）：541-542.

[10] 杨秀梅.花生地暗黑鳃金龟成虫发生特点及防治技术［J］.中国植保导刊，2008，28（12）：18-20.

[11] 周丽梅，鞠倩，曲明静，等.暗黑鳃金龟人工饲养及对杀虫剂敏感性研究初探［J］.花生学报，2008，37（1）：46-48.

[12] 杜立新，王容燕，王金耀，等.地下害虫蛴螬的生物防治方法［J］.植保科技创新与病虫害防控专业化，2011：346-349.

[13] 姚庆学，张勇，丁岩.金龟子防治研究的回顾与展望［J］.东北林业大学学报，2003，31（3）：64-66.

[14] 郑志扬，滕明佳.川北地区花生蛴螬的发生和防治［J］.西南农业大学学报，1996，18（5）：464-466.

[15] 罗宗秀，李克斌，曹雅忠，等.河南部分地区花生田地下害虫发生情况调查［J］.植物保护，2009，35（2）：104-108.

[16] 鞠倩，李晓，姜晓静，等.青岛地区暗黑鳃金龟性信息素鉴定及田间应用技术［J］.植物保护学报，2014，41（2）：197-202.

[17] 王爱东.农田蛴螬发生及综合防治技术［J］.现代农业科技，2008（6）：101.

[18] 田方文，彭彦明，张伟华，等.山东省无棣县农田金龟子种类调查及发生规律研究［J］.安徽农业科技，2008，36（28）：12322-12323.

[19] 黄应昆，李文凤，罗志明，等.甘蔗地下害虫发生危害特点及防治［J］.中国糖料，2010（1）：62-65.

[20] 胡志成，赵进春，郝红梅.杀虫灯在我国害虫防治中的应用进展［J］.中国植保导刊，2008（28）：11-13.

[21] 孙明海，王志伟，顾士莲，等.频振式杀虫灯防治花生蛴螬试验研究［J］.农业科技通讯，2008：71-72.

[22] 聂红民，李国生.花生田蛴螬发生原因及防治措施［J］.农业科技通讯，2005（6）：18.

[23] 韩德元，李咏伟，张芝利，等.白香草木樨等植物对黑绒金龟甲诱集作用的研究［J］.华北农学报，1998，13（1）：95-100.

[24] 徐建国，范惠，张明考，等.暗黑鳃金龟生活习性观察及防治技术研究［J］.植保技术与推广，2002，22（11）：9-10.

[25] 任顺祥，陈学新.生物防治［M］.北京：中国农业出版社，2012：3-27.

[26] Shetlar D J，Sideman P E，Georgis R.Irrigation and use of entomogenous nematodes，*Neoaplectana* spp.and Heterorhabditis *heliothidis*（Rhabditida：Steinernematidae and Heterorhabditidae），for Control of Japanese Beetle（Coleoptera：Scarabaeidae）Grubs in Turfgrass［J］.Journal of Economic Entomology，1988，81（5）：1318-1322.

[27] 陈红印.美国自中国、日本和韩国引入土蜂防治日本金龟子效果的分析［J］.中国生物防治，1998，14（2）：88-90.

[28] 程美真，张玉琢，陈祝安，等.绿僵菌防治豆田蛴螬小区试验［J］.中国生物防治，1995（4）：183.

[29] 刘树森.昆虫病原线虫的筛选、鉴定及其对蛴螬的致病性研究［D］.北京：中国农业科学院研究生院，2009.

[30] 孙昊雨.嗜菌异小杆线虫对蛴螬致病的生理生化机制研究［D］.长春：吉林大学，2013.

[31] 王容燕，范秀华，曹伟平，等.苏云金杆菌新菌株对金龟子幼虫的毒力比较［J］.植物保护学报，2003，30（2）：223-224.

[32] Hofte H，Whiteley H R.Insecticidal crystal proteins of *Bacillus thuringiensis*［J］.Microbiology Reviews，1989（53）：242-255.

[33] Ohba M，Iwahana H，Asano S，et al.A unique isolate of *Bacillus thuringiensis* serovar japonensis with a high larvicidal activity specific for scarabaeid beetles［J］.Letters in Applied Microbiology，1992，14：54-57.

[34] ShuChanglong，Yu Hong，Wang Rongyan，et al.Charac-terization of two novel cry8 genes from *Bacillus thuringiensis* strain BT185［J］.Current Microbiology，2009，58（4）：389-392.

[35] 张杰，黄大昉，宋福平，等.对鳞翅目与鞘翅目昆虫高毒力的Bt基因、表达载体和工程菌［p］.中华人民共和国专利，ZL01124164.0.

[36] Henzell RF，Lowe MD. Sex attractant of the grass grub beetle［J］. Science，1970，168：1005-1006.

[37] Tmakai Y.Mehytl（Z）-5-tetradecenoaetaex-attractant pheromone of the soybeanbeetle，*Anomala ruofepuera* Motsehulsky（Coleoptera：Seaarbaeidae），Appl［J］.EntomolZool，1985，20（3）：359-361.

[38] Leal W S. An amino acid derivative as the sex pheromone of a scarab beetle［J］. Naturwissenschafte，1992（79）：184-185.

[39] 罗宗秀.金龟甲调查及其优势种性信息素鉴定与应用研究［D］.北京：中国农业科学院，2010.

[40] Ruther J. Male-biased response of garden chafer，Phyllopertha horticola，to leafalcohol and attraction of both sexes to floral plant volatiles［J］.Chemical Ecology，2004，14：187-192.

［41］ 丁建红.搞好森林资源开发促进山区经济发展［J］.农村经济与技术，1995（08）：44-45.
［42］ 樊慧，金幼菊，李继泉，等.引诱植食性昆虫的植物挥发性信息化合物的研究进展［J］.北京林业大学学报，2004（03）：76-81.
［43］ 费仁雷.暗黑鳃金龟成虫寄主定位中的信息化学物质［D］.昆明：云南农业大学，2012.
［44］ 徐建国，范惠，张明考，等.暗黑鳃金龟生活习性观察及防治技术研究［J］.植保技术与推广，2002，22（11）：9-10.

白星花金龟幼虫最优饲养配方和最适密度的研究

任金龙* 赵 莉** 张 祥 宫 安

（新疆农业大学农学院，新疆农林有害生物监测与安全防控自治区重点实验室，乌鲁木齐 830052）

摘 要：白星花金龟 *Protaetia* （*Lincola*） *brevitarsis* （Lewis） 是优良的资源昆虫，其幼虫可入药，用于治疗白内障、中风、血吸虫病、肝硬化、破伤风、肝癌、肝硬化、肝炎、乳腺癌和炎症等疾病；幼虫还可作为优质的蛋白源，如 3 龄幼虫富含 49.90%蛋白质，必需氨基酸指数高达 88.55，蛋白质与脂肪含量的比值 P/G 比值为 3.46；幼虫虫粪颗粒状、无异味、体积小，富含 34.10%有机质，可作为理想的有机肥。

为明确白星花金龟幼虫最优饲料配方和最适密度，于 2013—2014 年间利用农业生产废弃物：苏丹种子壳和牛粪组成 5 种饲料配方，明确其最优配方，并在最优配方的基础上，明确其最适饲养密度。5 种饲料配方中，按幼虫均重高低评判饲料配方优劣，则配方优劣次序为：配方 B（苏丹草种子壳：牛粪=3：1，幼虫均重 2.109 5g）>配方 C（苏丹草种子壳：牛粪=1：1，幼虫均重 2.107 8g）>配方 D（苏丹草种子壳：牛粪=1：3，幼虫均重 2.056 7g）>配方 A（纯苏丹草种子壳，幼虫均重 1.945 5g）>配方 E（纯牛粪，幼虫均重 1.578 2g）。上述结果表明在 5 种配方中，配方 B（苏丹草种子壳：牛粪=3：1）生长发育最快、单头均种最高为白星花金龟幼虫饲养最优配方；并且幼虫体重与配方中种子壳含量正相关，同时配方必须含有一定比例的牛粪，纯种子壳和纯牛粪均不利于其生长。

在苏丹草种子壳：牛粪=3：1 的最优配方的基础上，明确其最适宜饲养密度。在 10 种幼虫饲养密度（4 头/0.001 47m^2、8 头/0.001 47m^2、12 头/0.001 47m^2、16 头/0.001 47m^2、20 头/0.001 47m^2、24 头/0.001 47m^2、28 头/0.001 47m^2、32 头/0.001 47m^2、36 头/0.001 47m^2、40 头/0.001 47m^2）中，幼虫死亡率与饲养密度表现正相关，其死亡率在 0~2.92%；幼虫总重和粪料转化率与密度表现正相关，幼虫总重和粪料转化率最大值分别为 59.43g、52.99%，并且在同一密度条件下幼虫总重和粪料转化率表现先升高后减低的趋势；按幼虫死亡率低、粪料转化率高、幼虫总重高的原则下，确定白星花金龟幼虫在最优配方（苏丹草种子壳：牛粪=3：1）的条件下，最适宜的幼虫饲养密度为 28 头/0.001 47m^{2}密度，死亡率较低为 1.43%，粪料转化率高达 52.91%，幼虫总重为 49.85g，饲养周期 63d，虫粪重 700.76g。

关键词：白星花金龟；饲养配方；幼虫密度

* 第一作者：任金龙，男，在读研究生，主要研究方向为害虫综合治理；E-mail：rjlinsect.@163.com

** 通信作者：赵莉，女，教授，硕士生导师；E-mail：zlym57@sohu.com

不同土壤湿度对三种金龟子的影响*

吴 娱** 席国成 冯晓洁 刘福顺 刘春琴 王庆雷***

（沧州市农林科学院，沧州 061001）

摘 要：室内研究不同土壤湿度对3种金龟子的成虫产卵量、卵孵化率和初孵幼虫的成活率的影响。结果表明，暗黑鳃金龟在土壤湿度为15%~18%的范围内最适宜产卵量，湿度16%~17%时产卵量最高；大黑鳃金龟和铜绿丽金龟在15%~20%的湿度范围内最适宜产卵，湿度18%时产卵量最高。在15%~20%湿度范围内3种金龟子卵最适宜孵化，其中大黑在18%~20%的湿度范围内卵孵化率最高，暗黑鳃金龟和铜绿鳃金龟在湿度18%时卵孵化率最高。暗黑鳃金龟最适宜初孵幼虫成活的土壤湿度为15%~18%，大黑鳃金龟和铜绿鳃金龟最适宜初孵幼虫成活的湿度为16%~20%，暗黑鳃金龟，大黑鳃金龟和铜绿鳃金龟幼虫成活率最高的土壤湿度分别为16%、20%和18%。

关键词：土壤湿度；暗黑鳃金龟；大黑鳃金龟；铜绿丽金龟；产卵量；孵化率；成活率

金龟子是危害农林植物的一大类地下害虫，我国记录约1 800种[1]。该类害虫食性杂、发生期长、生活隐蔽，分布遍及全国各地，以长江以北各省（区）特别是黄淮海流域发生最严重。其中以暗黑鳃金龟（*Holotrichia parallela* Motschulsky），大黑鳃金龟（*Holotrichia oblita* Faldermann）和铜绿丽金龟（*Anomala corpulenta* Motschulsky）为主要危害种群[2-4]。

在室内人工饲养3种金龟子时我们发现，土壤湿度是制约金龟子生殖和成果的一个关键因素，本研究通过分析不同土壤湿度对暗黑、大黑、铜绿3种金龟子的生殖与成活的影响，为人工饲养中湿度的控制提供精确数据，也为田间虫害的发生及测报提供参考依据。

1 材料与方法

1.1 试虫来源

在沧州市农林科学院试验地采集3种金龟子的越冬幼虫。用湿度为18%[5]菜园土保存，放置在人工气候箱（温度为25℃、相对湿度为80%）中使其化蛹并羽化。成虫出土后，选日龄较一致的健壮成虫，放在大罐头瓶中（直径8cm、高18cm）的饲养，1瓶1对成虫（♀×♂），瓶中放8cm高的菜园土，两层薄膜封住瓶口。

1.2 不同土壤湿度对成虫产卵量的影响

饲养暗黑鳃金龟成虫，大黑鳃金龟成虫的土壤为菜园土，土壤湿度设定为5%、10%、

---

* 基金项目：支持市县科技创新和科学普及专项资金（2060402）“花生蛴螬为害规律及生物防治可持续治理技术研究”

** 第一作者：吴娱，女，硕士，助理研究员，目前研究方向为植物保护；E-mail：wyufish777@163. com

*** 通信作者：王庆雷；E-mail：wqlei02@ 163. com

15%、16%、17%、18%、19%、20%、25% 和 30%10 种湿度，每种湿度喂食 30 对成虫，以 10 对为一处理。喂食食物均为榆树叶。

饲养铜绿丽金龟成虫的土壤为菜园土，土壤湿度设定为 5%、10%、15%、16%、17%、18%、19%、20%、25%和 30%10 种湿度，每种湿度喂食 30 对成虫，以 10 对为一处理。喂食食物均为小叶黄杨。

以上处理每天更换食物，并记录产卵量。

1.3 不同土壤湿度对卵的孵化率和幼虫成活率的影响

将以上每次拣出的卵分不同的处理单独放置于相应湿度的土壤中，记录卵孵化率，并将初孵的幼虫亦分处理饲养，记录初孵幼虫 10 天后成活率。

1.4 数据处理

所有数据均用 Excel 2007 和 SPSS 17.0 进行统计分析，用 LSD 法进行方差分析。

2 结果与分析

2.1 不同土壤湿度对成虫产卵量的影响

不同土壤湿度对成虫的生殖力可产生直接影响并表现为显著性差异（$P<0.05$）。从图 1~图 3 可以看出，3 种金龟子成虫在在土壤湿度为 10%~25%范围内均可产卵，在 5%和 30%的土壤湿度下成虫均不产卵。暗黑鳃金龟在 15%~18%的湿度范围内最适宜产卵，在 16%~17%的土壤湿度时产卵量最高，平均单雌产卵量为（84.3±2.0）~（82.7±1.5）粒；大黑鳃金龟和铜绿丽金龟在湿度 15%~20%时最适宜产卵，大黑鳃金龟在 18%的土壤湿度时产卵量最高，平均单雌产卵量为（144.1±0.6）粒；铜绿丽金龟在 18%的土壤湿度时产卵量最高，平均单雌产卵量为（47.6±0.3）粒。

2.2 不同土壤湿度对卵的孵化率及幼虫成活率的影响

不同土壤湿度对 3 种金龟子卵的孵化率以及幼虫的成活率的影响表现为显著性差异（$P<0.05$）。从图 4~图 6 可以看出，3 种金龟子卵在土壤湿度 10%~25%范围内均可孵化，在 15%~20%的湿度下孵化率均可达 50%以上，在 5%和 30%的湿度时卵和幼虫均不能孵化和成活。其中暗黑鳃金龟卵在 18%的湿度下孵化率最高，为 72.3%±1.5%；大黑鳃金龟卵在湿度 18%~20%时孵化率最高，为（93%±0.6%）~（92%±0.6%）；铜绿丽金龟卵在 18%的湿度下孵化率最高，为 91%±1.5%。

3 种金龟子的初孵幼虫在土壤湿度 10%~20%的范围内均可成活，暗黑鳃金龟幼虫在 15%~18%的湿度范围内成活率可达 50%以上，在土壤湿度 16%时成活率最高，为 75.6%±0.3%；大黑鳃金龟幼虫在 16%~20%的湿度下成活率能达到 50%以上，湿度在 20%时成活率最高，为 94%±1.5%；铜绿丽金龟幼虫在 16%~20%的湿度范围内成活率可达 50%以上，土壤湿度 18%时成活率最高，为 90%±1.0%。

3 结论与讨论

暗黑鳃金龟、大黑鳃金龟和铜绿丽金龟作为华北地区的三大主要金龟类害虫，其幼虫多取食花生、大豆等粮食作物的地下部，成虫喜群集取食大量各种林果木叶片，严重危害农林生产。由于该类昆虫主要在地下活动，土壤湿度是其生存环境的一个关键因素。在本研究结果中，3 种金龟子的成虫产卵及卵的孵化湿度范围均为 10%~25%，而初孵幼虫的

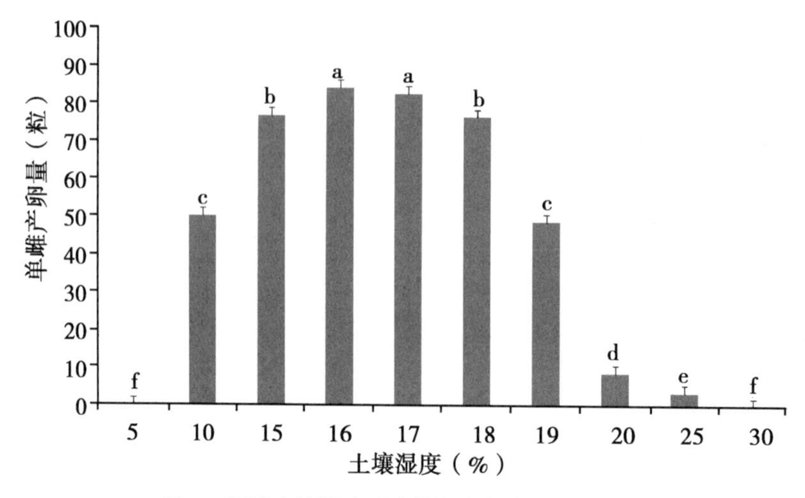

图 1 不同土壤湿度对暗黑鳃金龟产卵量的影响

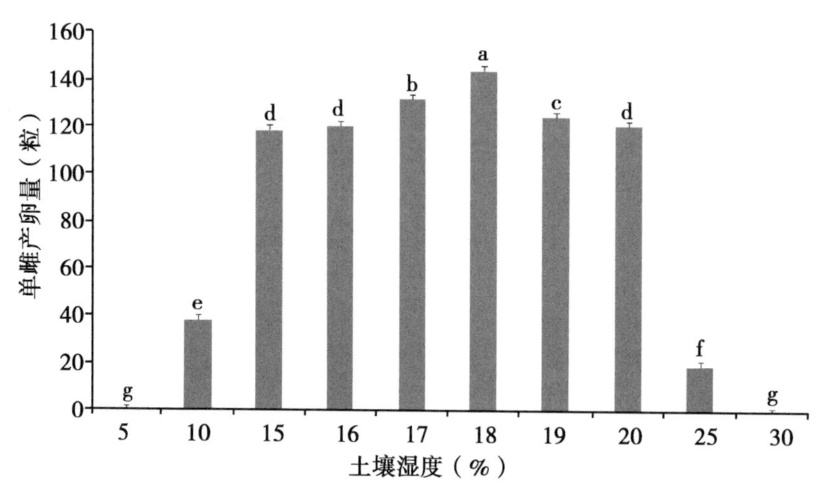

图 2 不同土壤湿度对大黑鳃金龟产卵量的影响

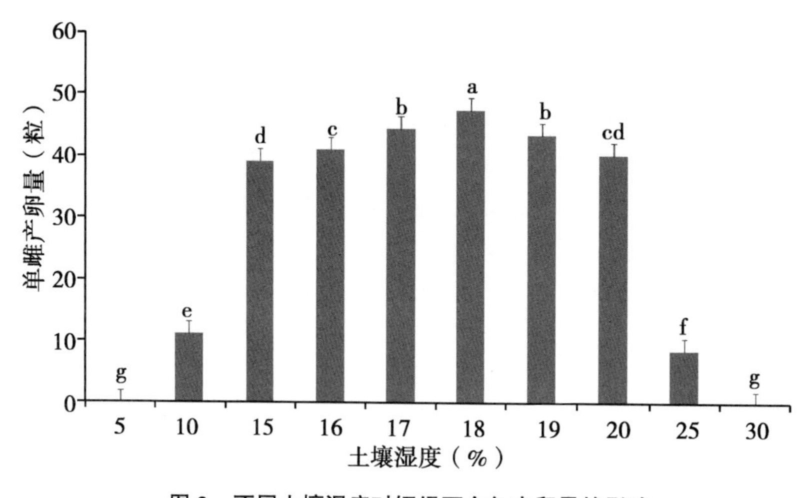

图 3 不同土壤湿度对铜绿丽金龟产卵量的影响

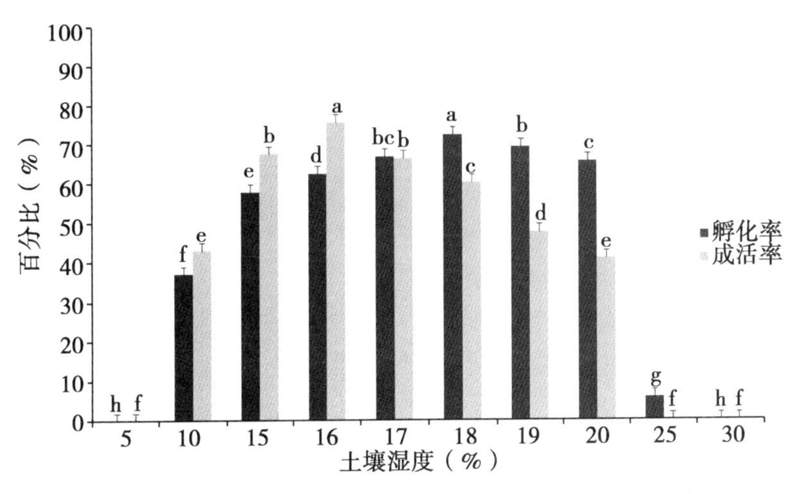

图 4　土壤湿度对暗黑鳃金龟卵孵化率和幼虫成活率的影响

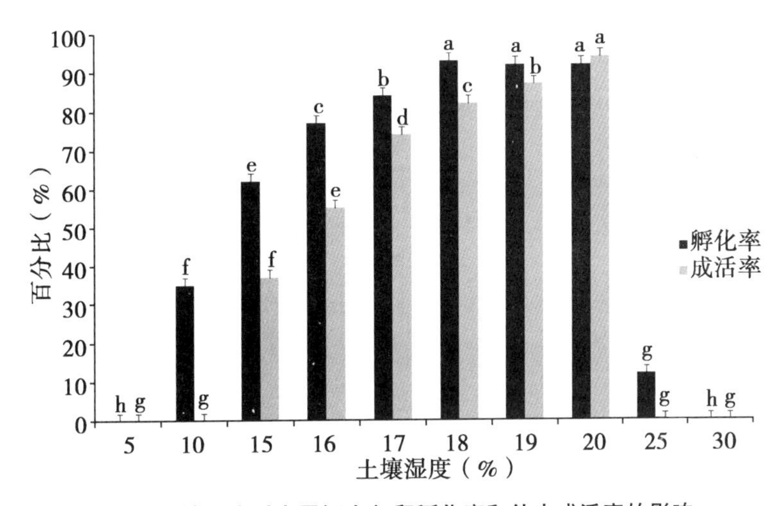

图 5　土壤湿度对大黑鳃金龟卵孵化率和幼虫成活率的影响

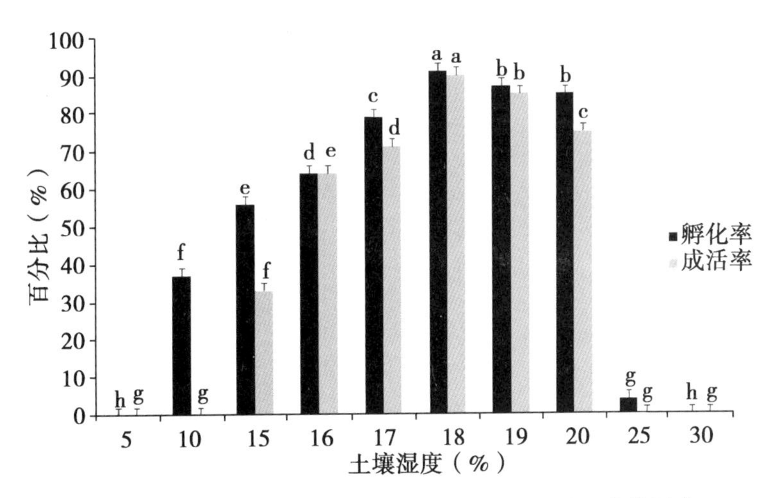

图 6　土壤湿度对铜绿丽金龟卵孵化率和幼虫成活率的影响

成活湿度范围为10%~20%，可见初孵幼虫时期对湿度较为敏感，在25%湿度下幼虫全部死亡。湿度过低或过高均不利于该虫存活，因此若雨涝或干旱天气将会直接影响金龟子发生动态和种群数量[5-6]，可以为生态调控防治金龟子提供理论依据，比如在农事操作中使利用大水灌溉的方式可以明显减少虫口密度。

室内人工饲养金龟子工作繁琐，困难度大[7-8]，精确控制湿度对成虫的繁殖以及幼虫的成活具有显著性影响，暗黑成虫在湿度16%~7%时产卵量最高，大黑和铜绿在湿度18%时产卵量最高。暗黑、大黑和铜绿的卵孵化率最高的湿度分别为18%、18%~20%、18%，幼虫成活率最高的湿度分别为16%、18%、20%。本结果可以为人工饲养的湿度控制提供参考依据，在不同时期选择不同的湿度范围，制造最适合该虫的湿度环境，有利于室内人工饲养工作的优化。

参考文献

[1] 胡琼波．我国地下害虫蛴螬的发生与防治研究进展［J］．湖北农业科学，2004（6）：87-92.

[2] 朱世宏，王红旗，范永山．浅谈地下害虫的防治试验［J］．农药科学与管理，1998（4）：23-26.

[3] 刘珍．花生田蛴螬暴发原因分析及防治对策探讨［J］．植物技术与推广，2003，23（7）：7-9.

[4] 江新林．花生田蛴螬种群发生动态及综合防治［J］．农业科技通讯，2008（5）：124-125.

[5] 王容燕，王金耀，宋健，等．铜绿丽金龟的室内人工饲养［J］．昆虫学报，2007，50（1）：20-24.

[6] 刘春琴，李克斌，张平，等．食物、土壤湿度对华北大黑鳃金龟成活时间和生殖力的影响［C］．植物保护与现代农业：中国植物保护学会2008年学术年会论文集［C］．北京：中国农业科学技术出版社，2008：662-666.

[7] 罗益镇，崔景岳．土壤昆虫学［M］．北京：中国农业出版社，1995.

[8] 杨秀梅．花生地暗黑鳃金龟成虫发生特点及防治技术［J］．中国植保导刊，2008，28（12）：18-20.

昆虫行为的左右非对称性研究进展*

田厚军[1,2,4**]　林　硕[1,2,4]　陈艺欣[1,2,4]　陈　勇[1,2,4]
赵建伟[1,2,4]　魏　辉[1,2,3,4***]

（1. 福建省农业科学院植物保护研究所，福州　350013；2. 福建省作物有害生物监测与治理重点实验室，福州　350003；3. 闽台作物有害生物生态防控国家重点实验室，福州　350002；4. 农业部福州作物有害生物科学观测试验站，福州　350013）

摘　要：大脑和行为的左右非对称性一直以来被认为是人类特有的，现在广泛存在于脊椎动物中，而近期又发现无脊椎动物中也存在行为偏侧性。近年来大量研究表明，群居型昆虫的嗅觉行为和大脑的非对称性表现在种群水平上，少数散居型昆虫行为的非对称性往往表现在个体水平上。当前，昆虫行为的单侧性是一个重要的研究领域，有助于对生物多样性中单侧性的早期起源有一个更深刻的认识，对探索昆虫进化发展具有重要的科学意义。对大多数昆虫而言，行为的偏侧性都是通过对触角的左右非对称性研究来实现的，触角作为昆虫感觉系统的重要组成部分，在昆虫寄主定位、识别、取食、觅偶、交配、繁殖、栖息、防御与迁移、稳定飞行速率等社会性行为过程中起着极为重要的作用。本文回顾了国内外膜翅目、双翅目、半翅目、蜚蠊目和直翅目昆虫行为非对称性研究的最新进展，有助于分析不同种类昆虫在进化历史上的相似性以及探讨昆虫在个体水平和群体水平上的进化差异。

关键词：昆虫；左右非对称性；行为偏侧性；触角

---

* 基金项目：福建省自然科学基金（2016J01140，2015J05061，2015J01116）；福建省属公益类科研院所基本科研专项（2015R1024-7，2016R1023-5，2017R1025-6，2017R1025-9）

** 第一作者：田厚军，男，硕士，助理研究员，主要从事昆虫化学生态学研究；E-mail：tianhoujunbest@163.com

*** 通信作者：魏辉；E-mail：weihui@faas.cn

全国农业植物检疫性昆虫的分布与扩散

马　茁[1*]　姜春燕[1]　张润志[1**]　刘　慧[2]　秦　萌[2]　冯晓东[2]
（1. 中国科学院动物研究所，北京 100101；
2. 全国农业技术推广服务中心，北京　100125）

摘　要：外来生物的入侵，给农业健康发展造成了很大危害和威胁。我国《全国农业植物检疫性有害生物名录》中共包括 30 种，其中 10 种为昆虫（称为：全国农业植物检疫性昆虫），分别是：菜豆象 *Acanthoscelides obtectus*（Say），蜜柑大实蝇 *Bactrocera tsuneonis*（Miyake），四纹豆象 *Callosobruchus maculatus*（Fabricius），苹果蠹蛾 *Cydia pomonella*（Linnaeus），葡萄根瘤蚜 *Viteus vitifolii*（Fitch），美国白蛾 *Hyphantria cunea*（Drury），马铃薯甲虫 *Leptinotarsa decemlineata*（Say），稻水象甲 *Lissorhoptrusory zophilus* Kuschel，红火蚁 *Solenopsis invicta* Buren 和扶桑绵粉蚧 *Phenacoccus solenopsis* Tinsley。这 10 种昆虫，原产地为亚洲（日本）的 1 种（蜜柑大实蝇），欧洲 1 种（苹果蠹蛾），中美洲 1 种（菜豆象），南美洲 1 种（红火蚁），除四纹豆象的原产地记录为东半球热带及亚热带（无确切原产地地点）外，其余 5 种的原产地均为北美洲。这 10 种昆虫，传入我国最早的是葡萄根瘤蚜，1915 年和 1935 年曾经在山东烟台发现，后被根除；2005 年以后又在上海、湖南、陕西和广西发现，目前分布在这 4 省区的局部地区。随后 20 世纪 50 年代在新疆最早发现苹果蠹蛾，60 年代在广西最早发现蜜柑大实蝇，70 年代在辽宁最早发现美国白蛾，80 年代在上海最早发现四纹豆象、河北最早发现稻水象甲，90 年代在吉林最早发现菜豆象、新疆最早发现马铃薯甲虫，2003 年在台湾最早发现红火蚁，2008 年在广东最早发现扶桑绵粉蚧。截至 2016 年，这 10 种检疫性昆虫发生分布于除西藏、青海、香港和澳门外的 30 个省，其中吉林、湖南、云南和台湾的物种种类数最多，均为 5 种；稻水象甲分布最广，在全国 24 个省份已有分布。以我国自然地理区划考虑，7 个地理区域均有全国农业植物检疫性昆虫的分布，其中华中和华东地区各有 6 种，西南、东北和西北地区各有 5 种，华北和华南地区各有 4 种。从 2012—2016 年检疫性昆虫在各省区分布情况看，有 10 个省区发现了新疫情，其中辽宁新增了 3 种，重庆、贵州和广西新增加了 2 种，黑龙江、宁夏、浙江、江苏、河南和湖南增加了 1 种。检疫措施是控制这些入侵昆虫的重要手段，在对外实施严格检疫防止境外出入的基础上，重视国内范围对全国检疫性昆虫发生区的科学防治和产地检疫，加强调运检疫及利用减少外扩虫口技术以减少人为传播机会，都是控制这些入侵害虫的重要环节。

关键词：检疫性有害生物；昆虫；分布；扩散；植物检疫；中国

---

* 第一作者：马茁，女，硕士研究生；E-mail：18600250520@ 163. com
** 通信作者：张润志；E-mail：zhangrz@ ioz. ac. cn

应用佳多重大农林病虫害自动测控系统观测水稻主要害虫发生情况试验初报

李忠彩* 邓龙飞 邓金奇 李先喆 何行建 邓丽芬

（湖南省汉寿县农业局植保植检站，汉寿 415900）

摘 要：为了加快推进农作物重大病虫害监测预警信息化进程，验证和改进现代监测工具，2016年对佳多重大农林病虫害自动测控物联网系统（ATCSP）进行了试验性应用，结果表明，ATCSP物联网系统监测的主要害虫发生期与实际发生情况基本一致，但害虫发生量差异显著，对提高农作物病虫害监测预警信息化水平、提高害虫监测质量和预报水平，减轻劳动强度等具有重要意义。

关键词：农林病虫害自动测控系统；物联网；预测预报；预警信息化

随着“公共植保，绿色植保”理念不断深入人心，确保粮食安全和食品安全、保护生态环境、治理土壤农药污染的呼声越来越高，绿色防控技术受到社会广泛重视，准确的监测预报及有效的物理、生物防控技术成为绿色防控的核心内容[1]。为开发先进实用的现代化监测工具，研究虫情信息实时监测、自动记载和远程传输技术，进一步推进农作物重大病虫害监测预警信息化进程，不断提高害虫监测质量和预报水平，河南佳多科工贸有限公司开发的佳多重大农林病虫害自动测控物联网系统（ATCSP）综合了生物学、光学、电学、力学、机械、计算机及系统工程等技术，组合农林病虫害实时监测预警、预警遥控和频振生物诱控三大系统，形成了农林病虫害监测、预警和控制一体化技术装备，实现了病虫持续监测、及时预警、适时诱控、信息共享和综合防控[2]。根据农业部全国农业技术推广服务中心2016年新型测报工具试验示范工作部署和湖南省植保植检站的安排，在湖南省汉寿县开展了佳多ATCSP物联网系统试验，现将试验结果报告如下：

1 试验条件与材料

1.1 试验地点和作物

试验地点设在湖南省汉寿县岩汪湖镇水果山村，海拔高度31.9m，东经111°57′，北纬28°55′，试验点主要栽培作物是双季水稻，水田面积约328亩。

1.2 监测对象

主要监测稻飞虱、稻纵卷叶螟、稻螟蛉等。

1.3 气象条件

试验时间为4月8日到9月27日，试验时间173天。试验期间日平均气温为

* 第一作者：李忠彩，男，站长/农艺师，从事农作物病虫害预测预报和大面积防治工作；E-mail：1140986902@qq.com

25.55℃，日最高气温39.7℃，日最低气温10.3℃，总降水量为845.8mm，期间有7天降水量大于40mm。

1.4 监测设备

佳多ATCSP物联网系统由河南佳多科工贸有限责任公司生产，2016年4月8日安装完成并开始运行，以佳多虫情测报灯诱集害虫作为对照。

2 试验设计与方法

2.1 田间设置

佳多ATCSP物联网系统：选择常年种植水稻、比较空旷的田块作为试验田，试验区水稻面积约328亩。

2.2 监测时间

佳多ATCSP物联网系统监测时间为4月8日至9月27日，共计173天，试验期间佳多ATCSP物联网系统运行正常，5月8日前小气候出现故障、5月8—10日远程监控出现故障，均迅速排除。

2.3 数据记录

试验期间逐日记录佳多ATCSP物联网系统、佳多虫情测报灯稻纵卷叶螟、稻螟蛉、稻飞虱诱虫数量。佳多ATCSP物联网系统诱虫数量为系统发送图片到电脑后根据图片人工分辨后计数，结果记入害虫远程实时监测情况记载表，佳多虫情测报灯为人工收虫、人工计数，6月14日至8月1日对佳多ATCSP物联网系统进行人工收虫、人工计数，对物联网图片计数与人工收虫、人工计数进行对比，检验物联网图片计数的准确性。

3 试验结果

3.1 佳多ATCSP物联网系统与人工观测结果比较

3.1.1 稻飞虱

6月14日至8月1日，物联网图片计数数据为1 844头，人工收虫、人工计数数据为4 091头，相差2 247头，误差率为54.92%。稻飞虱成虫高峰期基本一致，但诱虫绝对量差异较大（图1）。

3.1.2 稻纵卷叶螟

6月14日至8月1日，物联网图片计数数据为136头，人工收虫、人工计数数据为99头，相差37头，误差率为37.37%，图片计数明显高于人工收虫、计数，尤以7月最为明显，但稻纵卷叶螟成虫高峰期基本一致（图2）。

3.1.3 稻螟蛉

6月14日至8月1日，物联网图片计数数据为18 757头，人工收虫、人工计数数据为20 798头，相差2 041头，误差率为9.81%，但稻螟蛉成虫高峰期基本一致（图3）。

3.2 ATCSP物联网系统与虫情测报灯观测结果比较

3.2.1 稻飞虱

6月14日至8月1日，物联网图片累积计数为1 844头，观测灯累积计数为1 180头，相差664头，误差率为56.27%，累计总数差异较大，但稻飞虱成虫高峰期基本一致（图4）。

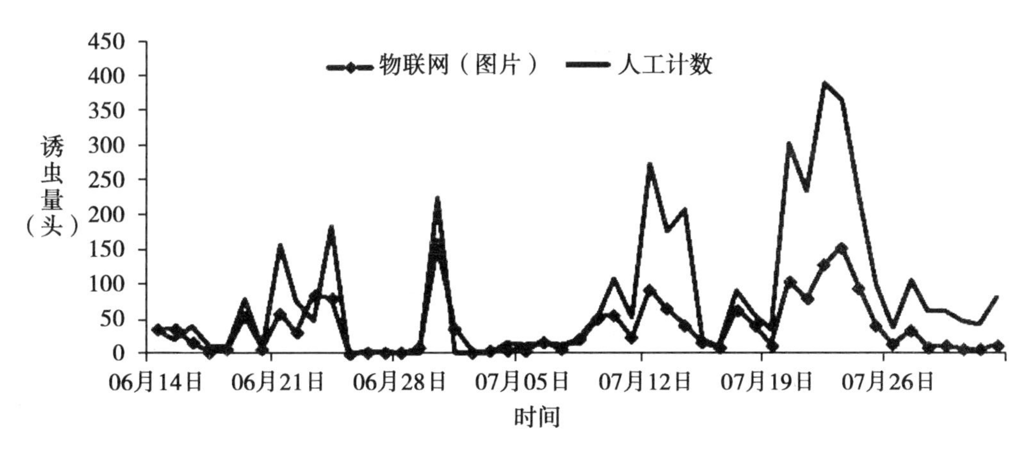

图 1　物联网与人工统计稻飞虱发生量

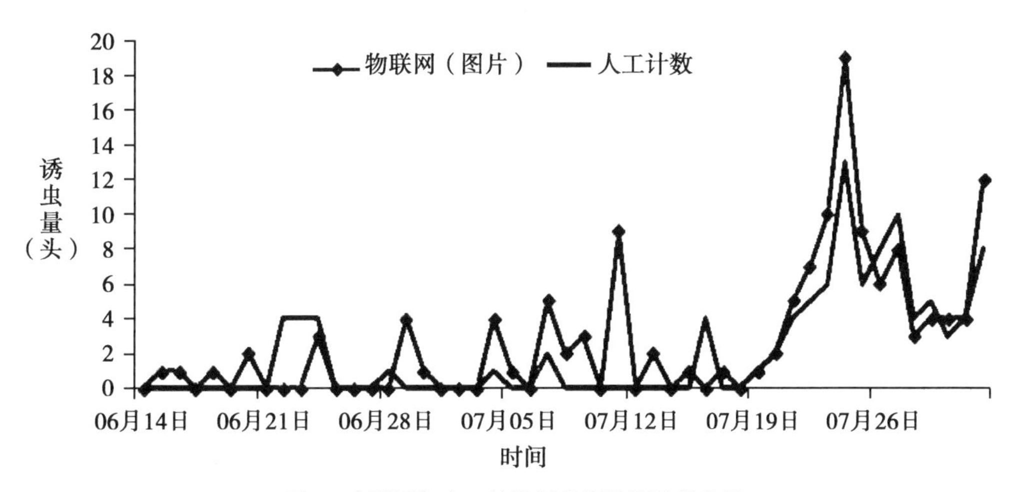

图 2　物联网与人工统计稻纵卷叶螟物发生量

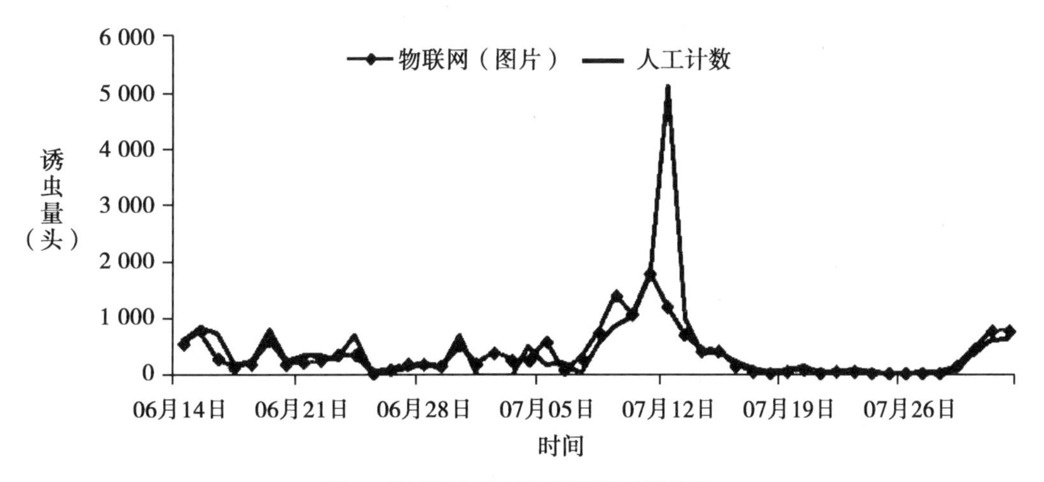

图 3　物联网与人工统计稻螟蛉发生量

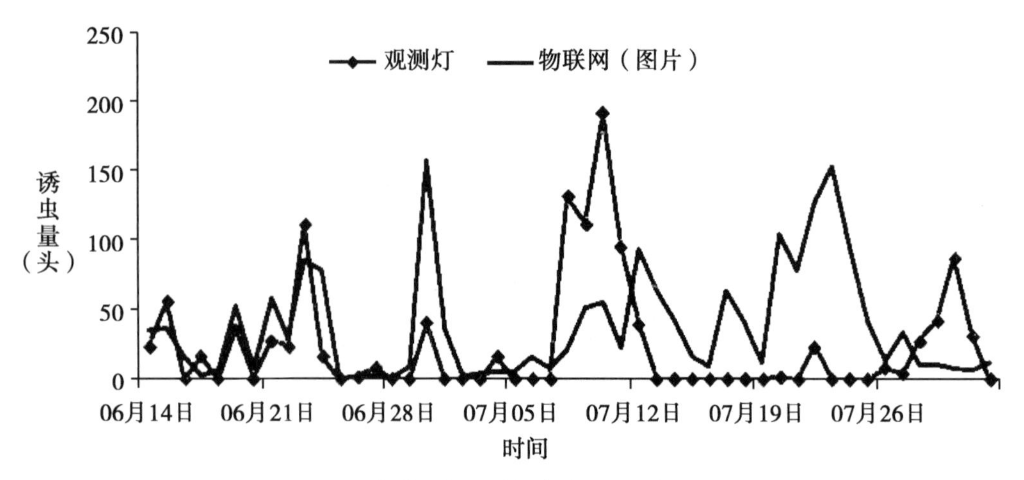

图 4 物联网与观测灯统计稻飞虱发生量

3.2.2 稻纵卷叶螟

6 月 14 日至 8 月 1 日，物联网图片累积计数为 135 头，观测灯累积计数为 82 头，相差 43 头，误差率为 52.43%，累计总数差异较大，物联网（图片）稻纵卷叶螟成虫高峰期更明显（图 5）。

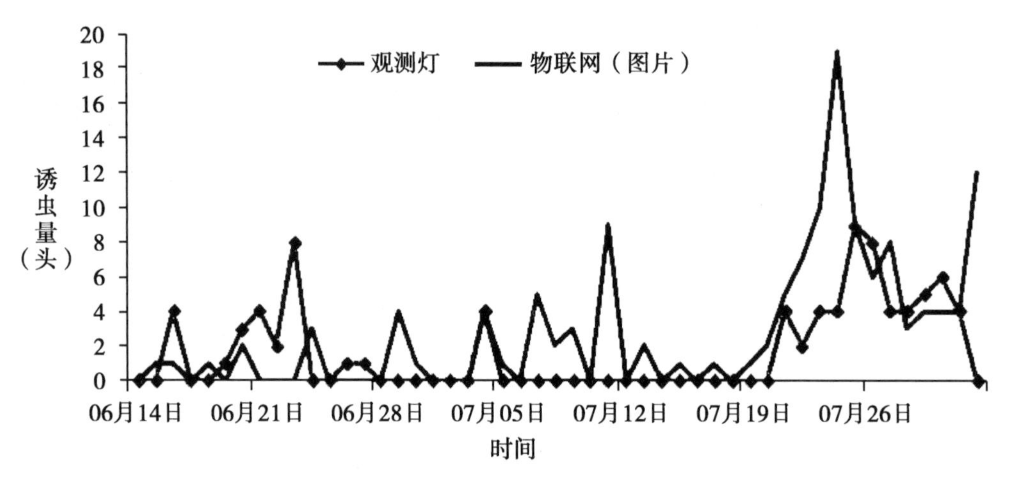

图 5 物联网与观测灯统计稻纵卷叶螟发生量

3.2.3 稻螟蛉

6 月 14 日至 8 月 1 日，物联网图片累积计数为 18 480头，观测灯累积计数为 12 057 头，相差 6 423头，误差率为 53.27%，累计总数差异较大，但稻螟蛉成虫高峰期基本一致（图 6）。

3.3 佳多 ATCSP 物联网系统小气候信息采集系统试验结果

系统安装以后，系统每隔 10min 实时记录空气温度、空气湿度、土壤温度（10cm、20cm、30cm）、土壤湿度、光照度、蒸发量、风速、风向、结露、气压、总辐射、光合有效辐射等气象因子数据。自动统计出每天的各个因子的平均值。通过小气候信息采集系统与汉寿县气象局观测站采集的各气象因子的比较，以评估 ATCSP 小气候采集系统的数据

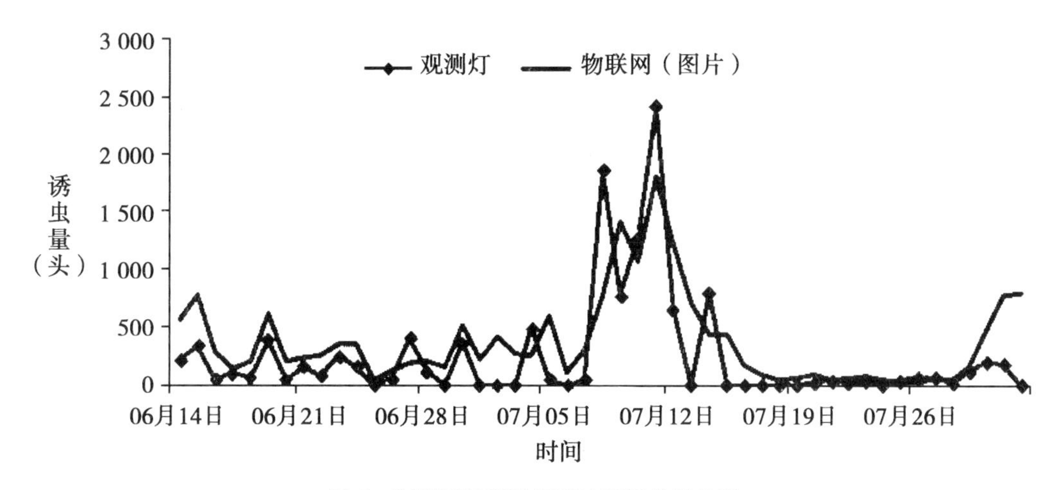

图 6　物联网与观测灯统计稻螟蛉发生量

准确性，因条件限制，只对平均、最高、最低气温，平均相对湿度作出了比较；降雨量和日照因统计方法不一致，无法进行比对，汉寿县气象局观测站统计的是当日累计降水量（mm）和日照时数（h），小气候信息采集系统统计的是平均降雨强度（mm/h）和光照度（lx），其他气象因子无对比条件。气象局观测站资料：汉寿县气象局观测站录入的气象资料，包括日平均、最高、最低气温，相对湿度等气象因子。ATCSP 小气候信息采集系统：小气候系统导出的记录该区域内的日平均、最高、最低气温，相对湿度等气象因子。综合分析汉寿县气象局观测站与 ATCSP 小气候信息采集系统下采集的数据，日平均、最高、最低气温，平均相对湿度一致性高，数据准确可靠（图 7 至图 10）。

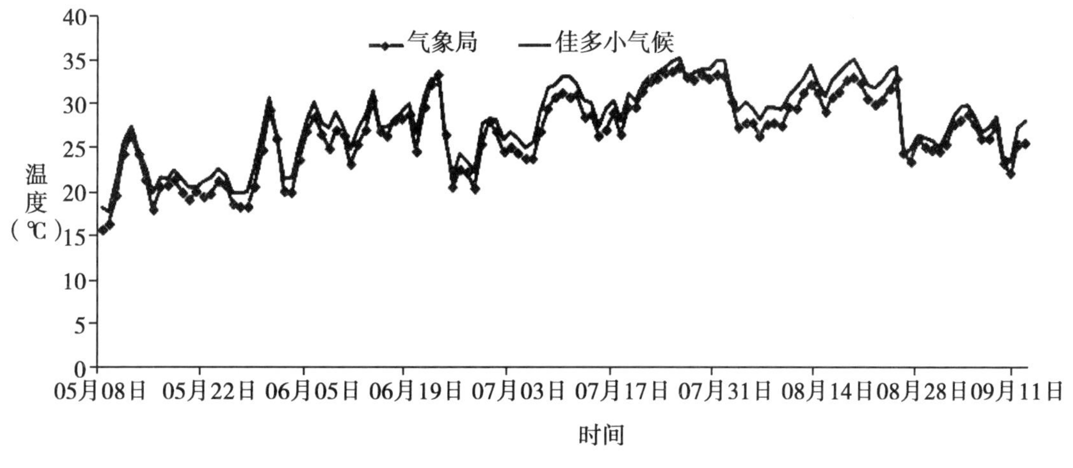

图 7　2016 年气象观测站与 ATCSP 日平均气温比较

4　讨论

稻飞虱、稻纵卷叶螟、稻螟蛉是水稻生产上的重要害虫，严重影响水稻的产量和品质[3-5]。佳多 ATCSP 物联网系统与佳多虫情测报观测的稻飞虱、稻纵卷叶螟、稻螟蛉等

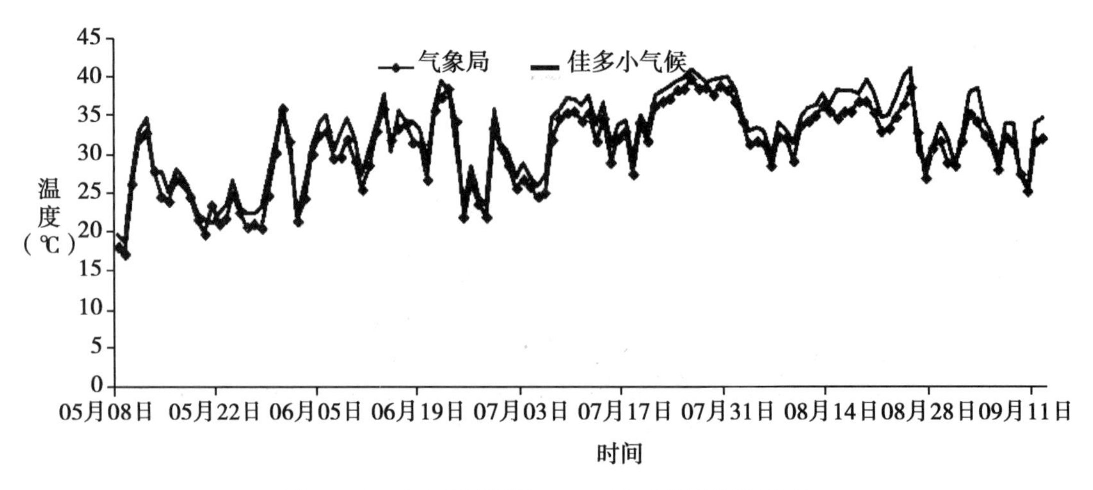

图 8　2016 年气象观测站与 ATCSP 气最高气温比较

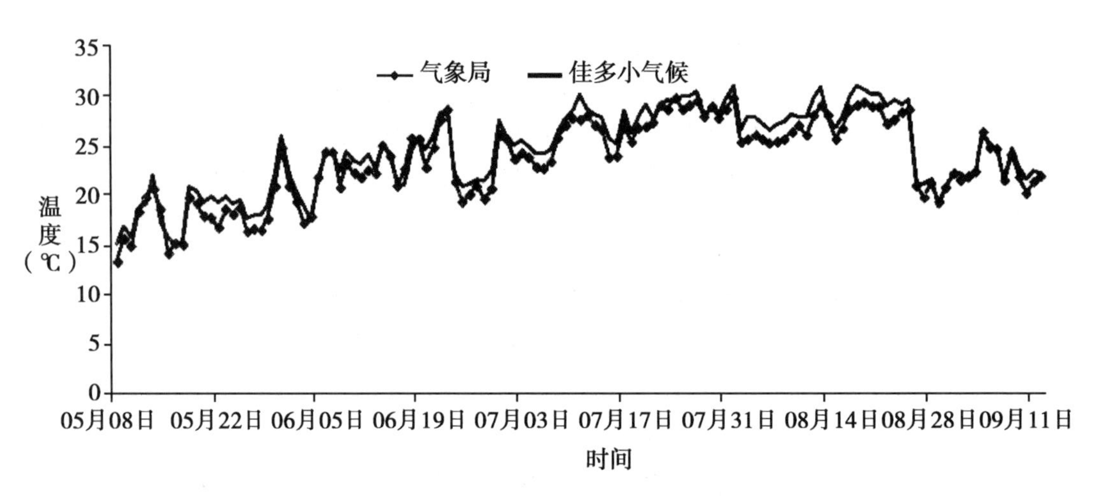

图 9　2016 年气象观测站与 ATCSP 最低气温比较

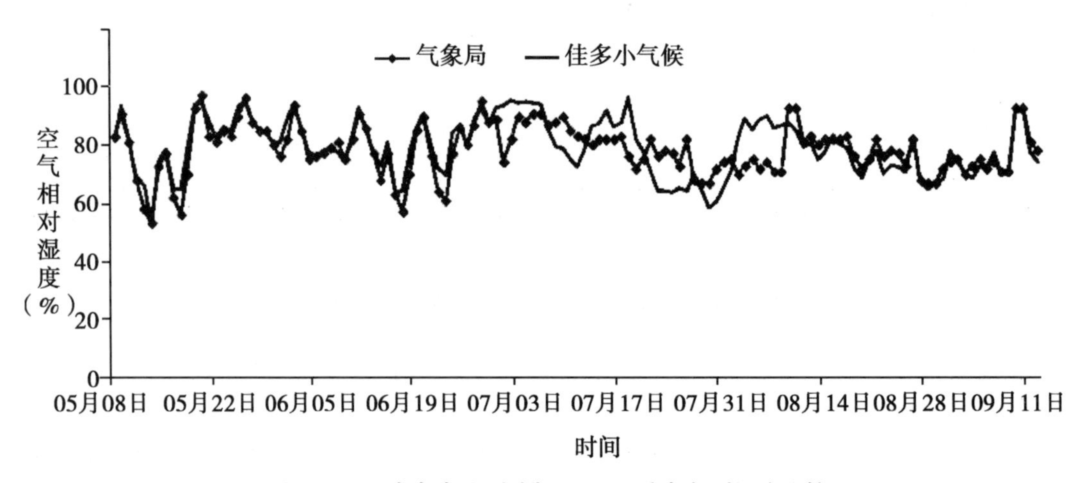

图 10　2016 年气象观测站与 ATCSP 空气相对湿度比较

水稻主要害虫发生盛期和高峰期基本一致，对于预测迁飞害虫的发生期准确性和可信度较高，具有推广价值，但三种方法的绝对诱虫量存在差异，有待于进一步改进。主要是因为稻飞虱虫体小，图片中有效的辨别存在一定难度；且虫量多时易堆积，无法计数，建议提高摄像头分辨率；将落虫装置改为多出口落虫，使虫体在接虫盘上分布均匀，同时调整拍照的时间间隔，减少虫体堆集，提高分辨效率。

佳多 ATCSP 物联网系统的大面积推广应用，将标志着我国虫情测报和防控事业步入了新的阶段，是我国农业现代化发展及农林食品安全生产技术上的一次飞跃。系统的大规模实施，必将为我国建立循环经济的技术发展模式，促进农业综合生产能力的提高，有效保障国家农林生产安全、食品安全、贸易安全、生态安全，建设资源节约、环境友好型社会，为农产品突破国际技术性贸易壁垒提供有效的科技支撑，也将成为植保科技发展史上的里程碑。

参考文献

[1] 闻贵．树立绿色防控理念引领物理杀虫未来：佳多科工贸有限责任公司研发频振式杀虫灯成效独特［J］．农业技术与装备，2011（6）：46-47.

[2] 赵树英．佳多农林病虫害自动测控系统（ATCSP）开发与应用前景［J］．农业工程，2012，2（S1）：51-53.

[3] 马明勇，彭兆普，吴生伟，等．湖南双季晚稻不同栽培方式对稻飞虱及其天敌的影响［J］．植物保护，2014，40（5）：152-158.

[4] 姚震球．应用逐步回归模型对湖南攸县稻纵卷叶螟预报的研究［J］．应用昆虫学报，1989（1）：4-5.

[5] 仲凤翔，郎德良，梅爱中，等．苏北沿海稻螟蛉与稻纵卷叶螟发生规律异同性与兼治策略［J］．中国植保导刊，2012，32（11）：25-27.

灰飞虱雌激素相关受体基因克隆、序列分析及表达模式*

徐　鹿[1**]　赵春青[2]　徐德进[1]　徐广春[1]　许小龙[1]
张亚楠[3]　韩召军[2]　顾中言[1***]
（1. 江苏省农业科学院植物保护研究所，南京　210014；2. 南京农业大学植物保护学院，农作物生物灾害综合治理教育部重点实验室，南京　210095；
3. 淮北师范大学生命科学学院，淮北　235000）

摘　要：雌激素相关受体（estrogen-related receptor，ERR）是一类依赖配体激活的转录因子，感受外源物质胁迫调控靶基因的转录，参与外源物质的代谢过程。本研究旨在研究灰飞虱 *Laodelphax striatellus ERR* 的生理功能及其在杀虫剂代谢中的作用。根据灰飞虱转录组数据信息，利用 RT-PCR 克隆了 *LsERR* 基因，并进行了生物信息学分析；通过实时荧光定量 PCR，研究了暴露氟啶虫胺腈后，*LsERR* 基因在不同时间点和不同组织中的表达量。*LsERR* cDNA 序列全长 1 854bp，开放阅读框长度 1 260bp，编码 419 个氨基酸，预测编码蛋白的分子量为 47. 70ku。序列分析显示，*LsERR* 具有核受体家族成员的共同特征性结构：DNA 结合区（氨基酸 75~168 位）和配体结合区（氨基酸 194~416 位）。LsERR 蛋白二级结构预测采用 APSSP2 法，其中 α 螺旋占 43. 53%，β 折叠占 5. 49%，无规则卷曲占 50. 98%。其中，在 DBD 区，有 6 个 β 折叠和 3 个 α 螺旋；在 LBD 区，有 3 个 β 折叠和 11 个 α 螺旋。系统发育分析表明，*LsERR* 与褐飞虱 *Nilaparvata lugens ERR* 亲缘关系最近。灰飞虱暴露于氟啶虫胺腈后，*LsERR* 基因 12h 时上调表达，24h 时达到表达高峰，48h 时表达量下调。*LsERR* 在头部检测到微弱表达，在腹部特异性高表达。*LsERR* 是参与灰飞虱代谢氟啶虫胺腈的候选基因，为解毒酶基因的调控和新分子靶标农药的研制提供分子基础。

关键词：灰飞虱；雌激素相关受体；基因克隆；序列分析；表达模式

* 基金项目：国家科技支撑计划（2012BAD14B12-5）；江苏省自然科学基金（BK20150539）；江苏省农业科技自主创新资金（CX（15）1004）；农作物生物灾害综合治理教育部重点实验室开放课题基金（IMCDP201602）

** 第一作者：徐鹿，从事研究领域为昆虫分子毒理学；E-mail：xulupesticide@ 163. com
*** 通信作者：顾中言；E-mail：zhongyangu@ yeah. net

褐飞虱胱硫醚 β-合成酶基因的克隆及功能分析*

袁三跃** 万品俊*** 王渭霞 赖凤香 傅 强
（中国水稻研究所水稻生物学国家重点实验室，杭州 310006）

摘 要：水稻韧皮部汁液营养极不均衡，特别是必需氨基酸严重缺失。褐飞虱取食水稻后，主要依赖体内类酵母共生菌协同合成必需氨基酸以满足自身生理过程。其中，褐飞虱与类酵母共生菌参与的硫同化途径及其对含硫氨基酸的影响尚未可知。本文针对硫同化途径中关键基因胱硫醚 β-合成酶（cystathionine β-synthase），从褐飞虱及其类酵母共生菌基因组中各得到一个基因并分别命名为 *NlCBS* 及 *EdeCBS*。NlCBS 与昆虫的 CBS 高度相似达 65%~74%，其中与烟粉虱 *Bemisiatabaci* 的 CBS 一致性最高（74%）。EdeCBS 与真菌的 CBS 高度相似达 60%~67%，其中与淡紫紫孢菌 *Purpureocillium lilacinum* 的 CBS 一致性最高（67%）。分别注射 ds*GFP*、ds*NlCBS*、ds*EdeCBS* 和 ds*NlCBS*+ds*EdeCBS* 至褐飞虱体内后 2 天，与对照组相比，ds*NlCBS* 和 ds*NlCBS*+ds*EdeCBS* 处理组中 *NlCBS* 的表达量分别显著下降了 45%和 86%，而 ds*NlCBS*+ds*EdeCBS* 处理组中 *EdeCBS* 的表达量显著上升了 90%。注射 dsRNA 后 6 天后，ds*NlCBS*、ds*EdeCBS* 和 ds*NlCBS*+ds*EdeCBS* 处理组中 *NlCBS* 的表达量分别显著下降了 54%、32%和 84%，*EdeCBS* 的表达量亦分别显著下降了 24%、66%和 70%。生测结果表明，与对照组相比，ds*NlCBS*、ds*EdeCBS* 和 ds*NlCBS*+ds*EdeCBS* 使初羽化雌虫的体重分别下降了 4%、4%和 8%，血淋巴中甲硫氨酸的含量下降了 11.2%、20.8%和 12.8%，总氨基酸含量下降了 3.6%、20.7%和 13.7%。本研究结果表明 *NlCBS* 和 *EdeCBS* 共同参与褐飞虱甲硫氨酸的合成，为进一步研究褐飞虱与类酵母共生菌在氨基酸合成中的协同关系提供了依据。

关键词：褐飞虱；甲硫氨酸；*NlCBS*；*EdeCBS*；RNAi

---

* 基金项目：国家自然科学基金面上项目（NSFC31371939）

** 第一作者：袁三跃；E-mail：yuansanyue@ 163. com

*** 通信作者：万品俊，副研究员；E-mail：wanpinjun@ caas. cn

褐飞虱钙调素基因的功能及其作为特异性靶标 dsRNA 的研究*

王渭霞** 赖凤香 万品俊 傅 强
（中国水稻研究所，水稻生物学国家重点实验室，杭州 310006）

摘 要：RNAi 技术在害虫控制中具有广阔的应用前景。该技术是通过利用 RNAi 效应来抑制昆虫中必需基因的功能进而导致其死亡，从而达到保护植物免受害虫为害的目的。而在利用 RNAi 控制害虫中一个关键因素是 RNAi 靶标基因序列的选择，靶标基因必须是昆虫的关键基因，同时在昆虫的整个生活史中要持续表达。钙调素是一种能与钙离子结合的蛋白质。钙离子被称为细胞内的第二信使，其浓度变化可调节细胞的多种功能，这种调节作用主要是通过钙调素而实现的。钙调素基因无疑是真核生物的关键基因。本研究从水稻害虫褐飞虱中克隆得到两个钙调素基因 cDNA（*NlCaM*1 和 *NlCaM*2），两个基因在 ORF 区和 5′UTR 区完全一致，仅在 3′UTR 区 *NlCaM*1 比 *NlCaM*2 多出 256bp。通过组织表达特异性和 RNAi 研究了该基因在褐飞虱生长发育中的可能功能。结果发现：

（1）*NlCaM* 和 *NlCaM*1 在褐飞虱整个生活史中持续表达且在唾液腺中的表达量显著高于其他组织。

（2）定量 PCR 分析结果表明 ORF 区（dsCaM-671）和 3′UTR 区（dsCaM-643）的 dsRNA 对目标基因 *NlCaM*（包括 *NlCaM*1 和 *NlCaM*2）具有显著的抑制效果。长片段的 dsCaM-643（643bp）抑制效果要显著高于短片段的 dsCaM-265（265bp）。3′UTR 区（dsCaM-265）和 5′UTR 区（dsCaM-200）对目的基因的抑制效果相近（图 1 C）。

（3）*NlCaM* 基因的沉默会导致褐飞虱若虫在发育过程中不能完成正常的蜕皮而导致死亡，第六天时死亡率高达 70%；*NlCaM*1 基因的沉默同样引起褐飞虱死亡率上升，8 天时达到 50%以上（图 1 A）。而 5′UTR 区的 dsCaM-200 基因沉默效应滞后，直到第 9 天时死亡率与对照相比达到显著差异，死亡率约为 45%；基因的沉默效率与褐飞虱的死亡率之间成正相关。

（4）用同样剂量的 dsCaM-671 和 dsCaM-643 分别注射 5 龄褐飞虱后，雌虫卵巢发育畸形、停止发育，不产卵，雌虫表现为不育（图 2）。而 *NlCaM*1 基因的沉默对褐飞虱的繁殖力没有显著影响。dsCaM-200 对 5 龄虫 *NlCaM* 基因无显著抑制作用，表现为不同龄期对沉默目标基因需要的最低 dsRNA 浓度不同。

（5）由于不同生物来源的钙调素，其氨基酸组成和顺序或完全一样，或仅有少许差

* 基金项目：中国农业科学院科技创新工程“水稻病虫草害防控技术科研团队”；浙江省自然科学基金（Y16C140011）

** 第一作者：王渭霞，副研究员，研究方向：水稻害虫分子生物学；E-mail：wangweixia@ caas. cn

异。依赖于 ORF 区的 dsRNA 显然不利于作为害虫防治的靶标序列。研究通过比较褐飞虱钙调素基因的 3′UTR 区发现该区域在不同生物间保守性很低。依赖于 3′UTR 区合成的 dsRNA 同样具有显著的抑制基因功能的作用。特异性研究发现给同是同翅目的水稻害虫白背飞虱注射 3′UTR 区的 dsRNA（dsCaM-643）对白背飞虱的生长发育无影响，而依据 ORF 保守区合成的 dsRNA-671 对白背飞虱同样具有显著的抑制作用（图 1B，D），证明 dsCaM-643 对褐飞虱 *NlCaM* 基因的抑制具有特异性。

关键词：褐飞虱；钙调素基因；RNAi

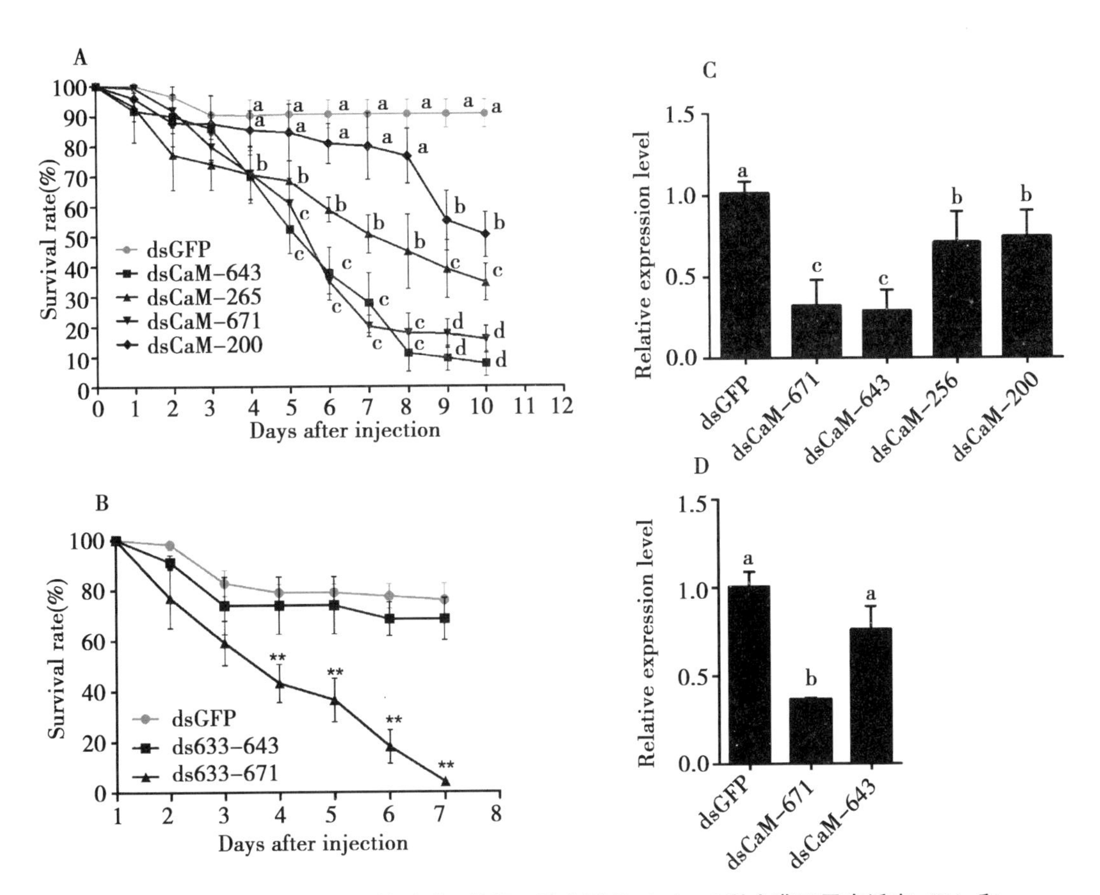

图 1　不同区段 dsRNA 注射后对 3 龄褐飞虱存活率（A），3 龄白背飞虱存活率（B）和目的基因 *CaM* 表达的影响（褐飞虱 C）、（白背飞虱 D）

注：dsRNA 浓度约 700ng/μl，每头虫注射约 0.1μl。dsGFP，对照 GFP 基因的 dsRNA；dsCaM-671，与 NlCaM 基因 ORF 区序列匹配的 dsRNA（在不同物种间高度保守），长度 671bp；dsCaM-643，与 NlCaM 基因 3′UTR 区序列匹配的 dsRNA（在不同物种间保守性低），长度 643bp；dsCaM-265，与 NlCaM1 基因 3′UTR 区特异的 256bp 匹配的 dsRNA（在不同物种间保守性低），长度 265bp；dsCaM-200，与 NlCaM 基因 5′UTR 区匹配的 dsRNA（在不同物种间保守性低），长度 200bp

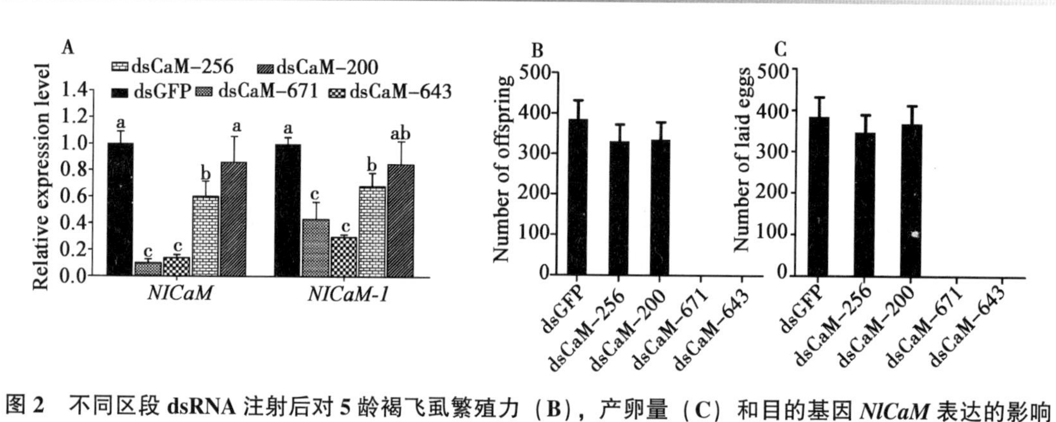

图 2　不同区段 dsRNA 注射后对 5 龄褐飞虱繁殖力（B），产卵量（C）和目的基因 *NlCaM* 表达的影响

注：其余同图 1 注

不同植物食料对白背飞虱生长发育的影响

龚朝辉[1 *]　龚航莲[2 **]　敖新萍[3]
（1. 萍乡市农技站，萍乡　337000；2. 萍乡市植保站，萍乡　337000；
3. 芦溪县银河国家农业示范园，芦溪　337052）

摘　要：白背飞虱［*Sogatella furcifera*（Horvath）］，2015—2016 年在萍乡市连陂观察区应用不同植物食料对其生长发育的影响，验证水稻收割后稻田白背飞虱能否转移到其他植物上为害。试验选用了杂草稻（*Oryza sativa* L. f. *spontanea*）、野生稻（*O. rufiogon* griff）、茭白［*Zianialafifolia*（griseb）Stapf］、高粱［*Sorghum*（L.）moench］、稗［*Echinochloa crusglli*（L.）Beaur］、李氏禾（游草）（*Leeysia hexandra* Swartz）、看麦娘（*Alopecurus aegualls* Sobol）、狗尾草［*Setaria viridis*（L）. Beauv］、黑麦草（*Lolium pelenne* L.）。9 种植物食料及水稻作对照，对白背飞虱进行群体饲养。其方法是，从 2015 年 4 月下旬开始到 2016 年连续进行了二年的观察。应用尼龙纱布做成长×宽×高＝2m×1. 5m×1m 饲养笼，地点在萍乡市连陂观察区二组水稻田中进行 10 个处理，3 次重复，每个处理投放白背飞虱成虫 50 只，进行群体饲养，每年饲养 6 代，第一代 4 月下旬至 5 月中旬，第二代 5 月下旬至 6 月中旬，第三代 6 月下旬至 7 月下旬，第四代 7 月下旬末至 8 月下旬，第五代 8 月下旬末至 9 月下旬，第六代 10 月上旬至 10 月下旬。其结果是，杂草稻、野生稻、稗、黑麦草能完成世代发育，看麦娘、游草、狗尾草接入白背飞虱成虫第一代死亡率高达 26%~46%，第二代若虫个体小，虫量聚减，第三代很难找到活虫。这与 2015 年 3 月出版的第 3 版《中国农作物病虫害》白背飞虱的一段报道“白背飞虱在……看麦娘、游草、狗尾草等禾本科植物上完成世代发育”有差异。茭白、高粱第一代白背飞虱成虫出现大量死虫现象，无法完成世代发育。因 12 月下旬至翌年 1 月上旬，出现霜冻，除黑麦草外，其余处理均出现枯槁死苗，所有试验处理，白背飞虱查不到活虫，足以证明，白背飞虱不能在萍乡市稻田内安全越冬。

关键词：不同植物食料；水稻白背飞虱；生长发育

* 第一作者：龚朝辉，男，学士学位，农艺师，研究方向：病虫中长期测报及病虫综合治理；E-mail：26537383@ qq. com

** 通信作者：龚航莲；E-mail：ghl1942916@ sina. com

不同温度下稻显纹纵卷叶螟的生命表研究

廖秋菊[1]　庞　晓[1]　钱佳彤[1]　杨亚军[2]　吕仲贤[2*]　刘映红[1*]

（1. 西南大学植物保护学院，昆虫学及害虫控制工程重庆市重点实验室，重庆　400715；
2. 浙江省农业科学院植物保护与微生物研究所，杭州　310021）

摘　要：稻显纹纵卷叶螟 *Marasmiae xigua*（鳞翅目：夜蛾科）是水稻迁飞性害虫稻纵卷叶螟 *Cnaphalocrocis medinalis*（鳞翅目：夜蛾科）的近似种，也是世界主要水稻卷叶性食叶害虫中的一种。稻显纹纵卷叶螟广泛分布于亚洲、非洲、大洋洲的水稻种植区，在我国广东、广西、四川、重庆等地区常有发生。为了解其生物学特性及种群动态规律，把握田间综合防治的最佳时期，本研究利用两性生命表理论与技术分别在 10℃，15℃，20℃，25℃，27℃，30℃，35℃下分别构建了稻显纹纵卷叶螟的年龄，阶段两性生命表。采用 Bootsrap 技术重复取样 100 000次估算得出各生命表参数的平均值和标准误，并用配对 t 检验（paired t-test）来比较生命表参数之间的差异。结果表明：稻显纹纵卷叶螟的卵在 10℃时不能孵化，在 15℃和 35℃时能部分孵化，但不能完成代生活史。稻显纹纵卷叶螟在 20℃，25℃，27℃，30℃恒温条件下能完成代生活史，其成虫前期随着温度的升高从 61.58 天（20℃）降至 28.94 天（30℃）。存活率在 25℃下最高，达 73%；平均产卵量在 27℃下最高可达 117 粒/雌；产卵期随温度的升高从 6.5 天（20℃）降到 2.6 天（30℃）；在 4 个温度条件下的生命长度与成虫寿命趋势保持一致。从特定年龄，阶段存活曲线可知稻显纹纵卷叶螟各年龄阶段重叠明显，其特定年龄，阶段生殖力和特定年龄生殖力的峰值均在 27℃下观察到。在 27℃条件下内禀增长率（r = 0.096）和周限增长率（λ = 1.101）最大，但在 25℃条件下净生殖率（R_0 = 45.563）最大。在 20℃下的世代周期最长（35.8 天），27℃下的最短（70.6 天）。本研究结果为了解稻显纹纵卷叶螟的生长发育，繁殖，以及种群动态提供了全面详细的信息，可以用来对其发生动态进行预测预报。

关键词：稻显纹纵卷叶螟；温度；年龄-阶段两性生命表；种群动态

* 通信作者：吕仲贤；E-mail：luzxmh@163.com
　　　　　　刘映红；E-mail：yhliu@swu.edu.cn

麦蚜对吡虫啉抗性的研究进展*

李亚萍** 张云慧*** 朱 勋 李祥瑞 程登发
(中国农业科学院植物保护研究所，植物病虫害生物学国家重点实验室，北京 100193)

摘 要：小麦蚜虫是我国麦田的常发性害虫，从小麦苗期到乳熟期都可为害，对小麦产量和品质影响很大。长期以来，对小麦害虫的防治主要是以化学防治为主，用于防治麦蚜的杀虫剂主要有有机氯类、有机磷类、氨基甲酸酯类、拟除虫菊酯类等。但是随着新农药品种的开发，一些新型药剂，选择性农药、生物农药也用于麦蚜防治。吡虫啉因其独特的作用机理和对蚜虫的良好防效成为防治蚜虫的首选。近年来，随着吡虫啉的大面积推广应用，高选择压导致的抗性问题已引起研究者们的重视。研究麦蚜对吡虫啉的抗性及其机制对其抗性监测、治理及新农药的研制具有重要意义。本文从麦蚜、麦蚜对吡虫啉的抗性现状及抗性机制三方面，概述目前麦蚜对吡虫啉的抗性水平及抗性机制研究进展。

关键词：麦蚜；吡虫啉；抗性；抗性机制

1 麦蚜

麦蚜是我国小麦的重要害虫之一，其种类主要包括麦长管蚜（*Sitobion avenae* Fabricius）、禾谷缢管蚜（*Rhopalosiphum padi* Linnaeus）、麦无网长管蚜（*Metopolophium dirhodum* Walker）和麦二叉蚜（*Schizaphis graminum* Rondani）。麦蚜从小麦苗期到乳熟期都可为害，主要以成蚜、若蚜吸食小麦叶、茎、嫩穗的汁液。在小麦苗期，麦蚜多群集叶背面、叶鞘及心叶处；小麦拔节、抽穗后，主要寄生在小麦穗部和中上部叶片上刺吸为害，不仅吸取大量汁液，引起植株营养恶化，籽粒饥瘦或不能结实，而且排泄的蜜露常覆盖在小麦叶片表面，影响呼吸和光合作用，导致小麦减产和品质下降，严重威胁小麦生产[1-3]。麦蚜也是传播植物病毒的重要昆虫媒介，以传播小麦黄矮病毒为害最大，严重影响小麦产量和质量[4-5]。在我国麦蚜常年发生面积达0.10亿~0.14亿 hm^2，造成小麦减产10%左右，在大发生年份减产甚至超过30%，特别是进入20世纪90年代以来，麦蚜在我国连年严重发生，其为害程度已超过其他小麦害虫[6]。

长期以来，我国麦蚜主要以化学防治为主。20世纪七八十年代，氧化乐果是理想防治药剂。80年代后期氨基甲酸酯类、除虫菊酯类和烟酰亚胺类等多种药剂开始大面积推广应用。化学杀虫剂的持续、大量的使用对麦蚜造成了很大的杀虫剂抗性选择压，且麦蚜繁殖量大，世代交替快，造成了麦蚜对常用杀虫剂产生了不同程度的抗药性[7-10]。新型杀虫剂吡虫啉因其独特的作用机理和对蚜虫的良好防效成为防治蚜虫的首选[11-12]。但是，

---

* 基金项目：现代农业产业技术体系（CARS-03）；国家重点研发计划（2016YFD0300702）

** 第一作者：李亚萍，女，硕士研究生，研究方向为昆虫生态学；E-mail：pingpiao8@126.com

*** 通信作者：张云慧；E-mail：yhzhang@ippcaas.cn

随着吡虫啉的大面积推广应用，持续的高选择压导致的抗性问题已引起研究者们的重视。近年来，关于麦长管蚜、麦二叉蚜、禾谷缢管蚜对吡虫啉抗性问题研究已有大量报道[19,32,47,48]。

2 吡虫啉

吡虫啉（imidacloprid，BSI，draftE-ISO）是一种新烟碱类内吸性杀虫剂，兼有胃毒和触杀作用。它的化学名称为1-（6-氯-3-吡啶甲基）-N-硝基咪唑-2-亚胺，纯品为结晶状固体，分子式为$C_9H_{10}ClN_5O_2$，分子量为255.7，蒸气压为2.0×10^{-3}Ba/19.85℃，熔点为147.65℃（Ⅰ型）、136.25℃（Ⅱ型），水（19.55℃）中溶解度为0.51g/L[13-15]。

20世纪80年代后期，日本特殊农药株式会社和德国拜耳公司共同开发合成了高活性化合物吡虫啉，并于1991年投放市场。我国于1991年开始此项新药剂的开发研究[14,16]。现在吡虫啉已经在80多个国家和60多种作物上使用[17]。吡虫啉以烟碱型乙酰胆碱受体（nAChR）为分子靶标，能有选择地作用于昆虫神经系统中的乙酰胆碱受体，破坏昆虫中枢神经的正常传导，造成害虫出现麻痹直至死亡。吡虫啉对飞虱、粉虱、蚜虫等刺吸式口器害虫及其抗药性种群具有很好的防治效果，对部分鞘翅目害虫高效，但对哺乳动物毒性很低。目前，国内已有很多农药生产企业开发登记吡虫啉产品，其生产呈现持续上升趋势[18]。

在农业生产上，吡虫啉主要用于防治同翅目害虫蚜虫、粉虱、飞虱和鞘翅目的叶甲及其对常用药剂已经产生抗药性的种群。吡虫啉对飞虱、叶蝉、粉虱、蚜虫、介壳虫等同翅目害虫的防治效果和持效期都显著优于常规药剂[19]。

自从问世以来，吡虫啉的应用越来越广泛，成为目前发展最快的药剂之一。吡虫啉应用范围的不断扩大、使用频率不断地增加，势必会因为高选择压使害虫产生抗药性问题[20]。随着吡虫啉的大量和大范围的使用，其抗药性问题已经引起了世界各地研究者的关注。自20世纪末期至今，蓟马、粉虱、飞虱、马铃薯甲虫、蚜虫、小菜蛾等对吡虫啉产生抗性相继被报道[21-23]。

3 麦蚜对吡虫啉的抗性

麦蚜对吡虫啉的抗性监测一直都受到科研工作者的关注。王强等用喷雾法测定吡虫啉对南京麦蚜的触杀毒力发现，处理24h后LC_{50}为0.26mg/kg，48h后为LC_{50}为0.10mg/kg[24]。任月萍等用玻片浸渍法测定了吡虫啉对银川地区麦长管蚜的毒力，发现吡虫啉对该地麦长管蚜的LC_{50}为1.40mg/L[25]。成卫宁等用浸渍法测定陕西杨陵地区麦蚜对吡虫啉的敏感性，吡虫啉对该地麦蚜的LC_{50}为3.61mg/L[26]。王冬兰等用浸渍法监测江苏地区麦蚜对吡虫啉的敏感性，发现苏北、苏中和苏南地区的麦长管蚜对吡虫啉都没有产生明显抗性（分别为1.56倍、1.82倍、2.05倍）[23]。王晓军等用麦穗浸渍法测定吡虫啉对北京地区麦长管蚜的LC_{50}为8.005mg/L[27]。成惠珍等用浸渍法比较了历年山东邹平地区吡虫啉对麦蚜的毒力，发现2001年吡虫啉对麦蚜LC_{50}（56.53mg/kg）与2000年相比有所上升（30.82mg/kg）[10]。雷虹等用浸渍法测定了2004年陕西渭南市临渭区麦穗蚜对吡虫啉的LC_{50}为53.78mg/L[28]。李亮等用玻片浸渍法测定了吡虫啉对2008年采自河南农业大学试验田的麦长管蚜和禾谷缢管蚜的室内毒力，发现吡虫啉对麦长管蚜和禾谷缢管蚜的LC_{50}

分别为0.829 0mg/L、0.028 3mg/L[29]。夏锦瑜等采用浸渍法测定了吡虫啉的麦蚜的毒力发现吡虫啉对麦24 h的LC_{50}为9.043 8mg/L[30]。刘刚报道了北京顺义，河北保定、沧州，河南西华，山东阳谷，湖北襄樊，安徽宿州，江苏东台8个监测点的麦长管蚜种均对吡虫啉均处于敏感状态[31]。张帅报道了2011年东台、荆州、叙永种群对吡虫啉处于敏感性下降阶段（3.3~3.8倍），保定、驻马店、萧县、聊城种群仍为敏感状态。萧县种群对吡虫啉为敏感性下降阶段（3.8倍），保定、驻马店、荆州、彭山、叙永种群对吡虫啉仍为敏感状态[32]。高志山采用连续浸渍法测定了吡虫啉对麦长管蚜和禾谷缢管蚜的毒力，发现吡虫啉对麦长管蚜和禾谷缢管蚜的LC_{50}分别为10.93mg/L、4.13mg/L[33]。李宏德通过玻璃管药膜法对田间和室内的麦蚜进行了毒力测定，发现田间麦蚜对吡虫啉抗性不明显[34]。于晓庆等于2013—2014年，采用玻璃管药膜法测定了山东省阳谷县和汶上县小麦蚜虫对吡虫啉的抗药性，发现吡虫啉对两地麦蚜的LC_{50}分别为77.94ng/cm^2、9.032ng/cm^2[35]。从以上的监测结果来看，各地麦蚜对吡虫啉的抗性水平不一，但总体趋于上升，这与吡虫啉在我国大规模推广应用息息相关。

多年来，大量研究还评估了吡虫啉对麦蚜的田间防效。刘午玲等通过田间药剂试验来筛选和田麦蚜防治的有效药剂，发现10%吡虫啉WP3000倍液防治效果较差，认为是该药在冬麦区使用已有约8年使得麦蚜对其产生了抗性[36]。为探究小麦播种时一次性施药防治麦蚜的可行性，李耀发等通过10%吡虫啉可湿性粉剂沟施的方法来防治麦蚜，防效显著[37]。都振宝等评价了吡虫啉拌种对麦蚜防治的效果，发现吡虫啉2.0g/kg、4.0g/kg小麦拌种能有效降低田间麦蚜的种群数量[38]。党志红等报道了吡虫啉以有效成分420 g/100kg种子的剂量拌种防治小麦蚜虫在整个麦蚜发生期无需再施药防治[39]。王能东等采用田间药效试验筛选出5%吡虫啉乳油防效较好可替代高毒农药[40]。刘爱芝等明确了在小麦播种时用吡虫啉1.4~2.0g/kg拌种可有效控制小麦整个生育期蚜虫为害[41]。范文超等采用测定小麦蚜虫存活时间、麦蚜蜜露排泄量及麦蚜刺吸次数的方法初步研究了不同剂量吡虫啉拌种对小麦蚜虫的影响，以探究吡虫啉拌种后对小麦蚜虫超长持效期的控制机制。结果发现吡虫啉拌种后在小麦不同生育期对麦蚜表现出不同的控制机制，吡虫啉拌种在苗期对小麦蚜虫表现为胃毒作用，孕穗期对麦蚜表现为胃毒与拒食共同起作用，而灌浆期则以拒食作用为主[42]。张强等测定了吡虫啉对田间麦蚜虫的防效，结果表明5%吡虫啉乳油可快速有效地防治小麦蚜虫[43]。为明确吡虫啉拌种防控麦蚜在不同地区的效果差异，王亚欣为选择了河北省石家庄、保定、唐山3个地区进行了小麦吡虫啉拌种防治麦蚜的试验，结果表明吡虫啉拌种能够在全生育期防控麦蚜，并初步判断主要是温度的差异造成了3个地区效果差异[44]。雒景吾等研究缓释型吡虫啉颗粒在小麦生长后期对蚜虫的防治效果，发现缓释型吡虫啉颗粒防效较好[45]。汪善洋研究了0.1%吡虫啉颗粒剂（药肥混剂）防治小麦蚜虫，明确了该方法对小麦蚜虫控制时间长、防效好，且对小麦肥效表现较优[46]。为掌握山东小麦蚜虫对常用杀虫剂的抗药性及田间防治效果和筛选出对麦蚜高效、低毒的药剂品种，于晓庆等于2015年采用田间小区试验在汶上县对吡虫啉防治蚜虫田间效果进行了评价，发现两地区麦蚜对吡虫啉的敏感性均较高[35]。高志山等采用种子包衣法分别在室内及田间评价了新烟碱类杀虫剂处理种子防治小麦蚜虫的效果，发现在2.4g/kg、3.6g/kg和4.8g/kg剂量下，吡虫啉均有较高防效，在58.17%以上，而在小麦抽穗扬花期防效下降，为33.57%~60.46%。高志远指出吡虫啉对叶部麦蚜防效均相应高于穗部，采用吡虫啉种子包衣防治麦蚜应用潜力大[47]。钟凯等通过田间药效试验进行了防治麦蚜药剂筛选，发现吡虫啉防治效果并未达到预期[48]。大量田间药效评价显示，当前仅个别的吡虫啉用药史较长的地区吡虫啉对麦蚜防效降低，不同施药方式的吡虫啉在田间应用价值较大。

总的来看，我国各地麦蚜吡虫啉还处在相对敏感的阶段，但部分地区麦蚜对吡虫啉的敏感性已经有所下降，随着吡虫啉在麦田的长期使用，麦蚜很有可能对吡虫啉产生较高水平的抗药性。

4 麦蚜对吡虫啉的抗性机制

近年来害虫抗性机制逐渐清晰，蚜虫对吡虫啉的抗性机制也慢慢拨云见雾。从现有结果来看，麦蚜对吡虫啉的抗性机制可分为：行为抗性、生理抗性和生化抗性。生理生化抗性机理主要表现在表皮穿透作用下降、解毒代谢作用增强和靶标敏感性下降三个方面，这在已有的研究中已经得到充分证实[19,34,49,50]。

4.1 表皮穿透速率下降

表皮穿透性降低实际仅是杀虫剂穿过表皮速率的降低，而不是穿过表皮的杀虫剂量的减少，不会导致最终进入体内的杀虫剂总量的降低。由于表皮穿透速率降低延缓了杀虫剂到达靶标部位的时间，使得抗性蚜虫具有更多的时间来降解杀虫剂。这一机制与代谢抗性机制相配合，常能导致很高的抗性。

4.2 解毒酶活性增强

解毒代谢是蚜虫产生抗药性的重要机制之一。蚜虫体内的多种代谢酶能与靶标竞争并把外来有毒物质如杀虫剂、植物次生物质等经过氧化、还原、水解或结合后，分解为毒性低、水溶性强的代谢物，并排出体外。昆虫代谢杀虫剂的主要解毒酶系有多功能氧化酶系（Mixed function oxidase，MFOs）、酯酶（Esterase，EST）、谷胱甘肽 S－转移酶（Glutathione S-transferase，GSTs）等。邱高辉等通过室内筛选获得了麦长管蚜对吡虫啉的抗性品系（25.22 倍），并利用增效试验和解毒酶活力测定，对其抗性机理进行了研究增效试验，结果表明顺丁烯二酸二乙酯在抗、感品系中对吡虫啉都没有明显的增效作用，但氧化胡椒基丁醚和磷酸三苯酯在两个品系均有增效作用，而且在抗性品系中的增效比和显著大于敏感品系；解毒酶活力测定发现，抗、感品系的谷胱甘肽一转移酶比活力没有显著差异，但抗性品系中羧酸酯酶的比活力明显高于敏感品系（1.47 倍），综合分析认为多功能氧化酶和羧酸酯酶活力增强在麦长管蚜对吡虫啉的抗性中起重要作用[19]。林佳等用生物测定方法检测了取食 3 种不同寄主植物的禾谷缢管蚜和麦长管蚜对吡虫啉敏感性及其体内抗性相关酶的活力，结果表明，取食不同寄主植物的禾谷缢管蚜对吡虫啉的敏感性具有差异，取食不同寄主植物麦长管蚜对吡虫啉的敏感性顺序与禾谷缢管蚜一致；取食不同寄主植物的两种麦蚜体内酯酶活力差异显著，因此，酯酶活力的改变可能是取食不同寄主植物禾谷缢管蚜和麦长管蚜对吡虫啉敏感性不同的原因之一[49]。黄钰淞等研究了麦二叉蚜对吡虫啉的抗性机理，通过吡虫啉对麦二叉蚜的筛选作用，监测麦二叉蚜体内相关酶系的动态变化，得到抗性倍数为 7.21 的麦二叉蚜抗性品系 F13，了解到 F13 品系的乙酰胆碱酯酶与谷胱甘肽转移酶比活力分别是 F0 的 1.88 倍与 1.31 倍，说明了麦二叉蚜的吡虫啉抗性可能与其体内乙酰胆碱酯酶与谷胱甘肽转移酶的活性增强有关[50]。李宏德（2016）

从生物化学角度研究了田间麦蚜对吡虫啉的抗性机理，发现田间麦蚜的乙酰胆碱酯酶的活性及 Vmax 均小于敏感品系，而 Km 值大于敏感品系，且田间麦蚜对吡虫啉产生抗性与其体内的乙酰胆碱酯酶有显著关系[34]。

4.3 靶标敏感性下降

靶标敏感性降低是蚜虫对杀虫剂产生较高抗性的主要机理。一般来说，杀虫剂进入蚜虫体内经过活化，或者未被代谢的杀虫剂与作用靶标结合，改变其功能，使蚜虫产生中毒症状，直至死亡。抗性蚜虫的靶标分子发生变化，致使其与药剂的结合作用降低。这种因靶标敏感性降低而导致的抗性称为靶标部位抗性或靶标抗性。靶标位点的不敏感常常导致昆虫在作用机制相似的一类或几类杀虫剂之间产生交互抗性。吡虫啉作用于蚜虫神经系统，其靶标分子为烟碱型乙酰胆碱受体（nAChR）。邱高辉等利用分子生物学技术成功克隆了个麦长管蚜烟碱型乙酰胆碱受体的 α 亚基基因，并发现了 Poly（A）基因中的序列和选择性剪接现象[19]。

5 结语

随着麦田生产中吡虫啉的应用范围和频率的不断增加，麦蚜的抗药性问题日益突出，已引起各地研究者的广泛关注。鉴于防治麦蚜对吡虫啉的依赖，了解各地麦蚜对吡虫啉的抗性水平，加强日后对麦蚜的抗性监测，弄清麦蚜抗药性的发生规律和抗性机制，对麦蚜的抗性监测、治理及吡虫啉替代性新农药的研制具有重要意义。

参考文献

[1] 胡胜昌，贡桑．温度对麦无网长管蚜实验种群生长的影响［J］．昆虫学报，1985，28（1）：36-44.

[2] Holt J，Griffiths E，Wratten SD. The influence of wheat growth stage on yield reductions caused by the rose - grain aphid，*Metopolophiumdirhodum*［J］. Annals of Applied Biology，1984，105（105）：7-14.

[3] Araya J E，Foster J E，Schreiber M M，et al. Early control of aphid vectors of the barley yellow dwarf virus with slow release systemic granulated insecticides［J］. Boletín De Sanidad Vegetal Plagas，1990，16：195-203.

[4] Kennedy T F，Connery J. Grain yield reductions in spring barley due to barley yellow dwarf virus and aphid feeding.［J］. Irish Journal of Agricultural & Food Research，2005，44（1）：111-128.

[5] 曹雅忠，尹姣，李克斌，等．小麦蚜虫不断猖獗原因及控制对策的探讨［J］．植物保护，2006，32（5）：72-75.

[6] 武予清，李素娟，刘爱芝，等．小麦抗蚜育种研究进展［J］．河南农业科学，2002：19-20.

[7] 魏岑，黄绍宁，范贤林，等．麦长管蚜的抗药性研究［J］．昆虫学报，1988（2）：148-156.

[8] 魏岑，苑贤林，孙小平，等．张掖麦蚜对菊酯类杀虫剂的抗药性［J］．昆虫学报，1990（1）：117-120.

[9] 彭丽年，张小平，叶建生，等．四川省麦长管蚜（*Macrosiphum avenae* F.）的抗药性研究［J］．农药学学报，2000，2（3）：13-18.

[10] 成惠珍，郑淑英，郭玉荣，等．麦蚜对几种药剂的抗性［J］．河南农业科学，2004（6）：50-51.

[11] 方继朝，朴永范，孙建中，等．吡虫啉防治稻飞虱等害虫的毒理和技术研究［J］．西南大

学学报：自然科学版，1998（5）：478-488.

[12] 王建军，韩召军，王荫长．新烟碱类杀虫剂毒理学研究进展［J］．植物保护学报，2001，28（2）：178-182.

[13] 章玉苹，黄炳球．吡虫啉的研究现状与进展［J］．世界农药，2000（6）：23-28.

[14] 孙建中，方继朝．吡虫啉——一种超高效多用途的内吸杀虫剂［J］．植物保护，1995（2）：44-45.

[15] 邱光，顾正远，刘贤金，等．吡虫啉、扑虱灵对褐稻虱的作用机制及药效特征比较研究［J］．生物安全学报，1997（2）：79-84.

[16] 杨槟煌．吡虫啉在茶叶和土壤中的残留分析方法及残留消解动态［J］．福建农林大学，2006.

[17] 刘漪，石德清．吡虫啉的研究与进展［J］．高等继续教育学报，2004，17（1）：6-9.

[18] 吴世雄，王晓军．吡虫啉在我国的生产与应用［J］．农药科学与管理，1999（1）：37-38.

[19] 邱高辉．麦长管蚜对吡虫啉的抗性及其机理研究［D］．南京：南京农业大学，2007.

[20] 张彦英，张弘．吡虫啉抗性产生的可能与治理［J］．农药，1999（4）：22-23.

[21] Ninsin K D，Tanaka T. Synergism and stability of acetamiprid resistance in a laboratory colony of *Plutella xylostella*.［J］. Pest Management Science，2005，61（8）：723-727.

[22] Sone S，Hattori Y，Tsuboi S I，et al. Difference in Susceptibility to Imidacloprid of the Populations of the Small Brown Planthopper，*Laodelphax striatellus* FALLÉN，from Various Localities in Japan［J］. Journal of Pesticide Science，1995，20（4）：541-543.

[23] 王冬兰，刘贤进，张存政，等．江苏地区麦蚜对吡虫啉敏感性监测［J］．江苏农业科学，2003（6）：64-64.

[24] 王强，韩丽娟．吡虫啉对几种同翅目害虫的触杀毒力测定［J］．江苏农业学报，1996（3）：29-31.

[25] 任月萍，刘生祥，李志英，等.5 种农药防治麦长管蚜的药效试验［J］．宁夏农林科技，2001（1）：24-26.

[26] 成卫宁，李修炼，李建军，等．杀虫剂对麦蚜、天敌及后茬玉米田主要害虫与天敌的影响［J］．西北农林科技大学学报：自然科学版，2003，31（05）：87-90.

[27] 王晓军，陶岭梅，张青文．麦长管蚜和禾谷缢管蚜对吡虫啉敏感性的比较研究［J］．应用昆虫学报，2004，41（02）：155-157.

[28] 雷虹，张淑莲，陈志杰，等．陕西关中地区小麦穗期蚜虫发生及抗性治理对策［J］．中国植保导刊，2007，27（6）：20-22.

[29] 李亮，付晓伟，郭线茹，等．几种药剂对 2 种麦蚜的室内毒力和田间药效［J］．河南农业科学，2009，38（2）：71-74.

[30] 夏锦瑜，王冬兰，张志勇，等．几种农药及其混剂对褐飞虱和麦蚜的室内毒力测定［J］．江苏农业科学，2010（2）：120-121.

[31] 刘刚.2010 年全国农业有害生物抗药性监测结果及科学用药建议［J］．中国植保导刊，2011，31（4）：38-38.

[32] 张帅.2011 年全国农业有害生物抗药性监测结果［J］．农药市场信息，2012（7）：52-53.

[33] 高志山．吡虫啉等种子包衣防治小麦蚜虫及其持效机理初探［D］．泰安：山东农业大学，2013.

[34] 李宏德．田间麦蚜和实验室麦蚜抗药性毒力测定和生化测定的研究［J］．甘肃农业，2016（2）：33-39.

[35] 于晓庆，张帅，宋姝娥，等．小麦蚜虫对六种杀虫剂的抗药性及田间药效评价［J］．昆虫

学报，2016，59（11）：1206-1212.

[36] 刘午玲，吐逊古丽，许建军，等．和田地区冬麦区麦蚜田间药剂防治初报［J］．新疆农业科学，2007，44（s1）：148-149.

[37] 李耀发，党志红，潘文亮，等．吡虫啉沟施防治小麦蚜虫初探［C］．公共植保与绿色防控．北京：中国农业科学技术出版社，2010.

[38] 都振宝，苗进，武予清，等．新烟碱类杀虫剂拌种对麦蚜田间防效及药剂残留动态分析［J］．应用昆虫学报，2011，48（6）：1682-1687.

[39] 党志红，李耀发，潘文亮，等．吡虫啉拌种防治小麦蚜虫技术及安全性研究［J］．应用昆虫学报，2011，48（6）：1676-1681.

[40] 王能东，赵作朋，袁滢，等．高毒农药替代防治小麦蚜虫田间筛选试验［J］．天津农林科技，2011（6）：12-14.

[41] 刘爱芝，韩松，梁九进．新烟碱类杀虫剂拌种防治麦蚜效果及安全性研究［J］．河南农业科学，2012，41（12）：94-97.

[42] 范文超，程志，党志红，等．吡虫啉拌种对麦长管蚜控制机制的初步探讨［J］．河北农业大学学报，2013，36（1）.

[43] 张强，吴兵兵，王硕，等．几种高毒替代农药对小麦蚜虫田间防治效果评价［J］．天津农业科学，2013，19（1）：84-86.

[44] 王亚欣．吡虫啉拌种全生育期防控麦蚜技术在不同地区的效果差异及其原因分析［D］．保定：河北农业大学，2014.

[45] 雒景吾，崔军涛，李明贤，等．吡虫啉缓释剂防治麦蚜效果及对产量和品质的影响［J］．陕西农业科学，2014，60（8）：34-36.

[46] 汪善洋．0.1%吡虫啉颗粒剂防治小麦蚜虫田间药效肥效试验初报［J］．农业与技术，2016，36（6）：21-22.

[47] 高志山，张学峰，刘海涛，等．新烟碱类杀虫剂种子包衣防治麦蚜的可行性评价［J］．植物保护学报，2016，43（5）：864-872.

[48] 钟凯，张曦，孙百栋，等．3种药剂防治小麦蚜虫田间药效试验［J］．基层农技推广，2016（4）.

[49] 林佳．麦蚜对吡虫啉抗性及其生化机制的研究［D］．武汉：武汉工业学院，2012.

[50] 黄钰淞．麦蚜吡虫啉抗性品系筛选及其抗性生化机制的研究［D］．武汉：武汉轻工大学，2014.

新疆亚洲玉米螟和欧洲玉米螟种群遗传结构研究*

汪洋洲[1**]　张云月[1]　李启云[1]　郭文超[3]　杜　茜[1]　张正坤[1]
徐文静[1]　路　杨[1]　隋　丽[1]　王振营[2***]
（1. 吉林省农业科学院植物保护研究所，长春　130033；2. 中国农业科学院植物保护研究所，北京　100193；3. 新疆农业科学院，乌鲁木齐　830091）

摘　要：亚洲玉米螟［*Ostrinia furnacalis*（Guenée）］和欧洲玉米螟［*O. strinia nubilalis*（Hübner）］是世界上为害玉米的重要害虫。欧洲玉米螟起源于欧洲、非洲和亚洲交界的地中海地区，扩散到中亚，到达乌兹别克斯坦和中国新疆地区，在20世纪传播到美洲。亚洲玉米螟主要分布于从中国东北、日本到澳大利亚北部地区。在1988年以前，我国新疆伊犁地区的玉米螟只有欧洲玉米螟。但是近些年，亚洲玉米螟进入伊犁地区，并建立了种群。我国新疆伊犁地区是目前所知的世界上唯一的两种玉米螟同域发生的地域。我们在玉米上采集了新疆11个种群的玉米螟，使用SNP和SSR的方法进行基因型分析。使用线粒体细胞色素C氧化酶亚基I（COI）进行种的鉴定，使用COI和COII序列单倍型数据对母系遗传进行分析。结果表明，亚洲玉米螟和欧洲玉米螟在线粒体单倍型和基因型上具有较大差异。根据SNP共祖率Q值，和NewHybrid运算结果，表明伊犁地区的部分样品与亚洲玉米螟和欧洲玉米螟具有很高的共祖率，新疆其他地区种群均为亚洲玉米螟且与欧洲玉米螟没有共祖率。笔者同样也运用内切酶的直接证据检测出杂交个体。实验结果证明我国新疆伊犁地区从霍城、察布查尔、伊宁、尼勒克和新源地区为亚洲玉米螟和欧洲玉米螟混生区，且以亚洲玉米螟为优势种群。新疆北部的乌鲁木齐、奇台和玛纳斯，新疆南部的喀什、莎车和和田均为亚洲玉米螟。当亚洲玉米螟与欧洲玉米螟相遇后，杂交是一种普遍的现象，亚洲玉米螟种群的基因会渗入欧洲玉米螟种群。

关键词：亚洲玉米螟；欧洲玉米螟；种群遗传

* 基金项目：吉林省自然科学基金（20150101097JC）；公益性行业科研专项（201303026）
** 第一作者：汪洋洲，副研究员；E-mail：wang_ yangzhou@ 163. com
*** 通信作者：王振营，研究员；E-mail：wangzy61@ 163. com

湖北襄阳玉米害虫发生规律初探*

李文静[1**]　罗汉刚[2]　张凯雄[2]　杨俊杰[2]
赵　华[3]　许　冬[1]　尹海辰[1]　万　鹏[1***]
（1. 农业部华中作物有害生物综合治理重点实验室/湖北省农业科学院植物保护土肥研究所，武汉　430064；2. 湖北省植物保护总站，武汉　43007；
3. 湖北省南漳县植保站，襄樊　441500）

摘　要：玉米已成湖北省第三大粮食作物，常年种植面积超过1 000万亩，襄阳地处江汉平原，玉米种植面积占全省的1/4以上。我们在2015年4—9月对襄阳南漳县玉米进行调查，初步明确了主要害虫种类及发生规律，为虫害综合治理提供依据。

玉米害虫主要有12种，其中钻蛀性害虫5种，分别是玉米螟、高粱条螟、桃蛀螟、棉铃虫、小地老虎；刺吸式害虫3种，分别是玉米蚜、蓟马、叶螨；食叶害虫4种，分别是黏虫、叶甲、潜叶虫、蝗虫。以钻蛀性害虫对玉米产量影响最大。

分析钻蛀性害虫种群比例发现，玉米螟和高粱条螟分别占总虫量的56%和42%，为玉米主要钻蛀性害虫。调查发现，玉米螟和高粱条螟每年可发生三代，玉米螟早于高粱条螟发生。在春玉米田，玉米螟和高粱条螟均发生两代，一代虫量大，发生期长，为害重，为主害代，二代发生期短，为害相对轻；在夏玉米田，玉米螟和高粱条螟发生第二代和第三代，二代虫量大，为害重，为主害代，三代发生期短，为害相对轻。玉米螟和高粱条螟的第三代为不完整世代，以第三代老熟幼虫越冬。性诱监测发现，玉米螟成虫羽化的3个高峰分别在5中旬中后期、7月中旬、8月下旬。高粱条螟成虫羽化的3个高峰分别在5月中旬末至下旬中期、7月下旬中期、8月中旬至下旬前期。

关键词：湖北玉米；主要害虫；发生规律；玉米螟；高粱条螟

---

* 基金项目：湖北省农业科技创新中心资助项目（2016-620-003-03）

** 第一作者：李文静，女，博士，助理研究员，专业方向：农业昆虫与害虫防治；E-mail：liwenjingpingyu@163.com

*** 通信作者：万鹏，男，博士，研究员；E-mail：wanpenghb@126.com

Biolog-Eco 解析小菜蛾溴氰菊酯抗感品系肠道微生物群落功能多样性特征*

李文红** 李凤良*** 周宇航 程 英 金剑雪

(贵州省植物保护研究所，贵阳 550006)

摘 要：昆虫肠道微生物对于其食物消化、生长发育以及环境适应性等方面都具有重要作用，本研究旨在探究小菜蛾 *Plutella xylostella*（L.）溴氰菊酯敏感和抗性品系幼虫肠道微生物群落的功能多样性。采用 Biolog-Eco 技术对 2 品系小菜蛾 1~4 龄幼虫的肠道样品进行分析。结果表明，小菜蛾溴氰菊酯敏感和抗性品系的低龄幼虫肠道微生物的代谢活性（AWCD）均高于高龄幼虫，2 品系相同龄期幼虫肠道样品代谢活性类似。2 品系样品均能代谢 30 种供试碳源，均不能代谢羧酸类的 2-羟基苯甲酸。敏感品系样品的 Shannon 指数和 McIntosh 指数均高于抗性品系。敏感品系 1~3 龄幼虫肠道样品的 Shannon 指数类似，且均高于该品系 4 龄样品；抗性品系 1~4 龄幼虫肠道样品的 Shannon 指数逐渐减小。2 品系 McIntosh 指数均为 1 龄幼虫的最高，2~4 龄的相当。研究表明，小菜蛾低龄幼虫肠道微生物的生理活性均高于高龄幼虫，同时小菜蛾溴氰菊酯敏感和抗性品系幼虫的肠道微生物在功能多样性上存在差异。

关键词：小菜蛾；肠道微生物；Biolog-Eco；代谢多样性

---

* 基金项目：贵州省农科院院专项（黔农科院院专项〔2014〕025 号）；贵州省科技基金项目（〔2015〕2102）

** 第一作者：李文红，昆虫毒理及昆虫抗药性研究；E-mail：liwh2015@ 126. com

*** 通信作者：李凤良；E-mail：leefengliang@ 126. com

不同引诱剂对美洲斑潜蝇的田间引诱力比较与改良*

陈利民[1**]　吴全聪[1***]　马瑞芳[1]　何月秋[2]　雷　吟[1]　何天骏[1]
（1. 浙江省丽水市农业科学研究院，丽水　323000；
2. 云南农业大学农学与生物技术学院，昆明　650201）

摘　要：美洲斑潜蝇是农作物上重大害虫之一。为了减少其为害和化学农药的用量，本文采用微生物诱剂、长豇豆、四季豆、蚕豆、黄瓜、西葫芦、番茄、马铃薯和柚子等8种植物叶片浸提液及醋、酒和蜂蜜等，开展美洲斑潜蝇的田间诱捕研究。结果表明，微生物诱剂效果最好，8种植物叶片浸提液都有一定诱捕效果，其中以四季豆效果最好，但它仍只有微生物诱剂的31.04%，蜂蜜能够有效增加植物浸提液的诱捕效果，但它并未显著性增加微生物诱剂的诱捕效果，酒精和醋的混入不能显著增加植物浸提液及微生物诱剂诱捕美洲斑潜蝇的效果。

关键词：植物浸提液；美洲斑潜蝇；四季豆；微生物诱剂；蜂蜜

美洲斑潜蝇（*Liriomyza sativae* Blanchard）是我国重要的双翅目害虫[1]，目前在各省市均有广泛的分布。由于该虫虫体小，幼虫易于潜藏于叶片内，生活周期短，世代重叠严重，繁殖力强、繁殖快，天敌相对较少[2]，且一般的化学药剂很难对其进行有效地防治，且安全性差。目前，美洲斑潜蝇对我国蔬菜种植业，特别对四季豆的安全生产构成了严重威胁[3]。因此，农业生产中亟待寻求一种安全、高效、绿色环保的美洲斑潜蝇防控措施。

目前对美洲斑潜蝇绿色防控的研究大多集中于斑潜蝇寄生蜂的应用[4]、不同色彩飞虫诱捕器改良[5]、茉莉酸处理提高植物抗虫性[6]、不同波长光以及蔬菜萃取物混配后对斑潜蝇的引诱性等研究[7]。在实际的农业生产过程中，合理使用寄生蜂、飞虫诱捕色板、诱虫灯等可大幅度降低斑潜蝇成虫的种群密度[8]，有效减少斑潜蝇对蔬菜的危害，已经得到了较好的推广和应用。然而，在实际的农业生产过程中，由于效果和成本等因素，高效微生物引诱剂或蔬菜萃取物等对美洲斑潜蝇进行田间诱杀的研究和应用相对较少。为此，本研究在四季豆蔬菜田内开展了美洲斑潜蝇微生物诱捕剂和8种植物萃取液以及植物浸提液与醋、酒、蜂蜜混合液引诱美洲斑潜蝇的效果测定，以期为美洲斑潜蝇诱捕剂改良提供建议。

1　材料与方法

1.1　供试材料

诱捕器：试验所用的诱捕器为自制上方开口的圆筒形诱捕器，其规格为内径12cm，

*　基金项目：浙江省丽水市院地合作项目（Ls20160010）；云南高新产业发展项目（20150X）

**　第一作者：陈利民，主要从事绿色防控技术研究；E-mail：89490799@ qq.com

***　通信作者：吴全聪，研究员；E-mail：lsqcw@ 163.com

高 10cm，底部放引诱剂 100ml 的诱捕器。

植物萃取液：试验所用的植物叶为长豇豆、四季豆、蚕豆、黄瓜、西葫芦、番茄、马铃薯和柚子，8 种植物均种植于本单位试验田内，整个生长季均未使用农药。植物萃取前，将采集后供试的植物叶用清水洗干净，晾干，称取 8 种植物叶片各 40g 用研钵磨碎，分别置于 1 000ml 烧杯中，各加入 800ml 蒸馏水，浸泡 2h 后过滤[9]，滤液用于试验。

微生物诱捕剂（专利号：201510958305.8；国际专利号：PCT/CN2016/110474）：云南农业大学农学与生物技术学院提供[10]。

1.2 试验方法

1.2.1 不同引诱剂对美洲斑潜蝇的田间引诱性试验

试验地选在有较多美洲斑潜蝇为害的四季豆田块内，且四季豆处在生长旺盛阶段，种植面积约 2.5 亩，周围为四季豆田块且无高大遮挡物。各处理诱捕器随机分布于田块内，诱捕器直接悬挂于田间四季豆竹制支架上，诱捕器口距离地面 1.5m 左右，每种处理加入相应引诱液 100ml，每处理重复 3 次，7 天后检查每种处理诱捕的美洲斑潜蝇数。

测试植物萃取液、微生物诱捕剂、醋、酒和蜂蜜对美洲斑潜蝇成虫的诱捕能力，其中醋、酒和蜂蜜为 10 倍稀释液。

将效果最佳植物萃取液和美洲斑潜蝇微生物诱捕剂分别与醋、酒、蜂蜜按 9∶1 混合；将效果最佳植物萃取液和美洲斑潜蝇微生物诱捕剂分别与醋+酒、醋+蜂蜜、酒+蜂蜜按 8∶1∶1 混合；将效果最佳植物萃取液和美洲斑潜蝇微生物诱捕剂与醋、酒、蜂蜜按 7∶1∶1∶1 混合，然后测定混合液对美洲斑潜蝇成虫的引诱效果。

1.2.2 调查与数据处理

试验完成后将各处理诱捕器带回实验室内，借助光学解剖镜对各处理诱捕的斑潜蝇进行计数。所有数据应用 SPSS19 统计分析软件进行数据分析。

2 结果与分析

2.1 不同引诱剂对美洲斑潜蝇引诱效果的比较

8 种植物萃取液、微生物诱捕剂、醋、酒和蜂蜜对美洲斑潜蝇成虫的引诱效果见图 1。

由图 1 可知，在引诱 1 周后，引诱力最强的为微生物诱剂，诱捕到 19.33±1.45 头美洲斑潜蝇成虫，诱虫效果显著性优于其他各植物萃取液；其次是四季豆和长豇豆萃取液，分别引诱到（6.00±0.58）头和（5.67±0.33）头，且二者的诱虫效果显著性优于番茄、马铃薯和西葫芦萃取液分别引诱到（2.33±0.33）头、（1.67±0.33）头和（2.67±0.67）头的诱虫数；引诱效果稍差于四季豆芦萃取液但优于马铃薯萃取液的为蜂蜜、蚕豆和柚子萃取液，未产生显著性差异，分别引诱到（4.66±0.33）头、（4.33±0.33）头和（3.67±0.33）头；酒和醋引诱效果最差，几乎未引诱到美洲斑潜蝇成虫。

供试的 8 种植物萃取液、蜂蜜和微生物诱捕剂对斑潜蝇成虫均有一定的引诱性，但彼此间存在一定差异，为了进一步明确植物浸提液和微生物诱捕剂与醋、酒、蜂蜜混合液引诱美洲斑潜蝇的效果，本研究选取植物浸提液中效果最佳的四季豆和微生物诱捕剂分别与醋、酒、蜂蜜进行组合后测定混合液对美洲斑潜蝇的引诱效果。

2.2 四季豆浸提液与醋、酒、蜂蜜混合液对美洲斑潜蝇引诱效果的比较

由图 2 可知，四季豆浸提液与醋、酒、蜂蜜进行组合后，混合液引诱效果最佳的为

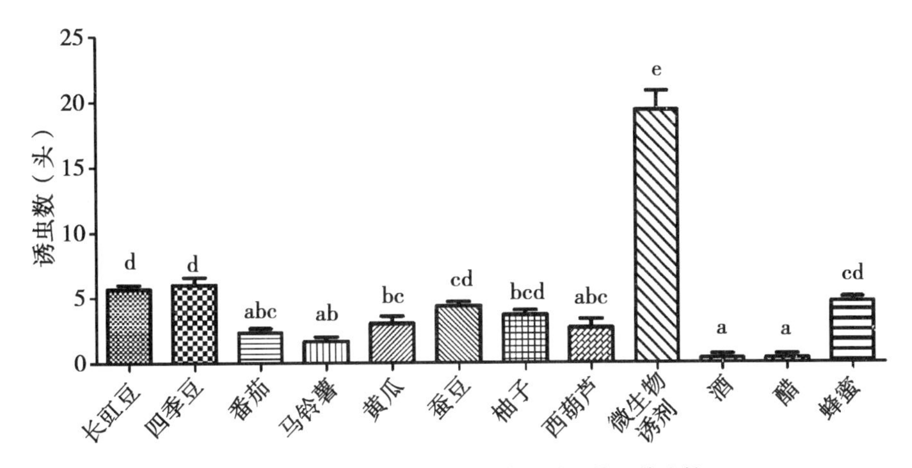

图 1　不同引诱剂对美洲斑潜蝇引诱效果的比较

注：不同字母表示各处理间差异显著（$P<0.05$）

“四季豆浸提液+蜂蜜”，引诱到美洲斑潜蝇成虫 9.00±0.58 头，显著优于单一四季豆浸提液诱虫数（6.33±0.33）头的引诱效果；引诱效果最差的为“四季豆浸提液+醋+酒”，引诱到美洲斑潜蝇成虫（3.67±0.67）头，且与单一四季豆浸提液诱虫数呈显著性差异（$P<0.05$）；其他各组合处理诱虫数均略低于单一四季豆浸提液，但未出现显著性差异。

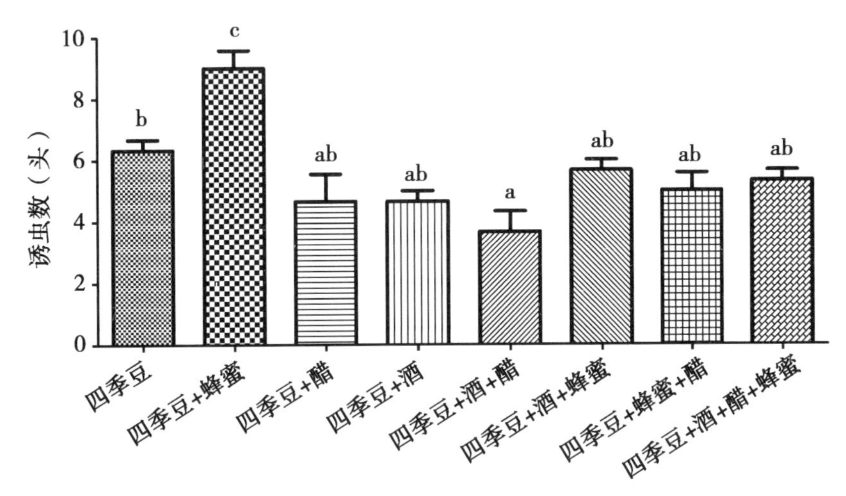

图 2　四季豆浸提液与醋、酒、蜂蜜混合液对美洲斑潜蝇引诱效果的比较

注：不同字母表示各处理间差异显著（$P<0.05$）

2.3　微生物诱捕剂与醋、酒、蜂蜜混合液对美洲斑潜蝇引诱效果的比较

由图 3 可知，微生物诱捕剂与醋、酒、蜂蜜进行组合后，混合液引诱效果最佳的为“微生物+蜂蜜”，引诱到美洲斑潜蝇成虫（22.67±2.40）头，且显著优于“微生物+醋”、“微生物+酒”、“微生物+酒+醋”、“微生物+酒+蜂蜜”和“微生物+酒+醋+蜂蜜”组合；“微生物+酒+蜂蜜”组合诱虫（19.00±1.00）头，虽略低于单一微生物诱捕剂诱虫（20.67±1.20）头的效果，但优于除“微生物+蜂蜜”外的其他各组合，未出现显著性差异，表明添加物基本上没有明显提高微生物诱剂的效果。

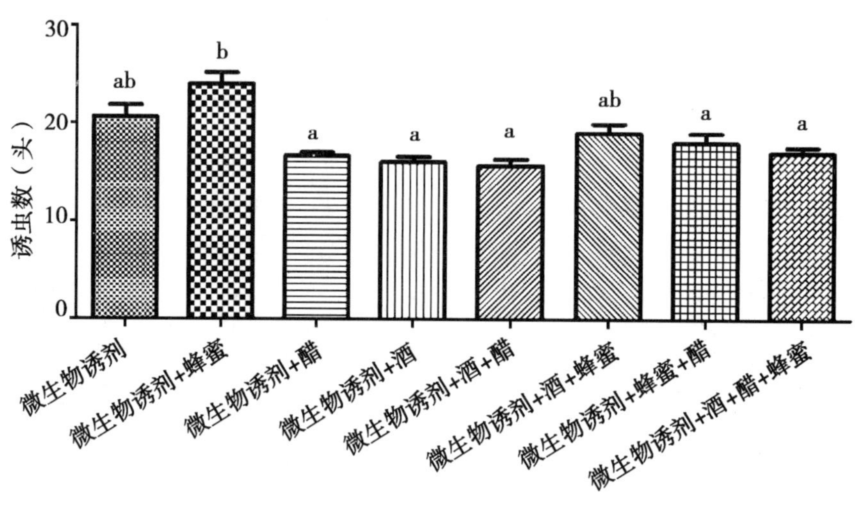

图 3　微生物诱捕剂与醋、酒、蜂蜜混合液对美洲斑潜蝇引诱效果的比较

注：不同字母表示各处理间差异显著（$P<0.05$）

3　结论与讨论

由于美洲斑潜蝇成虫对寄主植物的搜寻与定位，主要依赖于寄主植物所散发的挥发性化合物[3]。本研究利用长豇豆、四季豆、蚕豆、黄瓜、西葫芦、番茄、马铃薯和柚子 8 种植物叶片浸提液所做的对美洲斑潜蝇引诱试验表明，各植物叶片浸提液对斑潜蝇成虫虽然具一定的引诱效果，但与微生物引诱剂相比引诱力相对较弱。同样，尉吉乾等[7]研究表明，单纯依赖于植物浸提液，对美洲斑潜蝇成虫的引诱力较弱，并且通过将不同植物浸提液混合等途径也不能有效提高对美洲斑潜蝇成虫的引诱效果。为了提高植物浸提液和微生物引诱剂对美洲斑潜蝇的引诱效果，本研究同时开展了醋、酒、蜂蜜对美洲斑潜蝇的引诱效果试验，发现美洲斑潜蝇成虫具有一定的趋蜜性。

基于此，本研究对美洲斑潜蝇的引诱效果最佳植物浸提液和四季豆浸提液与醋、酒、蜂蜜的各类成分组合起来引诱美洲斑潜蝇试验。结果表明，“四季豆浸提液+蜂蜜”组合引诱美洲斑潜蝇效果为单一使用四季豆浸提液引诱效果的 1.4 倍，能够显著性提高对美洲斑潜蝇的引诱效果。但是，四季豆浸提液与酒和醋的组合引诱效果一般，不能有效提高植物浸提液对美洲斑潜蝇的引诱力。为了进一步明确蜂蜜的加入对斑潜蝇引诱剂的增效作用，本研究进行了微生物引诱剂与醋、酒、蜂蜜的各类组合引诱美洲斑潜蝇试验，结果同样表明“微生物+蜂蜜”组合引诱美洲斑潜蝇效果最佳，虽然与使用单一微生物引诱剂的处理之间未形成显著性差异，但是“微生物+蜂蜜”组合仍然显著性优于微生物引诱剂与醋、酒混合的各处理组合。

虽然本研究结果表明，蜂蜜的加入能够有效提高四季豆浸提液对美洲斑潜蝇的引诱力，但是仍未达到微生物引诱剂的引诱效果。这也说明，为了能够将植物浸提液更好地应用到美洲斑潜蝇防治的实际农业生产当中，仍需要进一步对植物浸提液引诱美洲斑潜蝇的机理等进行相应的研究。只有这样，才能够真正研制出在美洲斑潜蝇防治工作中具实际应用价值和意义的植物萃取物产品。

参考文献

[1] Deeming J C. *Liriomyza sativae* Blanchard（Diptera：Agromyzidae）established in the Old World. [J]. Tropical Pest Management，1992，38（2）：218-219.

[2] 赵刚，刘培廷．美洲斑潜蝇对四季豆的危害损失及防治指标研究［J］．植物检疫，2000，14（3）：200-201.

[3] 魏明，邓晓军，杜家纬．豇豆与菜豆挥发物中美洲斑潜蝇引诱成分的分析与鉴定［J］．应用生态学报，2005，16（5）：907-910.

[4] 梁广文，詹根祥，曾玲．寄生蜂对美洲斑潜蝇自然种群控制作用的评价［J］．应用生态学报，2001，12（2）：257-260.

[5] 尉吉乾，王道泽，王国荣，等．不同色彩及改装的飞虫诱捕器对斑潜蝇的田间引诱性研究［J］．植物检疫，2012，26（3）：21-23.

[6] 田旭涛，张箭，李丹，等．茉莉酸处理菜豆对美洲斑潜蝇抗性的影响［J］．植物保护学报，2013，40（4）：345-349.

[7] 尉吉乾，张莉丽，王道泽，等．不同波长光及蔬菜萃取物对斑潜蝇的田间引诱性［J］．河南科技学院学报：自然科学版，2012，40（5）：29-32.

[8] 凌冰，向亚林，王国才，等．苦瓜叶提取物对美洲斑潜蝇取食和产卵行为的抑制作用［J］．应用生态学报，2009，20（4）：836-842.

[9] 麻旭东，庞保平，李艳艳，等．南美斑潜蝇对寄主植物挥发物的行为反应［J］．内蒙古农业大学学报：自然科学版，2009，30（2）：74-77.

[10] 何月秋，吴毅歆，何鹏搏，等．一种微生物诱捕剂及应用［P］.：CN105410032A.

东北地区燕麦田双斑萤叶甲的防治研究*

毕洪涛** 冷廷瑞*** 金哲宇 高新梅 卜 瑞 王敏军

（吉林省白城市农业科学院，白城 137000）

摘 要：为了减轻或避免东北地区燕麦田双斑萤叶甲的连年为害问题，同时也为了对以前表现较好的燕麦田杀虫剂的杀虫效果进行验证，通过选取 7 种杀虫剂害虫发生初期或发生前对燕麦进行双斑萤叶甲防治处理。结果表明，所采用的杀虫剂处理对双斑萤叶甲的防治效果均能达到防控目的，收到较好的防治效果。各项处理对双斑萤叶甲的防治效果之间没有极显著差异，仅少数存在显著差异；同时对燕麦的产量影响与对照相比也没有显著差异。

关键词：燕麦；虫害；杀虫剂

根据东北地区燕麦田间常见虫害发生情况，针对双斑萤叶甲的发生特点，对以前表现较好的燕麦田杀虫剂的杀虫效果进行验证，进一步掌握这些杀虫剂的施用对燕麦生长是否构成严重影响，对燕麦的最终产量的影响是否构成显著差异，最终为东北地区燕麦主要虫害综合防治操作规程制定提供参考依据。

1 材料和方法

1.1 试验材料

供试燕麦品种：白燕 2 号。

供试杀虫剂：① 10%吡虫啉可湿性粉剂；② 48%毒死蜱乳油；③ 45%马拉硫磷乳油；④ 4.5%高效氯氰菊酯乳油；⑤ 77.5%敌敌畏乳油；⑥ 40%辛硫磷乳油；⑦ 1.8%阿维菌素乳油。

1.2 试验设计

处理设计：①吡虫啉喷雾处理；②毒死蜱喷雾处理；③马拉硫磷喷雾处理；④吡虫啉和敌敌畏喷雾处理；⑤空白对照；⑥辛硫磷喷雾处理；⑦阿维菌素喷雾处理；⑧吡虫啉和高效氯氰菊酯喷雾处理；⑨燕麦病、虫、草害综合防治示范实验。

试验设计：小区设计为 10m 长、2m 宽田畦，小区面积为 20m^2，各处理均设 3 次重复。播种时间为 4 月 16 日。杀虫剂喷雾处理时期选择在多数农业害虫进行为害的初期，设计在 6 月下旬进行。

1.3 调查项目和方法

记录实验播种、用药和收获日期。虫害关注时期是至 7 月中旬，此段时间与吉林省第一代黏虫、燕麦蚜虫和双斑萤叶甲发生时期均有交汇，是观察这几类害虫发生的重要时

* 项目基金：现代农业产业（燕麦）技术体系项目（编号：CARS-08-C-1）

** 第一作者：毕洪涛，男，副研究员，研究方向是燕麦虫草害防治；E-mail：bht5201@163.com

*** 通信作者：冷廷瑞，男，研究员，研究方向是燕麦虫草害防治；E-mail：ltrei@163.com

期。药剂喷施2周后进行田间调查，包括各小区双斑萤叶甲为害株率，平均单株为害区域数和平均为害区域面积。收获后测量各小区收获产量。

燕麦双斑萤叶甲为害指数=为害株率×平均单株为害区域数×平均为害区域面积[1]

指数模型绝对值越大，则表明为害越严重，反之越小，则为害越轻。

各小区双斑萤叶甲防治效果（%）= 100×（对照双斑萤叶甲为害指数-小区双斑萤叶甲为害指数）/对照双斑萤叶甲为害指数[1,2,3]

各小区挽回产量损失率（%）= 100×（小区单位面积产量-对照单位面积产量）/对照单位面积产量[1,2,3]

2 结果和分析

2.1 药剂防治实施和结果观察

经试验期间观察和药后结果观察可知，在6月23日进行虫害预防药剂喷施。在7月上旬开始燕麦田间有双斑萤叶甲出现并可见有燕麦受到为害，到燕麦收获前测量各小区双斑萤叶甲为害指标。在用药后到燕麦收获前没有发现燕麦受到杀虫剂药害。

2.2 调查数据结果和分析

对双斑萤叶甲为害调查结果进行整理得出各处理3次重复燕麦双斑萤叶甲为害指数平均值，结果见图1。根据各处理3次重复燕麦双斑萤叶甲为害指数计算各处理对双斑萤叶甲防治效果，对所得数据进行差异显著性分析，结果见表1。收获后测得各处理3次重复单位面产量结果及其平均值，结果见图2。根据各处理单位面积产量结果计算得出各处理3次重复挽回产量损失率，对所得数据结果进行差异显著性分析，结果见表2。

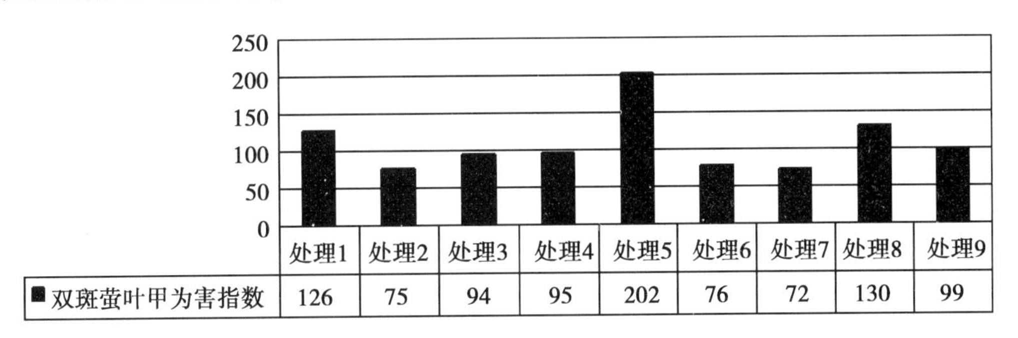

图1 不同杀虫剂处理双斑萤叶甲为害指数

表1 不同杀虫剂处理燕麦双斑萤叶甲防治效果差异显著性分析

处理	均值	5%显著水平	1%极显著水平
7 阿维菌素	64	a	A
2 毒死蜱	63	ab	A
6 辛硫磷	63	ab	A
3 马拉硫磷	53	abc	A
4 吡虫啉敌敌畏	53	abc	A
9 燕麦病、虫、草害综合防治示范实验	51	abc	A

（续表）

处理	均值	5%显著水平	1%极显著水平
1 吡虫啉	38	bc	A
8 吡虫啉高效氯氰菊酯	36	c	A
5 空白对照	0	d	B

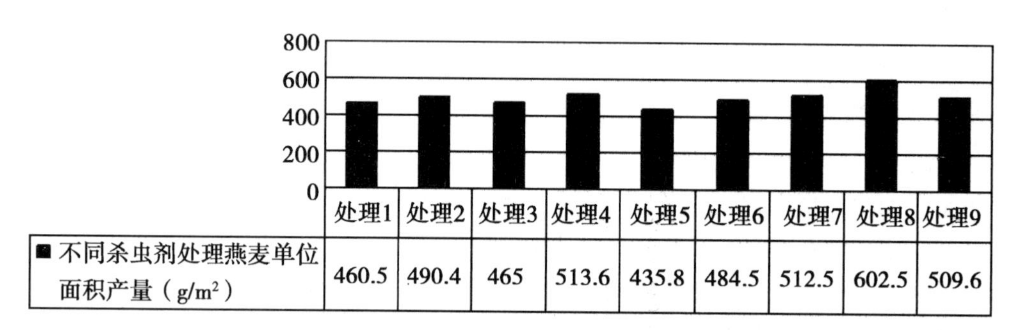

图 2　不同杀虫剂处理燕麦单位面积产量（g/m^2）

表 2　不同杀虫剂处理燕麦双斑萤叶甲挽回产量损失率差异显著性分析

处理	均值	5%显著水平	1%极显著水平
8 吡虫啉高效氯氰菊酯	38	a	A
4 吡虫啉敌敌畏	18	ab	AB
7 阿维菌素	18	ab	AB
9 燕麦病、虫、草害综合防治示范实验	17	ab	AB
2 毒死蜱	13	b	AB
6 辛硫磷	11	b	AB
1 吡虫啉	9	b	B
3 马拉硫磷	7	b	B
5 空白对照	0	b	B

从图 1 的结果可知，各处理对双斑萤叶甲的为害指数都产生了较为明显的影响。其中处理 2、处理 3、处理 4、处理 6、处理 7 和处理 9 的双斑萤叶甲为害指数均未超过 100。从表 4 的分析结果可知，本次实验中所有防虫处理对双斑萤叶甲的防治效果与对照相比均有显著和极显著差异。这表明所有对双斑萤叶甲的防治处理都能起到有效的防治效果，都能达到防治目的。

从图 2 的结果可知，各处理单位面积产量结果均在 $400g/m^2$ 以上。从表 2 的挽回产量损失率差异显著性分析来看，各处理相互之间几乎没有显著或极显著差异。这至少说明各处理杀虫剂对燕麦单位面积产量结果没有影响差异，同时也表明双斑萤叶甲的发生程度还不足以影响到燕麦单位面积产量，即使双斑萤叶甲对燕麦的为害指数最高时（对照处理 5

的 202）也还没有达到影响燕麦产量的程度。

3 结论和讨论

3.1 结论

本项实验所采用的杀虫剂处理对双斑萤叶甲的防治效果均能达到防控目的，收到较好的防治效果。各项处理对双斑萤叶甲的防治效果之间没有极显著差异，仅少数存在显著差异。

在本项实验中双斑萤叶甲的发生程度不足以影响燕麦的产量结果，至少可以说双斑萤叶甲为害指数在 202 以下时对燕麦产量结果无影响。多数杀虫剂处理对燕麦产量结果不产生影响。

3.2 讨论

双斑萤叶甲在吉林省发生多年，对多种作物产生影响。其中谷子、玉米、高粱、绿豆、向日葵均有发生。在燕麦上的为害也与所种品种密切相关，口感好、甜味重的品种受害偏重。至今为止尚未发现其对作物产量造成危害，只是在个别品种上有严重的外观危害表现。多年来该虫对各类作物的为害一直没能得到各地相关部门重视。

参考文献

［1］ 高希武，郭艳春，王恒亮，等.新编实用农药手册［M］. 郑州：中原农民出版社，2006.

［2］ 冷廷瑞，高欣梅，金哲宇，等.吉林省燕麦田间杂草防控探索［C］//植保科技创新与科技精准扶贫 . 北京：中国农业科学技术出版社，2016：248-252.

［3］ 冷廷瑞，刘伟，苏云凤，等 . 不同配比除草剂燕麦除草研究初探［J］. 杂草科学，2013，31（4）：46-49.

柴达木地区藜麦害虫种类及发生规律调查*

李秋荣** 魏有海 朱海霞 侯 璐 郭青云***

（青海省农林科学院，农业部西宁作物有害生物科学观测实验站，
青海省农业有害生物综合治理重点实验室，西宁 810016）

摘　要：为了明确青海省西部地区柴达木盆地最新引进种植的作物——藜麦上出现的害虫种类及其发生规律、危害程度等，2014 年 5 月至 2017 年 8 月，笔者对柴达木盆地绿洲农业区的乌兰、都兰、德令哈和格尔木等县（市）多个乡（镇）、村、支队所管辖的藜麦田内出现的害虫分别进行了系统的调查统计，对这些害虫进行分类鉴定，并整理成“柴达木盆地绿洲农业区藜麦害虫名录”。目前为止，共发现危害藜麦的害虫 33 种，分属 6 目 17 科，弄清了柴达木地区引种藜麦后不同年份所发生的主要及次要害虫，掌握了主要害虫的发生及消长动态、危害特点，分析了萹蓄齿胫叶甲（*Gastrophysa polygoni* Linnaeus）、黄曲条跳甲（*Phyllotreta vittuta* Fabricius）、甜菜潜叶蝇（*Pegomyia hyosciami* Panzer）及宽胫夜蛾（*Melicleptria scutosa* Schiffermüller）等害虫的主要来源途径。近几年，随着藜麦种植面积逐年显著增长，害虫种类也逐年增多，尤其值得我们关注的一个问题是，连作地明显比头茬地内的害虫种类多，而且黄曲条跳甲、甜菜潜叶蝇、宽胫夜蛾等主要害虫更易暴发成灾。因此，笔者建议可将藜麦与其他科的作物进行轮作，或在藜麦行间种植箭筈豌豆或毛苕子等绿肥植物，增强土壤肥力，以提高藜麦对病虫草害的免疫耐受能力。

关键词：藜麦；柴达木盆地；害虫；发生规律；轮作

---

* 基金项目：青海省农牧厅项目（NWIPB2015109）

** 第一作者：李秋荣，女，助理研究员，主要从事农、林业昆虫生态学及害虫抗药性机制研究；E-mail：liqiurongkk@163.com

*** 通信作者：郭青云，研究员，主要从事农业有害生物综合治理研究；E-mail：guoqingyunqh@163.com

南繁区西瓜、甜瓜虫害调查*

黄　兴[1**]　梁艳琼[1]　吴伟怀[1]　贺春萍[1]　习金根[1]
郑金龙[1]　李　锐[1]　张　娜[2***]　易克贤[1***]
（1. 中国热带农业科学院环境与植物保护研究所，海口　571101；
2. 武汉市农业科学院作物研究所，武汉　430345）

摘　要：西瓜、甜瓜是我国重要的高效经济作物，且国内种植面积和产量长期居全球首位，在我国农业经济中占重要地位。海南作为我国主要的冬季南繁区域，对国内粮经作物的育种研究及制种产业的发展具有重要意义。但由于海南属热带气候，全年适合作物生长，病虫害情况相应较严重。为摸清南繁区域西瓜甜瓜虫害情况，本研究对位于三亚市吉阳镇的热带设施农业科技示范园西瓜甜瓜种植大棚内的害虫种类及数量进行了详细调查。通过对每个大棚内粘虫板诱捕害虫的种类及数量进行统计，发现西瓜甜瓜棚内的主要害虫为静水温泉水蝇（*Scatella tenuicosta* Bennison）和瓜苗厉眼蕈蚊（*Lycoriella pleuroti* Yang et Zhang）。西瓜棚内静水温泉水蝇虫口数为 40.5±0.7，瓜苗厉眼蕈蚊虫口数为 301.0±30.8；甜瓜棚内静水温泉水蝇虫口数为 58.5±4.9，瓜苗厉眼蕈蚊虫口数为 561.5±50.4。表明甜瓜棚内两种害虫数量均显著高于西瓜棚内。此外，本研究还比较了黄蓝两色粘虫板的诱虫效果，结果显示黄色粘虫板诱捕的静水温泉水蝇虫口数为 8.0±3.4，瓜苗厉眼蕈蚊虫口数为 49.9±24.8；蓝色粘虫板诱捕的静水温泉水蝇虫口数为 1.1±0.9，瓜苗厉眼蕈蚊虫口数为 31.4±19.1。表明黄色粘虫板诱虫效果显著优于蓝色粘虫板。

关键词：南繁区；西瓜；甜瓜；虫害调查

* 基金项目：湖北省科技支撑计划项目（2015BBA202）；武汉市科技局应用基础研究项目（2015021701011611）；武汉市农业科学院英才计划（创新）项目（CX201719-04）

** 第一作者：黄兴，助理研究员，研究方向：作物逆境生理及分子机制；E-mail：huangxingcatas@126.com

*** 通信作者：张娜，高级农艺师，研究方向：西瓜栽培与育种；E-mail：zn800329@163.com
易克贤，研究员，研究方向：分子抗性育种；E-mail：yikexian@126.com

氰戊菊酯抗性小菜蛾雌成虫对15种植物挥发物的行为反应*

田厚军[1,2,4]** 林 硕[1,2,4] 陈 勇[1,2,4]
陈艺欣[1,2,4] 赵建伟[1,2,4] 魏 辉[1,2,3,4]*** 翁启勇[1,2,3,4]
(1. 福建省农业科学院植物保护研究所，福州 350013；2. 福建省作物有害生物监测与治理重点实验室，福州 350003；3. 闽台作物有害生物生态防控国家重点实验室，福州 350002；4. 农业部福州作物有害生物科学观测试验站，福州 350013)

摘 要：测定氰戊菊酯抗性和敏感品系小菜蛾雌成虫对植物挥发性物质的行为反应，明确抗氰戊菊酯品系与敏感品系小菜蛾对植物气味的反应差异与抗药性之间的关系。采用昆虫Y型嗅觉仪，观察抗氰戊菊酯品系和敏感品系小菜蛾雌蛾对萜烯类和绿叶气味等15种植物挥发性物质为行为反应，每个处理测试2日龄小菜蛾雌蛾15头，重复5次。结果表明：抗性品系小菜蛾和敏感品系小菜蛾均对5种萜烯类物质［（+）-3-蒈烯、里那醇、D-柠檬烯、(-) -α-蒎烯和α-萜品烯］的行为反应数量均显著低于石蜡油（$P<0.01$），表明这5种物质对小菜蛾雌蛾均有一定的驱避作用；而对另外3种萜烯类物质［（R）-(-) -香芹酮、香叶醇、桉树脑］和5种绿叶气味（反-2-己烯醛、顺-3-己烯醇、顺-3-己烯乙酸酯、正己醇和正己醛）以及苯甲醛和庚醛的行为反应数量均显著高于石蜡油（$P<0.01$），表明这12种物质对小菜蛾雌蛾均有一定的诱集作用；抗性品系小菜蛾停留在Y型管主臂上的数量均少于敏感品系。与敏感品系相比，在较低的氰戊菊酯抗性种群水平下（6.52倍），并没有显著改变小菜蛾雌蛾对寄主植物挥发物的行为反应趋势，但是抗性水平下却加剧了小菜蛾趋性反应的数量，尤其是对（+）-3-蒈烯、里那醇、D-柠檬烯、(-) -α-蒎烯和α-萜品烯的行为反应，停留在Y型嗅觉仪主臂上的数量较敏感品系更少。本研究可为筛选昆虫性信息素增效剂提供试验依据，同时也有助于丰富抗药性进化理论研究。

关键词：小菜蛾；植物挥发物；氰戊菊酯抗性；Y型嗅觉仪

---

* 基金项目：国家自然科学基金（31272046）；福建省自然科学基金（2016J01140）；福建省属公益类科研院所基本科研专项（2015R1024-7）；福建省农科院科技创新项目（PC2017-10）

** 第一作者：田厚军，男，硕士，助理研究员，研究方向为昆虫化学生态学；E-mail：tianhoujunbest@163.com

*** 通信作者：魏辉；E-mail：weihui@faas.cn

重庆潼南地区小菜蛾越冬代发生规律调查及抗性监测*

任忠虎**　伍　爽　邱鹏宇　刘　怀***

（西南大学植物保护学院，重庆　400716）

摘　要：小菜蛾［*Plutella xylosella*（L.）］隶属于鳞翅目（Lepidoptera），菜蛾科（Plutellidae），菜蛾属（*Plutella*），主要为害甘蓝、花椰菜、萝卜、白菜、芥菜等十字花科蔬菜。小菜蛾已经对有机磷、拟除虫菊酯、沙蚕毒素、昆虫生长调节剂及微生物制剂B.t. 等50多种农药产生了不同程度的抗药性，几乎涉及小菜蛾防治的所有药剂，给其综合防治带来了极大地困难。小菜蛾已成为世界上抗性发生最为严重的十字花科蔬菜害虫，关于小菜蛾的防治费用每年高达10亿美元。因此，研究小菜蛾发生规律和其抗药性现状对其防治具有重要的指导作用。重庆地理位置独特，属亚热带季风性湿润气候，本研究采用五点调查法对重庆地区小菜蛾越冬场所及发生规律进行调查，用含性诱剂的黄板对小菜蛾成虫进行诱捕。抗性倍数测定采用浸叶法，即将新鲜的甘蓝叶片分别在不同浓度的药剂中浸泡过10s，晾干叶片表面的液体后饲喂3龄小菜蛾，24h或者48h后记录死亡数。越冬代发生规律调查结果表明，小菜蛾可以在重庆潼南地区越冬，越冬形态主要以4龄幼虫和茧为主。越冬代小菜蛾幼虫在甘蓝田定植初期最高为0.5头/株，且其幼虫数量随时间推移、气温降低而减少。小菜蛾成虫在定植初期日诱捕数量为1.9头/天。越冬代小菜蛾幼虫终见期为2月7日（日均温7.5℃），越冬后幼虫活动始见期为3月7日（日均温10.5℃）。越冬代小菜蛾小菜蛾成虫终见期为12月10日（日均温11℃），越冬后成虫始见期为3月7日（日均温10.5℃）。抗药性监测结果表明：5种药剂对小菜蛾的毒力从高到低分别为氯虫苯甲酰胺>甲氨基阿维菌素苯甲酸盐>虫酰肼>阿维菌素>高效氯氰菊酯，其 LC_{50} 值分别为7.521mg/L、8.724mg/L、35.178mg/L、250.519mg/L、335.300mg/L。毒力测定回归方程分别为 $y=-0.801+0.106x$、$r=0.918$，$y=-10.809+11.491x$、$r=0.870$，$y=-0.614+0.017x$、$r=0.953$，$y=-2.648+0.011x$、$r=0.900$，$y=-1.282+0.004x$、$r=0.672$。小菜蛾对这五种化学药剂的抗性水平不同，抗性水平划分标准参考沈晋良（1991）的方法进行计算。结果表明潼南地区小菜蛾对阿维菌素的抗性指数高达15 657.4倍，为极高水平抗性；甲氨基阿维菌素苯甲酸盐的抗性指数是91.4倍，为高等水平抗性；氯虫苯甲酰胺、高效氯氰菊酯的抗性指数是32.7倍、32.6倍，为中等水平抗性；虫酰肼的抗性指数为0.8倍，为敏感水平抗性。当地小菜蛾对农药阿维菌素已经产生了极高水平抗性，对甲维盐的抗性也达到高水平抗性，说明此类农药已经不适宜继续作为当地小菜蛾防治的主要药剂。氯虫苯甲酰胺、高效氯氰菊酯为中等抗性水平，虫酰肼为敏感抗性水平，可使用这3种药剂代替阿维菌素和甲维盐作为小菜蛾防治的药剂。本研究结果为潼南地区小菜蛾综合防控提供了理论依据。

关键词：小菜蛾；越冬代；抗性水平；毒力测定；综合防治

---

*　基金项目：重庆市社会事业与民生保障科技创新专项（cstc2015shms-ztzx80011）

**　第一作者：任忠虎，男，硕士研究生，研究方向：昆虫分子生态学；E-mail：rzhxin@qq.com

***　通信作者：刘怀，教授，博士生导师；E-mail：liuhuai@swu.edu.cn

高温胁迫对异迟眼蕈蚊与韭菜迟眼蕈蚊存活及生殖的影响*

罗　茵** 祝国栋　薛　明*** 王新会
（山东农业大学植保学院昆虫系，泰安　271018）

摘　要：异迟眼蕈蚊（*Bradysia difformis* Frey）与韭菜迟眼蕈蚊（*Bradysia odoriphaga* Yang et Zhang）是食用菌的两种重要的害虫，对食用菌的质量及产量为害极大。高温处理是食用菌病虫害防治过程中常用措施。为明确高温胁迫对异迟眼蕈蚊与韭菜迟眼蕈蚊的影响，从而分析高温处理在该类害虫防治中的可行性，本文探究了高温环境（30~40℃）对两种眼蕈蚊各虫态存活的影响，并进一步分析短时高温胁迫对存活幼虫和成虫后续生长发育和繁殖的影响。

结果显示：当温度超过36℃会引起两种眼蕈蚊各虫态的快速死亡。各虫态中，成虫耐热性最差，38℃下，两种眼蕈蚊成虫 Lt_{50}（致死中时间）为0.4~1.4h，蛹耐热性最强，蛹 LT_{50} 为1.4~2.3h。40℃下处理2h，个体全部死亡。此外，韭菜迟眼蕈蚊耐热性明显高于异迟眼蕈蚊，韭菜迟眼蕈蚊成虫 LT_{50}（38℃）比异迟眼蕈蚊高0.9h。再者，经短时间高温处理后，存活四龄幼虫的生长发育仍受到明显的不利影响，表现为幼虫化蛹推迟，繁殖力下降。38℃下处理1h，韭菜迟眼蕈蚊幼虫化蛹时间推迟0.6天，成虫产卵量较对照下降了32%；而异迟眼蕈蚊幼虫化蛹时间推迟1.6天，产卵量较对照下降了50%。高温处理后，存活成虫寿命缩短，繁殖力下降。经36℃2h处理，韭菜迟眼蕈蚊的成虫寿命较对照缩短了0.5~0.7天，产卵量相较于对照下降了29%；异迟眼蕈的成虫寿命较对照缩短了0.7~1.2天，产卵量相较于对照下降了39%。说明相同的高温条件下，异迟眼蕈蚊受伤害较韭菜迟眼蕈蚊大。

综上所述，36℃以上高温胁迫对两种眼蕈蚊具有明显的致死效应，短时高温处理即引起明显的死亡，即使部分个体能够存活，后续的生命参数仍受到抑制。因此，食用菌生产过程中一定条件的高温处理能限制眼蕈蚊的发生，并对后续种群扩增有持续的控制作用。该措施对减少化学药剂使用，保证食用菌的绿色安全生产有重要意义。

关键词：异迟眼蕈蚊；韭菜迟眼蕈蚊；高温胁迫；生长发育；繁殖

---

* 基金项目：国家公益性行业（农业）科研专项（201303027）

** 第一作者：罗茵，女，硕士研究生，研究方向：害虫综合治理；E-mail：luoxiaoyin2015@163.com
*** 通信作者：薛明；E-mail：xueming@sdau.edu.cn

马铃薯甲虫表皮蛋白的鉴定和对双苯氟脲的响应*

王艳威[1,2]**　万品俊[1]***　袁三跃[1]　李国清[2]***　傅　强[1]

（1. 中国水稻研究所水稻生物学国家重点实验室，杭州　310006；
2. 南京农业大学植物保护学院农作物生物灾害综合治理
教育部重点实验室，南京　210095）

摘　要：马铃薯甲虫（*Leptinotarsa decemlineata*）是我国农业检疫性有害生物之一，其外表皮由几丁质构成，在防卫、形态、抗药和抗逆等方面具有重要作用。本文从马铃薯甲虫基因组和转录组中检索出 175 个表皮蛋白基因（cuticular proteins），包括 RR-1、RR-2、TWDL、CPF、CPFL、CPFC、18aa、CPAP1、CPAP3 等 9 个家族成员。RT-PCR 验证了 49 个 RR-1 家族基因、71 个 RR-2 家族基因、6 个 TWDL 家族基因、4 个 CPF 家族基因、4 个 CPFL 家族基因、1 个 CPFC 家族基因、1 个 18aa 家族基因、3 个 CPAP1 家族基因和 7 个 CPAP3 家族基因。进一步分析了 RR1 和 RR2 家族基因对几丁质抑制杀虫剂双苯氟脲的响应，qPCR 结果显示 2.5mg/L、1.25mg/L、0.625mg/L、0.312 5mg/L 等浓度对处理马铃薯甲虫后，与对照组相比，21 个 RR-1 家族基因、22 个 RR-2 家族基因的表达水平在 3 或 4 个浓度双苯氟脲处理后下调了，17 个 RR-1 家族基因、23 个 RR-2 家族基因的表达量在 1 或 2 个双苯氟脲处理浓度处理后下调，11 个 RR-1 家族基因、26 个 RR-2家族基因的表达无显著变化或上调。由此可见，这些基因参与了马铃薯甲虫几丁质的形成。

关键词：马铃薯甲虫；表皮蛋白；双苯氟脲；qPCR

---

* 基金项目：中国农业科学院科技创新工程“水稻病虫草害防控技术科研团队”；国家自然科学基金（31272047）

** 第一作者：王艳威，男，硕士研究生，主要从事昆虫生理生化与分子生物学研究；E-mail：939996462@qq.com

*** 通信作者：万品俊，副研究员；E-mail：wanpinjun@caas.cn
李国清，教授；E-mail：ligq@njau.edu.cn

马铃薯甲虫3个HSP70基因的鉴定及表达分析*

魏长平[1**] 蒋 健[1] 李祥瑞[1***] 张云慧[1] 张方梅[2] 朱 勋[1] 程登发[1]

（1. 中国农业科学院植物保护研究所，植物病虫害生物学国家重点实验室，北京 100193；2. 信阳农林学院，信阳 464000）

摘 要：马铃薯甲虫 *Leptinotarsa decemlineata*（Say）是国际公认的毁灭性检疫害虫，也是我国对外重大检疫对象和重要外来入侵物种之一。该虫对逆境条件具有极强的适应性，为进一步明确其对温度胁迫适应性的分子机制，笔者开展了热激蛋白 HSP70 在马铃薯甲虫应对不同温度胁迫应答过程中的作用模式研究。首先，采用 RT-PCR 及 RACE 技术克隆得到 3 个马铃薯甲虫热激蛋白 HSP70 基因的 cDNA 全长序列，分别命名为为 *Ld-HSP70a*、*Ld-HSP70b* 和 *Ld-HSP70c*，3 个 HSP70 基因的全长分别为 2199bp、2397bp 和，2482bp，其完整的开放阅读框分别编码 648、657 和 629 个氨基酸。利用生物信息学软件分析 *HSP*70 编码蛋白质的序列特性，3 个 HSP70 的氨基酸序列之间的相似性为 71.5%，其均含有 HSP70 家族的典型标签序列。实时荧光定量 PCR 结果表明，不同温度处理胁迫下检测到马铃薯甲虫雌雄成虫中 3 种 HSP70 均诱导表达，而且雌雄成虫间表达模式存在差异，其中 *Ld-HSP70a* 在不同温度和不同时间处理之间表达差异显著，笔者推测 HSP70a 可能在马铃薯甲虫成虫抵御温度胁迫中发挥作用。

关键词：马铃薯甲虫；热激蛋白；HSP70；基因克隆；温度胁迫

---

* 基金项目：公益性行业（农业）科研专项（201103026-2）

** 作者简介：魏长平，男，硕士研究生，研究方向为昆虫分子生物学；E-mail：wcpboke@ yeah. net

*** 通信作者：李祥瑞，副研究员；E-mail：xrli@ ippcaas. cn

花生品种对棉铃虫寄主选择和生长发育的影响*

赵海朋** 张文丹 祝国栋 薛 明***
（山东农业大学植物保护学院，泰安 271018）

摘 要：棉铃虫属夜蛾科杂食性害虫，因近10年来冀鲁豫棉花种植面积减少，该虫已成为为害花生等作物的重要害虫。在山东省二代棉铃虫主要为害春花生，三代棉铃虫在夏花生上发生危害严重，对花生产量和品质影响大。我们的研究发现，不同花生品种对棉铃虫的抗性差异明显。在春花生田二代棉铃虫发生盛期，调查了花育24、818、高O/L、606、丰花6、KB008、花育22、丰花5号、丰花1号、花17、328-3、白沙1016 12个花生品种，发现花育24、818和高O/L 3个品种，其虫口数量和虫墩率明显低于其他品种，表现出显著的抗虫性；而KB008、丰花6号和白沙1016的虫口数量和虫墩率都是最高的，为感虫品种。室内试验进一步观察表明，棉铃虫取食不同品种的花生对其落卵率、幼虫存活率、发育历期和繁殖力等都表现出显著差异。棉铃虫在花育24、818和高O/L 3个品种上72h的落卵比例分别是3.6%、3.2%和6.2%，而感虫品种KB008的落卵比例高达14.2%。取食花育24、818和高O/L，发育至3龄末期幼虫的死亡率分别为35.0%、27.5%和12.5%，而取食KB008、丰花6号死亡率仅分别为5.0%和10.0%。取食花育24和818的幼虫，发育历期也明显长于KB008。取食不同花生品种的棉铃虫对其雌、雄蛹重的影响与对幼虫影响趋势基本一致。幼虫取食感虫品种KB008的平均单雌产卵量为543.3粒，而取食花育24和818的分别为436.7粒和420粒，取食花育24和818的产卵量较前者分别减少19.6%和22.0%。花生品种间对棉铃虫的抗性差异主要表现在对成虫的产卵选择的影响和对幼虫的生长发育的抑制。该项研究结果将为花生抗虫品种的推广应用和选育抗虫品种提供理论依据。

关键词：花生；棉铃虫；品种抗性；选择；生长发育

* 基金项目：山东省现代农业产业技术体系花生创新团队建设（SDAIT-04-08）

** 第一作者：赵海朋，男，讲师，研究方向为昆虫化学生态与害虫综合治理；E-mail：haipeng6096096@sina.com

*** 通信作者：薛明；E-mail：xueming@sdau.edu.cn

冬枣园绿盲蝽空间分布格局及抽样技术*

张　锋[1,2]**　洪　波[1,2]　李英梅[1]　张淑莲[1]　陈志杰[1]***

（1. 陕西省生物农业研究所，西安　710043；
2. 渭南渭丰源现代农业科技有限公司）

摘　要：为有效防控绿盲蝽（*Lygus lucorum* Meyer Dur）在冬枣上的为害，在田间调查的基础上，使用Iwao回归分析法、Taylor幂法则和5种聚集度指标，对绿盲蝽越冬卵在不同冬枣园样地中的空间分布型、理论抽样数及序贯抽样方法进行了研究。绿盲蝽越冬卵在冬枣树上的空间格局为聚集型，分布的基本成分为单个个体，其聚集性随密度的增大而增加。对成虫进行序贯抽样，当防治阈值为10粒/枝时，置信水平为1.96时，序贯抽样进行抽样的防治下限与上限方程分别为：$d_0=nm_0-1.96\sqrt{n\,[3.205\,4m_0+0.466\,4m_0^2]}$；$d_1=nm_0+1.96\sqrt{n\,[3.205\,4m_0+0.466\,4m_0^2]}$，当调查50枝条上的虫数超过622头时，需要进行防治。绿盲蝽越冬卵空间分布型及抽样方法的确定，对于揭示该虫的种群空间结构动态，提高田间预测预报准确率及防治效果都具有十分重要的意义。

关键词：绿盲蝽；成虫；空间分布型；Iwao指数；序贯取样；防治阈值

绿盲蝽（*Lygus lucorum* Meyer Dur）属半翅目盲蝽象科，又名小臭虫、破头疯，该虫在陕西每年发生4~5代，以卵越冬，第1代和第2代为主要为害代，以成虫或若虫刺吸植物幼芽、叶、花、果、枝的汁液[1]。绿盲蝽本是棉花上的主要害虫，随着果树栽培面积不断增加，该虫已转移至果树上为害。尤其是近年来，绿盲蝽在大荔县设施冬枣树上常年发生，并且呈逐年加重趋势。早春嫩芽生长点被绿盲蝽为害后，不能正常发芽展叶，嫩芽枯干；幼叶受害后，随着叶片的长大，叶片变成不规则的孔洞；花蕾受害后，停止发育枯死脱落，为害严重时，造成枣树绝产[2]。为有效控制绿盲蝽为害，减少经济损失，笔者对绿盲蝽越冬卵在大荔县冬枣树上的空间分布以及理论抽样数进行了深入研究，并提出田间防治指标，对于揭示该虫的种群空间结构动态，提高田间预测预报准确率及防治效果都具有十分重要的意义。

1　材料与方法

1.1　试验地概况

渭南市大荔县为陕西省冬枣种植面积最大地区之一，全县冬枣种植面积超过35万亩，产量35万t。试验地在大荔县的安仁镇和冯村镇，位于北纬34°36′~35°02′，东经109°43′~110°19′。土壤类型为垆土和沙土，属暖温带半湿润、半干旱季风气候，年日照

* 基金项目：陕西省科技统筹创新工程项目（2013KTZB-03-01）；陕西省科学院重大科技项目（2013K-02）；陕西省科学院应用基础研究项目（2015K-06）；陕西省科学院重大科技项目（2014K-03）

** 第一作者：张锋，男，副研究员，主要从事红枣病虫害防治研究；E-mail：545141529@qq.com

*** 通讯作者：E-mail：zhijiechen68@sina.com

时数1 993.7~2 163.8h，年平均气温14.4℃，降水量514mm，无霜期214天，昼夜温差大，日照时间长，形成关中东部的高温中心，5月日平均气温20℃，空气湿度一般在75%以上，有利于冬枣花粉发芽和授粉，自然温湿度条件与冬枣各生育期要求十分吻合，是冬枣生长的优生区域。

1.2 调查方法

于2016年3月上旬，绿盲蝽越冬卵孵化前，在安仁镇、赵渡镇和冯村镇共选取具有代表性的枣园样地5块进行调查，每块样地面积为1.5hm^2，枣树品种为当地冬枣，树龄10~20年，树高2~3m，栽植株行距为1.5m×3m。调查采用“Z”字形取样法，每块样地选择10株树冠大小一致的枣树为一样方，每株枣树取上、中、下3层，每层在东、西、南、北4个方向各取12个标准枝，调查每个标准枝上的各种枣股、夏剪剪口、摘心处和翘皮处越冬卵的数量，重复调查3次，统计树枝不同部位上绿盲蝽越冬卵的数量。

1.3 测定方法

1.3.1 空间分布型

1.3.1.1 Iwao回归分析法

采用Iwao[3]（1972）提出的生物种群空间分布方程：$\overset{*}{m}=\alpha+\beta m$，其中$m$为平均虫口密度，$\overset{*}{m}$为种群平均拥挤度；α为分布基本成分的平均拥挤度：当α=0时，分布的基本成分为单个个体；α>0时，个体间相互吸引，分布的基本成分为个体群；α<0时，个体间相互排斥。β为基本成分的空间分布型：β>1时为聚集分布；β=1时为随机分布；β<1时为均匀分布。

1.3.1.2 Taylor幂法则

Taylor[4]（1978）发现并提出平均虫口密度（m）与样本方差（S^2）的对数值之间存在如下回归关系公式：$\lg S^2=\lg\alpha+\beta\lg m$，其中α是一个与样本大小及计算方法的相关因子，受环境异质性影响；β为聚集特征性指数，表示m增加时S^2的增长率。其中，当$\lg\alpha=0$，β=1时，种群在任何密度下均为随机分布；当$\lg\alpha>0$，β=1时，种群在任何密度下均为聚集分布，但聚集度不因种群密度的改变而变化；当$\lg\alpha>0$，β>1时，种群在任何密度下均为聚集分布，聚集度随种群密度增加而增大；当$\lg\alpha>0$，β<1时，种群密度越高，分布越均匀。

1.3.1.3 聚集度指标

计算每块枣园样地的绿盲蝽卵平均密度m（头/株）和样本方差S^2，采用以下6种常用指标测定绿盲蝽卵的空间分布型：聚块性指标（$\overset{*}{m}/m$）、扩散系数（$C=S^2/m$）、丛生指标（$I=S^2/m-1$）、Cassie指标（$C_A=(S^2-m)/m^2$）、负二项分布值（$K=m^2/(S^2-m)$）。各指标取值范围与分布型的关系如表1所示[5]。

1.3.2 聚集原因分析

应用Blackith[6]种群聚集均数（λ）来分析绿盲蝽卵的聚集原因。方程为：$\lambda=m\gamma/2k$，m为绿盲蝽卵平均密度，k为负二项分布式中K值平均值，γ为χ^2分布表中自由度为$2k$时$P=0.5$概率值所对应的χ^2值。当λ<2时，其聚集是由于环境作用而不是由于昆虫本身的聚集习性引起；当λ≥2时，其聚集是由于上述两种原因同时决定，或其中一个原因决定的。

表 1　聚集度指标取值范围与空间分布型的关系

聚集度指标	指标取值范围		
	聚集分布	随机分布	均匀分布
$\overset{*}{m}/m$	>1	=1	<1
C	>1	=1	<1
I	>0	=0	<0
C_A	>0	=0	<0
K	>0 and <8	≥8	<0

1.3.3　理论抽样数

理论抽样数模型采用 Iwao 提出的理论抽样数计算公式：$n=(t^2/D^2)[(\alpha+1)/m+\beta-1]$，确定不同虫口密度时的最佳理论抽样数。其中 n 为最佳抽样数，m 为平均密度，t 为一定概率下的置信水平（当 $p=95\%$时，$t=1.96$），α、β 为 Iwao 回归模型中的截距和斜率，D 为允许误差值，通常取值为 0.1~0.3。

1.3.4　序贯抽样模型

采用 Iwao 提出的序贯抽样方程：

$$d_0=nm_0-t\sqrt{n[(\alpha+1)m_0+(\beta-1)m_0^2]}\ ;\ d_1=nm_0+t\sqrt{n[(\alpha+1)m_0+(\beta-1)m_0^2]}$$

其中：n 为田间抽样数，m_0为防治指标，d_0和 d_1分别为累积虫数的下限和上限计算值，t 为一定概率下的置信水平（当 $p=95\%$时，$t=1.96$）。

1.4　数据统计分析

试验所获数据均由统计分析软件 SPSS（22.0）处理。

2　结果与分析

2.1　绿盲蝽越冬卵在冬枣树上的分布特点

2.1.1　绿盲蝽越冬卵在冬枣树上的越冬部位

调查结果表明（表 2），不同部位带卵率高低次序为：夏剪处>摘心处>枣股鳞芽>翘皮处。枣树的夏剪口是绿盲蝽卵越冬的主要场所，最高的带卵率为 57.87%，最低的带卵率为 32%。其次为摘心处，最高的带卵率为 46.38%，最低的带卵率为 30.3%。枣股芽鳞和翘皮处是绿盲蝽越冬卵的次要场所，平均带卵率分别为 14.61%和 6.18%，而在枣园内外的枯萎杂草、枯枝落叶中和土壤缝隙中没有发现绿盲蝽越冬卵。

2.1.2　绿盲蝽越冬卵在冬枣树的水平分布

冬枣树树冠不同方位绿盲蝽越冬卵量与所占百分率见表 3。由表 3 可知，绿盲蝽越冬卵在调查样地的枣树树冠东、南、西、北 4 个方位的分布差异显著。枣树树冠东、南面虫卵量分布最多，虫口密度分别为 14.5 粒和 15.3 粒，所占百分率分别达到 30.4%和 32.1%，北面次之，百分比为 21.8%，西面虫量最少，只占 15.7%。可见枣园田间小气候对绿盲蝽越冬卵的分布聚集也有一定影响。

表 2　绿盲蝽卵在枣树上的越冬部位

地点	夏剪处			摘心处			枣股鳞芽			翘皮处		
	调查数（个）	产卵数（个）	带卵率（%）	调查数（个）	产卵数（个）	带卵率（%）	调查数（个）	产卵数（个）	带卵率（%）	调查数（个）	产卵数（个）	带卵率（%）
安仁镇	121	70	57.85	69	32	46.38	102	15	14.71	112	7	6.25
赵渡镇	92	50	54.35	52	23	44.23	123	18	14.63	97	5	5.15
冯村镇	100	32	32.00	75	30	40.00	141	22	15.60	125	12	9.60
重复	112	36	32.14	66	20	30.30	89	12	13.48	108	4	3.70
平均带卵率	44.09±13.95a			40.23±7.13b			14.61±0.87c			6.18±2.51d		

表 3　枣树不同方位绿盲蝽越冬卵所占百分率

树冠方位	卵量（粒）	占百分率（%）
东	14.5a	30.4
南	15.3a	32.1
西	7.5c	15.7
北	10.4b	21.8

2.2　空间分布与抽样

2.2.1　枣树绿盲蝽越冬卵的空间分布型

由表 4 可知绿盲蝽越冬卵在 5 个枣园中 I>0、0<K<8、C_A>0、C>1、$\overset{*}{m}/m$>1，由此可以判定绿盲蝽越冬卵在枣园中为聚集分布。

表 4　绿盲蝽越冬卵空间分布型聚集度指标

样方号	平均密度（粒/枝）	方差	平均拥挤度（$\overset{*}{m}$）	扩散型指数（I）	K 值	C_A 指数	扩散系数（C）	聚块性指标（$\overset{*}{m}/m$）	分布型
1	9.7	59.08	14.782	5.107	1.894	0.528	6.107	1.528	聚集
2	46.3	1 170.32	70.577	24.277	1.907	0.524	25.277	1.524	聚集
3	8.1	17.42	9.250	1.150	7.043	0.142	2.150	1.142	聚集
4	5.2	56.43	15.051	9.851	0.528	1.894	10.851	2.894	聚集
5	7.4	54.52	13.767	6.392	1.154	0.867	7.392	1.867	聚集

按照 Iwao 法，$\overset{*}{m}-m$ 的回归方程式为 $\overset{*}{m}=\alpha+\beta m$，根据 5 个枣园统计结果求得回归方程式：$\overset{*}{m}=2.2054+1.4664m$（$R^2=0.9797$）。式中，$\alpha=2.2054>0$，表明绿盲蝽越冬卵个体间相互吸引，分布的基本成分为个体群，$\beta=1.4664>1$，表明其基本成分呈聚集分布，且符合负二项分布（图 1）。按照 Taylor 幂法则 $\lg S^2=\lg\alpha+\beta\lg m$，求得回归方程式：$\lg S^2=0.2139+1.6525\lg m$（$R^2=0.7994$）。式中，$\lg\alpha=0.2139$，则 $\alpha=1.6364>1$，$\beta=1.6525>1$，为聚集分布，聚集强度随种群密度升高而增加（图 2）。

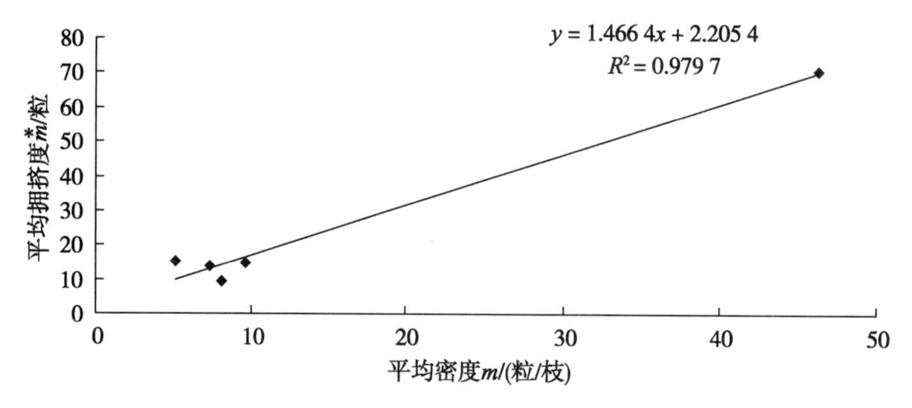

图 1　绿盲蝽越冬卵平均密度和平均拥挤度之间的回归关系

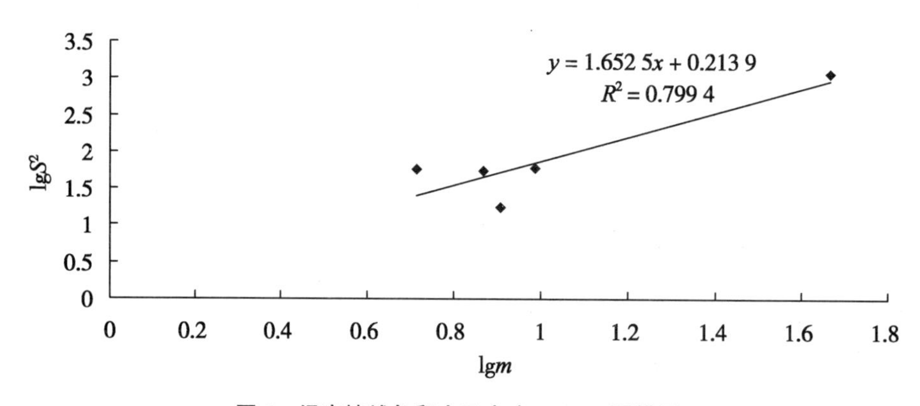

图 2　绿盲蝽越冬卵虫口密度 Taylor 幂模型

2.2.2　绿盲蝽越冬卵理论抽样数

分别将 Iwao $\overset{*}{m}-m$ 回归模型中 2 个系数 α 和 β 带入最适理论抽样数模型中，得出枣园绿盲蝽越冬卵最适理论抽样公式为：$N=t^2$（3. 205 4/m+0. 466 4）/D^2。将 t=1. 96 代入公式，可求得绿盲蝽越冬卵在枣园中不同密度（m）下的理论抽样数。在同一允许误差值下，随着平均越冬卵密度增大，所需抽样数逐渐减少（表 5），以第 5 个样方为例，其平均密度为 7. 4 粒/枝，取 D 为 0. 1 时，需要调查 346 个枝条，取 D 为 0. 3 时，需要调查 38 个枝条。

表 5　枣树绿盲蝽越冬卵不同虫口密度最适抽样数

允许误差 D	绿盲蝽越冬卵的虫口密度（粒/枝）									
	5	10	15	20	25	30	35	40	45	50
0. 1	425	302	261	241	228	220	214	210	207	204
0. 2	106	76	65	60	57	55	54	52	52	51
0. 3	47	34	29	27	25	24	24	23	23	23

2.2.3　枣树绿盲蝽越冬卵序贯抽样及防治指标

根据绿盲蝽越冬卵每年的发生情况及造成的为害，将防治指标（m_0）分别设为 5 粒/

枝、10 粒/枝、15 粒/枝，将 α、β、t 值代入得：$d_0=nm_0-1.96\sqrt{n\left[3.2054m_0+0.4664m_0^2\right]}$；$d_1=nm_0+1.96\sqrt{n\left[3.2054m_0+0.4664m_0^2\right]}$。根据不同的取样数计算出相应的累积虫口数的上下限值，可得序贯抽样表（表 6）。在实际应用中，当 $m_0=10$ 粒/枝时，如果调查枝条数 $n=50$，当累积虫口数超过 622 粒时，需采取措施及时进行防治；当低于 378 粒时，则不需防治；当介于二者之间时，则需继续进行调查，根据情况确定是否采取防治措施。

表 6　枣树绿盲蝽越冬卵序贯抽样表

防治指标 m_0（粒/枝）		累积虫口数（粒）									
		5 枝	10 枝	15 枝	20 枝	25 枝	30 枝	35 枝	40 枝	45 枝	50 枝
5	d_0	2	18	36	55	74	94	115	136	157	178
	d_1	48	82	114	145	176	206	235	264	293	322
10	d_0	12	46	83	123	164	206	248	291	335	378
	d_1	88	154	217	277	336	394	452	509	565	622
15	d_0	21	74	132	193	255	318	383	448	514	580
	d_1	129	226	318	407	495	582	667	752	836	920

3　讨论

前人资料报道中的绿盲蝽以越冬卵主要分布在杂草、农作物残留物和树皮缝隙中[7-8]。王振亮等认为在管理精细的纯枣园中，绿盲蝽越冬场所以夏剪剪口中的越冬卵量最大，其次为多年生枣股和其他伤口；而在管理比较粗放的枣园，基本上不进行夏剪的枣园，枣股的越冬卵比例大[9]。冬枣生产对自然条件和栽植管理技术要求相对较高，大荔县冬枣园管理相对精细，要进行整形修剪、摘心抹芽等。调查发现，冬枣树绿盲蝽卵越冬主要在夏剪处和摘心处，其次为枣股鳞芽和翘皮处，这和王振亮等研究报道的结果是基本一致的。

绿盲蝽第 1 代和第 2 代对冬枣为害最为严重，而在关中地区，绿盲蝽越冬卵的孵化期在 3 月中旬至 4 月上旬，此时枣芽处于萌发阶段，绿盲蝽第 1 代幼虫为害与枣芽萌发时期吻合，因此确定越冬卵的空间分布型和抽样方法对于绿盲蝽的预测预报及防治非常必要。研究结果表明，绿盲蝽越冬卵在冬枣树上空间分布型为聚集分布，其聚集分布的原因与成虫的产卵习性和环境因素密切相关。由于绿盲蝽成虫自身产卵习性和冬枣管理，夏秋季节在修剪二次枝、枣头及枣股摘心过程中形成大量的伤口，绿盲蝽末代成虫就主要在这些部位进行产卵，形成越冬卵的聚集分布。通过 Iwao 理论抽样数和序贯抽样模型，确定了绿盲蝽越冬卵的最适理论抽样数、序贯抽样方程及防治指标。研究结果表明，在同一允许误差值下，绿盲蝽越冬卵在枣园中不同密度（m）下的理论抽样数随着越冬卵的平均密度增大，所需抽样数逐渐减少。因此，可在调查抽样前估计枣园越冬卵密度，根据密度判断需要抽样的枣树株数。使用建立好的序贯抽样模型，可以计算出不同防治指标所需调查越冬卵数量的上下限，用于指导绿盲蝽的防治，可节约大量人力物力，提高防治效果，这对于绿盲蝽的田间测报及防治策略的制定具有重要意义。

参考文献

[1] 张锋，陈志杰，张淑莲，等．枣树绿盲蝽的发生与综合防治技术［J］．西北园艺，2011（2）：36-37.

[2] 李爱琳，暴迎春，朱妮妮，等．陕北枣树绿盲蝽发生规律及防治技术［J］现代农业科技，2016（9）：145，152.

[3] Iwao S. Application of the $\overset{*}{m}-m$ method to the analysis of spatial patterns by changing the quadrat size［J］．Researches on Population Ecology，1972（14）：97-128.

[4] Taylor L R，Woiwod I P，Perry J N. The density-dependence of spatial behavior and the rarity of randomness［J］．Journal of Animal Ecology，1978（47）：383-406.

[5] 兰星平．种群聚集度指标回归模型群在检验昆虫种群空间分布型中的应用［J］．贵州林业科技，1995，23（1）：40-52.

[6] Blackith R E. Nearest-neighbour distance measurements for the estimation of animal populations［J］．Ecology，1958（39）：147-150.

[7] 王仁怀，肖家良，单淑平，等．绿盲蝽在枣树上的发生规律及防治方法［J］．河北果树，2008（1）：53-54.

[8] 吴静，刘玉升，刘俊展．冬枣园绿盲蝽发生消长规律及危害特点［J］．植物检疫，2007，21（5）：319-320.

[9] 王振亮，韩会智，刘孟军，等．枣园绿盲蝽越冬卵的分布及其孵化规律研究［J］．西北农林科技大学学报，2011，39（6）：148-152.

茶尺蠖两近缘种的生物学特性差异

白家赫* 唐美君 殷坤山 王志博 肖 强
（中国农业科学院茶叶研究所，杭州 310008）

摘 要：采用室内饲养观测并制作生命表的方法，比较了灰茶尺蛾和小茶尺蠖各发育阶段的体长与体重、发育历期及种群增长指数等方面的差异。结果表明，灰茶尺蛾的4龄幼虫体长、雌雄蛹长和雌成虫体长均极显著高于小茶尺蠖，3龄、4龄、5龄幼虫体重和雌雄蛹的体重均极显著高于小茶尺蠖。全世代发育历期以灰茶尺蛾较短，其中灰茶尺蛾的幼虫期比小茶尺蠖短，蛹期比小茶尺蠖长，三者均达到极显著差异水平。灰茶尺蛾各个虫态的存活率、世代存活率、单雌产卵量及种群增长指数均高于小茶尺蠖，其中预蛹的存活率、成虫的存活率、世代存活率和种群增长指数差异极显著，1~3龄幼虫的存活率差异显著。

关键词：灰茶尺蛾；小茶尺蠖；体长体重；发育历期；种群增长指数

---

* 第一作者：白家赫；E-mail：18810720376@163.com

药材甲对不同中药材挥发物的选择性及其成分分析*

曹　宇　杨文佳　孟永禄　王丽娟　许抗抗　李　灿**

（贵阳学院生物与环境工程学院/有害生物控制与资源利用贵州省普通高校特色重点实验室，贵阳　550005）

摘　要：药材甲是一种重要的中药材储藏期害虫，对许多储藏药材造成严重为害和巨大经济损失。本文通过 Y 型嗅觉仪测定了药材甲对三七 *Panax notoginseng*、当归 *Angelica sinensis*、天麻 *Gastrodia elata* 及前胡 *Peucedanum praeruptorum* 等 4 种中药材挥发物的选择性，通过 GC-MS 进一步对 4 种中药材挥发物的成分及含量进行了分析，以期为筛选药材甲引诱剂/忌避剂进行该虫的生物防治奠定基础。结果表明，与空气对照，药材甲对 4 种中药材的挥发物表现出显著的偏好性；在 4 种药材的两两对比中，药材甲表现出稳定的偏好性（三七>当归>天麻>前胡）。通过 GC-MS 分析，在三七上共检测到 44 种化合物，其中镰叶芹醇 Falcarinol 含量最高，为 14.35%；当归上共检测到 34 种化合物，其中 3-丁基-1（3H）-异苯并呋喃酮 3-n-Butyl Phthalide 含量最高（78.72%）；天麻上共检测到 30 种化合物，其中对甲苯酚 p-Cresol 含量最高（40.06%）；前胡上共检测到 63 种化合物，其中 β-蒎烯 beta-Pinene 含量最高（29.09%）。因此，不同中药材挥发物成分种类及含量差异，可能是引起药材甲具有不同偏好性的重要因素。

关键词：药材甲；中药材寄主；行为反应；Y 型嗅觉仪；GC-MS

* 基金项目：国家自然科学基金（31460476）；贵州省高层次创新人才培养项目［黔科合人才（4020）号］

** 通信作者：李灿；E-mail：lican790108@163.com

农业景观组成影响瓜蚜遗传多样性*

董兆克** 张志勇***
(农业应用新技术北京市重点实验室，北京农学院植物科技学院，北京 102206)

摘 要：瓜蚜（棉蚜），*Aphis gossypii* 是瓜类作物和棉花上的重要害虫。瓜蚜在世界范围内广泛分布，有上百种寄主。它的生活史复杂，具有异寄主和全周期生活史。华北地区冬季寒冷，瓜蚜以卵在木槿等第一寄主上越冬，春季迁往第二寄主。已有研究报道瓜蚜的遗传多样性在大的地理尺度，甚至世界范围都比较低。瓜蚜的种群结构受寄主植物影响，产生专化型如棉花型、黄瓜型等。另外，其种群结构也受到地理区域的影响。最新的研究显示瓜蚜种群在中国依据地理区域可以分为西部型和东部型。但目前缺乏对瓜蚜在微地理尺度上遗传结构的研究，这使得利用生境管理策略防治瓜蚜遇到困难。本研究分析了区县尺度上农业景观组成与瓜蚜遗传特征的关系，提出假说认为景观组成影响区域内瓜蚜的遗传多样性。研究对象选择春季西瓜上的瓜蚜。由于北京有大量西瓜种植，而棉花面积极少。瓜蚜的第二寄主通常是西瓜。为了排除寄主影响，只对西瓜上瓜蚜进行调查。考虑到奠基者效应（founder effect），即迁入者的遗传多样性高于经历数代繁殖后的个体。因此取样时期选择建立种群初期的瓜蚜，预期得到不同景观组成条件瓜蚜的遗传特征。取样地区以北京地区西瓜种植区域为主，从大兴、顺义两个区的 9 个点采样，相邻两个样点的直线距离至少 2km，每个样点选取 3~5 个西瓜大棚内的 10 个克隆群体，共得到 90 个群体。每个群体随机选择单头蚜虫提取 DNA，采用 2b-RAD 高通量测序得到 SNP 位点，依据该分子标记分析瓜蚜的遗传特征和多样性。采用广义线性模型（GLM）分析遗传数据与取样点的景观组成数据，从而得到遗传多样性与景观因素的关系。高通量测序共得到 10 658个 SNP 位点，过滤掉低质量读数，选取覆盖 95%个体的 SNP 后得到 6 280个位点，这些位点用于后续的分析。9 个种群的遗传多样性平均观测杂合度为 0.187，预期杂合度为 0.175。不同种群的杂合度有较大差异。杂合度较高的种群，他们的多态位点比例也较高，等位基因频率的分布也较为均匀。杂合度低的种群多态位点比例低，等位基因频率分布极为偏态。两两近交系数 Fst 范围从-0.042~0.310。分子方差分析结果显示，11%的变异来自种群间，89%的变异是属于种群内部；地理区域大兴、顺义不能解释遗传变异。Mantel 分析也显示遗传变异与地理距离之间没有明显关系。用 Structure 软件分析遗传结构发现，可以依据遗传多样性将所有个体分成两个组，即高遗传多样性组和低遗传多样性组。分子方差分析也验证了该分组结果，11%的变异来源于组间。我们推测种群的遗传特征与景观组成有关。参与分析的景观因素包括各尺度 0.5km，1km，2km，3km 下耕地、

* 基金项目：国家自然科学基金（No. 31501646）；北京市粮经作物产业创新团队（BAIC09-2017）
** 第一作者：董兆克，研究方向为害虫综合治理；E-mail：zhaoke_ dong@ 126. com
*** 通信作者：张志勇，研究方向为害虫综合治理；E-mail：zzy@ bua. edu. cn

园地、草地、林地的面积比例和景观多样性。模型显示对遗传多样性（预期杂合度和观测杂合度）有显著影响的是耕地、草地、园地和林地。其中草地在所有模型中都具有正的相关系数；耕地和园地（果园、多年生植物）相关系数为负；林地相关系数在有些模型中为正，有些为负。预期杂合度和观测杂合度各自构建的模型有一定程度的差异，但表现一致的是 2km 尺度上草地的正相关系数，以及 0.5km 尺度上园地的负相关系数。可能是因为草地还有更多样化的寄主植物，瓜蚜保留了较高的遗传多样性。休耕地保留大量杂草可能成为瓜蚜的迁入源，不利于瓜蚜的防治和抗药性管理。园地中适合瓜蚜的寄主种类相应较少，瓜蚜遗传多样性受到负影响。本研究就景观因素如何影响瓜蚜遗传多样性提供见解和案例，为区域性生境管理防治目标害虫提供参考。

关键词：棉蚜；种群多样性；西瓜；景观组成；遗传结构；生境管理

漯河市近30年农田灯下天蛾种类及消长规律*

侯艳红** 李世民 陈 琦 范志业 沈海龙 刘 迪 师兴凯
（河南省漯河市农业科学院，漯河 462300）

摘 要：鳞翅目天蛾科昆虫我国已发现记载190多种，多数种类以幼虫为害农林作物，但各地发生种类和优势种有较大差别。目的：探明漯河市天蛾科昆虫种类、优势种群、上灯节律、发生为害规律和多年变化趋势等，指导天蛾科害虫的防控。方法：在农田生态环境条件下，通过测报灯诱集成虫和田间调查幼虫进行常年监测，利用漯河市农业科学院试验基地设置的虫情测报灯，每年在4月1日至10月31日开灯监测，6月下旬至9月开展秋季田间天蛾科害虫普查和定向调查，连续多年不间断，积累监测数据。结果：在对1988—2016年测报灯诱虫资料和田间调查数据进行统计分析表明，农田灯下鳞翅目天蛾科昆虫共诱集到50 787头，隶属于4亚科、14属、15种，其中云纹天蛾亚科最多，有5属5种，分别是豆天蛾、构月天蛾、榆绿天蛾、蓝目天蛾和桃六点天蛾，其次是面形天蛾亚科有4属5种，斜纹天蛾亚科有3属3种，蜂形天蛾亚科有2属2种。豆天蛾和甘薯天蛾是灯下天蛾的优势种，每年都有发生且数量大，诱集总量分别是22 493头和15 516头，总优势度指数分别为0.442 8和0.305 5。雀纹天蛾、构月天蛾和霜天蛾是常见种，每年都有发生。蓝目天蛾、榆绿天蛾、桃六点天蛾和绒星天蛾发生量少，且只在部分年份发生。极少种有6种，只在个别年份的偶发，优势度指数均小于0.001。天蛾科昆虫的个体数量有逐渐减少的趋势，比如1990年总诱集量为7 753头，而2016年仅有391头。这可能与优势种豆天蛾和甘薯天蛾的发生量减少有关。而豆天蛾和甘薯天蛾的发生之所以减少可能是与当地的种植模式改变有关。甘薯天蛾和豆天蛾的上灯规律不同，平均上灯日期、平均始见日期、平均终见日期分别是5—10月和6—9月、5月16日和6月11日、10月17日和9月3日，但都各自保持相对稳定。甘薯天蛾一年发生2~3代，6月中下旬、7月下旬至8月上旬和9月上旬为主要为害时期，以蛹在地下做土室越冬。豆天蛾一年发生一代，7月上旬及8月成虫集中出现，7月下旬至8月下旬为幼虫发生期，取食为害大豆等作物。

关键词：天蛾；种类；优势种；消长规律

---

* 基金项目：国家公益性行业（农业）科研专项（201403031）

** 第一作者：侯艳红，硕士，助理研究员，从事昆虫生态研究；E-mail：402056286@qq.com

日本双棘长蠹在双季槐上的发生危害及治理*

李建勋** 马革农 杨运良 裴 贞 原 辉 张相斌
（山西省农业科学院棉花研究所，运城 044000）

摘　要：针对日本双棘长蠹在运城的发生、为害及防治进行了初步研究。日本双棘长蠹在运城最早发现于2009年，年发生1代，成虫在被害枝条的环形蛀道内越冬，目前是双季槐的一种重要害虫。其成虫为害活枝条，造成枝条枯萎或风折。成虫产卵期和成虫羽化期均有出外活动的习性。加强管理，增强树势；剪枯枝，降虫口；化学防治，杀成虫；加强检疫，保护天敌是防治该虫的有效措施。

关键词：日本双棘长蠹；双季槐；发生；治理

日本双棘长蠹（*Sinoxylon japonicus* Lesne）属鞘翅目，长蠹科。自2009年在万荣县柿树发现，目前已经在运城为害多种经济林。

双季槐是从国槐中选出以生产槐米为主的优良品种，现已栽培10余年[1]。目前在运城市，种植约1.4万 hm^2，其中挂米面积0.8万 hm^2，主要集中在盐湖区、稷山县、万荣县、平陆县等地[2,3]。发展双季槐，既可以扩大绿地面积，又可以增加农民收入，是生态林业、民生林业紧密结合一体的“双效”树种[4-6]。伴随着双季槐规模效益的呈现，其产业发展得到大幅提升，槐米生产由原来的零星国槐种植到如今的连片双季槐种植，产业发展也出现了诸如栽培管理、病虫害治理等问题日益突出[7-9]。其中日本双棘长蠹是目前制约双季槐产业的一种重要害虫。

1　日本双棘长蠹的发生情况及生物学特性

1.1　日本双棘长蠹发生情况

2009年万荣县林业局通报“柿树又一新害虫‘日本双棘长蠹’在我县发生”，笔者在万荣县解店镇南牛池村进行了实地调查，随后对全县柿树进行了普查，该虫在万荣县柿产区普遍危害，危害株率30%~45%，枝条受害率5%~15%。2011年，在万荣县国槐上发现日本双棘长蠹危害，受灾区国槐被害株达73%，个别树受害枝条达45%。随后在盐湖区、临猗县的柿树相继发现该虫危害。2015年在盐湖区双季槐主产区三路里镇发现日本双棘长蠹危害双季槐，2016年春季在个别严重地块，造成1~2年生双季槐枝条大部分受蛀折断，严重影响槐米产量[10]。

1.2　形态特征

成虫体长4~7mm，圆筒形，黑褐色，体两侧平直，密被淡黄色短毛。触角10节，端

* 基金项目：山西省财政支农项目（2015TGSF－04）；山西省成功转化和示范推广项目（2017CGZH09）

** 第一作者：李建勋，男，副研究员，主要从事有害生物综合治理；E-mail：lijxyc@163.com

部3节栉片状向内横生。前胸背板长宽相等，小盾片近方形，坡鞘刻点沟大且深，鞘翅末端斜面上生有双棘，棘端钝。

卵长椭圆形，长约0.4mm，黄白色。

幼虫体弯曲，乳白色，口器红褐色，胸足3对，体节侧面和腹末着生红褐色刷状长毛，老龄幼虫体长4~6mm。

蛹初乳白色半透明，后逐渐变为黑褐色。裸蛹，体长4~5mm。

1.3 生物学特性

日本双棘长蠹年发生一代，跨2个年头。以成虫在枝干的蛀道中越冬。翌年3月中下旬恢复取食，补充营养。4月中旬成虫爬出坑道交尾，再返回坑道内产卵，产卵100多粒，卵期5~7天，4月中下旬始见幼虫，幼虫顺枝条纵向蛀食木质部，粪便排于坑道内，随着龄期增长，逐渐向皮层蛀食，枝干表皮出现0.5~0.7mm孔洞。5月下旬至6月上旬，老熟幼虫在坑道内化蛹，蛹期6~7天。6月底至7月上旬成虫羽化。

新羽化的成虫继续在坑道内蛀食，群居坑道内反复蛀食，使受害枝干只留表皮和部分树心。成虫有自相残杀习性。6月下旬至8月上旬高温情况下，成虫白天爬出坑道降温，晚上爬回坑道。10月中下旬成虫转移危害新枝，多选择直径13~15mm的1~3年生枝条，其中1~2年生枝条占85%，树势强的枝条受害轻，而弱树枝条受害重。双季槐大年结米多，枝条生长发育弱，危害重。蛀孔直径2~3mm，垂直深2.5~4.5mm，蛀入皮层后环形蛀食，越冬前坑道长3~40mm，一头成虫可转蛀2~3个枝条，大风条件下，受害枝条多被吹折。

2 双季槐上日本双棘长蠹的防治

2.1 加强管理，增强树势

近两年观察双季槐产米大小年明显的树上日本双棘长蠹的发生情况，大年明显比小年要严重。因此要通过合理修剪控制树势，减轻大小年。同时可以通过树干涂抹多效唑控制枝条，避免枝条狂长。

2.2 剪枯枝，降虫口

结合整形修剪，冬剪和春剪时剪除有虫洞枝条，及时清理枯枝集中销毁，减少降低虫源，可以有效降低日本双棘长蠹在双季槐发生率80%以上。

2.3 化学防治，杀成虫

日本双棘长蠹化学防治要掌握两个出坑关键时期：一个是4月中旬出坑交尾，另一个是夏季高温出穴避暑期。

化学防治药剂选择宜选择具有触杀及熏蒸作用药剂。树冠喷雾80%敌敌畏或者50%辛硫磷1 500~2 000倍液，防治效果达到94%以上。

2.4 加强检疫，保护天敌

日本双棘长蠹被列入“全国林业检疫性有害生物名单和全国林业危险性有害生物名单”(国家林业局2013年第4号公告)，必须加强植物检疫工作，防止其扩散蔓延。

同时管氏肿腿蜂和啄木鸟，都是日本双棘长蠹的天敌，在综合防治中应加以保护和利用。

参考文献

[1] 卫志勇．盐湖区发展高效双季槐［J］．国土绿化，2013（11）：51-51.

[2] 南精转．山西省生态经济型林业发展探索［J］．山西林业，2014（3）：6-7.

[3] 卫志勇．盐湖区双季槐发展现状与基地建设探讨［J］．山西林业，2013（6）：17-18.

[4] 郭青俊，王希群，姚忠保，等．山西稷山发展双季槐潜力分析［J］．林业经济，2014（9）：24.

[5] 高文君．双季槐推广情况调查及有关问题思考［J］．山西水土保持科技，2014（1）：22-24.

[6] 马汉民．稷山县上廉村双季槐效益分析［J］．山西水土保持科技，2012（4）：32-33.

[7] 冯建黎．双季槐栽植技术初探［J］．中国科技纵横，2014（17）：264-264.

[8] 朱锦红．双季槐栽培管理技术［J］．山西林业．2012（5）：34-35.

[9] 李建勋，马革农，杨运良，等．双季槐主要害虫的综合治理［C］．植保科技创新与农业精准扶贫：中国植物保护学会2016年学术年会论文集．北京：中国农业科学技术出版社，2016：238-240.

[10] 卫志勇．盐湖区高效双季槐产业发展存在的问题与对策［J］．国土绿化，2014（3）：45-46.

西花蓟马对不同花卉挥发物的行为反应及成分分析*

王丽娟　曹　宇　杨文佳　孟永禄　许抗抗　李　灿**
（贵阳学院生物与环境工程学院，有害生物控制与资源利用
贵州省普通高校特色重点实验室，贵阳　550005）

摘　要：为明确花香化合物在西花蓟马寄主定向行为中的作用，采用 Y 型嗅觉仪、四臂嗅觉仪测定了其对玫瑰、非洲菊、康乃馨和天竺葵等 4 种植物花的挥发物的嗅觉反应，并进一步测定分析了 4 种花卉挥发物的成分及含量。结果表明，西花蓟马雌虫对 4 种花卉挥发物的偏好性为玫瑰>非洲菊>康乃馨>天竺葵；尽管西花蓟马雄虫对花卉挥发物的偏好性显著强于对照，但在 4 种花卉寄主之间并未表现出显著偏好性。通过 GC-MS 测定分析，在玫瑰上共检测到 23 种化合物，其中 3，5-二甲氧基甲苯最高，为 24. 94%；其次为苯乙醇，含量为 21. 84%。非洲菊上共检测到 19 种化合物，其中反式-3-戊烯-2-酮含量最高，为 52. 31%。康乃馨上共检测到 30 种化合物，其中壬醛含量最高，为 30. 42%。天竺葵上也检测到 30 种化合物，姜烯含量最高，为 29. 88%；其次为 α-长叶蒎烯（26. 65%），两者互为同分异构体。研究结果可为探明西花蓟马的寄主选择机制及其新型引诱剂的研发提供基础数据。

关键词：西花蓟马；花卉寄主；嗅觉反应；挥发物；气质联用

* 基金项目：贵州省省级特色重点学科（ZDXK〔2015〕11 号）；贵州省高层次创新人才培养项目（黔科合人才（4020）号）；2016 贵州省大学生创新创业计划训练（201610976010）

** 通信作者：李灿；E-mail：lican790108@ 163. com

基于转录组从头测序的数据分析揭示喜树碱诱导甜菜夜蛾细胞凋亡的因子和通路

王丽萍* 张 兰 张燕宁 毛连纲 蒋红云**
（中国农业科学院植物保护研究所，农业部作物有害生物综合治理重点实验室，北京 100193）

摘 要：细胞凋亡在发育和维持组织内稳态过程中是一个重要的生理过程，其通过一系列基因有序地进行调控。据报道，喜树碱诱导甜菜夜蛾细胞凋亡，然而大多数参与基因和信号级联通路仍然是未知的。在本研究中，通过转录组测序的方法来检测喜树碱诱导的甜菜夜蛾细胞转录组，进而揭示甜菜夜蛾细胞凋亡的参与基因和通路。

笔者获得了5 219个表达上调基因和4 377个表达下调基因。鉴定到106个凋亡相关调控因子，包括5个胱天蛋白酶家族成员；5个肿瘤坏死因子家族成员；4个Bcl-2家族成员；3个凋亡诱导因子家族成员；6个凋亡抑制蛋白家族成员；5个p53家族成员；5个Hippo信号通路成员；10个MAPK信号通路成员以及其他53个凋亡相关调控因子。我们对其中18个凋亡基因进行了实时荧光定量PCR验证。这些结果揭示了甜菜夜蛾细胞中存在经典的凋亡内在和外在通路，并为以后甜菜夜蛾细胞中的凋亡研究奠定了基础。

关键词：转录组测序；细胞凋亡；甜菜夜蛾；喜树碱；凋亡通路

* 第一作者：王丽萍；E-mail：2579841986@qq.com
** 通信作者：蒋红云

烟草甲几丁质脱乙酰酶1基因的分子特性及功能*

杨文佳** 许抗抗 闫 欣 陈春旭 朱晓晔 李 灿***
（贵阳学院生物与环境工程学院，有害生物控制与资源利用
贵州省高校特色重点实验室，贵阳 550005）

摘 要：几丁质是昆虫表皮和中肠围食膜的主要成分，昆虫的生长发育依赖于体内几丁质合成和降解的精确控制。几丁质脱乙酰酶（chitin deacetylase，CDA）是几丁质降解系成员之一，调节昆虫的行为、变态发育以及生殖等。本研究以重要仓储害虫烟草甲［*Lasioderma serricorne*（Fabricius）］为研究对象，在前期转录组测序的基础上，利用RT-PCR技术克隆了烟草甲*CDA*1基因的cDNA全长序列，命名为*LsCDA*1。该基因的开放阅读框为1 614bp，编码537个氨基酸，预测蛋白质分子量为61.07ku，等电点为4.78。通过氨基酸同源性分析表明，LsCDA1具有ChBD、LDLa和CDA三个保守结构域，并与其他昆虫CDA1具有较高的氨基酸相似性。实时定量PCR分析表明，*LsCDA*1基因在不同发育阶段的烟草甲中表达量差异显著，其中在高龄幼虫、蛹期表达量较高。*LsCDA*1基因在高龄幼虫的表皮、中肠和脂肪体均可表达，其中以表皮的表达水平最高。此外，20-Hydroxyecdyone处理可诱导*LsCDA*1基因的表达，说明该基因可能参与了烟草甲体内的激素调节。RNA干扰结果显示，烟草甲高龄幼虫注射该基因的dsRNA后，*LsCDA*1基因的表达量降低了87%。试虫在生长发育过程中出现蜕皮时间延迟、表皮黑化、无法完成蜕皮或腹部皱缩死亡等现象。研究结果为深入分析烟草甲CDA1的功能奠定了基础，并为研究环境友好型杀虫剂提供新的候选靶标和依据。

关键词：烟草甲；几丁质脱乙酰酶；表达模式；20-Hydroxyecdysone；RNA干扰

---

* 基金项目：国家自然科学基金（31501649）；贵州省科学技术基金联合基金（黔科合LH字〔2014〕7167）；贵州省高层次创新型人才培养（黔科合人才〔2016〕4020）

** 第一作者：杨文佳，男，博士，研究方向为昆虫分子生态学；E-mail：yangwenjia10@126.com

*** 通信作者：李灿，教授，硕士生导师；E-mail：lican790108@163.com

石蒜绵粉蚧产卵与卵孵化特性研究*

智伏英[1,2]** 黄 俊[1]*** 吕要斌[1,2]***

(1. 浙江省农业科学院植物保护与微生物研究所，杭州 310021；
2. 浙江师范大学化学与生命科学学院，金华 321004)

摘 要：石蒜绵粉蚧（*Phenacoccus solani* Ferris）隶属半翅目 Hemiptera，粉蚧科 Pseudococcidae，绵粉蚧属 *Phenacoccus*，是一种重要的外来有害生物，目前已在我国北京、新疆、台湾、华南部分地区发现该虫为害，其寄主植物非常广泛，已报道寄主包括爵床科、石蒜科、菊科、豆科、姜科、番杏科、五加科、兰科等 31 科，尤其喜食茄科、菊科及多肉类植物。石蒜绵粉蚧营孤雌生殖，卵单个散产，呈长椭圆形；卵在母体内进行胚胎发育，产下后才进行孵化，且在体外的孵化时间非常短。在室内饲养石蒜绵粉蚧的过程中，笔者发现一个非常有趣的现象，即在该粉蚧雌成虫产下的同一批次的卵中，能看到两种外观有明显差异的卵，一种卵能在一端明显可见 2 个红棕色眼点（复眼），而另外一种卵则看不见眼点。没有复眼的卵在母体下不能孵化，并且通常会被移出母体下方。在母体下，带复眼的卵可以孵化，孵化的时间为 24. 30min。当把母体移开后，带复眼的卵孵化的时间为 19. 47min，较前者缩短了将近 5min。昆虫在同批次卵中选择性产下不能孵化且不见复眼的个体，但是只要能见复眼的卵则均能孵化，这一现象不多见。揭示石蒜绵粉蚧产卵的内部控制机理对于丰富昆虫繁殖行为理论及有效控制害虫具有重要意义。

关键词：卵；复眼；孵化时间；石蒜绵粉蚧；生物入侵

---

* 基金项目：国家自然科学基金项目（3177110515）

** 第一作者：智伏英，女，在读硕士研究生，研究方向为害虫综合防治；E-mail：1214575524@qq. com

*** 通信作者：黄俊；E-mail：junhuang1981@ aliyun. com
吕要斌；E-mail：luybcn@ 163. com

外源水杨酸甲酯对黄山贡菊蚜虫的生态调控作用*

周海波**

（安徽省科学技术研究院，合肥　230031；安徽省应用技术研究院，合肥　230088）

摘　要：昆虫取食对植物造成损伤，使植物产生十分复杂的系统传导信号，其中许多信号都可以激发植物的防御反应，水杨酸信号传导途径是虫害诱导主要防御途径之一。水杨酸甲酯（Methyl salicylate，MeSA）是一种有效的蚜虫趋避剂，同时对某些自然天敌也有较强的吸引作用。因此，外源水杨酸甲酯可以作为有效天然化学信号物质，对蚜虫及其自然天敌具有生态调控作用。

本研究将外源水杨酸甲酯放入缓释剂中配成一定浓度的溶液，并将其释放到黄山贡菊［*Dendranthema morifolium*（Ramat.）Tzvel. cv. Gongju］田中，利用昆虫诱捕器，结合田间观察，调查蚜虫及其天敌种群的变化情况。结果表明，外源 MeSA 能够降低菊姬长管蚜和桃蚜的种群数量，在蚜虫发生高峰期（6 月下旬至 7 月下旬）的降低效果尤为显著，且对瓢虫类天敌有一定的吸引作用，对食蚜蝇类天敌没有显著影响。该结果为黄山贡菊农蚜虫的生态治理提供理论基础。

关键词：黄山贡菊；蚜虫；MeSA

---

* 基金项目：安徽省自然科学基金资助项目（1608085QC61）；2015 年度安徽省博士后研究人员科研活动经费资助项目（2015B067）

** 通信作者：周海波，副研究员，博士；E-mail：zhouhaibo417@ 163. com

生物防治

粉红螺旋聚孢霉 67-1 异核体不亲和性蛋白基因功能研究*

姜维治** 孙占斌 孙漫红 李世东***
（中国农业科学院植物保护研究所，北京 100081）

摘 要：粉红螺旋聚孢霉（*Clonostachysrosea*）是一类具有良好生防潜力的菌寄生菌，可以有效防治多种植物真菌病害。为研究其寄生相关基因，实验室前期构建了粉红螺旋聚孢霉 67-1 寄生核盘菌菌核转录组，并从中获得了一个差异表达基因——异核体不亲和性蛋白基因 *hip*67。实时荧光定量 PCR 测定表明，*hip*67 基因在 67-1 侵染菌核过程中显著上调表达。从 67-1 菌株全基因组序列克隆获得 *hip*67 基因全长，结果显示，该基因长度 2 436bp，不含内含子。生物信息学分析表明，*hip*67 含有 1 794bp的开放阅读框，可编码一个由 597 个氨基酸组成的多肽。

为明确 *hip*67 基因在粉红螺旋聚孢霉寄生核盘菌过程中的作用，本研究采用基因敲除的方法对其进行功能验证。以 pKH-KO 为载体，在 *hph* 两侧分别插入 *hip*67 基因上、下游同源臂，USER 酶连接，构建 *hip*67 基因敲除载体。进而通过 PEG-$CaCl_2$ 介导转化方法，将敲除载体转入 67-1 原生质体中，通过潮霉素抗性平板筛选以及 PCR 验证，获得 3 个稳定遗传的突变菌株。生物学测定表明，突变菌株 Δ*hip*67 在 PDA 培养基上生长速率和产孢水平显著低于野生菌株（$P<0.05$），基因缺失后对核盘菌菌核的寄生能力显著降低（$P<0.05$），同时对番茄灰霉病菌的颉颃能力下降。温室试验表明，Δ*hip*67 对黄瓜枯萎病的防效显著低于野生菌株（$P<0.05$）。表明异核体不亲和性蛋白基因参与了粉红螺旋聚孢霉的 67-1 的寄生核盘菌的过程。研究结果不仅丰富了粉红螺旋聚孢霉菌寄生相关基因的种类，同时也为进一步深入研究粉红螺旋聚孢霉菌寄生机制奠定了基础。

关键词：粉红螺旋聚孢霉；异核体不亲和性蛋白；实时荧光定量 PCR；菌寄生；基因敲除

* 基金项目：公益性行业（农业）科研专项（201503112）；现代农业产业体系项目（CARS-25-B-02）

** 第一作者：姜维治，女，硕士研究生，从事植病生防真菌功能基因研究；E-mail：981777402@qq. com

*** 通信作者：李世东；E-mail：sdli@ ippcaas. cn

芸薹素内酯对玉米籽粒含水量和大斑病病程的影响*

吴宏斌** 张 伟 孟玲敏 贾 娇 李 红 晋齐鸣 苏前富***

(吉林省农业科学院/农业部东北作物有害生物综合治理重点实验室，公主岭 136100)

摘 要：东北春玉米区是全国玉米主要产区，玉米种植面积占全国的40%左右，目前以果穗收获为主，有些品种收获时含水量较低，达到籽粒收获标准，而部分品种虽然其他性状优良，但收获时籽粒含水量较高，不但不适宜机械籽粒收获，而且贮藏条件不佳时，往往引起霉变。另外东北地区玉米种植面积较大，气候条件和主要栽培品种抗性水平都较为适合玉米大斑病的发生，2012 年大斑病暴发流行，以先玉 335 等美系品种为主，造成减产高达 46%。为明确 0.01%芸薹素内酯 1 000倍液对玉米籽粒后期含水量的影响，选择良玉 99 为试验品种，在 8 月中旬进行无人机喷施 80 倍液，9 月下旬检测籽粒含水量，喷施芸薹素内酯处理和不喷施处理各连续取 50 个果穗进行含水量检测。结果表明：喷施 0.01%芸薹素内酯处理籽粒含水量平均为 41.8%，对照处理籽粒含水量平均为 43.3%，喷施芸薹素内酯籽粒含水量比对照降低 1.5%。同时研究了喷施芸薹素内酯和对照之间对 KX3564 品种大斑病病斑数及发病叶片位数比较，喷施 0.01%芸薹素内酯最高发病叶片位数为 8.2 片，对照为 8.6 片；喷施 0.01%芸薹素内酯最高叶位病斑数为 2.4 个，对照病斑数为 2.8 个，最高发病叶位和最高叶位病斑数喷施芸薹素内酯相对较少，但差异不显著。说明喷施芸薹素内酯能够降低玉米籽粒含水量，提高籽粒脱水速率，单喷施 0.01%芸薹素内酯与对照相比对大斑病发病程度和速度影响较小。

关键词：芸苔素内酯；籽粒含水量；大斑病

---

* 基金项目：国家重点研发计划（2016YFD0300704）；国家现代农业产业技术体系（CARS-02）

** 第一作者：吴宏斌，研究实习员，从事玉米生防技术研究

*** 通信作者：苏前富，男，博士，副研究员；E-mail：qianfusu@ 126. com

应用新型颗粒剂使球孢白僵菌在玉米中定殖检测的研究*

张云月** 李启云 杜 茜 张正坤 徐文静
路 杨 隋 丽 周艳宏 汪洋洲***
（吉林省农业科学院植物保护研究所，公主岭 136100）

摘 要：玉米螟是我国玉米生产上主要的害虫，球孢白僵菌是生物防治玉米螟应用最广泛的虫生真菌，其不仅能够直接作用于玉米螟，并且能够在玉米植株内生定殖。在我国东北地区应用球孢白僵菌防治亚洲玉米螟的主要技术手段包括有春季粉剂封垛，心叶期投放颗粒剂和田间喷雾。利用颗粒剂法直接投放心叶中防治玉米螟可使玉米螟幼虫直接与球孢白僵菌接触，增加虫体被侵染的几率，提高防治效果。本研究采用以玉米秸秆为载体的新型球孢白僵菌颗粒剂防治玉米螟，以检测球孢白僵菌在玉米植株中的定殖率。将交配型为 *MAT*1-2-1 基因型球孢白僵菌 BbDPSD2 液体发酵液与粉碎后玉米秸秆充分混合，制备成颗粒剂，置于室温下备用。将制备好的球孢白僵菌颗粒剂与营养土充分混合，将吉单209 玉米种子播种于混有颗粒剂的营养土中。待玉米幼苗长至 5 叶期时，对玉米幼苗叶片的内生球孢白僵菌进行分离，并计算定殖率。结果表明，被检测的 35 株玉米植株中，其中从 15 株玉米的叶片组织中分离到了球孢白僵菌，检测率为 43%，与本实验室之前得到的定殖率相比（已发表）提高了 10%。本研究为球孢白僵菌新型颗粒剂在田间的应用提供了一定的理论依据。

关键词：玉米螟；球孢白僵菌；颗粒剂；定殖

---

* 基金项目：公益性行业科研专项（201303026）

** 第一作者：张云月，助理研究员；E-mail：hettyzyy@ 163. com
*** 通信作者：汪洋洲，副研究员；E-mail：wang_ yangzhou@ 163. com

不同接种方式对球孢白僵菌在玉米植株中定殖率的影响*

隋　丽[1,3**]　王志慧[2]　徐文静[1,3]　路　杨[1]　李启云[1***]　陈日曌[2***]

（1. 吉林省农业科学院植物保护研究所，公主岭　136100；2. 吉林农业大学农学院，长春　130118；3. 东北师范大学生命科学学院，长春　130024）

摘　要：为明确浸种、灌根、茎部注射和叶面喷施 4 种接种方式对球孢白僵菌（*Beauveria bassiana*）在玉米苗内定殖率及定殖对玉米苗生长速率的影响，2017 年，用球孢白僵菌孢子悬液（10^7孢子/ml）浸种（用孢子悬液浸泡玉米种子 12 h 后播种）或对玉米苗进行灌根（用 20ml 孢子悬液浇灌 7 天龄玉米苗）、茎部注射（注射 1ml 孢子悬液于 7 天龄玉米苗叶基部）或叶面喷施（均匀涂抹孢子悬液于 7 天龄玉米苗叶片）。接种处理后用 PDA 法检测 14 天龄玉米苗第 3 叶片中球孢白僵菌的定殖率；测量不同日龄的玉米苗株高。试验结果表明：4 种接种方式均可以使球孢白僵菌在玉米植株中定殖，检出率依次为灌根法（80%）、浸种法（70%）、叶面喷施法（50%）和茎部注射法（40%）；接种白僵菌的玉米苗株高显著高于对照组玉米苗，玉米出苗第 21 天，灌根处理组株高增加最显著，比对照组增加 17.2%，白僵菌处理组间无显著差异。综上所述，球孢白僵菌可以通过上述 4 种接种方式在玉米植株中定殖并繁殖扩散，这种定殖提高了玉米苗的生长速率。

关键词：球孢白僵菌；接种方式；玉米苗；定殖

---

* 基金项目：吉林省科技厅自然基金项目“针对玉米螟为害的生物性信息素防控机理和作用研究（开放）”（项目编号：20150101073JC）；吉林省科技厅自然基金项目“白僵菌-玉米-玉米螟互作关系与利用研究”（项目编号：20150101074JC）；吉林省农业科技创新工程自由创新项目“施氮量与球孢白僵菌互作对玉米螟防治的调控研究”（项目编号：CXGC2017ZY034）；吉林省科技厅自然基金项目“球孢白僵菌在玉米生长过程中定殖特征研究（探索）”（项目编号：20160101327JC）

** 第一作者：隋丽，助理研究员，研究方向为生态学；E-mail：suiyaoyi@163.com

*** 通信作者：李启云，研究员，研究方向为生物农药；E-mail：qyli1225@126.com

陈日曌，副研究员，研究方向为农业昆虫与害虫防治；E-mail：173467236@qq.com

芽孢杆菌 PRO-25 遗传转化体系的建立*

王　娜**　冀志蕊　徐成楠　迟福梅　周宗山***
（中国农业科学院果树研究所，兴城　125100）

摘　要：芽孢杆菌（*Bacillus* spp.）是一类棒杆状，能形成内生芽孢的革兰氏阳性细菌，在自然界中广泛存在。芽孢杆菌具有较强的适应性和抗逆性，能够分泌抑菌物质防治多种植物病害。PRO-25 是本课题组从黄瓜老茎中分离获得的一株芽孢杆菌，室内和田间应用结果显示，其能够在苹果枝条上定殖，防治苹果树腐烂病。本研究旨在建立和优化芽孢杆菌的遗传转化体系，为菌株的工程改良和提升应用潜力奠定基础。本实验采用自然转化法，将绿色荧光质粒 PXⅠ转入 PRO-25 细胞内，得到转化子 PRO-25-PXⅠ，挑取菌落，在共聚焦显微镜下观察有绿色荧光。转化体系稳定，转化效率高达 380CFU/μg DNA。将携带荧光质粒的转化子 PRO-25-PXⅠ、野生型菌株 PRO-25 分别与葡萄灰霉菌对峙培养，两者的抑菌圈大小基本相等，对灰霉菌达到同样的抑菌效果。本研究为 PRO-25 的后续分子调控机制研究提供了重要基础。

关键词：芽孢杆菌；遗传转化；生防菌

---

* 基金项目：公益性行业（农业）科研专项——保护地果蔬灰霉病绿色防控技术研究与示范（201303025）

** 第一作者：王娜，助理研究员，主要从事生防菌研究；E-mail：wangna@ caas. cn

*** 通信作者：周宗山，研究员，主要从事果树病害研究；E-mail：zszhouqrj@ 163. com

榨菜根肿病致腐生防细菌的筛选、鉴定及评价

蒋　欢*　彭玉梅　闫玉芳　张　勇　吴朝军　何本红　王旭祎**
（重庆市渝东南农业科学院，重庆　408099）

摘　要：榨菜，又名茎瘤芥（*Brassica juncea* var. *tumida* Tsen & Lee）、茎用榨菜，是重庆市涪陵区的特色农业资源和重点发展的蔬菜品种。近年来，由于十字花科根肿病在榨菜上扩展蔓延，严重影响其产量，造成巨大的经济损失。

研究发现茎瘤芥等十字花科蔬菜根肿病菌根经过腐烂处理后，休眠孢子的萌发率可到达70%以上，肖崇刚等在镜检腐烂肿根时观察到大量细菌存在，推测认为可能是由于腐烂处理时细菌的作用促进了肿根抑制性物质的分解或是改变了休眠孢子细胞壁的透性，从而提高了萌发率。

综上所述，本文旨在从腐烂的菌根中分离筛选出能促进肿根快速腐烂并刺激休眠孢子萌发的微生物，利用病原菌只能活体培养的特性，使萌发后的孢子找不到寄主而丧失侵染能力，从而降低根肿病田间菌源量，达到减轻根肿病为害程度的目标。

首先本文从榨菜根肿病病根中分离筛选出一株可刺激休眠孢子萌发的菌株 PB19，测定了 PB19 与根肿菌互作的最适温度和最适 pH 值，在 20℃和 25℃时，休眠孢子的萌发率分别为 45.67%、62.33%，说明 PB19 与根肿病菌互作的最适温度为 20~25℃。不同 pH 值条件下的休眠孢子萌发率在 5.0~7.0 较高，在 pH 值 6.5 时达到最高（64.33%），说明 PB19 与生防菌互作的最适 pH 值在 5.5~7.0。

同时还测定了菌株 PB19 在室内盆栽及大田小区试验中对榨菜根肿病的防治效果。将榨菜播种于浇灌了 PB19 培养液的菌土中，结果显示浇灌培养液后，榨菜发病率和病情指数明显低于发病对照，浇灌培养液 2 次和 3 次，对榨菜根肿病的防治效果分别为 68.76%，71.96%，显著高于浇灌 1 次培养液（22.72%）。大田试验表明各个处理的发病率均为 100%，施用 PB19 培养液后，榨菜根肿病病情指数显著低于清水对照，但防效只有 18.04%。

最后将纯化后的菌株送至中国食品发酵工业研究院微生物检测中心（FMIC）进行种属鉴定，PB19 鉴定为假单胞菌属（*Pseudomonas* sp.）。

关键词：榨菜根肿病；生防细菌；筛选

---

* 第一作者：蒋欢；E-mail：jhhyw521@163.com
** 通信作者：王旭祎

宁夏枸杞内生真菌多样性及其生防作用评价

胡丽杰* 徐全智 顾沛雯**
（宁夏大学农学院，银川 750021）

摘 要：枸杞属茄科枸杞属（*Lycium*），多分枝灌木，是我国名贵的中药材和滋补品。近年来，宁夏枸杞种植面积日益扩大，炭疽病作为枸杞的主要病害，一旦发生，会造成巨大的经济损失。目前炭疽病主要采用化学防治，但长期施用化学农药，不但使病、虫产生抗药性，而且污染环境，因此，寻找安全、无污染的生物农药迫在眉睫。植物内生菌指生活史的全部或者某一部分存在于植物器官、组织内，对植物没有明显危害的一类真菌、细菌以及放线菌。内生真菌与宿主之间是互惠共生关系，具有增强宿主的抗逆性，促进植物生长等特征。本试验以5种植物病原真菌为靶标菌，采用皿内对峙法，对121株内生菌株进行了抗菌活性筛选，观察其生防潜力，结果表明：具有较高抑菌活性的菌株有34株，是总菌株数的28.1%，其中菌株NQ7GF3对枸杞炭疽病菌的抑菌活性最高，抑菌带宽度为9.96mm；其次为NQ3GF1菌株，抑菌带宽度为8.27mm；再次为NQ5JF2，抑菌带宽度为7.29mm，利用显微观察，探究了枸杞颉颃真菌对病原菌的作用，结果表明，颉颃菌通过缠绕、穿透等作用使病原菌菌丝出现变形、干瘪、消解等现象。根据形态学和rDNA-ITS基因序列同源性分析，NQ3GF1、NQ4YF11、NQ5JF2同属于链格孢属（*Alternaria*）；NQ7GF3为枝孢属（*Cladosporium*）；NQ8YF3属于炭角菌属（*Xylaria*）。利用显微观察，探究了内生真菌NQ3GF1在枸杞根茎部的侵染定殖情况，结果发现菌丝主要从表皮细胞之间的缝隙侵入，在表皮细胞和外皮层细胞中定殖，可与植物共生。

关键词：枸杞内生真菌；侵染定殖；生防潜力

* 第一作者：胡丽杰；E-mail：876440034@qq.com
** 通信作者：顾沛雯

海洋放线菌 B80 的分类鉴定及其挥发性代谢产物研究*

闫建芳**[,2]　刘　秋[2]　赵柏霞[3]　刘志恒[1]　齐小辉[2]　刘长建[1,2]

(1. 沈阳农业大学植物保护学院，沈阳　110161；2. 大连民族大学生命科学学院，大连　116600；3. 大连市农业科学研究院，大连　116036)

摘　要：从大连新港海底沉积物样品中分离获得 1 株海洋放线菌 B80。采用平皿对扣培养检测其对常见植物病原真菌的抑制能力，通过形态观察、生理生化反应及 16S rDNA 序列分析等手段研究其分类地位，采用 C18 Mono Trap 捕集法收集挥发性代谢产物后利用顶空 GC-MS 联用技术进行组分分析。实验结果表明：B80 菌株挥发性气体对柑橘溃疡病菌菌落抑制率 100%，对山药炭疽病菌和白头翁叶斑病菌菌丝抑制面积达 72%；经 16S rDNA 序列分析，B80 与达松维尔拟诺卡氏菌（*Nocardiopsis dassonvillei* subsp. *dassonvillei* DSM 43111T）同源性为 99.93%，且系统发育树构建表明二者亲缘关系最近，但 B80 与模式菌株相比不耐酸（pH 值>6），不耐受井冈霉素和多抗霉素；B80 固态培养挥发性代谢产物的 GC-MS 谱图分析表明，在其培养过程中可产生 50 种以上挥发性产物，其中烷烃类 20 种，醇类 12 种，芳香类化合物 7 种，醛酸类 3 种，还有部分胺类。放线菌挥发性产物的研究尚处于初级阶段，将其应用于生物防治具有较大的研究价值和开发空间。

关键词：海洋放线菌；挥发性代谢产物；生物防治；分类鉴定

---

* 基金项目：国家自然科学基金（31070005，21276047，31270057）；中央高校自主基金青年项目（DC13010309，DC12010103）

** 第一作者：闫建芳，男，工程师，博士研究生，从事放线菌资源研究；E-mail：jianfangy2003@126.com

两株生防链霉菌对菊花种子萌发的影响

陈孝玉龙[1]* 胡小京[2] 杨茂发[1] 熬飞雄[2] 田 青[2]

Paolo Cortesi[3] Marco Saracchi[3]

(1. 贵州大学烟草学院，贵阳 550002；2. 贵州大学农学院，贵阳 550002；

3. 意大利米兰大学食品、环境与营养学院，米兰，意大利)

摘 要：链霉菌（*Streptomyces*）是通常能够产生多种有益次生代谢产物及酶的一类有菌丝体的细菌，其在土壤中含量丰富并能够在植物上定殖，使之具有成为生物农药和生物肥料的潜力。*S. exfoliatus* FT05W 和 *S. cyaneus* ZEA17I 是两株从植物根系内部分离得到的有益内生菌，是核盘菌、镰刀菌及寄生疫霉菌等土传病原菌的高效颉颃链霉菌，在田间能够良好地防控生菜上由核盘菌引起的菌核病，对烟草亦有良好的促进生长效果。另外，两株链霉菌在体外对紫花南芥、生菜及番茄的种子萌发无抑制作用，并能快速大量地在种子上定殖并促进寄主生长。为探究其与菊花的相互有益作用，本研究首先测试了 *S. exfoliatus* FT05W 和 *S. cyaneus* ZEA17I 对 3 种菊类花卉种子在滤纸上的萌发作用。研究结果表明：在浓度为 1×10^8 CFU/ml 浓度的 *S. exfoliatus* FT05W 孢子悬浮液处理下，翠菊、硫华菊及轮锋菊种子的萌发率分别是：75.00%、82.00%和 68.00%；而经过浓度为 1×10^8 CFU/ml 的 *S. cyaneus* ZEA17I 孢子悬浮液处理后，翠菊、硫华菊及轮锋菊种子的萌发率分别为 77.00%、78.00% 和 65.00%；与对照组相比，*S. exfoliatus* FT05W 和 *S. cyaneus* ZEA17I 对于翠菊、硫华菊及轮锋菊的种子萌发没有明显抑制作用。种子萌发率的测试是探究生防微生物定殖、促进生长及防治病害的前期工作，对于菊花种子没有明显抑制作用的 *S. exfoliatus* FT05W 和 *S. cyaneus* ZEA17I 可进一步用于链霉菌—菊花互作关系的基础与应用研究。

关键词：生防微生物；链霉菌；孢子悬浮液；菊花；种子萌发率

* 第一作者：陈孝玉龙；E-mail：chenxiaoyulong@ sina. cn

广西甘蔗根围 DSE 抗香蕉枯萎病菌株的平皿筛选*

农 倩** 陈艳露 覃丽萍 谢 玲*** 苏 琴 张 艳

(广西壮族自治区农业科学院微生物研究所，南宁 530007)

摘 要：香蕉枯萎病是由尖孢镰刀菌古巴专化型（*Fusarium oxysporum* f. sp. *cubense*）引起的毁灭性病害，严重威胁着我国香蕉产业的安全。深色有隔内生真菌（Dark septate endophyte，DSE）是一类与植物互惠共生的内生真菌，能赋予植物优良生长性状、提高宿主抗病虫能力及在胁迫环境中的抗逆性。项目组从广西南宁、柳州、百色、来宾、河池和贺州等地的甘蔗种植区采集分离得到48株DSE菌株。通过平皿共生实验发现，48株DSE菌株均能定殖于香蕉根部，对香蕉无致病性，与香蕉形成共生体。通过对“香蕉-DSE”共生体接种香蕉枯萎病原菌，评价DSE菌株对香蕉枯萎病的防治效果，筛选具有较好生防潜力的DSE菌株。实验结果表明，DSE菌株与香蕉建立共生关系后对香蕉枯萎病具有较好的抑制作用，有5株菌株在平皿中的防治效果达70%以上，10株菌株的防治效果在50%~70%。说明分离自广西甘蔗根围的多株DSE菌株对香蕉枯萎病的生防效果较明显，具有进一步研究的价值。

关键词：香蕉枯萎病；深色有隔内生真菌；生防菌；防治效果

---

* 基金项目：国家自然科学基金项目（31400016）；广西自然科学基金项目（2014GXNSFBA118101，2015GXNSFBA139083）；广西农业科学院基本科研业务专项（2015YT80）；广西农业科学院科技发展基金（2015JZ14，2015YM04，2016YM34）

** 第一作者：农倩，女，从事植物内生微生物应用研究

*** 通信作者：谢玲；E-mail：xieling20011@126.com

粉红螺旋聚孢霉 67-1 过氧化氢酶基因功能研究*

王　琦[1,2**]　孙占斌[1]　李世东[1]　马桂珍[2]　孙漫红[1***]

（1. 中国农业科学院植物保护研究所，北京　100081；2. 淮海工学院，云港　222005）

摘　要：粉红螺旋聚孢霉（*Clonostachys rosea*，异名：粉红粘帚霉，*Gliocladium roseum*）是一类重要的菌寄生菌，可以防治多种植物真菌病害。在一定条件下粉红螺旋聚孢霉可以产生抗性厚垣孢子，对延长菌剂货架期、提高防效稳定性具有重要意义。为研究粉红螺旋聚孢霉产厚垣孢子相关基因，实验室前期构建了高效菌株 67-1 产分生孢子和厚垣孢子转录组，并从中获得一个差异表达的过氧化氢酶基因 *Cch*5729。实时荧光 PCR 检测表明，*Cch*5729 在厚垣孢子形成的不同阶段（36h、72h）均显著下调表达。通过 67-1 全基因组序列克隆获得 *Cch*5729 基因全长，为 2 336bp，不含内含子。生物信息学分析表明，*Cch*5729 可以编码一个由 751 个氨基酸组成的多肽。编码蛋白分子量为 82 545. 8u，等电点 5. 83，无信号肽和跨膜区，为亲水性蛋白。

为阐释 *Cch*5729 在粉红螺旋聚孢霉厚垣孢子形成过程中的作用，本研究构建了 *Cch*5729 基因敲除载体，通过 PEG-$CaCl_2$ 转化方法，将敲除载体转入 67-1 原生质体中。经潮霉素抗性标记筛选、连续 3 代培养，以及 PCR 验证后，获得 2 株稳定遗传的突变株 *Cch*5729。对突变菌株生物学测定表明，PDA 培养基上培养 7d 后，Δ*Cch*5729 菌落直径平均为 47mm，显著低于 67-1 野生菌株（51mm）；在特定培养基中突变株产厚垣孢子能力显著降低，培养 72h 后孢子量仅为野生菌株的 1/3；同时，*Cch*5729 对番茄灰霉病菌的颉颃能力较野生菌株显著下降（$P<0.05$）。表明过氧化氢酶基因参与了粉红螺旋聚孢霉产孢和生防过程。本研究为揭示粉红螺旋聚孢霉厚垣孢子形成与调控机制奠定了理论基础。

关键词：粉红螺旋聚孢霉；厚垣孢子；过氧化氢酶；实时荧光定量 PCR；基因敲除

---

* 基金项目：国家自然科学基金（31471815）；现代农业产业体系项目（CARS-25-B-02）

** 第一作者：王琦，女，硕士研究生，从事植病生防真菌研发与功能基因研究；E-mail：1969619905@qq.com

*** 通信作者：孙漫红；E-mail：sunmanhong2013@163.com

桉树内生真菌及其抗菌活性最新进展*

单体江** 王小晴 毛子翎 张伟豪 王 松 张君君 谢银燕

(华南农业大学，林学与风景园林学院/广东省森林植物种质创新与利用重点实验室，广州 510642)

摘 要：桉树是桃金娘科（Myrtaceae）桉树属（*Eucalyptus* sp.）植物的通称，其原产于澳大利亚、印度尼西亚以及菲律宾，是目前世界重要的三大速生经济树种之一，我国引种按树已有百余年的历史，现有桉树人工林面积370万 hm^2 以上，目前桉树是我国华南地区重要的经济林和生态林树种。

近年来研究发现，桉树是植物内生真菌的重要来源之一，且分离得到的内生真菌的种类与多种因素有关。同一植株不同器官内生真菌的种类和数量不同。不同高度的叶片内生真菌种类存在着很大的差异，内生真菌的种类还与树木的生长年龄以及器官在树木的生长位置等因素有关。因此，由于温湿度的影响以及全球气候环境条件的不同，各地区处于不同生长环境中的桉树，其体内的内生真菌种类也有着很大的差异。目前印度的研究人员从桉树中分离到拟茎点霉属（*Phomopsis*）、光黑壳属（*Preussia*）、曲霉属（*Aspergillus*）以及毛壳菌属（*Chaetomium*）等内生真菌。国内报道的桉树内生真菌主要包括茎点霉属（*Phoma* sp.）、刺盘孢属（*Colletotrichum gloeosporioides*）、镰刀菌属（*Fusarium equiseti*）、扁孔腔菌属（*Lophiostoma* sp.）、刺杯毛孢属（*Dinemasporium* sp.）、毛壳菌属（*Chaetomium*）、拟盘多毛孢属（*Pestalotiopsis diploclisia*）、枝状枝孢属（*C. cladosporioides*）、弯孢聚壳属（*Eutypella*）以及球座菌属（*Guignardia*）等。

内生真菌与其宿主植物在长期的协同进化过程中形成了互利共生的关系，因此内生真菌对宿主植物生长发育及其抗逆性的促进作用一直是人们研究的重点，而对于抗菌活性的研究报道较少。Kharwar等从柠檬按（*E. citriodora* Hook. f.）中分离得到的曲霉属（*Aspergillus*）和毛壳菌属（*Chaetomium*）内生真菌表现出较高的抗真菌和抗细菌活性，且抗真菌活性要强于抗细菌活性。格希格图等从不同桉树的根部分离得到的内生真菌对桉树青枯病病原有不同程度的颉颃作用，其中以大叶桉（*E.robusta* Smith）内生真菌的抗菌活性最为显著（格希格图等，2009）。冯皓对从窿缘桉（*E.exserta* F. V. Muell.）和柠檬桉（*E.citriodora* Hook. f.）中分离得到的内生真菌粗提物的抗菌活性和抗氧化活性进行了研究，发现其中存在的次生代谢产物具有很好的抗氧化和抗菌活性。综上所述，桉树中含有种类和数量丰富的内生真菌资源，其抗菌活性菌株和活性成分还有待进一步的研究和探索。

关键词：桉树；内生真菌；抗菌活性；研究进展

---

* 基金项目：国家青年自然科学基金（31400544）；广东省普通高校青年创新人才项目（2014KQNCX034）

** 第一作者（通信作者）：单体江，男，博士，讲师，研究方向为植物和微生物的次生代谢产物及其生物活性；E-mail：tjshan@ scau. edu. cn

拟康氏木霉多肽抗菌素基因簇 TPX2 突变体的构建与筛选*

卢羽茜** 盛宴生** 任爱芝 赵培宝***
（聊城大学农学院植物保护系，聊城 252059）

摘 要：通过分析拟康氏木霉菌 Peptaibol 合成基因簇 TPX2 序列，设计并合成引物，扩增该基因簇上游和下游的两基因片段，以 PUC-AHPH 质粒为基础构建突变载体，以 PEG 介导转化技术转化木霉原生质体，经过潮霉素筛培养基选到转化子（图），经突变体筛选引物进一步验证，表明转化子 6-22 中载体通过单交换重组插入到基因簇序列内，基因簇完整性被中断，进一步的 Southern 杂交分析和 Peptaibol 产生 HPLC 分析正在进行。

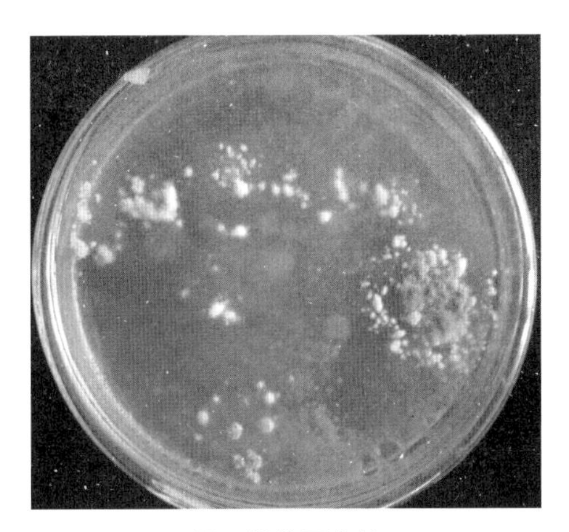

图 转化子生长

关键词：拟康氏木霉菌；Peptaibol；基因簇；突变

---

* 基金项目：山东省自然科学基金（ZR2013CM006）；山东省科技发展计划（2014GNC110020）；聊城大学创新计划（2013）；聊城大学大学生科技创新项目（201610447022）

** 共同第一作者：卢羽茜、盛宴生

*** 通信作者：赵培宝，博士，副教授，从事植物与病原物分子互作研究；E-mail：zhaopeibao@163.com

剑麻根际固氮菌分离和筛选方法的建立*

梁艳琼** 黄 兴 吴伟怀 李 锐 郑金龙 习金根 贺春萍*** 易克贤***
（中国热带农业科学院环境与植物保护研究所/农业部热带农林有害生物入侵监测与控制重点开放实验室/海南省热带农业有害生物检测监控重点实验室，海口 571101）

摘 要：剑麻是我国热区最重要的纤维作物，剑麻种植地土壤较为贫瘠，需要施用大量的氮肥，但大量氮肥的使用不仅增加了剑麻的种植成本，而且对环境造成了污染。发掘剑麻根际微生物的生物固氮潜力是降低剑麻生产成本的有效手段之一。因此，对我国三大剑麻产区海南昌江、广西钦州、广东湛江的剑麻根际联合固氮菌进行了研究。以 Ashby 培养基为基础培养基，利用液体培养基进行生物富集，通过平板稀释法和纸张弹布法对剑麻根际土壤固氮菌进行分离筛选，通过凯氏定氮法评价了固氮菌的固氮能力，乙炔还原法测定其固氮酶活性，初步建立一套快速有效筛选固氮菌的体系。结果表明，以 Ashby 培养基为筛选培养基，平板稀释法和纸张弹布法两种方法均能分离到固氮菌，而采用纸张弹布法可以高效的从土壤中分离筛选到固氮菌，初步建立了一套快速有效筛选固氮菌的体系。通过凯氏定氮法筛选获得 102 株固氮菌，再经乙炔还原法测定其固氮酶活性，以乙烯生产量表示，最终获得 41 株高固氮酶活固氮菌，其在无氮培养基上能够有效地还原乙炔，达到 1000~1978.3245 nmol C_2H_4/（ml·h），且不同地区同种菌的固氮酶活性存在一定差异。通过形态特征、生理生化特征和 16S r DNA 基因序列对固氮菌进行鉴定，41 株固氮菌分属于克雷伯氏菌属，芽孢杆菌属，阴沟肠杆菌属，这些菌株可望进一步研究开发成为微生物肥料的生产菌种。

关键词：剑麻；固氮菌；分离筛选；固氮酶活性

---

* 基金项目：国家麻类产业体系建设专项（No. CARS-19）；国家天然橡胶产业技术体系病虫害防控专家岗位项目（No. CARS-34-GW8）；中央级公益性科研院所基本科研业务费专项资助项目（NO. 2014hzs1J013；NO. 2015hzs1J014）

** 第一作者：梁艳琼，女，助理研究员，研究方向：植物病理学；E-mail：yanqiongliang@126.com

*** 通信作者：贺春萍；E-mail：hechunppp@163.com

易克贤；E-mail：yikexian@126.com

海藻酸钠寡糖诱导拟南芥对 *Pseudomonas syringae pv tomato DC*3000 抗性的初步研究

刘同梅* 王文霞 尹 恒

(中国科学院大连化学物理所，大连 116023)

摘 要：海藻酸钠寡糖（AOS）是海藻酸钠降解产物，是一种天然来源的生物活性物质，具有促进植物生长、缓解非生物胁迫等作用。目前，AOS 诱导植物抗病的研究相对较少。本研究以模式植物拟南芥和 *Pseudomonas syringae* pv. *tomato DC*3000（*PstDC*3000）为研究体系，明确了 AOS 可以诱导拟南芥抗 *PstDC*3000。实验结果表明：AOS 对拟南芥具有诱抗效果，诱抗效果与浓度具有密切的关系，最佳抗病浓度为 25mg/kg。该浓度 AOS 预处理拟南芥后接种 *PstDC*3000，与对照相比，处理组病情指数降低了 8.83%，叶片中 *PstDC*3000 的增殖量显著下降，仅为对照的 17.5%。同时处理组叶片中 *PstDC*3000 内参基因 *RecA*、毒性标记基因 *avrPtoB* 也大幅下降，分别是对照组的 14.1%和 28.4%。25mg/kg AOS 预处理拟南芥后，还可以激发抗性相关基因的变化，其中，水杨酸信号途径标记基因 *PR*1、茉莉酸信号途径标记基因 *PDF*1.2 分别上升了 10.52 倍、4.59 倍。综上，AOS 可以诱导拟南芥抗 *PstDC*3000，为 AOS 在植物病原菌的防治上提供一定的理论依据。

关键词：海藻酸钠寡糖；拟南芥；*PstDC*3000；抗性基因

* 第一作者：刘同梅，主要研究方向为寡糖诱导植物抗病机制研究；E-mail：liutongmei1210@163.com

鞘翅目昆虫聚集信息素研究与应用现状*

李　雪[1,2**]　马艳华[1]　李建一[1,2]　热孜宛古丽·阿卜杜克热木[1]　王超群[1]
曹雅忠[1]　尹　姣[1]　张　帅[1]　兰建强[2]　李克斌[1***]
（1. 中国农业科学院植物保护研究所，北京　100193；
2. 云南农业大学植物保护学院，昆明　650100）

摘　要：利用昆虫信息化学物质来防治害虫的危害已经受到人们越来越多的关注，昆虫聚集信息素是昆虫重要的信息化学物质之一，昆虫依靠分泌物招引同种其他个体前来一起栖息，共同取食，攻击异种对象，从而形成种群聚集。鞘翅目（Coleoptera）是昆虫纲中第一大目，种类繁多，系统复杂，而且有关该目昆虫聚集信息素的研究与应用也较突出。因此，本文重点针对其聚集信息素的鉴定、提取部位及方法、成分、影响昆虫聚集行为的因素以及聚集信息素的应用等进行了综述，以便为进一步开展相关研究提供参考。

关键词：鞘翅目；昆虫；聚集；信息素

昆虫信息素是同种昆虫个体之间在求偶、觅食、栖息、产卵、自卫等过程中起通讯联络作用的化学信息物质，主要有性信息素、聚集信息素、示踪信息素、报警信息素、疏散信息素以及蜂王信息素、那氏信息素等。在不同种昆虫之间和昆虫与其他生物之间也存在传递信息的化学媒介，即种间信息化学物质，简称种间素，主要有利己素、利他素和协同素等[1]。

昆虫聚集信息素（aggregation pheromone）通常被定义为由雌虫、雄虫任一性别的昆虫产生，并能引起雌雄两性同种昆虫聚集行为反应的化学物质[2]。昆虫通过聚集或获得有益的环境，或共享资源，或抵御外敌的侵袭[3]。

目前所鉴定的昆虫聚集信息素主要由鞘翅目、直翅目、半翅目、双翅目以及蜚蠊目等昆虫所产生，而以鞘翅目昆虫为最多[3]。

鞘翅目（Coleoptera）是昆虫纲第一大目，种类繁多，系统复杂。我国重要的种类有金龟甲总科，是鞘翅目中大类群之一，我国目前记载的约有 1 800种；幼虫通称蛴螬，是重要的地下害虫，在土内取食多种农作物、药材和花卉植物等萌发的种子、幼根、地下茎[4-5]。

自 20 世纪 50 年代以来，长期大量使用广谱性高效、高残留化学农药导致的环境污染、害虫抗药性增加、杀伤天敌、害虫再猖獗和破坏生态平衡等问题引起了世人的关注[6]。用昆虫信息素防治害虫是 20 世纪 20 年代以来发展的一种治虫技术。由于具有高效、无毒、没有污染、不伤益虫等优点，国内外对昆虫信息素的研究与应用都很

---

* 基金项目：国家自然科学基金（31371997）

** 第一作者：李雪，硕士研究生；E-mail：1262827520@ qq. com

*** 通信作者：李克斌，研究员；E-mail：kbli@ ippcaas. cn

重视[7]。

1 已鉴定出的鞘翅目昆虫聚集信息素成分

表1列出了目前已报道的鞘翅目昆虫聚集信息素的种类（或主要成分），从已鉴定出的聚集信息素成分可以看出，鞘翅目昆虫的聚集信息素主要成分为一些烃、醇、醛、酮、酯、酸类化合物，同一个科的昆虫聚集信息素化学结构相差不是很大。不同的人对同一种昆虫鉴定出的聚集信息素成分存在差异，而同一个人在不同的时间对同一种昆虫鉴定出的聚集信息素成分也有所不同。原因可能是同一种昆虫在不同的环境下会做出不同的反应，因此分泌出不同的具有聚集活性的化合物，也可能有的昆虫很难分泌多种具有聚集活性的化合物。

表1 已报道的鞘翅目昆虫的聚集信息素

昆虫种类	聚集信息素化学结构（或主要成分）	文献
长蠹科 Bostrychidae		
大谷蠹 *Prostephanus truncatus*	1-甲基乙基（反2）-2-甲基-2-戊烯酸酯	Cork *et al.*，1991
谷蠹 *Rhyzopertha dominica*	(S)-(+)-1-甲基丁基（反）-2-甲基-2-戊烯酸酯；(S)-(+)-1-甲基丁基（反）-2，4-二甲基-2-戊烯酸酯	Williams *et al.*，1981
扁甲科 Cucujidae		
锈赤扁谷盗 *Crytolestes ferrugineus*	反-4，8-二甲基-4，8-癸二烯-10-交酯；(顺3，11S)-3-十二碳烯-11-交酯	Wong *et al.*，1983
长角扁谷盗 *C. pusillus*	顺-3-十二碳烯交酯；顺-5-十四碳烯基-13-交酯；顺-3，6-十二碳二烯交酯	Millar *et al.*，1985
象甲科 Curculionidae		
大豆茎象 *Sternechus subsignatus*	(E)-2-(3，3-二甲基亚环已基）乙醇	Bianca *et al.*，2012
香蕉根颈象 *Cosmopolites sordidus*	(1S*，3R*，5R*，7S*)-2，8-二噁-1-乙基-3，5，7-三甲基-二环［3.2.1］辛烷	Beauhaire *et al.*，1995
Dynamis borassi	(S，S)-4-甲基-5-壬醇	Giblin *et al.*，1997
西印度蔗象 *Metamasius hemipterus*	2-甲基-4-庚醇；4-甲基-5-壬醇	Cerda *et al.*，1996
亚洲鼻隐喙象 *Rhynchophorus bilineatus*	(S，S)-4-甲基-5-壬醇	Oehlschlager *et al.*，1995
深红棕榈象 *R. cruentatus*	5-甲基-4-辛醇	Weissling *et al.*，1994
红棕象甲 *R. ferrugineus*	4-甲基-5-壬醇；4-甲基-5-壬酮	Hallett *et al.*，1993

（续表）

昆虫种类	聚集信息素化学结构（或主要成分）	文献
棕榈象甲 *R. palmarum*	6-甲基-（反）-2-庚烯基-4-醇	Rochat *et al.*，1991
棕榈红隐喙象 *R. phoenicis*	3-甲基-4-辛醇	Gries *et al.*，1993
豌豆根瘤象 *Sitona lineatus*	4-甲基-3，5-戊二酮；顺-3-己烯-1-醇； 顺-3-己烯-1-乙酸酯；里哪醇	Blight *et al.*，1984
华山松木蠹象 *Pissodes punctatus*	1-甲基-2-异丙烯基-环丁烷乙醇	泽桑梓，等，2010
白松木蠹象 *Pissodes strobi*	顺-2-异丙烯基-1-甲基环丁烷乙醇	Booth *et al.*，1983
胡椒花象 *Anthonomus eugenii*	顺-2-（3，3-二甲基亚环己基）乙醇；反-2-（3，3-二甲基亚环己基）乙醇； 顺-（3，3-二甲基亚环己基）乙醛；反-（3，3-二甲基亚环己基）乙醛； 香叶酸；香叶醇	Eller *et al.*，1994
露尾甲科 Nitidulidae		
Carpophilus antiquus	6，8-二乙基-4-甲基-反-3，5，7，9- dodecatetraene	Bartelt *et al.*，1993
C. brachypterus	3，5，7-三甲基-反-2，4，6，8-癸四烯； 3，5，7-三甲基-反 2，4，6，8-十一碳四烯； 3，5-二甲基-7-乙基-反-2，4，6，8-癸四烯； 4，6，8-三甲基-反-3，5，7，9-十一碳四烯； 3，5-二甲基-7-乙基-反-2，4，6，8-十一碳四烯	Willians *et al.*，1995
特氏露尾甲 *C. davidsoni*	3-甲基-5-乙基-反-2，4，6-壬三烯；4-甲基-6-乙基-反-3，5，7-癸三烯； 3，5，7-三甲基-反-2，4，6，8-十一碳四烯； 3，5-二甲基-7-乙基-反-2，4，6，8-十一碳四烯	Bartelt *et al.*，1994
脊胸露尾甲 *C. dimidiatus*	4-甲基-6，8-二乙基-反-3，5，7，9-十二碳四烯； 9-甲基-5，7-二乙基-反-3，5，7，9-十三碳四烯	Bartelt *et al.*，1995
黄斑露尾甲 *C. hemipterus*	3，5，7-三甲基-反-2，4，6，8-癸四烯； 3，5，7-三甲基-反-2，4，6，8-十一碳四烯；	Bartelt *et al.*，1990
玉米红褐露尾甲 *C. mutilatus*	7-甲基-5-乙基-反-3，5，7-十一碳三烯； 4-甲基-6-乙基-反-3，5，7-癸三烯	Bartelt *et al.*，1993
隐喙象科 Rhynchophoridae		
谷象 *Sitophilus granaries*	（R＊，S＊）-2-甲基-3-羟基戊酸-1-乙基丙酯	Phillips *et al.*，1987
米象 *S. oryzae*	（R＊，S＊）-5-羟基-4-甲基-3-庚酮	Phillips *et al.*，1985
玉米象 *S. zeamais*	（R＊，S＊）-5-羟基-4-甲基-3-庚酮	Phillips *et al.*，1985

（续表）

昆虫种类	聚集信息素化学结构（或主要成分）	文献
金龟科 Scarabaeidae		
椰蛀犀金龟 *Oryctes rhinoceros*	4-甲基辛酸；4-甲基辛酸乙酯；4-甲基庚酸乙酯	Hallett *et al.*，1995
非洲犀金龟 *O. Monoceros*	4-甲基辛酸乙酯	Gries G. *et al.*，1994
雅蛀犀金龟 *O. elegans*	4-甲基辛酸	Rochat *et al.*，2004
Scapanes australis	2-丁醇；3-hydoxy-2-丁酮；2，3-丁二醇	Rochat *et al.*，2002
S. aloeus	2-丁酮；3-戊酮；s-乙酸丁酯	Rochat *et al.*，2000
叶甲科 Chrysomeloidea		
黄曲条菜跳甲 *Phyllotreta striolata*	（+）-（6R，7S）-himachala-9，11-二烯	Beran *et al.*，2011
茄子叶甲 *Epitrix fuscula*	（2E，4E，6Z）-2，4，6-壬烯醛；（2E，4E，6E）-2，4，6-壬烯醛	Zilkowski *et al.*，2006
小蠹科 Scolytidae		
圆头松大小蠹 *Dendroctonus Adjunctus*	瘤额大小蠹素；反-马鞭草烯醇；外-西松大小蠹素	Hughes *et al.*，1976
西松大小蠹 *D. brevicomis*	西松大小蠹素；瘤额大小蠹素；月桂烯；3-蒈烯；马鞭草烯酮；松香芹酮；松香芹醇；反-月桂烯醇	Libbey *et al.*，1974；Pitman，1969；Vite and Pitman，1969
瘤额大小蠹 *D. frontalis*	瘤额大小蠹素；反-马鞭草烯醇；马鞭草烯酮；乙酸异戊酯；2-苯基乙醇；2-苯乙酸乙酯	Kinzer *et al.*，1969；Rudinsky，1973；Brand *et al.*，1977
黄杉大小蠹 *D. pseudotsugae*	瘤额大小蠹素；黄杉小蠹烯醇；乙醇；萜烯	Pitman *et al.*，1975
美云杉毛小蠹 *Dryocoetes affaber*	（+）-外-西松大小蠹素；（+）-内-西松大小蠹素	Camacho *et al.*，1994
重齿小蠹 *Ips duplicatus*	小蠹二烯醇	Bakke，1975
南部松齿小蠹 *I. grandicollis*	小蠹烯醇；顺/反-马鞭草烯醇	Vite and Renwick，1971
美东最小齿小蠹 *I. avulsus*	（R）-（-）-小蠹二烯醇；（S）-（-）-小蠹烯醇；顺/反-马鞭草烯醇；小蠹二烯醇	Vite *et al.*，1978；Vite *et al.*，1972
类加州十齿小蠹 *I. paraconfusus*	小蠹烯醇；小蠹二烯醇；顺/反-马鞭草烯醇	

（续表）

昆虫种类	聚集信息素化学结构（或主要成分）	文献
云杉松齿小蠹 *I. pini*	顺/反-马鞭草烯醇；小蠹二烯醇	Vite *et al.*，1972； Teale *et al.*，1991
日本云杉八齿小蠹 *I. typographus*	顺/反-马鞭草烯醇；小蠹二烯醇；小蠹烯醇；2-甲基-3-丁基-2-醇	Vite *et al.*，1972； Bakke，1977
中穴星坑小蠹 *Pityogenes chalcographus*	（反2，顺4）-2，4-甲基癸二烯酸酯；2-乙基-1，6-二氧螺环［4.4］壬烷；（-）-α/β-蒎烯	Francke *et al.*，1977
Pityokteines elegans	（S）-（-）-小蠹烯醇；（+）-和（-）-小蠹二烯醇；小蠹烯酮	Vite *et al.*，1972
波纹小蠹 *Scolytus multistriatus*	（-）-4-甲基-3-庚醇；2，4-二甲基-5-乙基-6，8-二氧杂双环（3.2.1）辛烷；（-）-α-烯；α-波纹小蠹素；4-甲基-3-庚醇； （-）-4-甲基-3-庚醇；α-波纹小蠹素；α-荜澄茄油烯 4-甲基-3-庚酮	Pearce *et al.*，1975 Gore *et al.*，1977 Cuthbert and Peacock，1978； Blight *et al.*，1982；
欧洲榆小蠹 *S. scolytus*	4-甲基3-庚酮； 苏-4-甲基-3-庚醇；赤-4甲基-3-庚醇；α-波纹小蠹素	Blight *et al.*，1983； Blight *et al.*，1978
脐腹小蠹 *S. schevyrewi*	十八烷；十九烷；十二酸；十四酸	范丽华等，2015
松纵坑切梢小蠹 *Tomicus piniperda*	反式-马鞭草烯醇；马鞭草烯酮；桃金娘烯醇	周楠等，1997
锯谷盗科 Silvanidae		
锯谷盗 *Oryzaephilus surinamensis*	顺-3，6-十二碳二烯-11-交酯；顺-3，6-十二碳二烯交酯；顺-5，8-十四碳二烯-13-交酯	Pierce *et al.*，1985
隐翅甲科 Staphylinidae		
隐翅虫 *Aleochara curtula*	顺-9-十六碳烯酸异丙酯	Peschke *et al.*，1999
黄粉甲 *Tenebrio molitor*	乳酸	Weaver *et al.*，1989
赤拟谷盗 *Tribolium castaneum*	（4R，8R）-（-）-4，8-二甲基癸醛	Suzuki and Mori，1983
弗氏拟谷盗 *T. freeman*	4，8-二甲基癸醛	Suzuki *et al.*，1987
天牛科 Cerambycidae		

（续表）

昆虫种类	聚集信息素化学结构（或主要成分）	文献
章子松墨天牛 *Monochamus galloprovincialis* 松墨天牛 *M. alternatus*	2-（十一烷氧基）-1-乙醇 2-（十一烷氧基）-1-乙醇	Pajares *et al.*，2010 Sung-MinLee *et al.*，2015
鳃金龟科		
甘蔗大褐齿爪鳃金龟 *Holotrichia consanguinea*	苯甲醚	Leal，*et al.*，1996
黑色鳃金龟 *H. loochooana loochooana*	（邻）氨基苯甲酸	Yasui *et al.*，2003

2　聚集信息素成分的提取方法

研究表明，昆虫聚集信息素绝大多数是通过消化道释放的。聚集信息素的释放有两条途径：一条是由胃盲囊和中肠通向后肠，另一条是由马氏管通向后肠。鞘翅目释放的聚集信息素绝大多数由雄虫产生，并且对两性成虫都具有吸引作用[70]。

信息素在昆虫体内的含量很少，导致信息素的收集非常困难。昆虫信息素的提取有几种方法：空气收集法、溶剂浸泡法以及固体萃取法[71]。

3　聚集信息素的分离鉴定及活性测定

3.1　气相色谱-质谱联用法（GC-MS）对化学物质进行分离鉴定

气相色谱的流动相为惰性气体，气-固色谱法中以表面积大且具有一定活性的吸附剂作为固定相。当多组分的混合样品进入色谱柱后，由于吸附剂对每个组分的吸附力不同，经过一定时间后，各组分在色谱柱中的运行速度也就不同。吸附力弱的组分容易被解吸下来，最先离开色谱柱进入检测器，而吸附力最强的组分最不容易被解吸下来，因此最后离开色谱柱。如此，各组分得以在色谱柱中彼此分离，顺序进入检测器中被检测、记录下来。泽桑梓等[22]通过 GC-MS 分离鉴定出 1-甲基-2-异丙烯基-环丁烷乙醇在林间引诱实验中对华山松木蠹象有较好的效果；范丽华等[59]也通过 GC-MS 分离鉴定出十八烷、十九烷、十二酸和十四酸对脐腹小蠹有引诱性，并推断其为脐腹小蠹聚集信息素的主要成分。

3.2　触角电位法筛选信息物质

触角电位（EAG）的原理：昆虫触角上存在丰富多样的化学感器，主要感受环境中的化学气味。气味通过感器上的微孔进入感器淋巴液中，与淋巴液内的气味结合蛋白相结合，形成气味蛋白复合体，复合体再与感受细胞的树突膜相互作用，产生动作电位。这种电位信号传入昆虫中枢神经系统，引起昆虫的行为反应。触角上分布又有很多这样的感受细胞。当活性气体化合物刺激触角时，大量的感受细胞会产生相应的电生理反应，在触角的两端可得到一个总的电位变化，用仪器将这种电位变化记录下来就构成了触角电位图。

鲁继红[72]通过 EAG 测定了对东北大黑鳃金龟有电生理反应的信息物质。

3.3 聚集信息素生物活性的测定

利用 Y 型嗅觉仪测定试虫释放挥发性物质的生物活性。此装置以气泵为动力，空气经活性炭、分子筛过滤后形成两个分支，每个分支流经一个空气流量计、圆底烧瓶，与 Y 形管的测试臂相连。Y 型管的两臂一边为待测样品，一边为对照，将试虫置于主臂，一定时间后观察试虫的选择，然后重复实验并记录数据。泽桑梓等[22]都通过 Y 型嗅觉仪对实验候选化合物进行了活性测定，并取得了较好的结果。

3.4 田间检测

在试虫危害严重的寄主植物区域，使用诱捕器诱捕试虫，诱芯自制，用微量移液器吸取一定量的样品，置于离心管中，并塞满棉花，起到缓释的作用，将离心管盖子打开并挂在诱捕器的侧板上。将配好的诱芯挂在诱捕器的中部。随机悬挂诱捕器，每 2 个诱捕器间距大于 30m，每 2 天检查 1 次，记录诱集到的雌、雄成虫数。为保证随机性，每次检查时，将诱芯随机调换，对照为不挂任何诱芯，重复每个处理[59]。周楠等[60]将单组分化合物以不同比例混合在林间取得了一定的引诱效果。

4 影响昆虫聚集行为的因素

昆虫产生聚集行为可以有多个原因，昆虫自身分泌的信息素、取食时发出的声音、树叶伤口处流出的汁液等，不同类群个体聚集的机制还不十分清楚，聚集行为可在成虫补充营养场所聚集，如刺槐黄带蜂天牛[74]，也可以在产卵场所聚集，如松墨天牛(*Monochamus alternatus*)[73]。

许多鞘翅目昆虫的聚集行为都与适宜的食物源有关，所以，不难想象，寄主植物的挥发性气味往往会引诱它们聚集。正是由于上述作用，才使得一些鞘翅目昆虫有可能寻找到大量聚集在一些被隔离起来的自然界罕见的生境中，如贮木场、粮库、垂死的立木等。只有能最大限度利用这些生境的昆虫种类在进化中才具有选择优势[2]。

5 昆虫聚集信息素的应用

昆虫信息化学物质的应用能够减少大量使用化学农药。利用信息素取代化学农药的治理方法有利于利用天敌控制害虫种群数量，而且天敌种群的恢复也证实了以信息化学物质为基础的方法具有更好的效果[75]。昆虫信息化学物质在害虫综合治理中具有明显的优势，目前已成功地应用于种群监测、大量诱杀和干扰交配中，并已成为国内外特别是欧美等发达国家防治害虫的重要措施[6]。利用信息化学物质诱捕器对昆虫进行种群监测主要是根据诱捕量预测昆虫的发生期、发生量、分布区和危害程度，为确定防治区域、防治时间和防治方法提供依据[76]。杨国海[77]曾提出把昆虫引诱剂应用到植物检疫上的设想，并对在植物检疫中应用引诱剂的可能性和具体应用的有关设想进行了论述，但并未开展相关的研究。

6 展望

大量、不合理化学农药的使用，对我们生存的环境产生了污染和破坏，进而引发了一系列的环境与社会问题，诸如害虫天敌被杀伤、害虫的抗药性日趋加重等。随着人类对环境越来越重视，国际上对化学农药使用的标准也越来越严格了，许多国家对农药使用都有明确规定[78]。在昆虫的综合治理中使用昆虫信息化学物质，不仅能有效控制害虫，而且能克服使用化学农药所造成的不良后果。昆虫信息化学物质在森林害虫综合治理中已经得到了广泛应用，它解决了那些因使用化学农药带来的一系列问题，从而维护了森林生态平衡，达到了持续控制害虫的目的[79]。由于聚集信息素有聚集作用，若与杀虫剂配合使用，则可以将害虫聚而杀之，同时，还能降低毒饵的驱避性，减少对人畜的毒害和环境污染[80]。应用昆虫信息化学物质这种对环境友好的害虫治理方法，前景将会越来越广阔[81]。在物理防治方面，聚集信息素可以与诱捕器、陷阱及粘着法等联合使用，以提高诱捕效果。有人曾做过试验，发现用聚集信息素可以诱集到除了卵以外所有虫态的德国小蠊、东方蜚蠊及美洲大蠊，与诱捕器联用时还可显著的提高诱捕率[82]。根据此实验，可以尝试将鞘翅目昆虫聚集信息素与诱捕器联用，观察效果。在化学防治方面，可以与毒饵及昆虫生长调节剂等联用。若把聚集信息素加在毒饵中，可以降低毒饵的驱避性，延长昆虫与毒饵的接触时间以及提高毒饵的竞争力[80]。

但是，我们要认识到应用昆虫信息化学物质来防治害虫也有其局限性，利用信息物质防治害虫效果比较缓慢而且成本较高。目前鞘翅目昆虫聚集信息素的研究结果与实际应用还存在一定距离，主要问题是对聚集信息素的组分未完全清楚。虽然有些昆虫提取到并证明了几种组分，但是生物测定表明提取物的活性低于原始物[83]。另外，对于同一种昆虫，不同研究者用不同的方法得到的物质组分不同，甚至相同的人在不同时间发表的物质成分是不同的，对欧洲大榆小蠹的聚集信息素而言，Blight 等[58]认为其成分为 4-甲基-3 庚醇和 α-波纹小蠹素 3 种物质；Blight 等[57]则认为只有 4-甲基-3-庚醇 1 种成分。说明可能还有一些重要活性物质未提取出来，或者不同组分之间可能存在协调作用。

对于有聚集行为的昆虫，必须研究清楚为何聚集，何时聚集，怎样聚集等基本问题[3]；目前需要加强人工合成昆虫信息化学物质的技术，优化引诱剂，改进信息化学物质的释放技术和释放载体，提高诱集效率等相关研究[84]。昆虫聚集信息素是群集危害性昆虫重要的联系物质，聚集信息素的研究对于了解昆虫的信息交流方式，揭示它们聚集行为的机制都有重要意义的[85]。因此，亟待加强鞘翅目昆虫聚集行为机制的深入研究，以及聚集信息素的应用研究。

参考文献

[1] 王郁，邱乐忠.昆虫信息素的应用及前景［J］. 福建农业科技，2011，2：48-50.

[2] 赵博光，张松山.国外昆虫聚集信息素研究概况［J］.南京林业大学学报（自然科学版），1993，01：84-90.

[3] 姜勇，雷朝亮，张钟宁.昆虫聚集信息素［J］. 昆虫学报，2002，6：822-832.

[4] 魏鸿钧，张治良，王荫长.中国地下害虫［M］.上海：上海科学技术出版社，1989.

[5] 张美翠，尹姣，李克斌，等.地下害虫蛴螬的发生与防治研究进展［J］. 中国植保导刊，2014，10：20-28.

[6] 林强.昆虫信息化学物质及其在综合治理中应用的前景［J］. 中国森林病虫，2015，01：38-42.

[7] 孟宪佐.我国昆虫信息素研究与应用的进展［J］. 昆虫知识，2000，02：75-84.

[8] Cork A，Hall D H，Hodges R J，*et al*.Identification of major component of male-produced aggrega-

tion pheromone of larger grain borer, *Prostephanus truncatus* (Horn) (Coleoptera: Bostrichidae) [J]. J.Chem.Ecol., 1991, 17: 789-803.

[9] Williams H J, Silverstein R M, Burkholder W E, *et al.*Dominicalure 1 and 2: components of aggregation pheromone from male lesser grain borer *Rhyzopertha dominica* (F.) (Coleoptera: Bostrichidae) [J]. J.Chem.Ecol., 1981, 7: 759-784.

[10] Wong J W, Verigin V, Oehlschlager A C, *et al.*Isolation and identification of two macrolide pheromones from the frass of *Cryptolestes ferrugineus* (Coleoptera: Cucujidae) [J]. J. Chem. Ecol., 1983, 9: 451-474.

[11] Millar J G, Pierce H D Jr, Pierce A M, *et al.*Aggregation pheromones of the flat grain beetle, *Cryptolestes pusillus* (Coleoptera: Cucujidae) [J]. J.Chem.Ecol., 1985, 11: 1053-1070.

[12] Bianca G.Ambrogi, Angela M, *et al.*Identification of Male-Produced Aggregation Pheromone of the Curculionid Beetle *Sternechus subsignatus* [J]. J.Chem.Ecol., 2012, 38 (3): 272-277.

[13] Beauhaire J, Ducrot P H, Malosse C, *et al.*Identification and synthesis of sordidin, a male pheromone emitted by *Cosmopolites sordidus* [J]. Tetrahedron Letters, 1995, 36: 1043-1046.

[14] Giblin Davis R M, Gries R, Gries G, *et al.*Aggregation pheromone of palm weevil, *Dynamis borassi*.J.Chem.Ecol., 1997, 23 (10): 2287-2297.

[15] Cerda H, Fernandez G, Lopez A, *et al.*Study of *Metamasius hemipterus* (Coleoptera: Curculionidae) attraction to host plant odors and aggregation pheromones [J]. Canade Azucar., 1996, 14 (2): 53-70.

[16] Oehlschlager A C, Prior R N B, Perez A L, *et al.*Structure, chirality, and field testing of a male -produced aggregation pheromone of Asian palm weevil *Rhynchophorus bilineatus* (Montr.) (Coleoptera: Curculionidae) [J]. J.Chem.Ecol., 1995, 21: 1619-1629.

[17] Weissling T J, Giblin-Davis R M, Gries G, *et al.* Aggregation pheromone of palmetto weevil, *Rhynchophorus cruentatus* (F.) (Coleoptera: Curculionidae) [J]. J. Chem. Ecol., 1994, 20: 505-515.

[18] Hallett R H, Gries G, Gries R, *et al.*Aggregation pheromones of two Asian palm weevils, *Rhynchophorus ferrugineus* and *R.vulneratus* [J]. Naturwissenschaften, 1993, 80: 328-331.

[19] Rochat D, Malosse C, Lettere M, *et al.*Male-produced aggregation pheromone of the American palm weevil, *Rhynchophorus palmarum* (L.) (Coleoptera, Curculionidae): collection, identification, electrophysiological activity, and laboratory bioassay [J]. J. Chem. Ecol., 1991, 17: 2127-2141.

[20] Gries G, Gries R, Perez A L, *et al.*Aggregation pheromone of the African palm weevil, *Rhynchophorus phoenicis* F [J]. Naturwissenschaften, 1993, 80: 90-91.

[21] Blight M M, Pickett J A, SmithM C, *et al.* An aggregation pheromone of *Sitona lineatus* [J]. Naturwissenschaften, 1984, 71: 480-480.

[22] 泽桑梓，闫争亮，张真，等.华山松木蠹象聚集信息素分离鉴定和引诱效果 [J]. 昆虫学报，2010, 03: 293-297.

[23] Booth D C, Phillips T W, Claesson A, *et al.*Aggregation pheromone components of two species of Pissodes weevils (Coleoptera: Curculionidae) isolation, identification, and field activity [J]. J. Chem.Ecol., 1983, 9 (1): 1-12.

[24] Eller F J, Bartelt R J, Shasha B S, *et al.* Aggregation pheromne for the pepper weevil, *Anthonomus eugenii* Cano (Coleoptera: Curculionidae): idengtification and field activity [J]. J. Chem.Ecol., 1994, 20 (7): 1537-1556.

[25] Bartelt R J, Seaton K L, Dowd P F. Aggregation pheromone of *Carpophilus antiquus* (Coleoptera: Nitidulidae) and kairomonal use of *C. lugubris* pheromone by *C. antiquus* [J]. J. Chem. Ecol., 1993, 19: 2203-2216.

[26] Willians R N, Ellis M S, Bartelt R J, *et al.* Efficacy of *Carpophilus* aggregation pheromones on nine species in northeastern Ohio, and identification of the pheromone of *C. brachypterus* [J]. Ent. Exp. Appl., 1995, 77 (2): 141-147.

[27] Bartelt R J, James D G. Aggregation pheromone of Australian sap beetle, *Carpophilus davidsoni* (Coleoptera: Nitidulidae) [J]. J. Chem. Ecol., 1994, 20: 3207-3219.

[28] Bartelt R J, Weaver D K, Arbogast R T. Aggregation pheromone of *Carpophilus dimidiatus* (F.) (Coleoptera: Nitidulidae) and responses to *Carpophilus* pheromones in South Carolina [J]. J. Chem. Ecol., 1995, 21: 1763-1779.

[29] Bartelt R J, Dowd P F, Plattner R D, *et al.* Aggregation pheromone of driedfruit beetle, *Carpophilus hemipterus*. Wind-tunnel bioassay and identification of two novel tetraene hydrocarbones [J]. J. Chem. Ecol., 1990, 16: 1015-1039.

[30] Phillips J K, Miller S P F, Andersen J F, *et al.* The chemical identification of the granary weevil aggregation pheromone [J]. Tetrahedron Letters, 1987, 28: 6145-6146.

[31] Phillips J K, Walgenbach C A, Klein J A, *et al.* (R^*, S^*) -5-Hydoxy-4-methyl-3-heptanone male-produced aggregation pheromone of *Sitophilus oryzae* (L.) and *S. zeamais* Motssch [J]. J. Chem. Ecol., 1985, 11: 1263-1274.

[32] Hallett R H, Perez A L, Gries G, *et al.* Aggregation pheromone of coconut rhinoceros beetle, *Oryctes rhinoceros* (L.) (Coleoptera: Scarabaeidae) [J]. J. Chem. Ecol., 1995, 21 (10): 1549-1570.

[33] Gries G, Gries R, Perez A L, *et al.* Aggregation pheromone of the African rhinoceros beetle, Oryctes monoceros (Olivier) (Coleoptera: Scarabaeidae) [J]. Zeitschrift fur Naturfor schung. Section C, Biosciences, 1994, 49 (5/6): 363-366.

[34] Rochat D, Mohammadpoor K, Malosse C, *et al.* Male aggregation pheromone of date palm fruit stalk borer *Oryctes elegans* [J]. Journal of Chemical Ecology, 2004, 30 (2): 387-407.

[35] Rochat D, Morin J P, Kakul T, *et al.* Activity of male pheromone of Melanesian rhinoceros beetle Scapanes australis [J]. Journal of Chemical Ecology, 2002, 28 (3): 479-500.

[36] Rochat D, Ramirez-Lucas P, Malosse C, *et al.* Role of solid-phase microextraction in the identification of highly volatile pheromones of two Rhinoceros beetles *Scapanes australis* and *Strategus aloeus* (Coleoptera, Scarabaeidae, Dynastinae) [J]. Journal of Chromatography A, 2000, 885 (1/2): 433-444.

[37] Beran F, Mewis I, Srinivasan R, *et al.* Male *Phyllotreta striolata* (F.) produce an aggregation pheromone: Identification of Male-specific compounds and interaction with host plant volatiles [J]. J. Chem. Ecol., 2011, 37 (1): 85-97.

[38] Zilkowski B W, Bartelt R J, Cosse A A, *et al.* Male-produced aggregation pheromone compounds from the Eggplant flea beetle (*Epitrix fuscula*): Identification, synthesis, and field biossays [J]. J. Chem. Ecol., 2006, 32 (11): 2543-2558.

[39] Hughes P R, Renwick J A A, Vite J P. The identification and field bioassay of chemical attractants in the roundheaded pine beetle [J]. Environ. Entomol., 1976, 5: 1165-1168.

[40] Libbey L M, Morgan M E, Putnam T B, *et al.* Pheromones released during inter-and intra-sex response of the scolytid beetle *Dendroctonus brevicomis* [J]. J. Insect Physiol., 1974, 20:

1667-1671.

[41] Pitman G B.Pheromone response in pine bark beetles: influence of host volatiles [J]. Science, 1969, 166: 905-906.

[42] Vite J P, Pitman G B.Insect and host odors in the aggregation of the western pine beetle [J]. Can. Ent., 1969, 101: 113-117.

[43] Kinzer G W, Fentiman A F, Page T F, *et al.*Bark beetle attractants: identification, synthesis and field bioassay of a new compound isolated from Dendroctonus [J]. Nature, 1969, 221: 477-478.

[44] Rudinsky J A.Multiple functions of the southern pine beetle pheromone verbenone [J]. Environ. Entomol., 1973, 2: 511-514.

[45] Brand J M, Schultz J, Barras S J, *et al.*Bark-beetle pheromones.Enhancement of *Dendroctonus frontalis* (Coleoptera: Scolytidae) aggregation pheromone by yeast metabolites in laboratory bioassay [J]. J.Chem.Ecol., 1977, 3: 657-666.

[46] Pitman G B, Hedden R L, Gara R I.Synergistic effects of ethyl alcohol on the aggregation of *Dendroctonus pseudotsugae* (Col., Scolytidae) in response to pheromones [J]. Z.Ang.Ent., 1975, 78: 203-208.

[47] Camacho A D, Pierce H D Jr, Borden J H.Aggregation pheromones in *Dryocoetes affaber* (Mann.) (Coleoptea: Scolytidae): stereoisomerism and species specificity [J]. J.Chem.Ecol., 1994, 20: 111-124.

[48] Bakke A.Aggregation pheromone in the bark beetle *Ips duplicatus* (Sahlberg) [J]. Norw.J.Ent., 1975, 22: 67-69.

[49] Vite J P, Renwick J A A.Population aggregating pheromone in the bark beetle, *Ips grandicollis* [J]. J.Insect Physiol., 1971, 17: 1699-1704.

[50] Vite J P, Bakke A, Renwick J A A.Pheromones in Ips (Coleoptera: Scolytiae): occurrence and production [J]. Can.Ent., 1972, 104: 1967-1975.

[51] Teale S A, Webster F X, Zhang A, *et al.*Lanierone: a new pheromone component from *Ips pini* (Coleoptera: Scolytidaae) in New York [J]. J.Chem.Ecol., 1991, 17: 1159-1176.

[52] Bakke A.Field response to a new pheromonal compound isolated from *Ips typographus* [J]. Naturwissenschaften, 1977, 64: 98.

[53] Francke W, Heemann V, Gerken B, *et al.*2-Ethyl-1, 6-dioxaspiro [4.4] nonane, principal aggregation pheromone of *Pityogenes chalcographus* (L.) [J]. Naturwissenschaften, 1977, 64: 590-591.

[54] Pearce G T, Gore W E, Silverstein R M, *et al.*Chemical attractants for the smaller European elm bark beetle *Scolytus multistriatus* (Coleoptera: Scolytidae) [J]. Journal of Chemical Ecology, 1975, 1: 115-124.

[55] Gore W E, Pearce G T, Lanier G N, *et al.*Aggregation attractant of the European elm bark beetle, *Scolytus multistriatus*: production of individual components and related aggregation behavior [J]. Journal of Chemical Ecology, 1977, 3 (4): 429-446.

[56] Cuthbert R A, Peacock J W.Response of the elm bark beetle, *Scolytus multistriatus* (Coleoptera: Scolytidae), to component mixtures and doses of the pheromone, multilure [J]. J.Chem.Ecol., 1978, 4 (3): 363-373.

[57] Blight M M, Henderson N C, Wadhams L J.The identification of 4-methyl-3-heptanone from *Scolytus scolytus* (F.) and *S. multistriatus* (Marsham). Absolute configuration, laboratory bioassay and electrophysiological studies on *S.scolytus* [J]. Insect Biochem., 1983, 13 (1): 27-38.

[58] Blight M M, Wadhams L J, Wenham M J. Volatiles associated with unmated *Scolytus scolytus* beetles on english elm: differential production of a-multi striatin and 4-methyl-3-heptanol, and their activities in a laboratory bioassay [J]. Insect Biochem., 1978, 8 (3): 135-142.

[59] 范丽华，牛辉林，张金桐，等.脐腹小蠹聚集信息素的提取鉴定和引诱效果 [J]. 生态学报，2015，03：892-899.

[60] 周楠，李丽莎，蒋昭龙，等.云南松纵坑切梢小蠹聚集信息素研究 [J]. 云南林业科技，1997，02：23-41.

[61] Pierce A M, Pierce H D Jr, Oehlschlager A C, *et al.*Macrolie aggregation pheromones in *Oryzaephilus surinamensis* and *Oryzaephilus mercator* (Coleoptera: Cucujidae) [J]. J. Agric. Food Chem., 1985, 33: 848-852.

[62] Peschke K, Friedri ch P, Kaiser U, *et al.*Isopropyl (Z9) -hexadecenoate as a male attract ant pheromone from the sternal gland of the rove beetle *Aleochara curtula* (Coleoptera: Staphylinidae) [J]. Chemoecology, 1999, 9 (2): 47-54.

[63] Weaver D K, McFarlane J E, Alli I.Aggregation in yellow mealworms, *Tenebrio molitor* L. (Coleoptera: Tenebrionidae) larvae.I.Individual and group attraction to frass and isolation of an aggregant [J]. J.Chem.Ecol., 1989, 15: 1605-1615.

[64] Suzuki T, Mori K. (4R, 8R) - (-) - 4, 8 - dimethyldecanal: the natural aggregation pheromone of the red flour beetle, *Tribolium castaneum* (Coleoptera: Tenebrionidae) [J]. Appl. Ent.Zool., 1983, 18: 134-136.

[65] Suzuki T, Nakakita H, Kuwahara Y, 1987.Aggregation pheromone of *Tribolium freemani* Hinton (Coloeoptea: Tenebrionidae) I.Identification of aggregation pheromone [J].Appl.Ent.Zool., 22: 340-347.

[66] Pajares J A, lvarez G, Ibeas F, *et al.*Identification and field activity of a male-produced aggregation pheromone in the pine sawyer beetle, *Monochamus galloprovincialis* [J].J.Chem.Ecol., 2010, 36 (6): 570-583.

[67] Sung-Min Lee, Do Kyung Hong, Jongseong Park, *et al.*Field Bioassay for Longhorn Pine Sawyer Beetle *Monochamus alternatus* (Coleoptera: Cerambycidae) in Korea Based on Aggregation Pheromone 2- (Undecyloxy) ethanol [J].Journal of Life Science, 2015, 25 (12): 1445-1449.

[68] Leal W S, Yadava C P S, Vijayvergia, J N.Aggregation of the scarab beetle *Holotrichia consanguinea* in response to female-released pheromone suggests secondary function hypothesis for semiochemical [J].Journal of Chemical Ecology, 1996, 22 (8): 1557-1566.

[69] Yasui H, Wakamura S, Arakaki N, *et al.*Anthranilic acid: a free amino-acid pheromone in the black chafer, *Holotrichia loochooana loochooana* [J].Chemoecology, 2003, 13 (2): 75-80.

[70] 祝晓云，张蓬军，吕要斌.花蓟马雄虫释放的聚集信息素的分离和鉴定 [J]. 昆虫学报，2012，04：376-385.

[71] 杜家伟.昆虫信息素及其应用 [M]. 北京：北京林业出版社，1984.

[72] 鲁继红.东北大黑鳃金龟信息物质的提取与鉴定 [D]. 哈尔滨：东北林业大学，2008.

[73] 杨远亮.云斑天牛成虫聚集、交配行为的初步研究 [D]. 成都：四川农业大学，2008.

[74] Harman D M, Harman A L.Distribution pattern of admit locust borers, (Coleoptera: Cerambycidae) on nearby goldenrod, *Solidago* spp. (Asteraceae) at a forest field edge [J].Proc Entomol Sac Am, 1987 (89): 706-710.

[75] Agnello A M, Reissig W H, Kovach J, *et al.*Integrated apple pest management in New York State using predatory mites and selective pesticides [J]. Agric Ecosyst Env, 2003, 94: 183-195.

[76] 杜家纬.昆虫信息素及其应用 [M]. 北京：中国林业出版社，1988.

[77] 杨国海.把昆虫引诱剂应用到植物检疫上的设想 [J]. 植物检疫，1993，7（3）：226-229.

[78] 郑卫青，陈海婴，柳小青，等.昆虫信息素研究与应用概况 [J]. 中华卫生杀虫药械，2014，06：591-594.

[79] 赵玉民，王艳军，陈国发，等.小蠹聚集信息素研究与应用的进展 [J]. 内蒙古林业科技，2011，3：55-60.

[80] 钟伟，殷幼平.蜚蠊聚集信息素的研究进展 [J]. 中国媒介生物学及控制杂志，2002，5：392-394.

[81] 苏茂文，张钟宁.昆虫信息化学物质的应用进展 [J]. 昆虫知识，2007，4：477-485.

[82] Miller D M，Koehler P G.Novel extraction of German cockroach fecal pellets enhances efficacy of spray formulation insecticides [J]. Ann Entomol Soc Am，2000，93：107-111.

[83] 韩秀华，农向群，张泽华.德国小蠊聚集信息素的研究进展 [J]. 中国媒介生物学及控制杂志，2009，4：379-381.

[84] 周萍，于艳雪，张俊华，等.长小蠹信息化学物质的研究与应用 [J]. 植物检疫，2015，06：22-26.

[85] 张善学，曾鑫年.昆虫聚集信息素研究进展 [C].中国昆虫学会.昆虫与环境——中国昆虫学会2001年学术年会论文集.中国昆虫学会，2001：6.

昆虫共生菌的次生代谢产物及其植保功能

张应烙*
(安徽农业大学生命科学学院，合肥 230036)

摘　要：自1929年弗来明从真菌中发现青霉素以来，人们一直试图从微生物中寻找人类急需的新药源分子，但研究的对象长期集中于来自土壤、水体等环境微生物，从中分离得到的化合物往往是已知化合物，出现全新骨架活性化合物的几率已经很低，趋同的环境和重复的研究使得新天然药物的发现率从20世纪80年代开始逐年下降。但与此同时，近年来在制药领域的进步使得人们对药用活性物质的来源与特性有了更高的要求，已有结构特征的化合物不能适应疾病谱的快速变化，而传统来源天然产物发现的途径也难以满足具有新结构特征或新作用机制化合物发现的需要。因此，为了发现新型天然药源分子，寻找新的特境微生物资源显得尤为必要。

昆虫共生菌是一类研究较少的特境微生物，它不仅种类繁多，而且在生态、代谢特征、生理活性等方面均有一定的特殊性，是新型药源分子的广泛来源[1]。我们对螳螂、蝗虫、白蚁、蜻蜓共生菌的活性成分进行了研究，分离到多个新骨架和新活性化合物，部分化合物具有很好的抗植物病原菌或除草活性[2-9]。昆虫是地球生物圈中已知种类最多的一群生物，与昆虫共生的特境微生物具有丰富的多样性，但与昆虫种类相比，目前人们对昆虫共生菌研究较少，对其代谢产物研究更少，亟待加强研究。

关键词：共生菌；次生代谢产物；植保功能

* 第一作者：张应烙，博士，教授，主要研究生物农药；E-mail：yinglaozhang@ aliyun. com

YS03 球孢白僵菌防治稻水象甲大田试验*

狄雪塬[1**] 杨茂发[1,3***] 邹 晓[2] 严 斌[1]

（1. 贵州大学昆虫研究所，贵州省山地农业病虫害重点实验室，贵阳 550025；
2. 贵州大学真菌资源研究所，贵阳 550025；3. 贵州大学烟草学院，贵阳 550025）

摘 要：试验采用农药、YS03 球孢白僵菌喷粉、喷雾等不同处理防治稻水象甲，通过调查田间稻水象甲的为害叶率、成虫数及幼虫数，比较各处理对稻水象甲的防治效果。结果表明，农药对成虫的防效差异显著，对取食斑及幼虫的防效差异不显著；YS03 球孢白僵菌两种施用方法间的防效差异不显著。YS03 球孢白僵菌两种施用方法均可以较好的防治稻水象甲。

关键词：稻水象甲；YS03 球孢白僵菌；喷粉；喷雾

稻水象甲（*Lissorhoptrus oryzophilus* Kuschel）隶属鞘翅目，象虫科，是一种重要的检疫性害虫[1]。原产于北美，20 世纪 70 年代初孤雌生殖型传入亚洲，1988 年在我国河北唐海县首次发现，之后在我国不断扩张蔓延，贵州省在 2010 年首次发现稻水象甲[2]。

稻水象甲成虫和幼虫均可对水稻造成为害，成虫沿寄主植物的叶脉啃食叶肉，形成条状取食斑，为害严重时，将叶肉吃光，仅留一层表皮；幼虫咬食或蛀食根部，为害后影响水稻的分蘖能力、株高、降低单位面积穗数、延迟水稻的生育期，进而影响水稻产量[3-5]。

目前对稻水象甲的防治主要以化学防治为主，但化学防治导致一系列的生态环境问题，也容易使害虫产生抗药性。生物防治便日益受到重视，但稻水象甲传播到我国后，原产于北美洲的天敌并没有随之传入，因此稻水象甲的天敌匮乏，生物防治研究进展甚微[6]。

日本的研究表明，只有绿僵菌和白僵菌对成虫具有较强的致病性，可被作为微生物防治的材料[7-8]。YS03 球孢白僵菌菌株系本项目组徐进等[9]筛选出的对稻水象甲成虫致病力强的优效菌株，该菌株在孢子浓度为 2.0×10^8 个/ml 接种处理后，26℃条件下第 15 天供试成虫平均校正死亡率达 96.55%。本项目组前期对 YS03 球孢白僵菌防治稻水象甲进行了初步探索，为了更安全更有效的防治稻水象甲，本试验采用农药、YS03 球孢白僵菌喷粉、喷雾等不同处理防治稻水象甲，比较农药与 YS03 球孢白僵菌对稻水象甲防治效果的差异，明确 YS03 球孢白僵菌不同施用方法对稻水象甲的防治效果，进而为白僵菌防治稻水象甲成虫提供应用指导。

---

* 基金项目：贵州省农业科技攻关项目“优效白僵菌 YS03 菌株防治稻水象甲成虫的应用技术研究与示范”（黔科合 NY 字［2014］3015 号）

** 第一作者：狄雪塬，在读博士研究生，研究方向：昆虫生态与害虫综合治理；E-mail：xiaomdd@126.com

*** 通信作者：杨茂发，教授，博士生导师；E-mail：gdgdly@126.com

1 材料与方法

1.1 材料

菌种：YS03 球孢白僵菌，由贵州大学生命科学学院真菌资源研究所提供。

原料：麦麸、玉米粉、花生、蛋白胨、葡糖糖、琼脂等。

农药：毒死蜱，25%乳油，福建豪德化工科技有限公司生产。稀释 1 000倍。

1.2 试验地点选择

本试验于 2015 年在贵州省贵阳市息烽县永靖镇喜雅村（北纬 26°58，东经 106°40，海拔 1 331m）进行。

1.3 方法

1.3.1 菌种的培养

市场上购买原料，花生：麦麸：玉米粉 = 2.6：3.5：3.9，放入锅中，煮沸 20～30min，用纱布过滤，定容至 1 000ml，再加入 30g 琼脂，加热让其充分溶解，倒入 500ml 三角瓶中，灭菌，待用。

将保存的菌种接种在培养基上于 25℃及 12L：12D 条件下活化培养 7 天，待用。

1.3.2 施用方法

试验设置喷菌粉、喷菌雾、农药、对照 4 个处理，不同处理之间设置隔离带，3 个重复。

水稻移栽大田 3 天后（5 月 28 日），将白僵菌 YS03 菌株粉剂均匀地撒在对应的实验田里，每亩地约 10^{12} 个孢子。

将浓度为 10^{8} 个/ml 白僵菌 YS03 菌株孢悬液均匀地喷在实验田中，每亩地约 10^{12} 个孢子。

毒死蜱稀释 1 000倍使用，采用传统的喷雾器施用。

对照组不施用任何的药剂。

1.3.3 调查方法

施药后每 5 天调查 1 次水稻被害叶率及稻水象甲成虫数，连续调查 4 次（6 月 2 日、6 月 6 日、6 月 10 日、6 月 16 日），各处理分别采用五点取样法，随机选取五点，每一点选取 20 株水稻。在幼虫高峰期调查 1 次幼虫密度。采用过筛漂洗法，将水稻带土连根拔起，用分样筛在水中淘洗稻根，检查并统计其中的幼虫数量，若发现蛹也一并计算其内。

1.4 数据分析

采用 SPSS 17.0 和 Excel 2003 对试验数据进行统计分析，采用单因素方差分析（One-way ANOVA）检验数据间的差异，并用 Duncan’s 新复极差法进行均值的差异显著性检验。

2 结果与分析

2.1 不同处理对稻水象甲成虫数的影响

农药与喷粉、喷雾的成虫数差异不显著，与对照的成虫数差异显著（图 1）；YS03 球孢白僵菌喷雾与各处理差异均不显著；喷粉与农药、喷雾差异不显著，与对照组差异显著。农药和喷粉两种施用方法防治稻水象甲，其成虫数显著低于对照组。

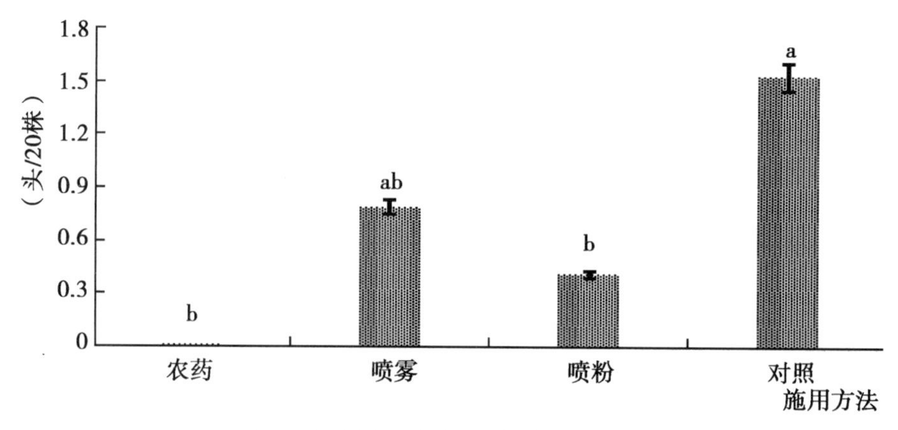

图 1　不同施用方法的稻水象甲成虫数

2.2　不同处理对稻水象甲幼虫数的影响

不同处理对稻水象甲幼虫数总体差异显著（图 2）。施用农药、YS03 球孢白僵菌喷粉、喷雾 3 种处理的幼虫数差异不显著，但均显著低于对照组的幼虫数。两种施用方法的稻水象甲幼虫数差异不显著，YS03 球孢白僵菌喷粉和喷雾两种施用方法均能显著减少稻水象甲的幼虫数。

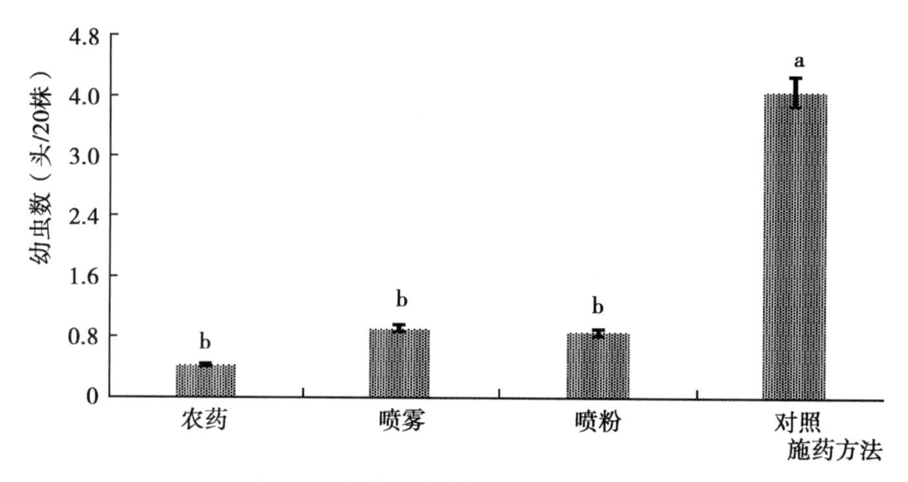

图 2　不同施用方法的稻水象甲幼虫数

2.3　不同处理对水稻被害叶率的的影响

田间不同处理防治稻水象甲，插秧后不同时期水稻被害叶率总体差异显著（表 1）。插秧后第 5 天、10 天、15 天、20 天，农药与对照组的水稻被害率差异均显著；插秧后第 5 天，YS03 球孢白僵菌喷雾与对照组的差异不显著，插秧后第 10 天、第 15 天、第 20 天，喷雾与对照组的差异显著；插秧后第 5 天、第 10 天、第 15 天，YS03 球孢白僵菌喷粉与对照组差异不显著，插秧后第 20 天，喷粉与对照组的差异显著。YS03 球孢白僵菌两种施用方法在 4 次调查中的水稻被害叶率差异均不显著。

表 1　不同施用方法水稻叶片被害率

施用方法	6 月 2 日	6 月 6 日	6 月 10 日	6 月 16 日
	被害叶率±标准差	被害叶率±标准差	被害叶率±标准差	被害叶率±标准差
农药	54. 5±10. 97b	48. 00±9. 64c	34. 50±6. 52c	40. 91±4. 51c
喷雾	66. 50±10. 67ab	62. 00±12. 48bc	63. 50±11. 23b	68. 18±6. 95b
喷粉	83. 00±5. 73a	82. 00±4. 10ab	71. 00±4. 76ab	69. 09±2. 76b
对照	84. 50±7. 01a	95. 5±2. 17a	88. 50±6. 01a	87. 27±4. 28a

注：表中数据为平均值±标准误，同一列数据后标有不同的小写字母表示在 0. 05 水平上差异显著（Duncan's 新复极差法检验）。下同。

2. 4　稻水象甲各指标为依据的防治效果

不同处理对稻水象甲的取食斑及幼虫数的防治效果差异均不显著（表 2）。农药、喷雾、喷粉对稻水象甲取食斑的防效分别为 38. 49%、36. 38%、21. 21%；农药对幼虫的防效达 95. 49%；喷雾、喷粉两种施用方法对幼虫的防效分别为 80. 53%、80. 07%。农药与喷粉、喷雾处理的成虫数差异显著。农药对稻水象甲成虫的防治效果达 99. 63%，喷粉对稻水象甲成虫的防治效果达 77. 02%，喷雾对稻水象甲成虫的防治效果为 65. 85%。比较两种施药方式可见，喷粉、喷雾对稻水象甲的取食斑、成虫数、幼虫数的防效差异均不显著。

表 2　不同施用方法的水稻各指标的防治效果

施用方法	防治效果（%）		
	取食斑	幼虫数	成虫
农药	38. 49±6. 38a	95. 49±0. 01a	99. 63±0. 01a
喷雾	36. 38±7. 05a	80. 53±0. 08a	65. 85±0. 16b
喷粉	21. 21±7. 33a	80. 07±0. 03a	77. 02±0. 11b

综上所述，农药对稻水象甲幼虫、成虫、取食等均有很好的防治效果；农药对取食斑和幼虫数的防效与白僵菌两种施用方式的防效差异不显著，喷粉和喷雾两种施用方式对稻水象甲各指标防治差异均不显著。两种施菌方式对稻水象甲成虫的防治效果达 65%以上；对稻水象甲幼虫的防效达 80%以上；对取食斑的防效达 20%以上。YS03 球孢白僵菌两种施用方法均可以用于稻水象甲的防治。

3　讨论

当前稻水象甲防治药剂使用较为混乱，辽宁省农业科学院植物保护研究所分析了防治稻水象甲的 12 种农药的持效性[10]，试验了 17 种农药制剂对稻水象甲的田间药效，以克百威的药效最佳，参考田间效果马拉硫磷、乐果等对稻水象甲的防效甚微，不宜研发为防治药剂[11]。一般化学药剂对稻水象甲幼虫的防治效果不理想，长期大量的使用农药，也产生了抗药性、农药残留、环境污染等生态问题[12-13]。

球孢白僵菌是一种致病性强、寄主范围广、适应性广的昆虫病原真菌，可侵染 15 目

149科的700余昆虫，因其还具有不污染环境、无公害、易培养等优点[14]。白僵菌防治稻水象甲具有广泛的应用前景。前人对病原真菌防治稻水象甲做了一定的研究，于凤泉等[11]研究了绿僵菌对稻水象甲的田间防治效果，结果表明处理后15天菌剂对稻水象甲成虫的防效为66.7%~88.3%，但其施菌浓度要远高于本试验的施菌浓度。关志坚等[15]研究表明，白僵菌可湿性粉剂对稻水象甲具有较好的防治效果，使用TVP（红）（500亿孢子量）白僵菌可湿性粉剂15天后，稻水象甲死亡率达86%。田志来等[16]进行了吉林省水稻主要害虫白僵菌菌株的筛选，XJ8各项生物学指标较好，对稻水象甲的LT_{50}为6.51天，是吉林省水稻主要害虫高毒力光谱性白僵菌菌株。

上述试验均采用单一的施菌方法，没有考虑到不同施用方法对防治效果的影响，目前对白僵菌施用方法的研究还比较少，吴建勤[17]研究了白僵菌不同施用方法防治刚竹毒蛾，11.25kg/hm^2、15kg/hm^2用量投放粉炮与15kg/hm^2用量喷撒菌粉均具有较好防治效果；查玉平等[18]也研究了白僵菌不同施用方法防治马尾松毛虫，飞机防治和地面喷洒的防效均能达60%以上。

YS03球孢白僵菌系本项目组筛选出的对稻水象甲成虫有较强致病力菌株[9]。本试验旨在探索白僵菌防治稻水象甲的最佳施用方法，为YS03球孢白僵菌防治稻水象甲提供应用指导。试验通过农药、YS03球孢白僵菌喷粉、喷雾等不同处理防治稻水象甲，结果显示，农药对稻水象甲幼虫、成虫、取食斑的防治效果分别为38.49%、95.49%、99.63%，农药对取食斑和幼虫的防效与两种施菌方法的防效差异不显著；YS03球孢白僵菌两种施用方法对稻水象甲取食斑、成虫数、幼虫数差异均不显著，YS03球孢白僵菌的两种施用方法均可用于稻水象甲的防治。其中，白僵菌孢子悬浮液的制作方法相对简单，但在田间施用时需要喷雾器；白僵菌粉剂制作方法相对复杂，可直接撒施到田间，施用过程简便，在实际应用过程中，可根据制备过程和施用过程，酌情考虑白僵菌的施用方法。

参考文献

[1] Zou L，Stout J M，Ring R D. Density-yield relationships for rice water weevil on rice fordifferent varieties and under different water management regimes [J]. Crop Protection，2004，3 (6)：543-550.

[2] 岣薇，杨大星，彭炳富，等．贵州稻水象甲越冬场所的初步调查与分析［J］．贵州农业科学，2011，39（6）：90-93.

[3] 林云彪，商晗武，吕劳富，等．双季稻区稻水象甲的生物学特性研究［J］．植物保护，1997，23（6）：8-11.

[4] 周社文，谭小平，张佳峰，等．稻水象甲幼虫发生程度对水稻生长发育及产量损失的影响［J］．植物检疫，2007，6（21）：345-346.

[5] 许德稳．稻水象甲与稻象甲的形态及为害特征鉴别［J］．农技服务，2010，27（6）：723-724.

[6] 于凤泉，李志强，刘培斌，等．稻水象甲生物防治研究进展［J］．辽宁农业科学，2003（6）：19-20.

[7] Yozhlzawa E. Microbial control of the rice water weevil with entomogenous fungi [A]. In：Hirai K. Establishment spread and management of the rice water weevil andmigratory rice pests in east Asia [J]. Narc Tsukuba：1993.

[8] Nagano T, Fujisaki Y, Honkura R, *et al*. Rice Water Weevil, Lissorhoptrus oryzophilus Kuschel, parasitized by Green muscadine fungus, Metarhizium sp. [J]. Annual Report of the Society of Agricultural Chemicals of North Japan, 1987 (38): 90-91.

[9] 徐进，杨茂发，杨大星，等．不同球孢白僵菌对稻水象甲成虫的致病力的测定［J］．贵州农业科学，2013，41（3）：69-72.

[10] 陈彦，田春晖，李柏宏．12种杀虫剂对稻水象甲的防效［J］．农药，2000（06）：30-32.

[11] 于凤泉，田春晖，李志强，等．17种农药对稻水象甲成虫的毒力测定［J］．辽宁农业科学，2013（02）：54-56.

[12] 狄雪塬，杨茂发，徐进，等．贵州稻水象甲危害损失和防治指标研究［J］．应用昆虫学报，2015，52（6）：1474-1481.

[13] 付海滨，丛斌．入侵害虫稻水象甲的研究进展［J］．沈阳农业大学学报，2003，34（4）：317-320.

[14] 冈田齐夫，马桂椿．稻水象甲正在日本稻区传播蔓延［J］．植物检疫，1984，36（12）：561-565.

[15] 关志坚，付文君，吐尔逊·阿合买提，等．白僵菌对稻水象甲防治效果［J］．植物保护，2014（12）：37-38.

[16] 田志来，朱晓敏，骆家玉，等，吉林省主要害虫广谱性白僵菌菌株筛选［J］．中国生物防治学报，2014，30（5）：665-671.

[17] 吴建勤．白僵菌不同施药方法防治刚竹毒蛾试验［J］．林业科技开发，2009，23（4）：102-105.

[18] 查玉平，胡承辉，陈京元，等．白僵菌大面积防治马尾松毛虫效果分析［J］．湖北林业科技，2013，42（4）：44-46.

甘蓝夜蛾性信息素类似物的合成及生物活性研究*

王安佳[1]　张云慧[1]　张　智[2]　祁俊锋[3]　张开心[1]　翁爱珍[1]　王留洋[1]
邵明娜[4]　折冬梅[1]　梅向东[1]　宁　君[1**]

(1. 中国农业科学院植物保护研究所，植物病虫害生物学国家重点实验室，北京　100193；
2. 北京市植物保护站，北京100029；3. 北京绿富隆农业股份有限公司，北京　102100；
4. 黑龙江省虎林市农业技术推广中心，鸡西　158400)

摘　要：甘蓝夜蛾（*Mamestra brassicae* Linnaeus）是一种分布范围广、破坏性强且繁殖力高的主要蔬菜害虫，可危害甘蓝、白菜、西兰花、萝卜等十字花科蔬菜。此外，甘蓝夜蛾具有群集性、夜出性和暴食性。在我国，很多地区都具备适于甘蓝夜蛾生存和繁殖的气候条件。由于甘蓝夜蛾的危害程度不断加重，农业损失也随之逐年增加。与化学农药相比，应用昆虫性信息素防治害虫具有灵敏度高、专一性高、防治效果好、使用方便、不污染环境、不杀伤天敌、用量较少及价格低廉等特点。然而，性信息素可能存在诱捕效果不稳定、田间容易降解以及长期使用单一性信息素组分可能导致害虫产生抗性等缺点。因此，利用性信息素类似物干扰害虫交配的方法为虫害的综合防治提供另一条生物合理的策略。本文以阻断甘蓝夜蛾雌雄虫成虫交配行为作为切入点，设计并合成了 3 个系列共 23 个甘蓝夜蛾性信息素类似物，其结构经核磁共振氢/碳谱（NMR）、气质联用（GC-MS）、高分辨质谱（HRMS）和红外光谱（IR）等确征（下图）。室内生物活性研究表明，所有甘蓝夜蛾性信息素类似物在触角电位（EAG）试验和风洞试验中均表现出一定的生物活性。其中，性信息素卤代类似物 A5、A7、A13、A18、A19 和 A21 在 EAG 试验中活性理想，并且在风洞试验中发现以上类似物均可以有效地干扰甘蓝夜蛾雄蛾对性信息素的定位。在 100μg 剂量下，类似物 A5、A7、A13、A18、A19 和 A21 预处理甘蓝夜蛾雄虫 2h 后，雄虫对性信息素的主要成分（*Z*）-11-十六碳烯乙酸酯的 EAG 响应抑制率分别为 46. 3%、39. 7%、20. 1%、25. 1%、32. 8%和 32. 0%。田间试验表明，当类似物 A5、A7、A13、A18、A19 和 A21 与性信息素 10：1 混合后对甘蓝夜蛾雄虫诱捕的抑制率分别为 97. 7%、97. 7%、79. 5%、83. 6%、93. 2%和 100%。本研究结果有助于筛选与发现出具有较好生物活性的甘蓝夜蛾性信息素类似物，为甘蓝夜蛾的绿色防控技术提供新的思路与手段，同时为阐明性信息素类似物干扰甘蓝夜蛾种内化学通讯的分子机制提供依据。

关键词：甘蓝夜蛾；性信息素；性信息素类似物；化学调控昆虫行为

---

* 基金项目：国家自然科学基金（创新群体项目，31321004）；973 课题（2014CB932201）

** 第一作者：宁君，研究员，从事化学调控昆虫行为研究；E-mail：jning@ ippcaas. cn

图 甘蓝夜蛾性信息素主要成分 **Z11-16：Ac** 及生物活性较好的性信息素类似物

小菜蛾含氟性信息素类似物在干扰交配中的潜在应用*

王安佳[1] 张开心[1,2] 邵明娜[3] 翁爱珍[1] 王留洋[1] 梅向东[1**] 折冬梅[1] 宁 君[1]

（1. 中国农业科学院植物保护研究所，植物病虫害生物学国家重点实验室，北京 100193；2. 中国农业科学院棉花研究所，安阳 455000；3. 黑龙江省虎林市农业技术推广中心，鸡西 158400）

摘 要：小菜蛾（*Plutell axylostella* Linnaeus）是十字花科蔬菜主要害虫昆虫之一，目前国内主要依靠化学农药对小菜蛾进行防治。随着害虫抗药性的增强，化学农药在我国的使用量逐年递增。性信息素作为调控昆虫行为的化学通讯物质，提供了一条控制害虫发生和危害的有效途径。然而，性信息素也具有田间诱捕效果不稳定以及容易降解等问题。近年来，性信息素类似物干扰昆虫交配的方法为害虫防治提供了一个新的策略。本文以阻断小菜蛾雌雄虫成虫间交配行为作为切入点，以性信息素中的一个主要成分（*Z*）-11-十六碳烯乙酸酯（Z11-16：Ac）及其反式异构体（*E*）-11-十六碳烯乙酸酯（E11-16：Ac）为母体结构设计合成了一系列的性信息素卤代类似物（图 1）。所有性信息素卤代类似物在触角电位试验（EAG）、触角酯酶抑制试验（PDE）和风洞试验中均表现出一定的生物活性（表 1 至表 2，图 2 至图 6）。其中，6 个含氟性信息素类似物具有理想的干扰小菜蛾雌雄虫交配的生物活性。本研究结果可能为防治小菜蛾提供一条新策略，含氟性信息素类似物在干扰交配中比性信息素可能具有更高的潜在应用价值。

关键词：小菜蛾；性信息素；性信息素类似物；化学通讯

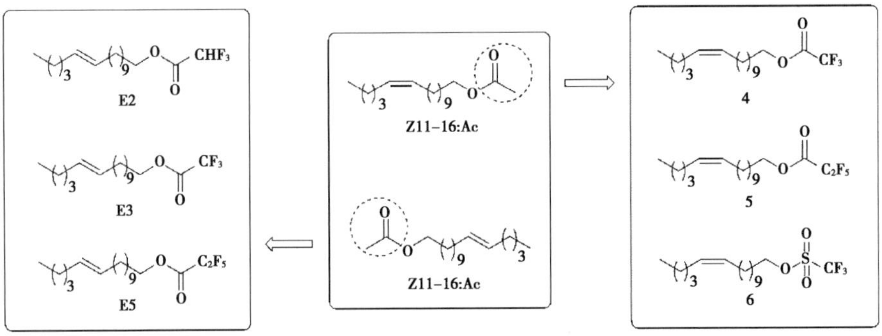

E2　E3　E5　Z11-16:Ac　Z11-16:Ac　4　5　6

图 1 小菜蛾性信息素主要成分（（*Z*）-11-十六碳烯乙酸酯（Z11-16：Ac）及其反式异构体（*E*）-11-十六碳烯乙酸酯（E11-16：Ac））和干扰交配活性较好的含氟性信息素类似物

---

* 基金项目：国家自然科学基金（创新群体项目，31321004）；国家基础研究项目（2014CB932200 和 2012CB114104）

** 第一作者：梅向东，副研究员，从事化学调控昆虫行为研究；E-mail：xdmei@ ippcaas. cn

表 1　不同剂量下小菜蛾含氟性信息素类似物对 Z11-16：Ac 的 EAG 抑制率（%）

化合物	含氟性信息素类似物剂量（μg）		
	10	50	100
4	59.4	66.5	75.2
5	45.2	61.0	76.5
6	48.7	61.0	72.5

表 2　不同剂量下小菜蛾含氟性信息素类似物对 Z11-16：Ac 的 PDE 抑制率（%）

化合物	含氟性信息素类似物浓度（μM）				
	5	10	50	100	150
4	25.8	38.4	51.4	82.1	94.1
5	21.6	39.0	53.9	69.9	96.9
6	28.4	41.2	57.8	85.4	97.8

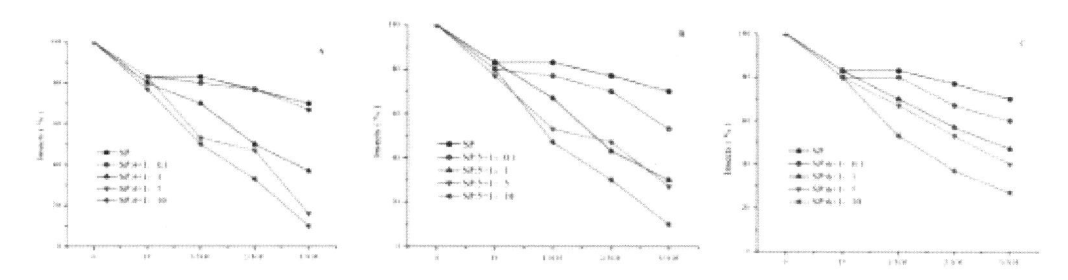

图 2　小菜蛾雄虫对诱芯（性信息素或性信息素与含氟类似物 4（A），5（B）or 6（C）混合）的行为学响应

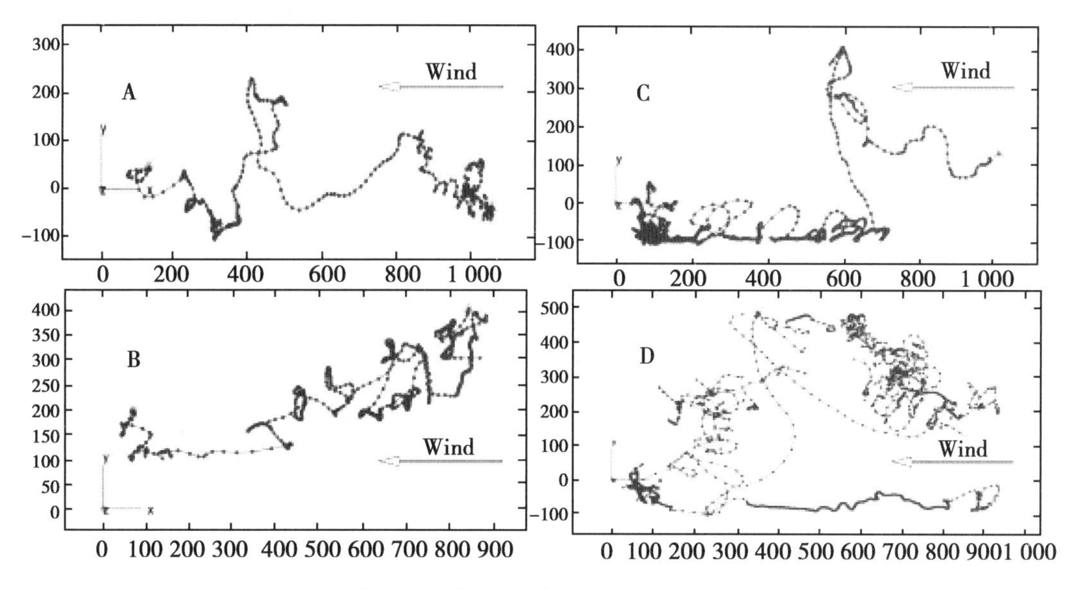

图 3　小菜蛾雄虫在风洞中朝向诱芯飞行的 2D 轨迹图

（A）诱芯为性信息素；（B）诱芯为性信息素与化合物 41：1 混合；（C）诱芯为性信息素与化合物 41：5 混合；（D）诱芯为性信息素与化合物 41：10 混合。红点代表昆虫每隔 0.04s 的位置。

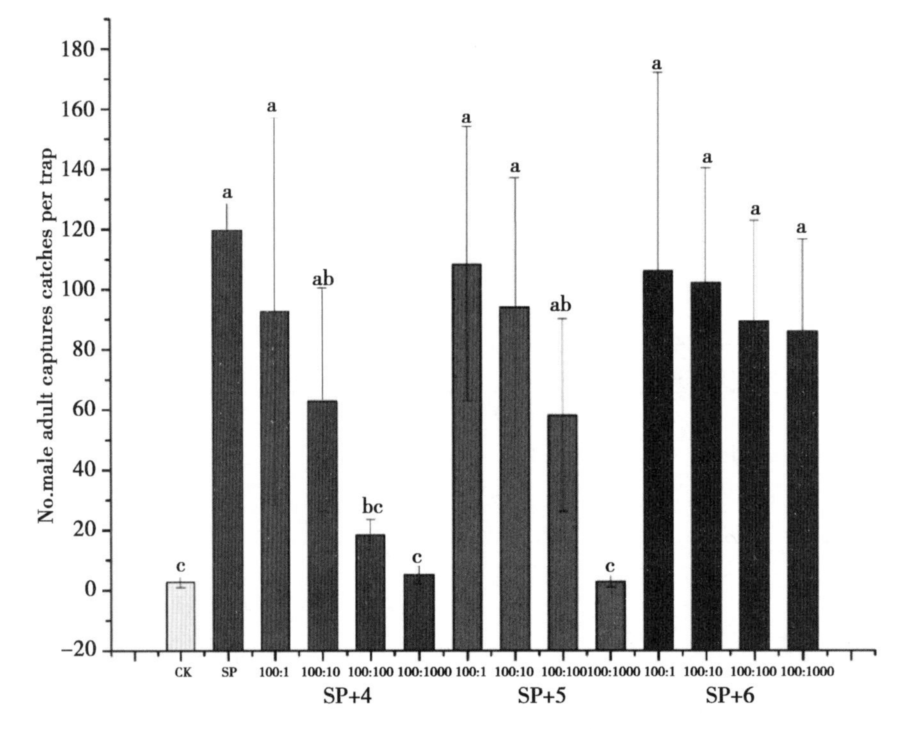

图 4　性信息素与含氟类似物（4，5 和 6）不同比例混合后对小菜蛾雄虫的诱捕效果

（北京，2016 年 5 月 21 日至 9 月 15 日），每个处理设立 3 个重复（Duncan's test，P<0.05）。

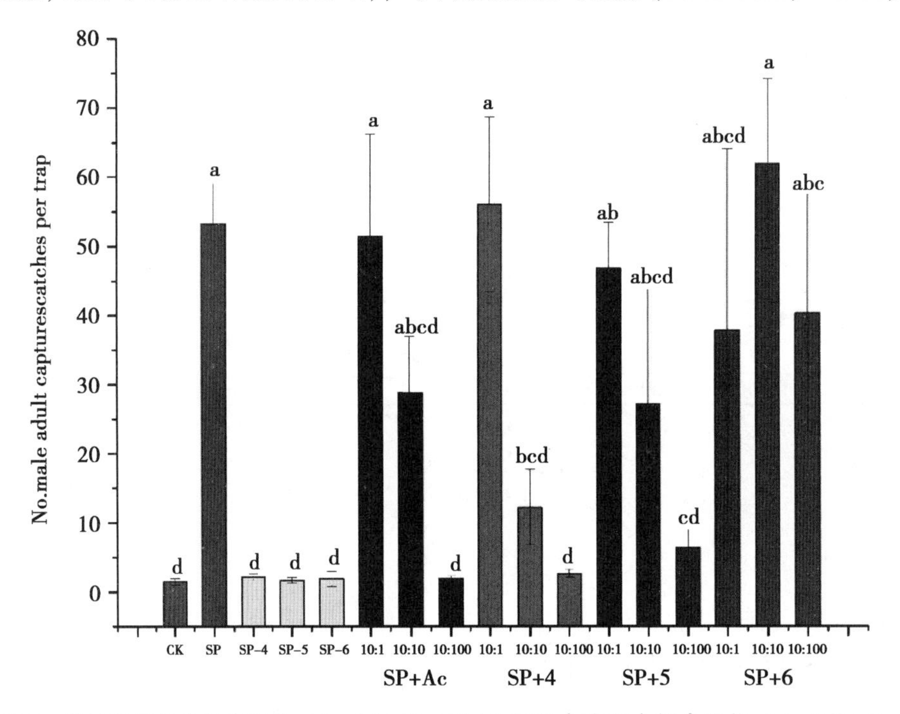

图 5　性信息素与含氟类似物（4，5 和 6）不同比例混合或用含氟类似物（4，5 和 6）取代性信息素中的 Z11-16：Ac 后对小菜蛾雄虫的诱捕效果

（北京，2017 年 5 月 25 日至 7 月 10 日），每个处理设立 3 个重复（Duncan's test，P<0.05）。

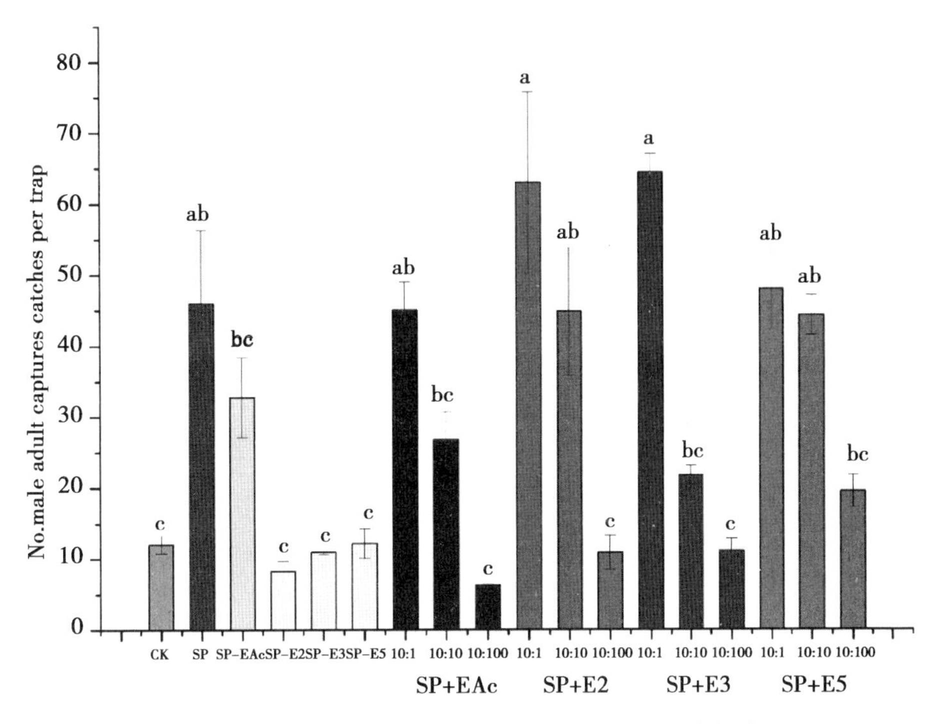

图 6　性信息素与含氟类似物（E2，E3 和 E5）不同比例混合或用含氟类似物（E2，E3 和 E5）取代性信息素中的 Z11-16：Ac 后对小菜蛾雄虫的诱捕效果

（北京，2017 年 5 月 25 日至 7 月 10 日），每个处理设立 3 个重复（Duncan's test，$P<0.05$）。

西花蓟马昼间交配规律和聚集信息素释放规律研究

孙冉冉[1,2*]　李晓维[1**]　吕要斌[1,2**]
（1. 浙江省农业科学院植物保护与微生物研究所，杭州　310021；
2. 南京农业大学植物保护学院，南京　210095）

摘　要：西花蓟马是一种毁灭性的世界性入侵害虫，对我国蔬菜和花卉等作物具有重大威胁。为了更好的应用蓟马聚集信息素进行西花蓟马监测和防治，本试验在实验室内对西花蓟马昼间交配规律和聚集信息素释放规律进行研究。

结果显示：①西花蓟马在光周期中第 1h、4h、8h、12h 四个不同时间段内的交配率、交配历期、雌雄互作次数和雄虫对雌虫的交配尝试次数均不存在显著差异，即不具有明显的节律性。②西花蓟马聚集信息素具有引诱活性的 neryl（S）-2-methylbutanoate 在光周期中第 1h、4h、8h、12h 四个不同时间段的释放率也不存在显著差异，其释放规律与西花蓟马的交配相关行为规律相一致。另一种不具有引诱活性的组分（R）-lavandulyl acetate 在光周期中第 1h、4h、8h、12h 四个不同时间段释放量具有显著差异，呈逐渐增高趋势，即其释放规律与行为规律不存在相关性。这些结果为进一步合理高效地应用聚集信息素进行西花蓟马田间种群动态监测和防控提供指导。

关键词：聚集信息素；西花蓟马；交配率；释放规律

* 第一作者：孙冉冉，女，在读硕士研究生；研究领域：植物保护；E-mail：1253715529@ qq. com
** 通信作者：李晓维；E-mail：lixiaowei1005@ 163. com
吕要斌；E-mail：luybcn@ 163. com

烟田昆虫群落结构特征分析*

张红梅[1**]　计思贵[2]　张立孟[2]　谷星慧[2]　张付斗[1]　尹可锁[1]
吴　迪[1]　申时才[1]　徐高峰[1]　王　燕[1]　陈福寿[1***]
（1. 云南省农业科学院农业环境资源研究所，昆明　650205；
2. 云南省烟草公司玉溪市公司，玉溪　653100）

摘　要：为了明确玉溪烟田昆虫群落结构特征及时间动态，于2016年1—10月采用马来氏网对该烟区昆虫群落结构进行调查，该烟区小春种植萝卜和油菜，夏秋季主要种植烤烟，烤烟品种K326，该烟区海拔1 819m，年均温17.7℃，年降水量855.4mm，年均日照2 394.7h。研究结果表明：烟田收集到昆虫5 089头，隶属10目26个类群。植食性昆虫13个类群，占总类群50%，占总个体数25.39%，分别蛾类、蝶类、叩头甲类、金龟类、叶甲类、潜蝇类、果蝇类、盲蝽类、其他蝽类、叶蝉类、粉虱类、蚜虫类、蝗虫类；寄生性昆虫有4个类群，占总类群15.38%，占总个体数8.96%，分别姬蜂类、茧蜂类、小蜂类、其他蜂类；捕食性昆虫4个类群，占总类群15.38%，占总个体数1.98%，分别瓢虫、食蚜蝇、小花蝽、草蛉；其他昆虫有5个类群，占总类群19.23%，占总个体数63.67%，分别是苍蝇类、蚊类、蠼螋类、蜚蠊类、其他类（不能识别昆虫）。从烟田昆虫群落结构看，其他亚群落最多，杂食性苍蝇为优势类群，占其他亚群落昆虫58.85%，其次是蚊类，占其他亚群落昆虫5.46%，它们不是烤烟上的害虫；植食性亚群落居第2位，叶蝉为优势类群，占该亚群落29.72%，其次是蛾类占20.20%，果蝇类占18.11%，蛾类如烟青虫、斜纹夜蛾、棉铃虫成为烤烟上的主要害虫；寄生性亚群落居第3位，姬蜂类和茧蜂类为优势类群；捕食性亚群落居第4位，食蚜蝇为优势类群。

采用群落特征参数用多样性指数、丰富度指数、均匀性指数和优势集中性指数进行分析，烟田昆虫群落物种数为5~18个类群，4—6月、9月物种数较高为16~18个类群，其他月份物种数相对较低且变化幅度不大，1月最少为5个类群。烟田昆虫个体数3—5月为虫量发生大高峰期，9—10月为虫量发生小高峰期；昆虫群落Shannon-Wiener多样性指数由高到低依次为6月>9月>10月>7月>8月>2月>5月>1月>4月>3月，1—5月多样性指数处于较低水平，6—10月多样性指数处于较高的水平；丰富度指数由高到低依次6月>9月>5月>4月>8月>7月>10月>2月>3月>1月，4—6月丰富度指数较高，1—3月丰富度指数较低；昆虫Pielou均匀性指数与Shannon-Wiener多样性指数趋势基本一致，6月最高为1.000 0，3月最低为0.270 6；优势度指数由高到低依次为3月>4月>5月>2月>1月>6月>10月>9月>8月>7月，优势度变化趋势与均匀性指数的变化趋势正好相反；

---

* 基金项目：烟蚜茧蜂规模化释放生态效应及其应用研究（2015YN14）
** 第一作者：张红梅，主要从事农业害虫生物防治，副研究员；E-mail：bshrjs999@163.com
*** 通信作者：陈福寿，副研究员；E-mail：chenfsh36@163.com

S_s/S_i稳定性指数由高到低依次为8月>7月>6月>1月>2月>9月>10月>5月>4月>3月，S_n/S_p稳定性指数由高到低依次8月=1月>7月=3月>5月=6月=10月=2月>9月=4月，综合来看，1—5月，温度逐渐升高，烟田小春作物油菜和萝卜收获后，烟田频繁进行农事操作，深耕晒垡，运输农家肥、整地、理墒、打塘、施肥、盖膜、烟株移栽，昆虫群落稳定性差，6—8月烤烟在团棵期至采收期逐渐建立烟田昆虫群落，烟田昆虫群落结构较稳定，烟叶采收后烟田种植小春作物萝卜和油菜，烟田昆虫群落稳定性有所降低。

关键词：烟田；昆虫群落；特征分析

高温和抗生素去除褐飞虱体内共生菌效果比较

李国勇[1,2*]　李　灿[2]　陈祥盛[1**]
（1. 贵州大学昆虫研究所，贵阳　550025；2. 贵阳学院，贵阳　550005）

摘　要：本文比较研究了高温和抗生素 2 种技术消除不同龄期、不同营养条件下的褐飞虱体内 *Wolbachia* 的效果，结果发现贵州省不同地区褐飞虱种群感染率呈现黔西南>中部>北部的规律，同一地区种群中长翅雌虫感染率>长翅雄虫感染率>短翅雌虫感染率>短翅雄虫感染率。分别利用 25μg/ml、50μg/ml 和 100μg/ml 3 种浓度的利福平、氨苄青霉素和硫酸卡那霉素 3 种抗生素处理染菌褐飞虱 5 天后，发现利福平去除 99% 以上 *Wolbachia* 强于氨苄青霉素和硫酸卡那霉素（70%和 80%）；利用高温处理褐飞虱实验发现，35℃高温处理 3 天后，褐飞虱体内 *Wolbachia* 含量为 0.64×10^4 与其他 3 个温度梯度差异显著（df=3，F=58.75，P<0.01），除菌率为 89.3%。去除共生菌后对褐飞虱卵、若虫的发育历期等方面产生影响。其中除菌短翅和长翅褐飞虱卵发育历期分别为（8.65±0.12）天、（10.58±0.32）天，差异显著（F=28.68，df=1，P<0.01）；除菌短翅褐飞虱雌若虫发育历期为 15.15±0.18 天，与短翅雄性若虫（13.3±0.63），长翅雄性若虫（13.73±0.22），长翅雌性若虫（13.95±0.16）发育历期差异明显（F=8.82，*df*=3，P<0.01）。

关键词：*Wolbachia*；胞质不融合；褐飞虱；利福平；适合度

* 第一作者：李国勇；E-mail：ligy0925@163.com
** 通信作者：陈祥盛

不同食物对菜蚜茧蜂成蜂寿命的影响

闫玉芳[*] 吴朝君 蒋 欢 何本洪 张 勇 王旭祎[**]
（重庆市渝东南农业科学院，重庆 408000）

摘 要：菜蚜茧蜂（*Diaeretiella rapae* M´Intosh）属于膜翅目 Hymenoptera，蚜茧蜂科 Aphidiidae，全世界分布广泛，是十字花科蔬菜蚜虫的主要寄生性天敌。在自然界中，蚜茧蜂羽化后主要取食花蜜、蜜露等多种食物作为能量来源，来满足其生长、发育和繁殖的需要。陆宴辉等围绕蜜露对天敌昆虫生长繁殖及搜寻行为和延长天敌成虫的寿命、提高繁殖力等方面展开了广泛研究。目前，在人工饲料对菜蚜茧蜂寿命影响的研究方面尚未见报道。

为了明确不同食物对菜蚜茧蜂成蜂寿命的影响，找出人工饲喂菜蚜茧蜂的最佳食物，本研究设置 3 个处理，分别是：处理 1：25%葡萄糖水、25%蜂蜜水、25%砂糖水；处理 2：5%、15%、25%、35%、45%的砂糖水；处理 3：5%乳糖水、5%果糖水、5%砂糖水、5%麦芽糖水和 5%蔗糖水等来饲喂菜蚜茧蜂。

结果显示：①葡萄糖、砂糖和蜂蜜饲喂菜蚜茧蜂，其寿命无显著性差异，从经济成本来看，砂糖价格较低廉、易购买，可作为菜蚜茧蜂人工繁殖过程中延长寿命的良好食物来源。②随着砂糖水浓度的增加菜蚜茧蜂的寿命逐渐延长，浓度为 45%时，寿命最长，可存活 7.74 天左右。相同浓度的砂糖水饲喂菜蚜茧蜂，雌蜂比雄蜂的平均寿命长约 1 天。③果糖、葡萄糖、蔗糖和麦芽糖饲喂菜蚜茧蜂，其寿命无显著性差异，均可存活 4 天左右，雌雄寿命无显著差异。

最后研究表明，相比较于其他糖类，砂糖是饲喂菜蚜茧蜂的较理想食物。

* 第一作者：闫玉芳；E-mail：yanyufang1984@ qq. com
** 通信作者：王旭祎

不同蜂虫比例对中红侧沟茧蜂繁蜂效果的影响*

马爱红** 路子云 冉红凡 刘文旭 李建成***

(河北省农林科学院植物保护研究所，河北省农业有害生物综合防治工程技术研究中心，农业部华北北部作物有害生物综合治理重点实验室，保定 071000)

摘 要：中红侧沟茧蜂（*Microplitis mediator* Haliday）属膜翅目茧蜂科小蜂茧蜂亚科侧沟茧蜂属。该蜂属于独居性内寄生蜂（Solitary parasite），一头雌蜂平均产卵 80 头，最高可产 200 头以上；寄生蜂幼虫营容性寄生方式，一头寄主体内只能生产一头蜂，繁殖力的高低与寄主龄期大小、蜂体的强弱、雌蜂交配是否充分以及营养状况有密切关系。寄生蜂的产卵量及产卵规律是室内大量繁殖及田间释放应用的重要参考依据，明确适宜的蜂虫比例是利用中间寄主繁殖中红侧沟茧蜂的关键技术之一。

不同蜂虫比例对寄生率的影响结果表明，随着寄主数量的增加，寄生率呈下降趋势，但差异不明显。当蜂虫比为 1∶10 时，其寄生率达到 74.88%；蜂虫比为 1∶20 时寄生率为 74.5%、蜂虫比为 1∶30 寄生率为 51.00%、蜂虫比为 1∶40 时寄生率为 56.88%、蜂虫比为 1∶50 时寄生率为 45.73%。在大量繁殖中红侧沟茧蜂的过程中，同时考虑寄生率和未寄生粘虫的浪费问题，单纯提高蜂虫比例并不能提高繁蜂效果，反而增加繁蜂成本，建议接蜂的蜂虫比在 1∶（10~20）。不同蜂虫比对子代性比的影响结果表明，中红侧沟茧蜂具有孤雌产雄生殖特性，成虫羽化后不进行交配繁育出的子代均为雄性。不同蜂虫比例繁育的后代在同一天的雌雄比没有显著性差异，随寄生天数的增加而有所下降，但是下降趋势幅度不大。因此，在室内大量繁殖中红侧沟茧蜂时，除了合理的蜂虫比例外，还应考虑接蜂适期及持续寄生的时间，以保证最大的蜂茧生产率；田间释放时应考虑寄生蜂的寿命和不同成虫日龄的寄生能力，一般将蜂虫比定在 1∶（30~40）；此外，一些环境因子也对寄生蜂的寄生产生影响。

关键词：中红侧沟茧蜂；蜂虫比；繁育

---

* 基金项目：河北省财政专项（494-0402-YBN_ ASWO）；省农科院财政项目（F16C10004）；院科技研究与发展计划项目（A2015120303）

** 第一作者：马爱红，女，硕士，副研究员，从事害虫生物防治研究；E-mail：maaihong2013@163.com

*** 通信作者：李建成；E-mail：lijiancheng08@163.com

红铃虫甲腹茧蜂生物节律及行为学观察*

丛胜波** 武怀恒 许 冬 王金涛 王 玲 万 鹏***
（农业部华中作物有害生物综合治理重点实验室，湖北省农业科学院
植保土肥研究所，武汉 430064）

摘　要：红铃虫甲腹茧蜂 *Chelonus pectinophorae* Cushman 是一种跨卵—幼虫期寄生蜂，本文通过录像和拍摄探究红铃虫甲腹茧蜂生物节律和寄生行为。结果发现，红铃虫甲腹茧蜂产卵高峰为 9:00—14:00。甲腹茧蜂羽化期约 6 天，70%个体集中在前 3 天羽化，90%以上蛹在 6:00—12:00 间羽化。成虫 5:00—19:00 均可活动，求偶交配集中在 7:00—9:00。红铃虫甲腹茧蜂寄生行为可分为搜寻和识别寄主、刺探产卵、清洁梳理 3 个阶段。单头红铃虫甲腹茧蜂可连续产卵 25~70 次，平均单次产卵时间 20s。甲腹茧蜂老熟幼虫体长约 4mm，自寄主前胸一侧钻出后取食寄主虫体，直至只剩头壳。红铃虫幼虫被甲腹茧蜂寄生后，2~4 龄幼虫体长和体重显著低于对照。

关键词：红铃虫甲腹茧蜂；红铃虫；生活节律；寄生行为；病理反应

---

* 基金项目：转基因专项（2016ZX08012004-006）和湖北省农业科学院青年基金（2015NKYJJ22）

** 第一作者：丛胜波，男，助理研究员，从事害虫生物防治研究；E-mail：congshengbo@ 163. com

*** 通信作者：万鹏，男，研究员，从事转基因作物安全性评价和农业害虫防治研究；E-mail：wan-penghb@ 126. com

梨小食心虫寄生蜂——丽下腔茧蜂的生物学特性及生防潜力*

冉红凡** 马爱红 刘文旭 路子云 李建成***

（河北省农林科学院植物保护研究所，河北省农业有害生物综合防治工程技术研究中心，农业部华北北部作物有害生物综合治理重点实验室，保定 071000）

摘 要：本文对采自保定市郊桃园一种梨小食心虫寄生蜂进行了描述。经鉴定该蜂为膜翅目（Hymenoptera）茧蜂科（Braconidae）窄径茧蜂亚科（Agathidinae）的丽下腔茧蜂［*Therophilus festivus*（Muesebeck）］。笔者对其学名、发生分布及生物学特性进行了简述，并对其生防潜力进行了讨论。

1953 年 Muesebeck 从中国山东的梨小食心虫［*Grapholita molesta*（Busck）］中养出窄径茧蜂 1 新种，将其归入窄径茧蜂属（*Agathis*），命名为 *Agathis festivus*。此后 Shenefelt（1970）、Bhat 和 Gupta（1977）、Chou（1981）等均采用这一学名。1989 年 Chou 和 Sharkey 将其归入闭腔茧蜂属（*Bassus*），命名为丽闭腔茧蜂（*Bassus festivus*）。2010 年 van Achterberg 和 Long 将其归入下腔茧蜂属 *Therophilus*，命名为丽下腔茧蜂（*Therophilus festivus*）。

该蜂国内分布于华北（京津冀）、东北（辽吉）、华东（沪苏浙闽鲁）、华中（豫鄂）、华南（粤桂）、西南（云贵川）、西北（宁）及台湾，其中河北仅在小五台山有记录。笔者是在保定市周边桃园梨小食心虫调查时发现该蜂，其在河北中部桃产区广泛分布。2014—2017 年间笔者对丽下腔茧蜂的田间自然寄生情况进行了系统调查，该蜂对梨小食心虫的寄生率平均为 13.2%～33.6%，最高达 48.18%，越冬代寄生率较高，其田间自然寄生率随采集地点、果园施药管理情况及梨小食心虫发生世代不同而有所变化。在室内条件下（26℃，14L：10D，RH 70%～80%）用 10%蜂蜜水饲喂丽下腔茧蜂成虫，雌、雄成虫的寿命可达 23 天和 16 天，平均寿命雌虫 16 天，雄虫 7 天。丽下腔茧蜂的平均寿命较其他茧蜂长，有更多的时间寻找到寄主寄生，利于其繁殖。

丽下腔茧蜂除了寄生果树主要害虫梨小食心虫和桃小食心虫外，其寄主还包括苹小食心虫、亚洲玉米螟、棉铃虫等多种害虫，寄主范围广泛。20 世纪 60 年代，美国引进中国山东的丽闭腔茧蜂用于防治梨小食心虫和苹小食心虫［*Grapholitha prunivora*（Walsh）］，取得了巨大成功（Marsh，1961）。如果能在室内发现替代寄主，建立人工饲养种群，探讨其大量繁育、储存和田间释放技术，该蜂将具有非常广泛的应用前景和害虫生防潜力。

关键词：梨小食心虫；丽下腔茧蜂；物学特性；生防潜力

---

* 基金项目：河北省财政专项（494-0402-YBN_ ASWO）；省农科院科技研究与发展计划项目（A2015120303）；省农科院财政项目（F16C10004）

** 第一作者：冉红凡，男，博士，助理研究员，从事农业害虫生物防治研究；E-mail：ranhongfan@163. com

*** 通信作者：李建成；E-mail：lijiancheng08@163. com

云南昆明小河乡桃园果蝇发生及其寄生蜂种群动态研究*

王　燕**　陈福寿　张红梅　杨艳鲜　陈宗麒***

（云南省农业科学院农业环境资源研究所，昆明　650205）

摘　要：2013 年 7—10 月与 2014 年 4—10 月，在云南昆明小河乡桃园利用香蕉诱盒，对果园内的铃木氏果蝇及其他果蝇种群数量进行监测，并且对伴随而来的天敌的种类和数量也进行了监测，在系统监测的基础上，结果表明：小河乡桃园中，铃木氏果蝇的数量约占桃园果蝇混合种群发生量的<1/10，并且在 8—9 月达到最大量。寄生蜂有 5 个属，寄生蜂的数量也在 8—9 月达到最大量。铃木氏果蝇在 10 月份以后随着水果采收后数量急剧下降，并且寄生蜂的数量也随着下降。

关键词：铃木氏果蝇；果蝇种群动态；寄生蜂种群动态

---

* 基金项目：中美联合项目（58-0212-3-006-F）

** 第一作者：王燕，女，汉族，助理研究员，主要从事农业害虫生物防治研究；E-mail：piglucky@126.com

*** 通信作者：陈宗麒，男，研究员；E-mail：zongqichen55@163.com

半闭弯尾姬蜂在云南的研究和应用*

陈福寿** 张红梅 王 燕 陈宗麒***
（云南省农业科学院农业环境资源研究所，昆明 650205）

摘 要：小菜蛾（*Plutella xylostella*）是一种世界性分布的十字花科蔬菜主要害虫。随着20世纪40年代后期广谱性杀虫剂的推广和大量使用，小菜蛾的发生为害已经严重影响了十字花科蔬菜的健康持续发展。小菜蛾抗药性的产生、防治的困难以及大量使用化学杀虫剂的恶性循环，带来了一系列经济、社会和生态问题。小菜蛾的生物防治成为了研究热点，天敌昆虫作为小菜蛾生物防治中的一个重要因子对小菜蛾的种群调节、制约起到了优势的作用。研究表明，在小菜蛾众多的天敌昆虫资源中，半闭弯尾姬蜂（*Diadegma semiclausum*）被认为是最有利用前景的小菜蛾优势寄生蜂。

半闭弯尾姬蜂起源于欧洲，是小菜蛾的优势寄生性天敌之一，对小菜蛾具有优势的控害潜能，在当地对小菜蛾的发生和为害起到明显的控制作用。通过引进，半闭弯尾姬蜂已在起源地之外广泛分布，并成为东南亚许多地区小菜蛾综合治理的主要生物因子。针对云南省大面积十字花科蔬菜受到小菜蛾严重为害的问题，云南省农业科学院农业环境资源研究所（原植物保护研究所）于1997年引进了半闭弯尾姬蜂，在此基础上开展了半闭弯尾姬蜂生物生态学、室内繁殖技术和释放技术的研究，并进行田间应用释放，目前半闭弯尾姬蜂已在释放区域成功定殖，对小菜蛾起到了持续的自然控制作用。

半闭弯尾姬蜂羽化、交配和产卵行为：在T：22℃，RH：60%～70%的实验室条件下，研究了半闭弯尾姬蜂（*Diadegma semiclausum*）的羽化、交配与产卵行为。结果表明：半闭弯尾姬蜂蜂蛹从开始羽化到羽化结束历经4天，羽化高峰期出现在羽化的第3天，羽化数量为25头，占全部羽化数量的58.82%；第三天中羽化高峰出现在8:00～13:00，羽化数量为16.5头，占全天羽化数量的66.00%。半闭弯尾姬蜂交配过程大致分为3个阶段：准备阶段、交配阶段、结束阶段；交配后开始产卵，产卵过程大致分为寄主寻找和确定、穿刺和产卵、产卵结束和梳理。通过对半闭弯尾姬蜂羽化习性观察，可以得出半闭弯尾姬蜂的羽化历期，以及羽化高峰期，这为今后实验室繁殖和田间释放应用半闭弯尾姬蜂提供了理论依据。

在半闭弯尾姬蜂繁殖过程中，寄主小菜蛾是优化半闭弯尾姬蜂扩繁的先决条件。在室内设置不同小菜蛾幼虫数量和幼虫龄期条件下，研究了幼虫数量和龄期对半闭弯尾姬蜂寄生率的影响。结果表明，小菜蛾幼虫龄期和小菜蛾幼虫数量对半闭弯尾姬蜂繁殖有直接影响。在一定小菜蛾数量范围内，随小菜蛾幼虫数量的增加，半闭弯尾姬蜂对小菜蛾幼虫的

* 基金项目：天敌昆虫防控技术及产品研发（SQ2017ZY060059）
** 第一作者：陈福寿，男，副研究员；E-mail：chenfsh36@163.com
*** 通信作者：陈宗麒，副研究员；E-mail：chenfsh36@163.com

寄生数量也相应增加；当小菜蛾幼虫数量增加到一定水平时，半闭弯尾姬蜂对小菜蛾幼虫的寄生数量趋向稳定。不仅小菜蛾数量对半闭弯尾姬蜂室内繁殖有影响，小菜蛾的龄期对半闭弯尾姬蜂的繁殖也有影响，半闭弯尾姬蜂对小菜蛾 2 龄、3 龄、4 龄幼虫都能寄生，寄生 2 龄幼虫时寄生率最高，其次是 3 龄，4 龄最低，半闭弯尾姬蜂对 2，3 龄小菜蛾幼虫的寄生率高于 4 龄幼虫，且差异性显著。

温度在昆虫的生长发育过程中起着至关重要的作用，影响着昆虫的发育、生殖力和存活力等，在天敌昆虫的室内饲养中，温度是影响寄生蜂室内群体繁殖的关键因素之一。在室内人工气候箱条件下设置 6 个恒温（15℃、20℃、22℃、25℃、27℃和 30℃）研究了温度对半闭弯尾姬蜂发育历期、羽化率、性比的影响。结果表明：在不同的温度条件下半闭弯尾姬蜂发育历期、羽化率和性比有显著性差异。在 15~27℃的范围内，半闭弯尾姬蜂的发育历期随着温度的升高而缩短，并且各温度处理下的各个发育历期存在显著性差异。温度不仅影响发育历期，而且还影响到蛹的羽化率，在 15~22℃的温度范围内，半闭弯尾姬蜂蛹的羽化率随着温度的升高而降低，并且各个温度处理下的羽化率存在显著性差异；在 22~27℃的温度范围内，半闭弯尾姬蜂蛹的羽化率随着温度的升高而降低，并且 22℃和 25℃温度条件下羽化率无显著性差异，27℃条件下的羽化率与 22℃和 25℃条件下的羽化率存在显著性差异；当温度达到 30℃时，蛹不能正常羽化，说明高温对蛹的发育影响较大，在高温环境条件下不利于半闭弯尾姬蜂的正常发育。温度同样影响到半闭弯尾姬蜂室内繁殖时的性比，在 15~25℃的温度范围内，各个温度处理下的性比无显著性差异，性比能保持在一个相对稳定的状态；温度达到 27℃时，性比明显降低，性比于 15~25℃的温度范围内的性比有显著性差异。

通过半闭弯尾姬蜂的生物生态学研究，以及寄主和环境对半闭弯尾姬蜂繁殖的影响研究，采用种植甘蓝—饲养小菜蛾—繁殖半闭弯尾姬蜂的技术路线，对甘蓝种植、小菜蛾繁殖、半闭弯尾姬蜂的繁殖三者之间的关系进行了研究，探索出了半闭弯尾姬蜂室内标准化扩繁技术要点：温度控制在 22℃±2℃，小菜蛾幼虫龄期以 2~3 龄为宜，小菜蛾幼虫与蜂的繁殖数量比例 50∶1，提出了一套完整的半闭弯尾姬蜂室内扩繁技术体系。

根据实际情况以及小菜蛾的发生提出了半闭弯尾姬蜂的田间释放技术。并利用研发技术开展了半闭弯尾姬蜂防治小菜蛾的田间示范应用。经过半闭弯尾姬蜂的田间释放应用，半闭弯尾姬蜂在释放区域定殖成功已经成为小菜蛾的优势天敌，建立了稳定的自然种群，形成自然条件下半闭弯尾姬蜂的活体资源库，在示范推广区域田间自然寄生率最高可达 87.21%，经济、安全、持续和有效地控制了小菜蛾的发生和为害，提高了蔬菜产品质量品质，缓解了农田生态环境恶化，获得良好的经济效益、生态效益和社会效益。

关键词：半闭弯尾姬蜂；云南；研究和应用

烟粉虱病原真菌鉴定及其致病力测定*

姜　灵**　贾彦霞***
（宁夏大学农学院，银川　750021）

摘　要：为明确一株烟粉虱（*Bemisia tabaci*）病原真菌，采用组织分离法获得菌株JMC-1，通过柯赫氏法则、形态学特征及分子生物学技术对该菌株进行鉴定，并将菌株JMC-1在PDA培养基上培养10天后，用含0.01%吐温-80的无菌水将分生孢子洗脱，配制成1×10^8个/ml的孢子悬浮液，利用浸叶法对粉虱若虫进行回接试验并研究其对粉虱的致病力。结果表明，菌株JMC-1对粉虱若虫回接7天后，粉虱死亡率达到77.78%，死亡粉虱保湿培养后体内均长出白色菌丝，与自然发病粉虱的病状相符；该菌株在PDA培养基上的菌落为圆形，菌丝乳白色，絮状，背面呈暗黄色。显微观察其分生孢子梗纤细、直立，瓶梗轮枝状排列，分生孢子无色，单胞，卵圆筒形；rDNA-ITS序列分析与基因Bank中蜡蚧轮枝菌（*Lecanicillium lecanii*）（编号：FJ515771.1）的序列相似性为99%，结合形态特征和分子生物学鉴定最终将其确定为蜡蚧轮枝菌，是一种重要的虫生病原真菌，对粉虱有较高致病力，为安全有效的防治烟粉虱提供有力依据。

关键词：烟粉虱；病原真菌；病原菌鉴定；蜡蚧轮枝菌；致病力；生物防治

---

* 基金项目：宁夏“十三五”重点研发计划重大项目（2016BZ0903）
** 第一作者：姜灵，研究方向：农业昆虫与害虫防治；E-mail：1285615808@qq.com
*** 通信作者：贾彦霞；E-mail：helenjia_2006@126.com

云南甘蔗害虫天敌及其自然控制作用*

李文凤** 张荣跃 尹 炯 罗志明 王晓燕 仓晓燕 单红丽 黄应昆***
（云南省农业科学院甘蔗研究所，云南省甘蔗遗传改良重点实验室，开远 661699）

摘 要：以综合及环保的观点来治理害虫，是当今植保工作者面临的新任务。在中国，近年来，生物防治已成为综合防治病虫害的重要措施之一，它的社会效益、生态效益越来越引起国家和社会上的关注。研究并开发利用害虫优势天敌控制害虫，能收到除害增产、减轻环境污染、维护生态平衡、节省能源和降低生产成本的明显效果。蔗田生态系统内存在着丰富的昆虫天敌资源，对抑制甘蔗害虫的发生发挥着重要的作用。本文简述了云南蔗区甘蔗主要害虫天敌资源及其对害虫的自然控制作用。在云南蔗田内，控制甘蔗害虫发生的生物因子主要的可分为捕食性和寄生性两大类。优势种主要有寄生甘蔗螟虫的螟黄足绒茧蜂 *Apanteles flavipes*（Cameron）、大螟拟丛毛寄蝇 *Sturmiopsis inferens* Townsend 和黄螟卵赤眼蜂 *Trichogramma* sp.；捕食甘蔗绵蚜 *Ceratovacuna lanigera* Zehntner 的大突肩瓢虫 *Synonycha grandis*（Thunberg）、双带盘瓢虫 *Lemnia biplagiata*（Swartz）、六斑月瓢虫 *Chilomenes sexmaculata*（Fabricius）和绿线食蚜螟 *Thiallela* sp.；捕食甘蔗粉蚧 *Saccharicocus sacchari*（Cocherell）、蓟马 *Baliothrips serratus* Kobus 和蔗头象虫 *Trochorhopalus humeralis* Chevrolat 的黄足肥螋 *Euborellia pallipes* Shiraki、微小花蝽 *Orius*（*Heterorius*）*minutus*（Linnaeus）、黑襟毛瓢虫 *Scymnus*（*Neopullus*）*hoffmanni* Weise 等。合理保护利用天敌，充分发挥天敌对害虫的自然调控作用，这对保护生态环境，维护蔗田生态平衡，提高害虫综合治理水平，促进蔗糖业可持续发展均具有重要意义。

关键词：云南；甘蔗；害虫；天敌；自然控制

---

* 基金项目：国家现代农业产业技术体系建设专项（CARS-20-2-2）；云南省现代农业产业技术体系建设专项

** 第一作者：李文凤，女，研究员，主要从事甘蔗病虫害研究；E-mail：ynlwf@ 163. com

*** 通信作者：黄应昆，研究员，从事甘蔗病虫害防控研究；E-mail：huangyk64@ 163. com

巴氏新小绥螨在混合猎物系统中的取食选择性研究*

王成斌** 李亚迎 刘 磊 刘 怀***
（西南大学植物保护学院，昆虫及害虫控制工程重庆市市级重点实验室，重庆 400716）

摘 要：朱砂叶螨（*Tetranychus cinnabarinus*）和烟粉虱（*Bemisia tabaci*）都是温室作物中主要的有害生物，且经常在同一作物上同时发生为害。朱砂叶螨通过直接取食、破坏植物细胞和织网为害，烟粉虱通过直接取食、分泌蜜露和传播病毒为害，这两种有害生物对温室作物都能造成重要的经济损失。由于这两种有害生物生活史短和繁殖率高，对农药极易产生抗药性，使用化学防治方法越来越难以防治。因此，生物防治发挥了越来越重要的作用。研究表明巴氏新小绥螨（*Neoseiulus barkeri*）对这两种有害生物都具有一定的控制作用。生物防治中释放天敌多用于防控单一靶标害虫，然而自然生态系统中往往存在多种有害生物混合发生，而此时天敌防控效率受到生防天敌混合猎物系统中取食选择性的直接影响。本研究旨在明确巴氏新小绥螨在朱砂叶螨和烟粉虱混合猎物系统中的取食选择性。试验首先测定巴氏新小绥螨对朱砂叶螨和烟粉虱各自不同虫态的取食选择性。其中，朱砂叶螨所选择的螨态为卵、幼螨和前若螨；烟粉虱所选择的虫态为卵（烟粉虱 12h 内产的卵）和活动态的一龄若虫。在此基础上进一步测定其对两种猎物选择性较高的虫（螨）态之间的取食选择性。所有处理均在饲养小室内进行，饲养小室置于温度（25±1）℃，光照 16L：8D，空气相对湿度 70%± 5%人工气候箱中。每个饲养小室中接入猎物的各虫态 10 头（粒），再接入一头饥饿 24h 的巴氏新小绥螨雌成螨，12h 后记录各猎物的被取食数，每组处理重复 26 次。研究结果基于 Manly'sβ preference index（β）来确定巴氏新小绥螨对朱砂叶螨和烟粉虱未成熟期的取食选择性。结果表明，在朱砂叶螨的各螨态中，巴氏新小绥螨对幼螨的取食量最高，为 4.61±0.50，β 值为 0.49；对卵和前若螨的取食量分别为 2.18±0.46 和 3.61±0.57，β 值分别为 0.18 和 0.32。在烟粉虱的各虫态中，巴氏新小绥螨对烟粉虱卵的取食量更高，为 4.52±0.50，β 值为 0.62；对烟粉虱一龄若虫的取食量为 2.78±0.33，β 值为 0.38。当朱砂叶螨幼螨和烟粉虱卵组成混合系统猎物时，对朱砂叶螨幼螨和烟粉虱卵的取食量分别为 8.85±0.25 和 5.04±0.44，并且巴氏新小绥螨对朱砂叶螨幼螨的取食选择性系数（β= 0.72）显著高于对烟粉虱卵的取食选择性系数（β=0.28；t=10.48，df=52，P<0.001）。研究表明巴氏新小绥螨在这两种有害生物共存系统中选择性捕食朱砂叶螨。通过巴氏新小绥螨捕食的烟粉虱卵和朱砂叶螨幼螨的数量显示出该捕食螨在温室条件下能够明显减少这两种有害生物的种群数量。本研究的结果为农业生态系统中朱砂叶螨和烟粉虱同时发生时利用巴氏新小绥螨作为生物防治天敌提供理论依据。

关键词：生物防治；捕食螨；朱砂叶螨；烟粉虱；取食选择性

---

* 基金项目：重庆市社会事业与民生保障科技创新专项（cstc2015shms-ztzx80011）

** 第一作者：王成斌，男，硕士研究生，研究方向：有害生物监测与防控；E-mail：wa11035@163.com

*** 通信作者：刘怀，教授，博士生导师；E-mail：liuhuai@swu.edu.cn

天敌昆虫在防治设施农业害虫中的应用

刘佩旋　郑雅楠　张　顺　徐晓蕊
（沈阳农业大学林学院，沈阳　110866）

摘　要：设施农业生产是现代农业生产中极为重要的组成部分，近年来其发展规模不断扩大。但是，由于设施农业的种植条件为害虫提供了适宜的生存环境，导致害虫的发生愈发频繁，危害日渐加剧，严重影响了作物的产量和品质。随着人们环境保护意识的加强和绿色农业的发展，以天敌昆虫释放为主的生物防治技术在设施农业综合防治体系中发挥着越来越重要的作用。因此本文对设施农业的主要害虫种类、主要天敌种类及其防治现状进行综述，并对天敌昆虫在设施农业防治中的发展进行了分析。旨在为我国设施农业生物防治技术研究提供一定有利依据，进而保障我国的设施农业安全可持续发展。

关键词：设施农业；害虫；天敌昆虫；生物防治

设施农业生产是现代农业生产中极为重要的组成部分，可以高效利用环境因子增加蔬菜和果树的生产周期，提高作物产量和质量[1]。近年来，世界各地的设施农业利用已越来越广泛[1-2]，中国是世界上设施农业种植蔬菜面积最大的国家，约占世界总面积的90%[3]。据报道，2014 年我国设施农业的面积已达到 386 万 hm^2[3]，总产值已超过 7 000 亿元，已成为许多地区农业的支柱产业[4-5]。

随着设施农业产业的迅速发展，蔬菜和果树生产的品种和产量得到快速增长，但同时也给害虫提供了适宜生长、繁殖和危害的生态环境。各类有害生物的为害不断加剧，给农业作物造成极大的经济损失[6]。如蚜虫类、蓟马类、粉虱类等小型害虫在温室内得到了充分有利的发育条件，使其发生面积不断扩大，为害程度日渐加剧。设施农业害虫造成的产量损失达 15%~30%，严重时会造成 50%以上甚至是 100%的损失，严重影响了作物产品的产量和品质[4-6]。由于蔬菜和果树生长周期较短，害虫发生种类多、危害重，目前尚未建立安全、有效的综合防治措施。喷洒化学农药的化学防治措施在设施农业中应用的比重较大，但是由于农民频繁且不合理的使用农药，造成了农药残留、污染环境和害虫抗药性增强等危害，严重影响了作物的食物安全。因此，近年来利用天敌昆虫防治害虫的生物防治措施已成为设施农业害虫综合防治的主要手段。本文对设施农业的主要害虫种类、主要天敌种类及其防治现状进行综述，旨在为我国设施农业生物防治技术研究提供一定利于依据，进而保障我国的设施农业安全可持续发展。

1　设施农业害虫主要种类

由于设施温室中的环境相对封闭、温暖湿润、作物种植密度高，可为害虫提供更好的生存环境。因此，部分发育速率快、世代多、繁殖能力强的害虫极易在设施温室中定殖为害[7-8]。中国设施农业重要害虫种类主要包含半翅目（Hemiptera）、缨翅目（Thysanoptera）、双翅目（Diptera）、鞘翅目（Coleoptera）、鳞翅目（Lepidoptera）和螨类的30余种有害生物[7]。其中以蚜虫、粉虱、蓟马和叶螨在设施农业生产中发生最为普遍、危害最重。

1.1 半翅目害虫

半翅目害虫在设施农业生产中发生最为普遍、危害最为严重，其主要种类有烟粉虱（*Bemisia tabaci*）、温室白粉虱（*Trialeurodes vaporariorum*）、桃蚜（*Myzus persicae*）、菜缢管蚜（*Rhopalosiphum pseudobrassicae*）、甘蓝蚜（*Brevicoryne brassicae*）和棉蚜（*Aphis gossypii*）。其中桃蚜寄主范围极广，可在50多科近400种植物上取食，并可传播200多种植物病毒。该害虫通过直接刺吸植物，造成植物营养不良，使寄主植物生长缓慢甚至停滞[9-10]。粉虱类害虫（温室白粉虱和烟粉虱）通过刺吸植物韧皮部的汁液进行为害，不仅降低了果蔬的产量，还严重影响果蔬的品质。粉虱具有繁殖速度快和抗药性强等特点，导致化学防治效果变差，危害更为严重。

1.2 缨翅目害虫

缨翅目害虫的主要种类是西花蓟马（*Frankliniella occidentalis*）、瓜蓟马（*Thrips flavus*）、黄蓟马（*Thrips flavus*）和葱蓟马（*Thrips tabaci*）。它们主要为害茄科、豆科等蔬菜作物，也会危害草莓、树莓等软皮水果[12]，蓟马类害虫主要通过取食植物的茎、叶、花和果，同时传播多种病毒来进行危害。2003年，在北京郊区的蔬菜大棚内发现外来入侵种西花蓟马[11]。西花蓟马是一种世界性检疫害虫，具有繁殖速度快和寄主范围广等特点，为害极其严重，常常造成作物减产甚至绝收[12]。近年来，随着我国辽宁地区草莓产业的不断发展，西花蓟马也成为了温室草莓的主要害虫之一，严重影响了辽宁地区草莓产业的发展[13]。

1.3 螨类害虫

螨类害虫，俗称红蜘蛛，是中国设施农业生产中常见的一类害虫，其进行危害的种类大多是叶螨属（*Tetranychus*），主要包括二斑叶螨（*Tetranychus urticae*）、朱砂叶螨（*Tetranychus cinnabarinus*）、截形叶螨（*Tetranychus truncatus*）和侧多食跗线螨（*Polyphagotarsonemus latus*）等[14]。该害虫的寄主植物主要是苹果、梨、桃、樱桃、李等果树，它们主要以刺吸寄主主芽、叶片的汁液进行为害，造成叶片失绿，严重时会造成叶片大量脱落。真螨目害虫体型较小，繁殖速度快，极易暴发成灾，严重影响蔬菜的品质和质量[15]。

此外，由于温室环境条件适宜昆虫的生长发育，许多害虫改变了其发生规律，也是造成设施农业害虫危害严重的原因之一。如小菜蛾（*Plutella xylostella*）、菜粉蝶（*Pieris rapae*）等有越冬习性的鳞翅目害虫，可以一年四季不间断地发育、繁殖，发生世代增多，害虫数量加大，进而导致危害加重[16]。蚜虫及螨类害虫在温室内可以通过孤雌生殖的方式周年存在并持续危害[17]。这使得设施农业的害虫发生面积不断扩大、危害频率增加、危害程度加重，严重影响蔬菜和果树的产量和品质[6]。

2 设施农业害虫的主要天敌昆虫及其应用

随着人们环境保护意识的加强和绿色农业的发展，天敌昆虫在设施农业害虫生物防治中的作用越来越受到人们的重视。中国的天敌资源非常丰富，但目前在设施农业生产中应用的种类相当有限，仍然有许多天敌昆虫资源待开发和利用。

2.1 粉虱天敌

粉虱的天敌种类繁多，包括寄生性天敌、捕食性天敌和虫生真菌等。粉虱类害虫的有效寄生性天敌均属于蚜小蜂科（Aphelinidae），其中有 21 种为恩蚜小蜂属（*Encarsia*），6 种为桨角蚜小蜂属（*Eretmocerus*）[39]。在众多有效的寄生性天敌中，丽蚜小蜂对温室粉虱的防治效果最佳。该寄生蜂于 1978 年从英国引进，中国的相关研究人员对丽蚜小蜂进行了深入研究并研发了烟草苗繁蜂法[40]。随后，在河北、辽宁、山东、内蒙古等地推广释放丽蚜小蜂来防治温室白粉虱[41-42]。除丽蚜小蜂以外，双斑恩蚜小蜂（*Encarsia bimaculata*）、浅黄恩蚜小蜂和裸盾恩蚜小蜂（*Encarsia aseta*）也是防治温室白粉虱的重要寄生性天敌[39]。

防治粉虱的捕食性天敌主要包括小黑粉虱瓢虫（*Delphastus cataliane*）、刀角瓢虫（*Serangium japonicum*）、草蛉（*Chrysoperla rufilabris*）及盲蝽（*Macrolophus caliginosus*）[43]。其中，从国外引进的捕食性瓢虫，如刀角瓢虫、沙巴拟刀角瓢虫（*Serangiella sababensis*）和小黑粉虱瓢虫对温室蔬菜上的粉虱均可以起到很好的控制效果[44]。近期，有相关研究发现捕食螨对烟粉虱的防治也有很好的效果，例如在甜椒温室释放胡瓜钝绥螨对烟粉虱的控制效果可以达到 94%[45]。

2.2 蚜虫天敌

中国设施农业生产中，危害其产量和品质的蚜虫以桃蚜为主。目前，捕食性瓢虫、食蚜蝇、蚜茧蜂和食蚜瘿蚊是设施农业中防治蚜虫的主要天敌昆虫[1]。对设施农业蚜虫控制效果较好的捕食性瓢虫有异色瓢虫、多异瓢虫、七星瓢虫（*Coccinella septempunctata*）和龟纹瓢虫[46-47]。其中，具有多色型的异色瓢虫在生物防治起着主导作用，它不仅可以取食桃蚜，还可以取食梨二叉蚜（*Toxoptera piricola*）、桃大尾蚜（*Hyaloperus arundinis*）和棉蚜[48]。食蚜蝇是双翅目中相对较大的类群，对蚜虫的捕食能力很强，部分种类的食蚜蝇还能捕食粉虱、飞虱和蚧壳虫等害虫[49]。例如黑带食蚜蝇（*Episyrphus balteatus*）、大灰食蚜蝇（*Eupeodes corolla*）的幼虫对桃蚜均具有较强的捕食能力[50]。烟蚜茧蜂作为一种外来引进的天敌物种，其对番茄、黄瓜和辣椒上的桃蚜和棉蚜均有很好的防治效果[51-52]。目前，在北京、河北、福建、辽宁和上海等地区的温室中，均通过释放烟蚜茧蜂来防治蚜虫。近期研究表明，烟蚜茧蜂和异色瓢虫混合释放的防效高于单一释放[53]。

2.3 蓟马天敌

蓟马类害虫的天敌主要是捕食性天敌，包括食虫蝽、草蛉和捕食螨[54-55]。有研究表明，胡瓜钝绥螨对日光大棚甜椒上西花蓟马的控制效果可达 86.7%[56]；巴氏钝绥螨可以控制温室茄子上的西花蓟马高峰期的数量[57]，而将巴氏钝绥螨和剑毛帕厉螨（*Stratiolaelaps scimitus*）混合释放对彩椒上蓟马的防效达到 47.16%[58]。小花蝽属的东亚小花蝽对蓟马也具有很强的控制能力[59]。例如，在茄子生产过程中释放东亚小花蝽，对蓟马的控制效果可以达到 94.46%[22]。将捕食螨和食虫蝽混合释放后可以提高对西花蓟马的防控效果[60]。

2.4 叶螨天敌

叶螨的天敌主要是捕食性天敌，包括捕食螨和捕食性瓢虫。目前，通过利用捕食螨的引入种和本土优势种相结合的方法对设施农业中的叶螨类害虫进行了有效的防治。从瑞典引入的智利小植绥螨是当前叶螨类害虫生物防治中最有效的捕食螨，已成功应用于温室蔬菜、热带水果和观赏园艺植物的生物防治中[61]。本土优势种中，长毛钝绥螨（*Amblyseius longispinosus*）和拟长毛钝绥螨（*Amblyseius pseudolongispinosus*）也已经广泛应用于朱砂叶螨的防治中。例如，将长毛钝绥螨按益害比 1：100 的比例释放，3 周后茄子上二斑叶螨的数量显著降低[17]。拟长毛钝绥螨是叶螨的专性捕食性天敌，可以有效控制冬瓜上二斑叶螨的数量[62]。捕食性瓢虫也可以用来控制叶螨，深点食螨瓢虫（*Stethorus punctillum*）和腹管食螨瓢虫（*Stethorus siphonulus*）可以有效地控制温室中的柑橘全爪螨（*Panonychus citri*）[63-64]。

3 展望

设施栽培方式为人类带来了更为丰富的蔬菜产品，同时其特殊的环境也加重了昆虫的发生与危害，而长期的化学防治已引起了害虫的抗药性、农药残留等不利问题。毫无疑问，生物防治在设施农业病虫害的综合治理中逐渐凸显出其重要地位，利用天敌昆虫捕食或寄生害虫在温室中的应用虽已取得了一定成效，但还有很多问题亟待解决。如果将这些问题逐一解决，将对设施农业害虫甚至是大田害虫的综合防治具有重要的积极意义。

参考文献（略）

应用性信息素迷向法防治桃园梨小食心虫*

刘文旭** 冉红凡 马爱红 路子云 李建成***

(河北省农林科学院植物保护研究所，河北省农业有害生物综合防治工程技术研究中心，农业部华北北部作物有害生物综合治理重点实验室，保定 071000)

摘 要：梨小食心虫属鳞翅目小卷叶蛾科，为世界性蛀果害虫之一。在我国除西藏外，其他各地均有分布。在果产区为害梨、桃等果树甚重。由于其钻蛀习性，防治较为困难，常规的化学防治难以达到防治效果，而且容易造成环境污染、杀伤天敌、果品农药残留超标等问题。利用昆虫性信息素迷向干扰成虫交配是近年国内外兴起的一种新型害虫可持续治理技术，具有专一性强、无毒无害、不杀伤天敌、不污染环境等优点，近年来在田间害虫防治方面应用越来越广泛。2012—2016 年，笔者连续 5 年在河北省保定市顺平县 100 亩桃园开展应用迷向丝迷向干扰成虫交配防治梨小食心虫，于 3 月底初见梨小食心虫成虫前在桃园悬挂迷向丝，每棵树悬挂 1 根，在迷向防治区悬挂三角型诱捕器监测成虫数量，每天统计诱蛾量，计算迷向率。同时在迷向区和对照区分别调查折梢率和蛀果率。结果表明，迷向防治区桃园梨小食心虫迷向率 5 年分别为 97.39%、95.01%、97.24%、96.03%和 99.72%，迷向效果明显；迷向区折梢率为 2.25%，对照区折梢率为 19.4%，防治效果为 88.40%；迷向区蛀果率为 0.11%，对照区为 8.31%，防治效果为 98.68%。无论对于新梢还是果实，大面积应用迷向丝对梨小食心虫均取得较好的防治效果。利用性信息素迷向法对靶标害虫进行防治，干扰雄成虫迷失方向，丧失寻找雌虫的能力，降低交配概率，达到减少害虫种群数量的目的，是一种经济高效的防治手段，应用越来越广泛。应用迷向丝防治害虫的效果受多种因素的影响，在迷向法不能完全控制害虫时，应与其他防治措施结合。

关键词：梨小食心虫；性信息素；迷向防治

---

* 基金项目：河北省财政专项（494－0402－YSN－CIUZ）；省农科院科技研究与发展计划项目（A2015120303）；省农科院财政项目（F16C10004）

** 第一作者：刘文旭，男，硕士，副研究员，从事果树害虫生物防治研究；E-mail：lwx508@163.com

*** 通信作者：李建成；E-mail：lijiancheng08@163.com

复合微生物肥料对香蕉根结线虫病的田间防治及促生作用研究*

汪　军[1**]　符红文[2]　周　游[1]　杨腊英[1]　郭立佳[1]　梁昌聪[1]
刘　磊[1]　黄俊生[1***]
（1. 中国热带农业科学院环境与植物保护研究所，农业部热带农林有害生物入侵检测与控制重点实验室，海南省热带农业有害生物检测与控制重点实验室，海口　571101；
2. 海南宝绿春农业开发有限公司，海口　570206）

摘　要：近年来作物根结线虫发生日益严重，同时诱发枯萎病等多重土传病害。针对根结线虫等土传病害的危害特点，本课题组创建生防菌高效评价方法，提高筛选效率，选育出具有协同颉颃作用的专利菌株拟青霉和芽孢杆菌，研制出复合微生物肥料 CMF 并获批正式登记证。为探讨复合微生物肥料 CMF 对香蕉根结线虫的田间防治效果，将 CMF、基质和化学肥料施入各处理小区，分析 CMF 防控香蕉根结线虫病及促生作用。结果表明，①施用 15kg/亩 CMF 的处理，病情指数显著降低，防治效果达 86.47%；与空白对照、基质和化学肥料处理相比病情指数分别降低 62.12%、47.34%、57.92%。②与对照相比，施用 CMF 后香蕉地上部鲜重增加 12.34%，地下部鲜重显著增加 14.82%。③施用 CMF 显著减少土壤中根结线虫二龄幼虫的密度和根系中卵的数量。④ CMF 处理后根际土壤呼吸速率增幅显著，达 23.34%。⑤ CMF 处理后生防菌芽孢杆菌和拟青霉能有效定殖到根际土壤，定殖量与土壤中的线虫密度呈互相关关系。综上所述，施用含有高效生防菌的复合微生物肥料 CMF 能有效防治根结线虫病，为其推广应用提供了理论依据。

关键词：复合微生物肥料；香蕉根结线虫病；田间防控；防治效果；促生作用

---

* 基金项目：中央级公益性科研院所基本科研业务费专项（NO. 2015hzs1J013）；海南省重点研发计划（ZDYF2016039）；海南省重点实验室和工程技术研究中心建设专项项目（GCZX2015003）

** 第一作者：汪军，男，助理研究员，主要从事生防微生物菌肥研究；E-mail：wjhnsc@163.com

*** 通信作者：黄俊生，研究员，博士生导师，主要从事微生物资源研究与利用；E-mail：H888111@126.com

寡糖免疫诱导剂制备及其作用机制研究

尹　恒[*]　贾晓晨　王文霞
（中国科学院大连化学物理所，大连　116023）

摘　要：寡糖类物质来源于天然产物，是一类有效的诱导子，特定结构的寡糖对于植物具有免疫调节作用，可以增强植物应对病虫害的能力。利用其进行植物病虫害防治是植物保护的新途径。本文通过多糖降解酶的研发创制，获得了系列廉价、高效多糖降解酶，保障了寡糖免疫诱导剂生产的效率、成本与质量，为实现寡糖免疫诱导剂的规模化生产及应用提供了坚实的基础。本文同时围绕壳寡糖的诱导抗病机制进行了系统的研究，发现植物细胞壁和细胞膜上有壳寡糖的结合位点，壳寡糖可以通过激活活性氧、一氧化氮等早期信号分子，调控水杨酸、茉莉酸等植物激素信号通路，经过一系列的信号传导、放大和整合，调控防卫基因的表达，积累次生代谢产物，诱导植物自身免疫抗性，抵抗病原物质的侵染。本文以模式植物拟南芥为实验材料，进一步揭示了壳寡糖诱导拟南芥抗 TMV 的作用及抗病机制，研究显示，50mg/kg 壳寡糖处理拟南芥 24h 后，接种 TMV，可有效降低拟南芥的病情指数及植物体内烟草花叶病毒外壳蛋白的含量，同时可显著诱导抗性标记基因 PR1 的表达，然而在水杨酸酸途径发生突变的拟南芥中，壳寡糖的诱导抗病性丧失，表明壳寡糖可通过激活水杨酸信号通路诱导拟南芥抗 TMV。

关键词：寡糖免疫诱导剂；多糖降解酶；壳寡糖；信号转导

* 第一作者：尹恒，主要从事寡糖诱导植物抗病性机制研究；E-mail：yinheng@ dicp. ac. cn

有害生物综合防治

七种植保机械在玉米田喷雾作业的雾滴沉积分布及农药利用率研究

孔　肖* 　王国宾[1] 　嵇　俭[2] 　徐德坤[3] 　袁会珠[1]**
(1. 中国农业科学院植物保护研究所，北京　100193；2. 山东省植物保护总站，济南　250100；3. 临沂市农业局植保站，临沂　276001)

摘　要：2015年7月在山东省兰陵县玉米田开展了不同植保机械的雾滴沉积分布和农药利用率测定试验，试验选取喷杆喷雾机、植保无人机和手动喷雾器在内的7种植保机械。结果表明：7种植保机械在玉米植株上、中、下部均能形成较好的雾滴密度，且自上而下呈衰减分布，但田间施药量过大，药液流失严重，农药沉积率在20%~35%，农药利用率低。

关键词：植保机械；雾滴密度；沉积分布；农药利用率

玉米是我国重要的粮食作物，具有较高的使用价值和经济价值，既是食品原料，又是禽畜饲料，还可作为工业原料[1]。中国是仅次于美国的玉米种植国，目前，玉米已经成为我国第一大粮食作物[2]。近年来随着玉米种植面积不断扩大，农业生态环境、种植结构、耕作制度、种植品种、生产方式及生产条件等的改变，一些病虫害或传媒昆虫的生活和流行条件也随之改变，创造了适合某些有害生物积累的生态环境，玉米病虫害的发生呈加重趋势[3,4]。研究表明，玉米因受病虫草害的影响可直接减产10%~20%[3]，植保施药成为有效保证玉米优质、高产和稳产最直接有效的方法之一[5]。

在一块农田中，喷洒后沉积在作物上的药量与施药总量的比值，称为“农药利用率”(国际上也称为“沉积回收率”)，这是衡量农药使用水平高低的基本参数[6]，本文涉及的“沉积率”即“农药利用率”。在全国农业技术推广服务中心的总体部署下，笔者在山东省临沂市兰陵县开展了玉米田不同植保机械雾滴沉积分布和农药有效利用率的测试试验，在评价不同植保机械喷雾质量优劣的同时，亦希望能为其他地区的田间药械喷雾提供参考。

1　材料与方法

1.1　试验材料

1.1.1　试验仪器及指示剂

农药喷雾指示剂诱惑红（浙江吉高德色素科技有限公司）、3WSH-500水旱两用喷杆喷雾机（三禾永佳动力有限公司）、3WP-400G自走式高秆作物喷杆喷雾机（山东华盛农业药械有限责任公司）、农民自制喷杆喷雾机、十八旋翼植保无人机（山东卫士植保机械

* 第一作者：孔肖，男，硕士研究生；E-mail：takongxiao@163.com
** 通信作者：袁会珠，男，博士，研究员，主要从事农药使用技术研究；E-mail：hzhyuan@ippcaas.cn

有限公司)、3WZ-7 背负式动力喷雾机（山东华盛农业药械有限责任公司)、WS-18D 背负式电动喷雾器（山东卫士植保机械有限公司)、背负式弥雾机、风速仪（北京中西远大科技有限公司)、温湿度仪（深圳市华图电气有限公司)、卡罗米特纸卡（中国农业科学院植物保护研究所）等。不同植保机械的相关作业参数如表 1 和图 1～图 7 所示。

表 1　不同植保机械作业参数

施药器械	作业参数
三禾永佳喷杆喷雾机	喷量：1.02L/min，喷幅：12m，压力：0.2～0.4MPa，药箱容积：500L，最高速度：21km/h
华盛中天高杆喷雾机	喷量：1.1L/min，喷幅：8m，压力：0.2～0.4MPa，药箱容积：400L，喷洒效率：60 亩/h
十八旋翼无人机	药箱容积：10L，喷幅：4m
电动喷雾器	药箱容积：18L，动力：蓄电池，压力：0.15～0.4MPa
动力喷雾机	最高压力 2.5MPa，动力：柴油机，最大流量 7L/min
弥雾机	最大喷量：3kg/min，喷幅：12m，容积：14L，动力：二冲程汽油机

注：农民自制喷杆喷雾机无详细作业参数，在此不作讨论

图 1　三禾永佳喷杆喷雾机

图 2　农民自制喷杆喷雾机

图 3　华盛中天高杆喷雾机

图 4　弥雾机

图 5　电动喷雾器

图 6　动力喷雾机

图 7　无人机

1.1.2　试验条件

试验设在山东省临沂市兰陵县，喷雾时间为 2015 年 7 月 21 日，喷雾时天气晴朗，气温 36.1℃，空气相对湿度 80%，玉米种植密度为 7.2 株/m^2，株高 80～85cm，行距 60cm。

1.2　试验方法

1.2.1　指示剂诱惑红标准曲线的绘制

本试验未喷施农药，以指示剂诱惑红代替农药进行相关测定。准确称取诱惑红（精

确至0.000 2g）于10ml容量瓶中，用蒸馏水定容，即得到质量浓度分别为0.39mg/L，0.78mg/L，1.56mg/L，3.125mg/L，6.25mg/L，12.5mg/L，25.0mg/L，50.0mg/L的诱惑红标准溶液。分别用紫外分光光度计于波长501nm[7]处测定其吸光度值。每个浓度连续测定3次，取吸光度平均值对诱惑红标准溶液浓度作标准曲线。

1.2.2　雾滴密度、沉积分布的测定

在进行田间小区试验时，不同的施药器械喷洒，在各小区的玉米植株上形成不同的覆盖密度。将一定量的诱惑红作为指示剂加入水中，诱惑红的添加量为41.67g/亩。喷雾开始前，在每小区垂直于喷雾带的玉米植株底部起第四、第七和第十片叶分别布放卡罗米特纸卡和一张滤纸（滤纸用以测定沉积量及沉积率）（图8和图9），每个小区试验重复3次；喷雾结束后，收取卡罗米特纸进行扫描，并用Depositscan软件（美国农业部）测定雾滴密度；收集试验滤纸，放入自封袋中进行药液沉积分布的测定。测定时向自封袋中加入5ml蒸馏水，震荡洗涤10min，根据1.2.1中的试验方法测定洗涤液中诱惑红的质量浓度，进而求出诱惑红在玉米植株上的沉积分布情况。

图8　纸卡布置实物

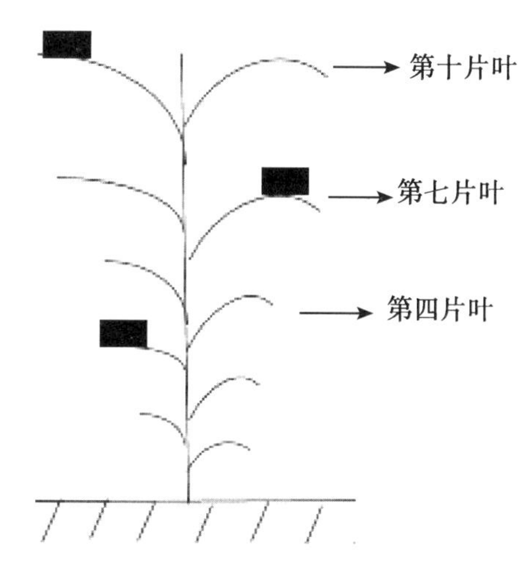

图9　纸卡布置模式图

1.2.3　玉米田不同植保机械喷雾农药利用率的测定

田间小区试验后，在试验处理区与喷雾带相垂直的线上，从距离处理区边界1m处每隔1m取一点，每点取玉米1株，重复3次，放入自封袋内，进行诱惑红沉积量的测定与计算。测定时向自封袋中加入50ml蒸馏水，震荡洗涤10min，使诱惑红完全溶解。用紫外分光光度计测定洗涤液在501nm处的吸光度值（A）。根据预先测定的诱惑红的质量浓度与吸光值的标准曲线，计算洗涤液中诱惑红的质量浓度，算出平均每点的诱惑红总沉积量。随机选取5m×5m的试验范围，调查该范围内的玉米株数，计算平均数，通过试验面积除以玉米株数即可得到每株玉米所占的面积。单位面积的诱惑红喷施量乘以每株玉米的面积即可得到每株玉米的诱惑红喷施量，最后由如下公式计算出玉米田植保机械喷雾雾滴的有效沉积率。

$$沉积率(\%)=\frac{洗涤液中指示剂的浓度(mg/L)\times 洗涤液体积\times 7.5}{每株玉米的施药量\times 20}\times 100$$

2 结果与分析

2.1 诱惑红的标准曲线

在诱惑红的最大吸收波长 501nm 下，其标准溶液质量浓度 Q 与吸光度 A 的线性回归方程为 A =0.0275Q+0.0519，决定系数 R^2 为 0.9984，表明在测定范围内诱惑红的质量浓度与吸光度线性相关。因此，在本试验中用诱惑红作为指示剂代替药剂喷雾进行沉积分布测定可行。

2.2 雾滴在玉米冠层的沉积密度

玉米田喷施诱惑红溶液在玉米冠层的雾滴密度分布如图 10 所示。

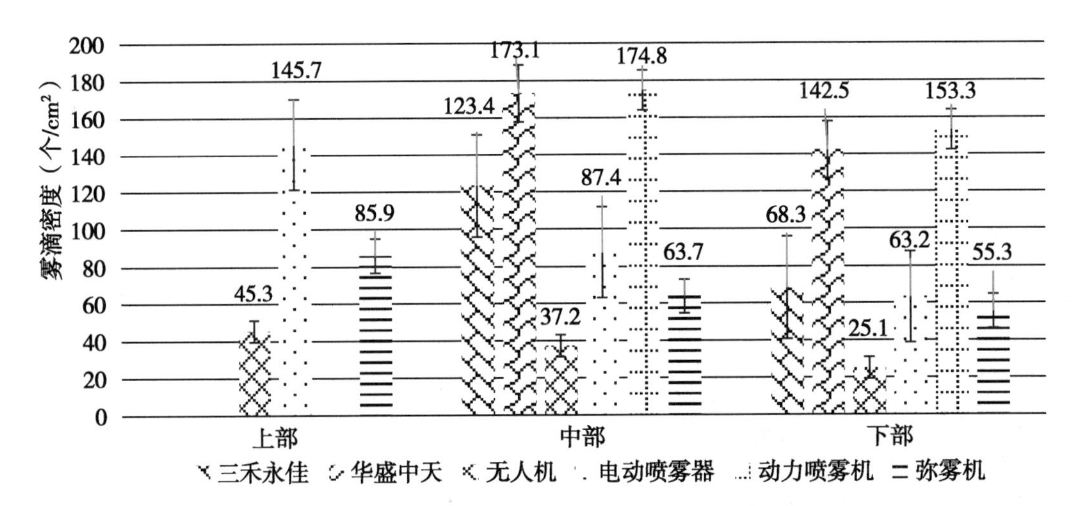

图 10 不同植保机械在玉米冠层的雾滴密度分布

三禾永佳喷杆喷雾机用水量过大，导致雾滴在整个植株上呈现淋洗状态，在上部叶片上，雾滴布满整张纸卡，故本文对其雾滴密度不作讨论。同时，自制喷杆喷雾机的雾化效果较差，雾滴粗大，雾滴布满了玉米植株的上、中、下三层叶片，本文对其雾滴密度亦不作讨论。华盛中天高杆喷雾机在玉米中下部雾滴密度分别为 173.1 个/cm^2 和 142.5 个/cm^2，均高于三禾永佳水旱两用喷杆喷雾机，但其雾化效果较差，药液在叶片流失严重；十八旋翼无人机在植株上、中、下部的雾滴密度分别为 45.3 个/cm^2、37.2 个/cm^2 和 25.1 个/cm^2，其用水量较少，每亩用水量约 600ml，实现了超低量喷雾；背负式动力喷雾机雾滴布满上部纸卡，在中下部的雾滴密度为 174.8 个/cm^2 和 153.3 个/cm^2，远大于背负式电动喷雾器的 87.4 个/cm^2、63.2 个/cm^2 和弥雾机的 63.7 个/cm^2、55.3 个/cm^2，三者受操作者摆动喷杆影响较大，喷雾均匀性差。

2.3 药液在玉米冠层的沉积分布

药液在玉米冠层的沉积分布如图 11，总的来看，喷杆喷雾机在作物下部的沉积最多，雾滴穿透性最好，三禾永佳喷杆喷雾机和华盛中天高杆喷雾机在植株下部的沉积量分别为 1.22μg/cm^2 和 1.17μg/cm^2，显著高于其他植保机械的沉积量。农民自制喷杆喷雾机由于喷雾压力较小，在作物下部的沉积量仅有 0.64μg/cm^2，显著低于其他两种喷杆喷雾机；十八旋翼无人机喷雾由于其喷雾浓度高，尽管雾滴粒径小，但其沉积量较多，在作物上、中、下部沉积量分别达到 2.26μg/cm^2、1.51μg/cm^{2}和 0.75μg/cm^2；电动喷雾器和弥雾机尽管在作物上部沉积量分别达到了 3.43μg/cm^2、2.67μg/cm^2，但其喷雾均匀性很差，在中下部的沉积量分别仅有 0.80μg/cm^2、0.50μg/cm^{2}和 1.02μg/cm^2、0.34μg/cm^2，分析原因是二者下压气流较小，雾滴穿透性差，不利于防治中下部病害。

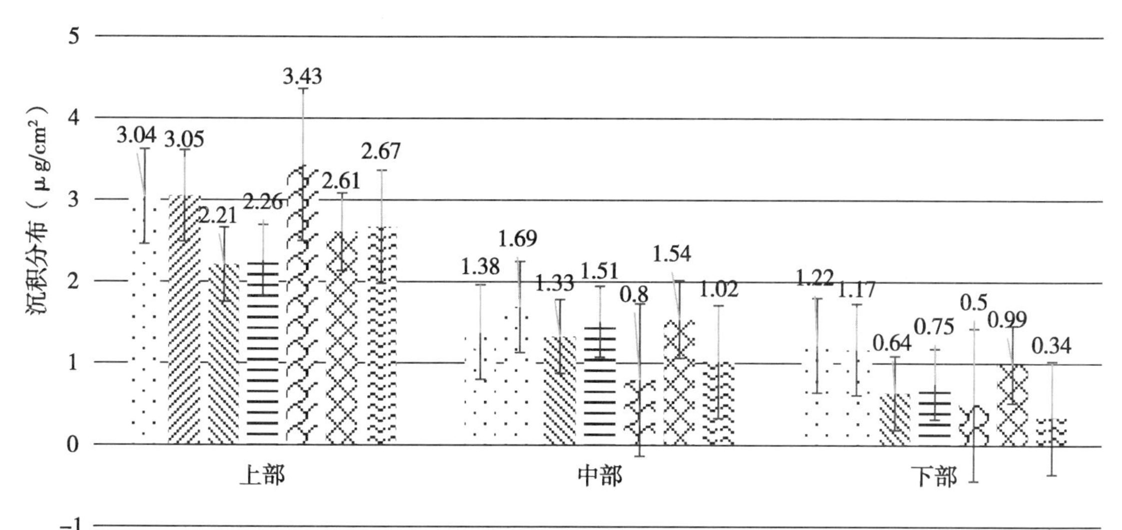

图 11　不同植保机械在玉米冠层的沉积量分布

2.4　玉米田不同植保机械喷雾农药利用率的对比

玉米田不同植保机械喷雾农药利用率对比情况如图 12 和表 2 所示，结果表明，玉米生长前期，当玉米生长高度为 1m 左右时，不同植保机械在玉米田的喷雾沉积率在 20%～35%，其中喷杆喷雾机能够保持基本恒定的行走速度和喷雾压力，使其能够产生较为均一的沉积分布。三禾永佳喷杆喷雾机和华盛中天高杆喷雾机沉积率平均值分别为 33.2%和 30.5%，农民自制喷杆喷雾机沉积率仅有 22.5%，在所有植保机械中最低，分析原因是其用水量过大，雾滴较粗，在植株间大量流失造成的。其他几种植保机械的农药有效利用率分别为弥雾机 31.2%，动力喷雾机 28.4%，电动喷雾器 23.7%，十八旋翼无人机 23.4%，其变异系数均大于 40%，表明这几种植保机械喷雾均匀性较喷杆喷雾机差。

表 2　不同植保机械的沉积率及变异系数

	农民自制	华盛中天	三禾永佳	弥雾机	动力喷雾机	电动喷雾器	无人机
沉积率（%）	22.5	30.5	33.2	31.2	28.4	23.7	23.4
变异系数（%）	76.76	25.33	35.49	46.38	58.76	41.05	49.20

3　结果与讨论

试验结果表明，7 种植保机械在玉米植株上部均能形成很高的雾滴密度，甚至药液布满整张纸卡和叶片，但这同时也造成了极大的浪费，大量药液流失到地面。有研究表明，田间喷雾时，增大施药量不仅不会增加沉积持留，由于药液流失，反而会降低药液沉积

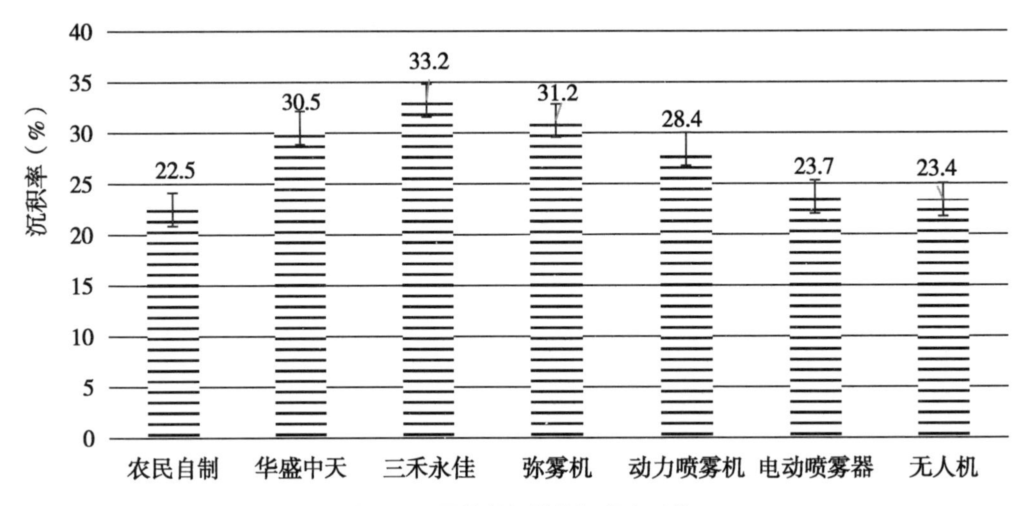

图 12　不同植保机械的沉积率对比

量。故农民自制喷杆喷雾机在植株上中下部雾滴都很多，但由于药液流失，其有效沉积率在 7 种植保机械中最低，仅 22.5%。此外，几种植保机械在玉米中下部的雾滴密度和沉积量都相应减少，呈现一致的衰减现象[8]。从客观原因上讲，玉米生长中后期植株高大，叶片茂盛，相互之间遮挡严重，阻挡效应使雾滴逐渐被减弱，很难在中下部形成稳定的沉积分布，喷雾压力不足、操作者操作不当等是其主观原因。

喷杆喷雾机田间喷雾，喷雾量较大，雾滴的穿透性较强，在上中下不同部位都有较多的雾滴沉积，但是由于田间作业，用水量过大导致农药流失较为严重，不利于提高田间作业的农药沉积率，降低了对病虫害的防治效果。农民自制的喷杆喷雾机，尽管喷雾均匀性较差，流失严重，但是其牵引设施仍是值得借鉴的地方，其具有行走快速、跨越沟壑能力强、耐用性强的特点，体现了农民对大马力牵引机应用的一种需求。无人机喷雾用水量降低的情况下，通过喷施细雾滴（雾滴粒径<100μm），从而提高单位面积的雾滴数，提高防治效果，但是与背负式机动喷雾器与弥雾机一样，喷雾操作受操作者影响较大，喷雾均匀性较差。

农业药械推广者应该不仅仅是农药药械的推广，更应当是农药喷雾使用技术的推广，以便于更好地使用农药来进行病虫害的防治。提高农药有效利用率，尽快研发适合我国农民的安全、高效、能显著提高农药利用率的施药器械，不断优化和推广更为科学合理的施药技术，是一项迫切任务，也是我国截至 2020 年农药化肥实现“零增长”的必然选择。

参考文献

［1］　杨庆才．玉米产业经济发展战略的思考［J］．玉米科学，2010，18（1）：135-138.

［2］　张文君，农药雾滴雾化在玉米植株上的沉积性研究［D］．北京：中国农业大学博士论文，2014.

［3］　李少昆，赖军臣，明博．玉米病虫草害诊断专家系统［M］．北京：中国农业科学技术出版社，2009.

［4］　杨红星．玉米主要病虫害的发生与防治［J］．现代农业科技，2010（4）：214- 215.

［5］　卢勇涛，李亚雄，刘洋，等．玉米施药机械现状及发展趋势探讨［J］．农业机械，2011

(13)：92-94.

[6] 屠豫钦 . 农药使用技术标准化 [M]. 北京：中国标准出版社，2001：160-189.

[7] 邱占奎，袁会珠，楼少巍，等 . 水溶性染色剂诱惑红和丽春红-G 作为农药沉积分布的示踪剂研究 [J]. 农药，2007，46 (5)：323-325.

[8] 张琳娜，王金凤，叶玉涛，等.高杆喷雾技术中雾滴在玉米植株上沉积分布衰减现象的初步观察 [C]. 公共植保与绿色防控 . 北京：中国农业科学技术出版社，2010：627-630.

水胺硫磷对斑马鱼的毒性效应评价及代谢组学研究*

贾　铭　闫　瑾　王德振　王　瑶　滕苗苗　周志强　朱文涛**
（中国农业大学应用化学系，北京　100193）

1　引言

水胺硫磷（Isocarbophos），化学名为 O-甲基-O-（邻-异丙氧基羰基苯基）硫代磷酰胺，CAS 登记号为 24353-61-5，分子量为 289.3。该化合物是一种速效光谱硫逐式一硫代磷酰胺类杀虫剂、杀螨剂。水胺硫磷于 1967 年由美国拜耳公司首次合成，于 1981 年引入到中国，在试验剂量下无致突变和致癌作用，无蓄积中毒作用，对皮肤有一定的刺激作用。大鼠急性口服 LD_{50}28.5mg/kg，急性经皮 LD_{50}447mg/kg。对高等动物急性口服毒性较高，经皮毒性中等。对于蜜蜂毒性高，而且在我国大范围使用直至今天，带来了较大的环境风险。

目前对于水胺硫磷的环境毒理研究主要有以下几个方面：Bian 等进行了对于水胺硫磷暴露所引起的肝损伤的机制研究，他们对小鼠进行暴露之后，发现了与对照组相比，SOD 和 GSH-Px 的活性显著降低，GSH 的水平显著降低，MDA 水平显著升高，并且进行了一系列组织病理学的研究。而 Liu 等人则是在研究 PFDoA 对于斑马鱼的氧化应激时采用了荧光定量 PCR 探究了脂肪酸 β-氧化相关基因的转录表达，得到了很好的效果。所以，本实验考虑通过代谢组学的方式研究水胺硫磷暴露下成年斑马鱼的肝损伤，并对水胺硫磷对于斑马鱼的毒性效应尤其是肝毒性进行综合评价。

2　材料与方法

2.1　试验材料

实验用斑马鱼（*Danio rerio*），为 AB 品系野生型成年斑马鱼，采购于北京高峰水族馆，经过一周的适应后进行试验。

水胺硫磷（95%）购买于百灵威科技公司。

SOD、CAT、GSH 和 MDA 测试盒均购买于南京建成生物工程研究所。

2.2　试验方法

将斑马鱼暴露于 50μg/L 和 200μg/L 的水胺硫磷溶液中，每一个玻璃缸中暴露溶液的体积是 5L，每一个玻璃缸放置 25 条斑马鱼并作为一个实验重复，每一个浓度有 5 个重复，总计暴露天数为 28 天。收集斑马鱼的肝脏进行切片 H&E 染色分析，并对其进行氧化应激的分析，同时对于斑马鱼进行代谢组学的研究。

---

* 基金项目：国家自然科学基金（No. 21337005）

** 通信作者：朱文涛；E-mail：wentaozhu@ cau. edu. cn

3 结果与讨论

3.1 组织病理学切片及氧化应激分析

在经过不同浓度的水胺硫磷暴露处理之后，与对照相比，均引起了部分小鼠肝脏组织病理学的变化，发现了一些空泡的形成。在斑马鱼的肝脏组织中，水胺硫磷对抗氧化酶CAT，SOD 活性，抗氧化剂 GSH 和脂质过氧化产物 MDA 含量均造成了不同程度的影响，与对照组相比，SOD 和 CAT 的活性显著降低，GSH 的水平显著降低，MDA 水平显著升高。由此可以证明，水胺硫磷暴露处理对于斑马鱼肝脏造成了明显的氧化损伤。

3.2 内源性代谢物轮廓分析

代谢组学的结果表明，水胺硫磷暴露处理对斑马鱼体内内源性代谢物的代谢轮廓产生了明显扰动，主成分分析见图 1 和图 2。依据 VIP 值和 ANOVA 的分析结果，最终找出了对于不同实验组在代谢轮廓上体现出的差异具有显著性影响的 15 种代谢物，包括引起醋酸盐、肌酸和牛磺酸含量的增加，谷氨酰胺、丙酮酸和胆碱含量的减少等。这些结果表明了其对于氧化还原稳态和能量代谢通路的扰动。

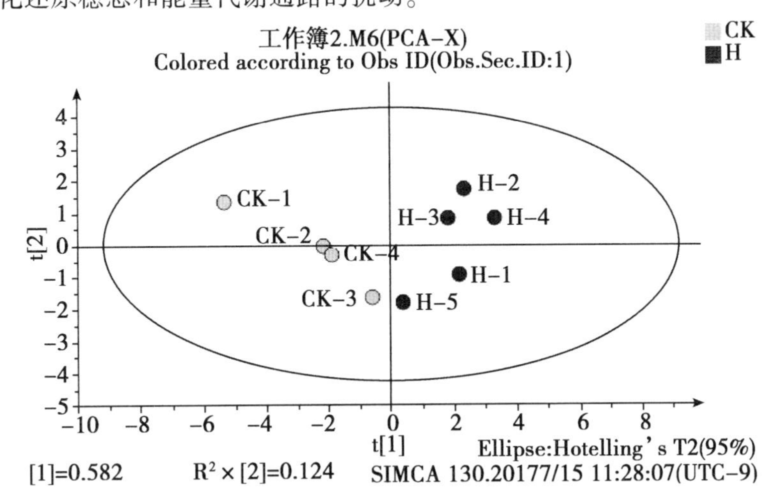

图 1 对照组与高浓度处理组主成分分析图

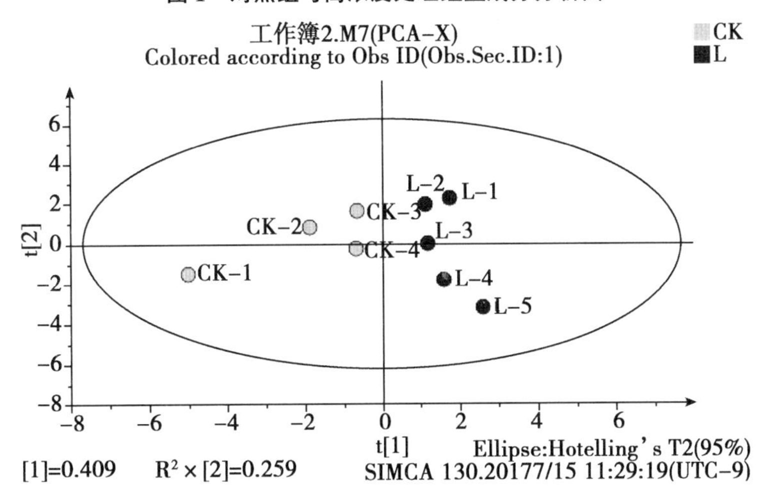

图 2 对照组与低浓度处理组主成分分析图

4.4 结论

水胺硫磷暴露处理对斑马鱼体内与氧化还原稳态和能量代谢相关的内源性代谢物产生了显著影响。此外，不同浓度的水胺硫磷暴露处理也引起了斑马鱼肝脏中酶活性的改变和组织病理学的变化，对于斑马鱼肝脏造成了明显的氧化损伤。

参考文献

[1] Diao J，Lv C，Wang X，et al. Influence of soil properties on the enantioselective dissipation of the herbicide lactofen in soils [J]. J Agric Food Chem，2009，57（13）：5865-5871.

[2] Wiberg K，Harner T，Wideman J L，et al. Chiral analysis of organochlorine pesticides in Alabama soils [J]. Chemosphere，2001，45（6-7）：843-848.

[3] Lee W Y，Iannucci-Berger W A，Eitzer B D，et al. Plant uptake and translocation of air-borne chlordane and comparison with the soil-to-plant route [J]. Chemosphere，2003，53（2）：111-121.

浙赣地区稻瘟病菌对稻瘟灵的敏感性及交互抗药性*

梁梦琦** 刘连盟 黄世文***
（中国水稻研究所，杭州 310006）

摘 要：水稻稻瘟病是一种重要的世界性水稻病害，使用药剂是防控该病害经济高效的措施，尤其在病害大流行时，化学防治更是起到了至关重要的应急防控作用。为明确浙赣两省稻瘟病菌对稻瘟灵的抗药性现状，为科学施药提供依据，本研究采用菌丝生长速率法测定了 2016 年采集自浙江省临安市，象山县和龙游县以及江西省丰城市、吉安县和武宁县的 101 株稻瘟病菌对稻瘟灵的敏感性，应用抗药性划分标准（抗性指数≤1 为敏感性菌株；1<抗性指数≤3 为低抗性菌株；3<抗性指数≤10 为中抗性菌株；抗性指数>100 为高抗性菌株），统计分析浙赣两省 101 株稻瘟病菌抗药性发生状况；同时测定了其中 5 个相对抗性和 5 个相对敏感菌株对戊唑醇、嘧菌酯、异稻瘟净和吡唑醚菌酯的敏感性，检测稻瘟菌对上述杀菌剂与稻瘟灵的交互抗性。结果表明：浙赣两省分离到的稻瘟菌对稻瘟灵 EC_{50}的值 0.928~12.865mg/L，最抗菌株和最敏感菌株相差 13.86 倍，并将 3.432mg/L 作为浙赣地区稻瘟病菌对稻瘟灵的敏感基线。不同地区的稻瘟菌株对稻瘟灵的敏感性差异很大，其中浙江象山县的菌株整体最为敏感，平均 EC_{50}值为 2.4772mg/L；而整体抗性最高是江西吉安县，其平均 EC_{50}值为 6.1623mg/L。两省 6 个县（市）均有稻瘟灵抗性菌株出现，抗性频率为 42.6%。绝大部分抗性菌株表现为低抗水平，只在江西吉安县发现了一株中抗稻瘟菌株。测试菌株对稻瘟灵敏感性与对戊唑醇、嘧菌酯、异稻瘟净和吡唑醚菌酯敏感性的相关系数 R 值分别为 0.457、0.354、0.573 和 0.335；F 检验的显著性水平 *P* 值分别为 0.184、0.316、0.083 和 0.345 均大于 0.05，表明浙赣两省稻瘟菌对稻瘟灵与其他几种药剂之间不存在交互抗药性。

关键词：稻瘟病菌；敏感性；稻瘟灵；交互抗药性

---

* 基金项目：中国农业科学院科技创新工程“水稻病虫草害防控技术创新团队”（CAAS-ASTIP-2013-CNRRI）；十三五重点研究项目水稻减肥减药协同增效关键技术研究和集成（2016YFD0200801）；国家支撑计划项目“水稻重大病虫害防控技术研究与集成示范”（2012BAD19B03）

** 第一作者：梁梦琦，从事水稻病害研究，在读硕士；E-mail：LiangMQ0625@163.com

*** 通信作者：黄世文；E-mail：huangshiwen@caas.cn

水稻后期主要病害及“一浸两喷、叶枕平定时施药”防控技术*

黄世文**

（中国水稻研究所，杭州 311400）

摘 要：近年来随着气候变化、耕作栽培制度改变、品种快速更换、药肥大量使用，我国水稻病害发生、流行、危害出现了很大变化。一些过去主要的病害下降了，如白叶枯病；过去一些零星发生的次要病害上升为主要病害，如稻曲病、穗腐病；过去没有的病害出现了，如颖壳伯克氏细菌引起的穗枯病。水稻后期主要病害包括穗颈瘟、稻曲病、穗腐病、穗（谷）枯病、细菌性条斑病、白叶枯病等。目前，国内在学界和生产第一线的技术人员对穗颈瘟、稻曲病、细菌性条斑病、白叶枯病等比较熟悉；但对水稻穗腐病、穗枯病了解的人较少，我们将对其作一简单介绍。一些病害只能预防，一旦显症后再打药防治（治疗），几乎没有效果，如稻曲病，将介绍我们经多年研发、试验、示范，防效好的“一浸两喷、叶枕平定时施药”中医处方式防控稻曲病及后期水稻主要病虫害技术。

关键词：水稻；后期主要病害；一浸两喷叶枕平定时；防控技术

* 基金项目：浙江省三农六方科技协作项目（CTZB-F160728AWZ-SNY1-4）；中国农科院创新工程“水稻病虫草害防控技术创新团队”；“十三五”双减国家重大研发项目（2016YFD0200801）

** 第一作者：黄世文，博士，研究员，主要从事水稻病害发生、流行及防控技术研究；E-mail：huangshiwen@ caas. cn

水稻绿色防控与统防统治融合的模式探索

宋巧凤* 袁玉付 仇学平 曹方元 谷莉莉
（江苏省盐城市盐都区植保植检站，盐城 224002）

摘 要：为寻找“农药零增长、减量控害增效”途径，2016年，江苏省盐城市盐都区在七星现代化农场创建水稻绿色防控与统防统治融合示范区，践行“科学植保、公共植保、绿色植保”理念，综合运用农业、物理、生物、化学等防控措施，推广“选用抗性品种+种子处理+秧田覆盖无纺布+生态调控、健康栽培+利用天敌+灯诱、性诱、养鸭+科学、规范、安全用药+统防统治”的防控技术模式，取得了生态环境有效改善、病虫危害有效控制、水稻增产增效明显、品牌建设得到增强的成效，为创建有机大米生产基地奠定了基础。

关键词：绿色防控；统防统治；融合；探索

盐都区位于江苏省中部偏东，地处苏北平原中部，紧临盐城市区，辖19个镇（区、街道、中心社区），257个村（居），总人口74.75万人，其中农业人口40.96万人，耕地面积5.26万hm^2，常年水稻种植面积3.94万hm^2左右，水稻稻飞虱、稻纵卷叶螟“两迁”害虫及条纹叶枯病、黑条矮缩病等病毒性病害的连续重发，近几年水稻纹枯病、稻瘟病上升为主要病害，为害程度逐年加重，水稻重大病虫害重发生频次提高、为害加重，基于此，盐都区在推广水稻病虫害绿色防控技术、推进水稻专业化统防统治的基础上，在七星现代化农场333hm^2稻田进行示范，积极探索绿色防控与统防统治融合防控水稻重大病虫害，探索出了一套水稻绿色防控与统防统治有机融合的防控技术模式。

1 防控模式

采取选用抗性品种+种子处理+秧田覆盖无纺布+生态调控、健康栽培+利用天敌+灯诱、性诱、养鸭+科学、规范、安全用药+统防统治。

1.1 选用抗性品种

选用多抗品种，统一供种保证种子质量；播种前及时晒种、筛选，提高发芽势、发芽率与抗病能力。

1.2 种子处理

用17%杀螟·乙蒜素（菌虫清）300~400倍液或20%氰烯·杀螟丹1 000倍液浸种，48h后捞出直接播种，预防恶苗病、干尖线虫病。

1.3 秧田覆盖无纺布

选用规格为每平方米15~18g的无纺布，于水稻播种并喷洒除草剂后立即覆盖，有效

* 第一作者：宋巧凤，女，副站长，高级农艺师，主要从事植保技术推广工作；E-mail：yyf829001@163.com

阻止灰飞虱迁入秧田刺吸为害、取食传毒、预防水稻病毒病、降低秧苗染病率；还可防止鼠、雀和暴雨冰雹等自然灾害；同时保温保湿透气，有利于培育整齐健壮秧苗。在揭膜后打一次送嫁药，秧田期无需打药。

1.4 生态调控、健康栽培

节水灌溉、干湿交替、及时搁田，改善稻田生态环境，前期促早发、中期控无效分蘖、拔节后改善根系生长条件，培育健壮的群体；精准施肥，合理分配 N、P、K 施用量和基肥、蘖肥、穗肥比例，提高水稻抗病虫害的能力。

1.5 保护利用天敌

稻田周边保留或种植天敌适生寄主。水稻生长前期充分利用自身补偿能力，不用、慎用杀虫剂，促进天敌种群增殖，水稻全生育期不用对天敌杀伤力大的杀虫剂。

1.6 灯诱、性诱、养鸭

1.6.1 灯诱

每 1.5~2hm^2安装 1 台太阳能频振式杀虫灯，挂灯高度 1.5~1.7m，5 月下旬至 10 月上旬，傍晚开灯，次日凌晨 2:00 关灯，诱杀稻纵卷叶螟、稻飞虱、二化螟、叶蝉和其他一些鞘翅目、鳞翅目、双翅目害虫成虫。2015 年 3 月七星现代化农场投入资金近 10 万元，采购 RR-TSC-15 太阳能杀虫灯 50 盏，并安装调试到位。2016 年示范区整合实施中央农业生产救灾资金（重大农作物病虫害防治）等项目，采购太阳能杀虫灯 116 盏，折算投入 20 多万元，投入使用。每 22 亩设置 1 盏太阳能杀虫灯，利用害虫的趋光性，诱杀稻飞虱、二化螟、三化螟、大螟、稻纵卷叶螟等害虫的成虫，减少田间落卵量，降低种群数量。

1.6.2 性诱

2016 年在稻纵卷叶螟、大螟发蛾期，每亩放置干式诱捕器 1~3 套，每套诱捕器内置稻纵卷叶螟诱芯或大螟诱芯 1 个，每 20~30 天换 1 次诱芯，摆放至 10 月中旬结束（大螟诱芯 9 月底结束）；诱捕器高度随稻株高度调整，以稻株顶部以下 5~10cm（大螟诱芯的高于稻株顶部 10cm 左右）为宜，放置密度外围密内圈稀，或采用“井”字形方式相间摆放。

1.6.3 养鸭

稻田养鸭利用稻与鸭之间的共生共长关系构建立体生态系统，通过鸭子的取食和活动，达到有效控制稻田多种病虫草害发生和为害的目的。水稻移栽活棵（扎根稳）后放养雏鸭，每亩放养 10 天左右小鸭 10~15 只，在晴天上午 10:00 放鸭，田间杂草多的田块多放（但不宜超过 25/亩），水稻出穗后灌浆初期收鸭，防止鸭吃稻穗影响产量。在七星现代化农场融合核心区的核心片区，400 亩共放养育雏后的 200g 左右的苗鸭 4 600只，其中，第一批，6 月 10 日放养 2 200只，第二批 6 月 18 日放养 2 400只。每亩稻田平均放养 11.5 只鸭子，通过鸭子的不断取食、走动，控制田间杂草、稻飞虱、纹枯病的发生程度，减少用药次数或不用药。

1.7 科学、规范、安全用药

根据精准测报结果，针对性选用对天敌安全、对环境友好的生物农药或高效低毒低残留农药，在适期内用高效植保机械进行防治。合理轮换用药，严格执行农药安全使用规定，确保稻谷质量安全。七星现代化农场核心区很少使用杀虫剂，防治病害用药，2016

年8月21日起（即在水稻破口前5~7天）防治纹枯病、预防稻曲病，用15%井·蜡芽，150g/亩；8月28日起打破口药，预防稻瘟病和纹枯病用24%井冈霉素（A）水剂，35g/亩+50%氯溴异氰尿酸60g/亩；9月5日起打齐穗药，预防稻瘟病和纹枯病用50%氯溴异氰尿酸60g/亩，防治稻纵卷叶螟用100亿孢子/ml短稳杆菌悬浮剂100ml/亩。10月26日起开始收割。

1.8 统防统治

统一测报、统一时间、统一药剂、统一方法、高效机械施药。七星现代化农场水稻统防统治由艾津植保专业合作社负责实施，依托自走式水旱两用喷杆喷雾机、单旋翼、多旋翼无人植保机等植保装备，服务高效、管理规范。

2 成效分析

2.1 生态环境有效改善

通过推广水稻病虫绿色防控与统防统治融合的综合配套集成技术模式，有效改善农业生产环境，实现稻米产业可持续发展。

2.2 病虫为害有效控制

水稻绿色防控与统防统治融合取得了喜人的成效，通过“选用抗性品种+种子处理+秧田覆盖无纺布+生态调控、健康栽培+利用天敌+灯诱、性诱、养鸭+科学、规范、安全用药+统防统治”，有效地控制了稻田草害、稻象甲、稻蓟马、稻飞虱、大螟、病毒病、纹枯病、穗瘟病、稻曲病的为害，总体防效达95%以上，水稻病虫危害损失率在1%以下。盐都七星现代化农场实施水稻绿色防控与统防统治融合面积达5 500亩，绿色防控与统防统治融合技术推广覆盖率100%，病虫防控效果显著。

2.3 水稻增产增效明显

通过实施水稻绿色防控与统防统治融合，辐射带动全区水稻病虫害绿色防控面积40.69万亩次以上，稻米产品优质优价，同时每季水稻减少化学防治1.33次以上，减少防虫防病农药成本及劳资，亩增收节支约60元以上，年增收节支达1 100万元以上。

2.4 品牌建设得到增强

七星现代化农场在实施水稻绿色防控与统防统治融合的同时，已经注册“七星谷”牌大米注册商标，南粳9108优质真空包装大米正在上市，受到广大消费者的好评。随着水稻绿色防控与统防统治融合的推进，辐射带动效应将彰显，盐都区水稻绿色防控与统防统治融合的社会效益、生态效益和经济效益将更加显著。

3 讨论

3.1 病虫防控仍需研发

在核心区匡口，虽在8月21日起用15%井·蜡芽防治纹枯病、预防稻曲病；8月28日起用24%井冈霉素（A）水剂+50%氯溴异氰尿酸，预防稻瘟病和纹枯病；9月5日起打齐穗药，用50%氯溴异氰尿酸预防稻瘟病和纹枯病，用100亿孢子/ml短稳杆菌悬浮剂，但有的田块穗颈稻瘟病仍有发生，个别田块病穗率达22.16%；有些田块稻曲病仍有发生。建议有经验的同行给予指导支持。

3.2 除草难题仍待解决

考虑到稻田除草剂对生态环境、稻田天敌、秧苗药害等因素，在水稻绿色防控和统防统治融合示范区内尽量不用化学除草剂除草，而是通过稻田养鸭或人工拔草来解决草害，有些田块恶性杂草难以解决，建议相关科研部门，特别是杂草研究机构多做些绿色防控前提下的稻田草害解决方案的研究。

3.3 放鸭时间尚需研究

第一批于 6 月 10 日放养 2 200只，由于稻田平整度差、水稻秧苗刚活棵，鸭子放入后出现相当一部分浮秧，造成缺株断行现象。相反，如果鸭子放入过迟，控制草害的效果又下降。建议做好秧苗活棵稳定期与苗鸭入田期的科学衔接。

参考文献（略）

西充县水稻病虫害全程绿色防控技术示范效果探讨*

胥直秀[1**]　彭昌家[2***]　张光顺[1]　白体坤[2]　丁　攀[2]

（1. 西充县植保植检站，西充　637200；2. 南充市植保植检站，南充　637000）

摘　要：为减轻水稻病虫害发生为害，减少化学农药用量、残留和环境污染，采用测报调查、大区对比设计和统计分析等方法，开展了水稻选用抗性品种、晒种浸种、培育壮秧、带药移栽、机插秧、配方施肥、科学管水、保护利用天敌、稻鸭共育、二化螟性诱剂、太阳能杀虫灯和生物农药或高效低度低残留农药等农业防控、生物防控、物理防控、理化诱控和科学用药技术一整套水稻病虫害绿色综合防控技术研究。结果表明，绿色防控示范区稻鸭共育对杂草的株防效和鲜重防效分别为85.7%与84.0%，可以不再施用化学除草剂；对纹枯病防效为88.9%，稻叶瘟和穗颈瘟防效分别为98.5%与97.5%，稻曲病防效为87.0%，二化螟1代的枯梢率和枯心率防效分别为95.3%与97.2%，对2代的枯梢率、枯心率和白穗率防效分别为97.1%、98.0%及98.4%。绿色防控示范区水稻实产每公顷为8 936.0kg，较常规防控和清水（CK）分别（下同）增产1.6%与4.0%，谷鸭合计纯收益为25 884.39元（其中鸭收益3 114.94元），增收1 854.59元和2 155.49元，绿色防控示范区共计较清水（CK）增收33 043.66元。经济、社会和生态效益显著，可以在国家现代农业示范区和国家农业科技园区及大面积示范推广。

关键词：水稻；病虫害；全程绿色防控技术；防控效果

水稻病虫害绿色防控新技术应用，不仅是减少农业生态环境污染，确保稻谷和稻米质量安全的有效途径[1]，而且是贯彻落实“公共植保，绿色植保”理念[2]，科学指导防灾减灾的重要措施。近年来，关于水稻病虫害绿色防控技术研究报道较多，主要有以下几个方面：推广抗性品种[3-4]、诱控技术[3-4]、保护天敌技术[3,5]、科学用药技术[6-7]、生态调控技术[4,8]等。因此，为探明各项水稻病虫害绿色防控技术在蓬安县的效果，减轻水稻病虫害为害损失，减少农药用量、残留、环境污染和防治成本，实现农药零增长目标，确保水稻和粮食生产、农产品质量与贸易和农业生态环境安全，为此，笔者根据国家现代农业示范区和国家农业科技园区对农产品质量要求，采用测报调查、大区对比设计和统计分析等农业技术和农药田间药效试验方法，于2016年在四川省西充县青狮镇丰森公司流转经营水稻种植区进行了水稻病虫害全程绿色防控技术集成试验示范，以期指导本地和全国水稻病虫害绿色防控提供参考。

---

* 基金项目：农业部关于认定第一批国家现代农业示范区的通知（农计发〔2010〕22号）；科技部办公厅关于第六批农业科技园区建设的通知（国科办发〔2015〕9号）

** 第一作者：胥直秀，高级农艺师，主要从事植保植检工作；E-mail：2696397599@ qq. com

*** 通信作者：彭昌家，推广研究员，主要从事植保植检工作；E-mail：ncpcj@ 163. com

1 材料与方法

1.1 供试作物、品种及来源与防治对象

供试作物：水稻。供试品种：①水稻，川优 6203，仲衍种业有限公司生产提供。②农药，75%三环唑可湿性粉剂，江苏丰登农药有限公司生产，1 000亿/g 枯草芽孢杆菌可湿性粉剂，德强生物股份有限公司生产，20%氯虫苯甲酰胺悬浮剂，美国杜邦公司生产，10%四氯虫酰胺悬浮剂，沈阳科创化学品有限公司生产，18%苄乙甲 WP，浙江天丰化学有限公司生产。③二化螟性诱捕器，宁波纽康生物技术有限公司生产提供。④太阳能杀虫灯，汤阴县佳多科工贸有限责任公司生产，防治对象为稻瘟病、纹枯病、稻曲病、1~2 代螟虫、越冬代和 1 代稻水象甲、稻蓟马、稻纵卷叶螟、稻苞虫和稻飞虱等。

1.2 试验示范设计

试验示范设在西充县青狮镇丰森公司流转经营水稻种植区，试验示范总面积 16. 0hm^2，绿色防控技术集成设置绿色防控示范区（包括选用抗性品种、晒种浸种、培育壮秧、带药移栽、机插秧、配方施肥、科学管水、保护利用天敌、稻鸭共育、二化螟性诱剂、太阳能杀虫灯和生物农药或高效低度低残留农药等农业防控、生物防控、物理防控、理化诱控和科学用药技术）、非示范区（即常规防控区）（包括选用抗性品种、晒种浸种、培育壮秧、带药移栽、机插秧、配方施肥、科学管水、化学除草和常规防治病虫等农业防控、生物防控、物理防控、理化诱控和科学用药技术）和清水对照（CK）（包括选用抗性品种、晒种浸种、培育壮秧、带药移栽、机插秧、配方施肥、科学管水和不施农药的清水喷雾）3 个处理，大区对比，不设重复，示范区面积 15. 33hm^2，非示范区面积 0. 60hm^2，空白对照（CK）亩。

1.3 试验示范方法

试验示范于 2016 年 3—8 月在西充县青狮镇丰森公司流转经营水稻种植区进行，试验田前茬为冬水田，肥力中等。具体方法如下：

1.3.1 农业防控

（1）选用抗性品种。选用高产、优质、抗病的川优 6203。

（2）规范化科学化种植。浸种前晒种，培育壮秧，机插秧，全部施用有机肥，每公顷按折纯 N 135~165kg、P_2O_5 120~150kg、K_2O 90~105kg、$ZnSO_4$ 15~22. 5kg 的量施肥，加强田间管理。浅水勤灌，适时晾田、晒田。

1.3.2 保护利用天敌

充分保护利用青蛙、蜘蛛、寄生蜂、寄生蝇、寄生菌、黑肩绿盲蝽、线虫、步行虫、瓢虫、隐翅虫等天敌。①保护利用青蛙。在蝌蚪繁育期间，田间未施用对蝌蚪有害的物质；遇夏旱，在田中挖了保护坑，确保蝌蚪正常发育；未捕食青蛙。②保护利用蜘蛛。稻田周围及田埂保持一定利于蜘蛛等天敌栖息、繁殖的杂草生态环境和迁往稻田。③在田埂上或田间道路边种植豆类作物或其他蜜源植物，人为提供天敌栖息场所，创造利于天敌生存的条件，以招引天敌并为其提供隐蔽和过度场所。

1.3.3 稻鸭共育防除田间杂草及害虫技术

在水稻返青后，共放养 10 日龄江苏麻鸭 2 400只，平均每公顷放养 157 只，破口前收鸭。通过鸭子的取食和活动，减轻纹枯病、稻飞虱和杂草等发生为害。鸭苗品种为当地抗

病性好、适应性强、生长较快、体型中等的江苏麻鸭。

1.3.4 灯诱技术和性诱技术

按 2.5hm^2 稻田安装 1 盏频太阳能杀虫灯，示范区（含周围稻田）共安灯 6 盏，杀虫灯底部距地面 1.5m，诱杀二化螟、稻纵卷叶螟、稻飞虱等多种水稻害虫。开灯诱杀时间从 3 月中下旬开始到 8 月底结束。开灯期间，每天开灯时段为 19:00 至次日 1:00，以尽量降低杀虫灯对自然天敌的杀伤力。5 月中旬至 7 月上旬，在二化螟越冬代和主害代始蛾期开始，田间设置二化螟性信息素，每公顷放 15 个诱捕器，每个诱捕器内置诱芯 1 个，周边稍密，中心稍稀，每代更换 1 次诱芯，诱杀二化螟成虫，降低田间落卵量和种群数量。分蘖至孕穗诱捕器离水面 50cm，孕穗后诱捕器（随着稻株长高而调整）低于水稻植株顶端 20~30cm。

1.3.5 科学用药

（1）药剂浸种。用 90%三氯异氰脲酸（强氯精）300 倍液浸种 12h，浸后反复冲洗种子，彻底去掉药味再行催芽，预防稻瘟病。

（2）带药移栽。移栽前 3~5 天，秧田亩用 75%三环唑可湿性粉剂 20g+20%氯虫苯甲酰胺悬浮剂 10ml 对水 30kg 手动喷雾，防治稻瘟病、1 代螟虫、稻水象甲和稻蓟马等。水稻分蘖至孕穗期未施药。

（3）穗期用药。7 月 19 日，水稻抽穗初期亩用 75%三环唑可湿性粉剂 30g+1 000亿/g 枯草芽孢杆菌可湿性粉剂 10g+10%四氯虫酰胺悬浮剂 30ml 防治稻颈瘟、纹枯病、稻曲病、2 代螟虫、稻纵卷叶螟、稻苞虫、稻飞虱和稻水象甲等。

1.4 调查方法

各种病虫调查方法均按照《农作物有害生物测报技术手册》和有关农药田间试验准则进行。稻鸭共育 60 天后，调查杂草密度、称杂草鲜重；6 月 26 日，1 代螟虫为害已成定数，8 月 26 日，施药后 39 天，水稻收割前，清水对照（CK）区各种病虫为害已成定数，调查对水稻二化螟 1 代和 2 代的防治效果，在示范区选有代表性田 10 块，同时调查稻纵卷叶螟、纹枯病和稻曲病，每田采取平行跳跃式取样 50 丛稻，统计枯心率、保苗效果和白穗率及死亡率；稻纵卷叶螟每田查 10 丛，目测稻株顶部 3 片叶的幼虫发生级别、卷叶率，计算防效；纹枯病每田直线取样 100 丛，计算丛、株发病率，考查 10 丛严重度，计算病指和防效；稻曲病每田随机取样 500 穗，记载病穗数、病粒数，计算病穗率、病粒率和防效；穗颈瘟在各处理区每个品种随机取样 100 穗，调查发病穗数和严重度，计算病穗率和病情指数，从而计算出整个示范区的平均病情指数和平均防效。

水稻纹枯病、稻曲病和穗颈瘟调查分级标准：①纹枯病。0 级：全株无病；1 级：第四叶片及其以下各叶鞘、叶片发病（以剑叶为第一叶片）；3 级：第三叶片及其以下各叶鞘、叶片发病；5 级：第二叶片及其以下各叶鞘、叶片发病；7 级：剑叶叶片及其以下叶鞘、叶片发病；9 级：全株发病，提早枯死。②稻曲病（以穗为单位）0 级：无病；1 级：1 粒病粒；2 级：2~5 粒病粒；3 级：6~10 粒病粒；4 级：11~15 粒病粒；5 级：16 粒以上病粒。③穗颈瘟。0 级：高抗（HR）无病；1 级：抗 2（R）发病率低于 1.0%；3 级：中（MR）发病率 1.0%~5.0%；5 级：中感（MS）发病率 5.1%~25.0%；7 级：感（S）发病率 25.1%~50.0%；9 级：高感（HS）发病率 50.1%~100.0%。

1.5 气象情况

播种至成熟期（3月下旬至8月）气象资料见表1。

表1　2016年西充县3—8月气象资料

月份	温度（℃）		光照（h）		降雨（mm）		雨日（天）		露日（天）		备注
	月平均	较历年/±	月	较历年/±	月	较历年/±	月	较历年/±	月	较历年/±	
3	14.3	2.1	72.9	-25.6	44.2	18.4	8	-2.6	2	0	6—8月，各种病害发生高峰期，温度偏高、光照偏多、降雨偏少、雨日少、没有露日，伏旱高温明显，不利于各种病害尤其是穗颈瘟、纹枯病和稻曲病等发生蔓延
4	18.5	1.2	91.2	-39.1	75.9	3.7	13	1.0	3	0	
5	21.2	-0.3	141.2	-9.0	95.8	-21.6	12	-1.9	0	0	
6	25.8	1.4	164.7	17.6	130.9	-12.9	12	-1.7	0	0	
7	28.3	1.8	191.4	10.8	71.3	-126.8	10	-4.4	0	0	
8	28.2	1.3	229.2	44.4	133.7	-39.9	9	-1.8	0	0	

1.6　数据统计与分析

根据调查数据，采取常规统计、平均数、标准差、概率计算等方法进行统计分析。

（一）杂草防效

$$\text{株防效（\%）}=\frac{\text{CK 区杂草数量}-\text{处理区杂草数量}}{\text{CK 区杂草数量}}\times 100 \tag{1}$$

$$\text{鲜重防效（\%）}=\frac{\text{CK 区杂草鲜重}-\text{处理区杂草鲜重}}{\text{CK 区杂草鲜重}}\times 100 \tag{2}$$

（二）纹枯病防效

$$\text{病株率（\%）}=\frac{\text{发病株数}}{\text{调查总株数}}\times 100 \tag{3}$$

$$\text{病情指数}=\frac{\sum\text{（各级病叶数}\times\text{相对级数值）}}{\text{调查总叶数}\times\text{最高级数}}\times 100 \tag{4}$$

$$\text{防治效果（\%）}=\frac{\text{CK 区病指}-\text{处理区病指}}{\text{CK 区病指}}\times 100 \tag{5}$$

（三）稻瘟病防效

$$\text{病株（穗）率（\%）}=\frac{\text{发病株（穗）数}}{\text{调查总株（穗）数}}\times 100 \tag{6}$$

$$\text{病情指数}=\frac{\sum\text{［各级病叶（穗）数}\times\text{相对级数值］}}{\text{调查总叶（穗）数}\times\text{最高级数}}\times 100 \tag{7}$$

$$\text{防治效果（\%）}=\frac{\text{CK 区病指}-\text{处理区病指}}{\text{CK 区病指}}\times 100 \tag{8}$$

（四）稻曲病防效

$$\text{病粒率（\%）}=\frac{\text{发病粒数}}{\text{调查总粒数}}\times 100 \tag{9}$$

$$\text{病粒防治效果（\%）}=\frac{\text{CK 区病粒数}-\text{处理区病粒数}}{\text{CK 区病粒数}}\times 100 \tag{10}$$

（五）二化螟防效

$$枯鞘（心）率或白穗率（\%）=\frac{枯鞘（心）或白穗数}{调查总株（穗）数}\times 100 \qquad (11)$$

$$防治效果（\%）=\frac{CK 区枯鞘（心）或白穗数-处理区枯鞘（心）或白穗数}{CK 区枯鞘（心）或白穗数}\times 100 \qquad (12)$$

2 结果与分析

2.1 绿色防控对水稻生长安全性影响

绿色防控示范区无论是药剂浸种、浸秧，还是穗期施药，各种药剂对水稻生产安全，不影响水稻种子发芽、生长发育、抽穗扬花和和灌浆结实。

2.2 稻鸭共育防除田间杂草效果

据对稻鸭共育与相邻未实施绿色防控的化学除草区和空白对照（CK）60 天调查防效，结果（表 2）表明，绿色防控养鸭区对杂草株防效和鲜重防效分别为 85.7% 与 84.0%，与化学除草区基本相当。说明稻鸭共育可有效控制杂草。

表 2 稻田养鸭 60 天对稻田杂草的控制效果

处理	杂草密度（株/m²）	株防效（%）	杂草鲜重（g）	鲜重防效（%）	备注
稻鸭共育	7.3	85.7	139.9	84.0	化学除草用药为毒土法，亩施 18%苄乙甲 WP30g
化学除草	6.9	86.5	136.5	84.4	
空白对照（CK）	51.0	—	875.4	—	

表 3 绿色防控对水稻纹枯病的控制效果

处理	调查日期（月-日）	调查丛数（丛）	调查株数（株）	发病株数（株）	病株率（%）	病指	防效（%）
示范区	8-26	100	1 253	45	3.6	0.73	88.9
非示范区	8-26	100	1 218	118	9.7	1.22	81.3
清水对照（CK）	8-26	100	1 214	383	31.5	6.55	—

2.3 绿色防控对水稻主要病虫害的控制效果

2.3.1 对纹枯病的防治效果

绿色防控示范区对纹枯病的控制效果（表 3）表明，病株率和病指比非示范区和 CK 分别低 6.1 个百分点和 0.49、27.9 个百分点和 5.82，防效较非示范区高 7.6 个百分点。说明绿色防控示范区对纹枯病控制效果较好。

2.3.2 对稻瘟病的防治效果

绿色防控示范区对稻瘟病的控制效果（表 4）表明，绿色防控示范区叶瘟病株率和病指比非示范区与 CK 分别（下同）低 1.2 个百分点和 0.04、4.1 个百分点和 0.60，防治效果较非示范区高 6.2 个百分点，颈瘟病穗率和病指低 0.03 个百分点和 0.001、1.04 个百分点和 0.60，防治效果较非示范区高 2.5 个百分点。损失率为 0。

表 4　绿色防控对水稻稻瘟病的控制效果

处理	叶瘟			颈瘟			
	病株率（%）	病指	防效（%）	病穗率（%）	病指	防效（%）	损失率（%）
示范区	0.4	0.01	98.5	0.01	0.001	97.5	0
非示范区	1.6	0.05	92.3	0.04	0.002	95.0	0
清水对照（CK）	4.5	0.65	—	1.05	0.04	—	0.12

表 5　绿色防控对水稻稻曲病的控制效果

处理	调查日期（月-日）	调查穗数	调查粒数	病粒数	病粒率（%）	防效（%）
示范区	8-26	500	86 500	6	0.007	87.0
非示范区	8-26	500	86 100	8	0.009	83.3
清水对照（CK）	8-26	500	85 100	46	0.054	—

2.3.3　对稻曲病的防治效果

绿色防控示范区对稻曲病的防治效果（表 5）表明，绿色防控示范区病粒率比非示范区和 CK 分别低 0.002 和 0.047 个百分点，防治效果较非示范区高 3.7 个百分点。

2.3.4　对二化螟的防治效果

绿色防控示范区对二化螟的防治效果（表 6）表明，1 代枯梢率、枯心率较非示范区和 CK 分别低 0.86、7.27 个百分点和 0.46、4.86 个百分点，防治效果较非示范区分别高 1.3 和 9.2 个百分点；二化螟 2 代枯梢率、枯心率和白穗率较非示范区和 CK 分别低 0.72、6.95 个百分点、0.71、5.92 个百分点和 0.47、5.03 个百分点，防治效果较非示范区分别高 10.1、11.7 和 9.2 个百分点。

表 6　水稻病虫害全程绿色防控对二化螟的防治效果

处理	螟虫代数	枯梢率		枯心率		白穗率		备注
		平均值（%）	防治效果（%）	平均值（%）	防治效果（%）	平均值（%）	防治效果（%）	
示范区	1	0.36	95.3	0.14	97.2	—	—	非示范区为示范区相邻稻田 1 代螟虫为农户自防、2 代螟虫即水稻穗期为政府购买植保服务防治区
非示范区		1.22	84.0	0.60	88.0	—	—	
清水（CK）		7.63	—	5.00	—	—	—	
示范区	2	0.21	97.1	0.12	98.0	0.08	98.4	
非示范区		0.93	87.0	0.83	86.3	0.55	89.2	
清水（CK）		7.16	—	6.04	—	5.11	—	

由于稻水象甲、稻蓟马、稻苞虫、稻纵卷叶螟和稻飞虱发生均很轻，故未单独用药和做防效调查。

3 绿色防控示范区效益分析

3.1 绿色防控所用投入

水稻病虫害绿色防控示范区所购物资和费用（表7）较常规防控区和清水（对照）每公顷分别多投入600.90元和2 233.90元。

表7 2016年水稻病虫害全程绿色防控投入物资统计表

处理	购置物资和人工投入（元/hm²）						
	肥料	农药	鸭苗	太阳能杀虫灯[a]	二化螟性诱捕器、诱芯[b]	人工费用[c]	合计
示范区	1 712.00	519.90	873.75	285.45	466.05	1 075.00	4 932.15
非示范区	1 712.00	375.00	0	0	0	1 250.00	3 337.00
清水（CK）	1 712.00	0	0	0	0	1 185.00	2 897.00

注：a. 太阳能杀虫灯使用寿命按5年计算；b. 二化螟性诱捕器使用寿命按2年计算；c. 人工费用按每人每天75.00元计算。

3.2 鸭子效益

从表8看出，绿色防控示范区共放养鸭子2 400只，成活2 100只，在水稻蜡熟前鸭子每只重量2kg左右，平均售价仅按50.00元计算，扣除鸭饲料成本后，每公顷平均收益为3 114.94元。

表8 稻田养鸭成本和销售情况统计表

品种	放养数量（只）	成活数量（只）	鸭苗、饲料、人工和围栏成本（元）					售价（元）		收益（元/hm²）
			鸭苗	饲料	人工	围栏	合计	只	合计	
江苏麻鸭	2 400	2 100	15 548.00	20 000.00	10 000.00	11 700.00	57 248.00	50.00	105 000.00	3 114.94

3.3 水稻产量验收和效益分析

为搞好水稻病虫害绿色防控示范区效益分析，项目组于2016年8月26日邀请南充市植保植检站二级研究员彭昌家、研究员冯礼斌、高级农艺师白体坤和丁攀、西充县农技站农艺师谢国荣、西充县植保植检站站长张光顺、高级农艺师胥直秀等专家，对该项目进行了测产验收，结果（表9）表明，绿色防控示范区平均有效穗、穗粒数、每公顷实际产量较常规防控区和清水（CK）分别（下同）高0.27万穗和2.07万穗、1.2粒和3.6粒、108.0kg和347.0kg，实际单产增产1.6%和4.0%，千粒重相同，每公顷平均收益增加1 854.59元和2 155.49元。绿色防控示范区共计较清水（CK）增收33 043.66元。若按绿色稻谷价值计算，效益将更高。

表 9　水稻病虫害全程绿色防控产量构成和效益比较*

处理	品种	有效穗 (万/hm²)	穗粒数 (粒/穗)	千粒重 (g)	产量 (kg/hm²)		比 CK 增产 (%)	人工和各种物资费 (元/hm²)	谷鸭收益 (元/hm²)	比 CK 增收 (元/hm²)
					理论值	实际值				
绿色防控示范区	川优 6203	227.02	160.1	28.9	10 504.0	8 936.0	4.0	4 932.15	22 769.45	2 155.49
	江苏麻鸭				—			3 734.38	3 114.94	
	合　计							8 666.53	25 884.39	
非示范区	川优 6203	226.75	158.9	28.9	10 412.8	8 828.0	2.8	3 337.00	24 029.80	300.90
清水（CK）	川优 6203	224.95	156.5	28.9	10 174.2	8 589.0	—	2 897.00	23 728.90	—

注：稻谷单价仅按国家收购粳稻最低价 3.10 元/kg 计算。

4　小结

（1）试验示范结果表明，绿色防控示范区（下同）稻鸭共育对杂草的株防效和鲜重防效分别为 85.7%与 84.0%，可以不再施用化学除草剂。

（2）对病害的防治效果。纹枯病的防效为 88.9%，稻叶瘟和穗颈瘟防效分别为 98.5%和 97.5%，稻曲病防效为 87.0%。

（3）对害虫的防治效果。二化螟 1 代的枯梢率和枯心率防效分别为 95.3%和 97.2%，对 2 代的枯梢率、枯心率和白穗率防效分别为 97.1%、98.0%和 98.4%。

（4）绿色防控示范区每公顷水稻实产为 8 936.0kg，较常规防控和清水（CK）分别（下同）增产 1.6%与 4.0%，谷鸭合计纯收益为 25 884.39元（其中鸭收益 3 114.94元），增收 1 854.59元和 2 155.49元，绿色防控示范区共计较清水（CK）增收 33 043.66元。

综上所述，综合利用水稻病虫害绿色防控技术可提高病虫害防治效果，减少施药次数和施药量，促进增产增收，既确保了水稻生产和稻谷与稻米质量安全，又保护了生态环境。经济、社会和生态效益显著。

参考文献

［1］　张迁西，毕甫成，邹乾仕，等．水稻病虫害绿色防控技术集成应用示范效果初报［J］．江西植保，2009，32（4）：186-187.

［2］　范小建．农业部副部长范小建在全国植物保护工作会议上的讲话［J］．中国植保导刊，2006，26（6）：5-13.

［3］　彭红，等．豫南稻区水稻病虫害绿色防控技术初探［J］．中国植保导刊，2013，33（10）：42-46.

［4］　彭昌家，白体坤，冯礼斌，等．南充市水稻稻瘟病综合防控技术研究［J］．中国农学通报，2015，31（11）：190-199.

［5］　胡佳贵．实施水稻病虫害绿色防控对天敌的保护与影响试验研究［J］．安徽农学通报，2013，19（4）：89，98.

［6］　施伟韬，等．水稻病虫害绿色防控技术试验示范［J］．生物灾害科学，2012，35（2）：211-214.

［7］　李丹，等．水稻病虫害绿色防控技术的防效评估［J］．贵州农业科学，2012，40（7）：123-127.

［8］　樊江顺，等．杂糯间栽防治稻瘟病试验示范［J］．贵州农业科学，2009，37（9）：51-53.

6种杀菌剂对制种田玉米新月弯孢菌毒力测定*

雷玉明[1,2]** 郑天翔[1] 王玉萍[4] 柴文玉[5] 杨芳兰[6]

（1. 河西学院农业与生物技术学院，张掖 734000；2. 甘肃河西走廊特色资源利用重点实验室，张掖 734000；3. 金塔县农业技术推广中心，金塔 735300；4. 酒泉市农业技术推广中心，酒泉 735000；5. 武威市农业技术推广中心，武威 733000）

摘 要：采用室内生长速率法测定了6种杀菌剂对玉米新月弯孢霉（*Curvularia lunata*）的毒力作用。结果表明，72.2g/L普力克AS、30%苯甲·丙环唑EC和50%福美双WP、70%代森锰锌WP对该病原菌有明显的抑制作用，EC_{50}分别是0.0146μg/ml、0.0139μg/ml、0.0154μg/ml、0.0241μg/ml，且药剂浓度与抑制率间存在明显线性关系，即$y=5.8835+3.2067x$、$y=5.8739+3.1603x$、$y=5.8564+3.2296x$、$y=3.0455+4.9290x$。为玉米制种企业提供防治的理论依据。

关键词：杀菌剂；毒力测定；EC_{50}；新月弯孢霉；制种玉米

玉米弯孢霉叶斑病（*Curvularia lunata*）自20世纪90年代在我国玉米上发生以来，曾在河北、河南、辽宁等省份造成大暴发。河南省郑州市报道玉米田发病盛期最高病株率、病叶率达100%[1]。北京市、河北省在玉米亲本制种田造成减产20%~60%[2]。据河西走廊玉米制种田调查，病叶率在3.86%~7.93%，一般苗期不受感染，抽雄或抽丝后开始发生，开花授粉期病斑数量有所增加[3]。但随河西走廊玉米制种面积的不断扩大，重迎茬现象突出，不同组合或亲本材料大量引进调出，该病害成为玉米制种田的潜在危害[4]。我国东北、华北、西南等地区对河西走廊玉米种子在引进调用时对弯孢霉叶斑病菌进行检验检疫，河西走廊作为全国最大"国家级杂交玉米种子生产基地"，玉米种子质量直接关系到我国玉米产业的发展[5]。因此，做好玉米制种田弯孢霉叶斑病的防治就显得尤为重要。

1 材料与方法

1.1 供试材料

1.1.1 供试病原菌

新月弯孢霉（*Curvularia lunata*）病菌由酒泉、张掖、武威三地市玉米制种田叶片和种子分离，保存于河西学院植物病理实验室。

1.1.2 供试药剂

30%苯甲·丙环唑乳剂（Difenoconazole · propiconazole，瑞士先正达公司），72.2g/L

* 基金项目：甘肃省农业科技创新项目（GNCX-2013-10）

** 第一作者：雷玉明，男，硕士，教授，主要从事植物病害及防治研究；E-mail：zyymlei@163.com

普力克水剂（Propamocarb hydrochloride，拜耳作物科学公司），75%百菌清可湿性粉剂（chlorothalonil，江苏利民化工有限责任公司）、70%代森锰锌可湿性粉剂（Mancozeb，江苏利民化工有限责任公司）、50%多菌灵可湿性粉剂（carbendazim，江苏盐丰生物化工股份有限公司）、50%福美双可湿性粉剂（Thiram，河北赞峰生物工程有限公司）。

1.2 试验方法

1.2.1 培养基制备

采用PDA培养基，参照植病研究方法[6]制作，分别量取49ml培养基分装在100ml三角烧瓶中灭菌后备用。

1.2.2 药剂抑制试验

将供试药剂由高浓度向低浓度稀释，先用无菌水配制10.00μg/ml母液，依次向低浓度稀释获得1.00μg/L、1.25μg/L、2.50μg/L、5.00μg/L、10.00μg/L的系列梯度药液备用。将配成的5个浓度梯度药剂，分别定量加入到灭菌后冷却至50℃左右的PDA培养基内，充分混合均匀后倒入Φ90mm的培养皿，配制成含有一定浓度的带毒PDA平板，以不添加药剂的PDA平板为对照（CK），重复3次[6-8]。

将活化好的供试菌用灭菌打孔器（Φ6mm）制成菌蝶，在无菌落条件下移至系列浓度的平板中央，每皿接菌饼1个，3次重复，设无药培养基平板接菌为对照（CK），将其放入28℃培养条件下培养4天。采用十字交叉法测菌落直径。

菌落生长抑制率（%）=（对照菌落直径-处理菌落直径）/（对照菌落直径-6）×100

1.2.3 药剂毒力测定

将1.2.2中选出的药剂，按1.2.2中测定方法，进行药剂毒力测定。根据浓度梯度下菌落生长抑制率的值，将菌落生长抑制率换算成抑制机率值y，药剂浓度对数为x，采用Excel[9]进行分析，按浓度对数与机率值回归法求得不同杀菌剂对应菌株的剂量的回归方程$y=a+bx$，并由回归方程计算各药剂对相应抑制中浓度EC_{50}值及相关系数r值[8]。

2 结果与分析

2.1 6种杀菌剂对玉米新月弯孢菌抑制作用

供试6种药剂的抑菌作用随浓度的升高，抑菌率也呈上升趋势，但在不同药剂的不同浓度条件下对玉米新月弯孢霉菌的相对抑制率存在明显差异。由表1可见，普力克、苯甲·丙环唑和福美双在浓度5.00~10.00μg/ml时抑菌率均达100%，抑菌效果极为显著。在浓度1.25~2.50μg/ml时抑菌率分别在91.00%~98.46%、90.24%~98.14%、88.60%~98.41%，抑菌效果表现明显。在浓度1.00μg/ml时抑菌率分别在80.43%、81.39%、81.93%，三者抑菌效果几乎处于同一水平，抑菌作用开始减弱；70%代森锰锌在浓度10.00μg/ml时抑菌率达100.00%，抑菌效果极为显著。在浓度5.00~2.50μg/ml时抑菌率在97.49%~84.66%，与72.2g/L普力克、30%苯甲·丙环唑和50%福美双在浓度1.00~2.50μg/ml时抑菌活性相当。在浓度1.25~1.00μg/ml时抑菌率达60.04%~50.41%，表明该浓度条件下敏感性较差；75%百菌清在浓度10.00μg/ml时抑菌率为85.47%，浓度5.00~1.25μg/ml时抑菌率在74.96%~8.33%。50%多菌灵在10.00~1.25μg/ml时抑菌率为53.81%~11.86%。随浓度升高，抑菌率上升不明显，抑菌效果较差。在1.00μg/ml时，75%百菌清无抑菌作用，50%多菌灵抑菌率呈负增长（-3.57），表现为促进作用；以上结果表明，72.2g/L 普力克、30%苯甲·丙环唑和 50%福美双、70%代森锰锌对玉米新月弯孢霉菌抑制效果均比其他供试药剂明显，可作为玉米制种田防治弯孢霉叶斑病的有效药剂。

表1　不同浓度杀菌剂对新月弯孢霉菌抑菌活性测定

供试药剂	药剂浓度（μg/ml）	菌落直径（mm）	抑制率（%）	供试药剂	药剂浓度（μg/ml）	菌落直径（mm）	抑制率（%）
百菌清	10.00	16.17	85.47	苯甲·丙环唑	10.00	6.00	100.00
	5.00	23.53	74.96		5.00	6.00	100.00
	2.50	58.77	24.61		2.50	7.30	98.14
	1.25	70.17	8.33		1.25	12.83	90.24
	1.00	76.00	0.00		1.00	19.03	81.39
代森锰锌	10.00	6.00	100.00	多菌灵	10.00	38.33	53.81
	5.00	7.76	97.49		5.00	44.30	45.29
	2.50	16.74	84.66		2.50	59.30	23.86
	1.25	33.97	60.04		1.25	67.70	11.86
	1.00	40.71	50.41		1.00	78.50	-3.57
普力克	10.00	6.00	100.00	福美双	10.00	6.00	100.00
	5.00	6.00	100.00		5.00	6.00	100.00
	2.50	7.08	98.46		2.50	7.11	98.41
	1.25	12.30	91.00		1.25	13.92	88.69
	1.00	19.70	80.43		1.00	18.65	81.93
CK		76.00					

2.2　有效药剂的毒力测定

从表2结果可见，30%苯甲·丙环唑、72.2g/L 普力克和 50%福美双、70%代森锰锌对新月弯孢菌具有较强的抑制效果。其中，72.2g/L 普力克、30%苯甲·丙环唑和 50%福美双抑菌作用最强，EC_{50}值相对较低，分别为 0.013 9μg/ml、0.014 6μg/ml、0.015 4μg/ml，三者的 EC_{50} 值相互接近，无明显差异；相对而言，70%代森锰锌的 EC_{50}值相对略高，为 0.024 1μg/ml，抑菌作用次之。

从毒力回归方程看，EC_{50}值相近条件下，4 种药剂回归曲线斜率不同反映了该病原菌种群内个体对药剂敏感反应不同。30%苯甲·丙环唑敏感反应差异最大，斜率为 3.160 3；72.2g/L 普力克和 50%福美双敏感反应差异居中，斜率为 3.206 7和 3.229 6；70%代森锰锌敏感反应差异最小，斜率为 4.929 0。

从相关系数分析看，30%苯甲·丙环唑、72.2g/L 普力克和 50%福美双、70%代森锰锌对新月弯孢菌机率值与其浓度的相关系数较高，分别达 0.997 4、0.996 3、0.998 6、0.996 5，表明 4 种药剂的抑菌百分率的几率值与其浓度间有显著的线性关系，可以用该回归方程在供试药剂浓度范围进行预测。

表 2　4 种杀菌剂对玉米新月弯孢菌毒力性测定

供试药剂	药剂浓度（μg/ml）	浓度对数 x	抑制率（%）	机率值 y	$y=a+bx$	EC_{50}	R
代森锰锌	10.00	1.000	100.00	8.09	$y=3.0455+4.9290x$	0.0241	0.9965
	5.00	0.699	97.49	6.96			
	2.50	0.399	84.66	6.02			
	1.25	0.097	60.04	5.25			
	1.00	0.000	50.41	5.01			
普力克	5.00	0.699	100.00	8.09	$y=5.8835+3.2067x$	0.0146	0.9963
	2.50	0.399	98.46	7.17			
	1.25	0.097	91.00	6.34			
	1.00	0.000	80.43	5.86			
	0.83	-0.081	70.30	5.53			
苯甲・丙环唑	5.00	0.699	100.00	8.09	$y=5.8739+3.1603x$	0.0139	0.9974
	2.50	0.399	98.14	7.08			
	1.25	0.097	90.24	6.29			
	1.00	0.000	81.39	5.89			
	0.83	-0.081	70.48	5.54			
福美双	5.00	0.699	100.00	8.09	$y=5.8564+3.2296x$	0.0154	0.9986
	2.50	0.399	98.41	7.16			
	1.25	0.097	88.69	6.21			
	1.00	0.000	81.93	5.91			
	0.83	-0.081	69.57	5.51			

3　结论与讨论

本试验结果表明，30%苯甲・丙环唑、72.2g/L 普力克和 50%福美双和 70%代森锰锌对玉米弯孢霉叶斑病菌生长具有明显抑制作用，其中 30%苯甲・丙环唑、72.2g/L 普力克和 50%福美双毒力最强，70%代森锰锌次之。2011 年白庆荣等[10]报道，玉米弯孢霉叶斑病菌对 70%代森锰锌、50%福美双、72.2g/L 普力克敏感性明显，抑菌圈直径≥15mm。2005 年孔凡彬等[11]报道，75%百菌清、50%多菌灵对玉米弯孢霉叶斑菌的生长抑制率与抑制萌发率较低，分别为 36.3%和 46.0%、34.7%和 0，与本试验药剂抑制活性测定结果相同。2013 年段晓东等[12]研究 30%苯甲・丙环唑对鹰嘴豆褐斑病毒力，表明该药不仅毒力作用强，而且持效期长，但对玉米弯孢霉菌的毒力测定还未见报道。本研究首次采用

30%苯甲·丙环唑对玉米弯孢霉叶斑菌进行毒力测定，为进一步开展田间药效试验提供理论依据。

参考文献

[1] 胡锐，邢彩云，李元杰，等．玉米弯孢霉叶斑病发生及防治［J］．中国农技推广，2011，27(11)：42-43.

[2] 戴法超，高卫东，王晓鸣．玉米弯孢菌叶斑病的初步研究简报［J］．植物保护，1996，22(4)：36-37.

[3] 周积兵．河西地区制种玉米值得重视的弯孢霉叶斑病检测技术研究［J］．农业科技通讯，2010（9）：37-40.

[4] 王晓鸣，晋齐鸣，石洁，等．玉米病害发生现状与推广品种抗性对未来病害发生的影响［J］．植物病理学报，2006，36（1）：1-11.

[5] 刘海启．我国玉米制种产业发展现状及战略［J］．中国农业资源与区划，2015，36（2）：9-14.

[6] 方中达．植病研究法（第三版）［M］．北京：中国农业出版社，1998.

[7] 陈年春．农药生物测定技术［M］．北京：北京农业大学出版社，1990.

[8] 孙广宇，宗兆锋．植物病理学实验技术［M］．北京：中国农业出版社，2002.

[9] 张志祥，徐汉虹，程东美．EXCEL 在毒力回归计算中的应用［J］．昆虫知识，2002，39(1)：67-70.

[10] 白庆荣，吕来燕，翟亚娟，等．玉米叶斑病菌对 23 种杀菌剂的敏感性测定［J］．吉林农业大学学报，2011，33（5）：485-490.

[11] 孔凡彬，高扬帆，陈锡岭，等．种药剂对玉米弯孢叶斑病菌的室内抑菌实验［J］．河南科技学院学报，2005，33（4）：63-64.

[12] 段晓东，刘微，羌松．9 种杀菌剂对鹰嘴豆新病害褐斑病菌的室内毒力测定［J］．农药，2013，52（7）：527-528.

四种杀菌剂对玉米穗腐病菌的室内毒力测定*

李丽娜** 渠 清 许苗苗 刘 俊 曹志艳*** 董金皋***

（河北农业大学，真菌毒素与植物分子病理学实验室，保定 071001）

摘 要：玉米穗腐病是一种主要由镰孢菌属真菌引起的重要的玉米病害。其中主要的致病菌为禾谷镰孢（*Fusarium graminearum*）、拟轮枝镰孢（*Fusarium verticillioide*）、层出镰孢（*Fusarium proliferatum*）等。该病害的发生导致玉米品质下降、产量降低。本试验采用菌丝生长速率法测定戊菌唑、烯肟·戊唑醇、益普 SOD 菌剂、恶霉灵 4 种杀菌剂分别对禾谷镰孢、拟轮枝镰孢、层出镰孢的抑制效果，测定其 EC_{50}值，以便进一步明确能够有效防治玉米穗腐病的杀菌剂，实现防病、增产及减量化防治的目标。结果表明：戊菌唑、烯肟·戊唑醇、益普 SOD 菌剂、恶霉灵对禾谷镰孢、拟轮枝镰孢、层出镰孢均有一定的抑制效果，其中益普 SOD 菌剂对禾谷镰孢菌、层出镰孢菌的防治效果最好，其 EC_{50}值分别为：2. 10mg/L、0. 03mg/L。戊菌唑、益普 SOD 菌剂对拟轮枝镰孢菌有较好的防治效果，其 EC_{50}值分别为：7. 61mg/L、0. 15mg/L。为后期选取合适的杀菌剂进行田间防治玉米穗腐病提供理论依据。综合上述结果可知，益普 SOD 菌剂对玉米穗腐病的 3 种主要致病镰孢菌防效显著，可作为防治该病的备选药剂。

关键词：玉米穗腐病；禾谷镰孢；拟轮枝镰孢；层出镰孢；杀菌剂

---

* 基金项目：现代农业产业技术体系（CARS-02）

** 第一作者：李丽娜，女，硕士研究生，研究方向为穗腐病防治的研究；E-mail：m15931807082@163. com

*** 通信作者：E-mail：caoyan208@ 126. com，E-mail：dongjingao@ 126. com

玉米种质资源对玉米致死性“坏死病”的抗性筛选*

马春红[1**]　赵　璞[1]　李　梦[2]　温之雨[1]　周广成[3]
郭衍龙[3]　E. O. Ouma[4]　Samuel Gudu[4]

（1. 河北省农林科学院遗传生理研究所，河北省植物转基因中心，石家庄　050051；
2. 河北省农林科学院，石家庄 050051；3. 湖北省禾盛研究院，武汉　430206；
4. Rongo University College，P. O. Box 103-40404，Rongo，Kenya）

摘　要：玉米褪绿斑驳病毒（Maize chlorotic mottle virus，MCMV）主要寄主是玉米，玉米褪绿斑驳病毒属于番茄丛矮病毒科（Tombusviridae）玉米褪绿斑驳病毒属（Machlomovirus），可通过昆虫介体和种子传播，是中国重要的对外检疫性病毒，严重危害玉米的生产，影响玉米的产量和质量，造成巨大的经济损失。因感病植株症状表现为叶片逐渐失绿、变黄，整片叶表现呈黄绿相间的斑驳条斑，故命名为玉米褪绿斑驳病毒。MCMV 寄主为禾本科的玉米、甘蔗和高粱，其单独侵染玉米仅引起玉米褪绿斑驳症状，但是 MCMV 与其他病毒，小麦线条花叶病毒（Wheat streak mosaic virus，WSMV）、甘蔗花叶病毒（Sugarcane mosaic virus，SCMV）或玉米矮花叶病毒（Maize dwarf mosaic virus，MDMV）复合侵染，能导致玉米致死性“坏死病”（Maize lethal necrosis，MLN），并造成严重地产量损失，影响玉米制种和粮食生产安全。

2014—2016 年，河北省农林科学院遗传生理研究所及湖北省种子集团有限公司在肯尼亚位于 Kisumu-Kibos 的肯尼亚农业畜牧业研究机构（Kenya Agricultural Livestock Organization（KALRO）的 Kakamega 试验站和位于奈瓦沙（Naivasha）的 KALRO 和 CIMMYT 的联合实验基地，开展了对中方的预商用杂交种进行玉米致死性坏死病（MLN）评估。

MLN 的发病症状最初仅见于叶片，后期玉米茎和雌、雄穗均可见较明显症状。其中，叶片症状主要为黄化、坏死、变红、枯心、花叶、斑点和条纹等；茎部症状主要表现为水浸状病变，有时扩展至展开的叶片；穗部常见症状为授粉减少、籽粒不饱满和霉粒，多从穗基部开始霉烂，严重者可导致全株死亡。对于 MLN 造成损失为害进行的分级，以叶片或植株整体为依据共分 5 级：1 级：没有 MLN 症状；2 级：在下部老叶上有细的褪绿条纹；3 级：整株均有褪绿斑点；4 级：大量褪绿斑点和出现枯心；5 级：全株坏死。

结果表明：在收获期，中方提供的 92 份玉米杂交组合中，筛选出 14 份抗 MLN 材料。其中有湖北省种子集团有限公司的 HD129、HD777，HSM01、HSM 04、HSM 10、HSM 61 杂交种；河北省农林科学院遗传生理研究所自育的 8 个优势组合（SJZ/JML 03、JML 12、

---

* 基金项目：科技部科技伙伴计划资助项目（KY201402017）；河北省科技计划项目（17396301D）

** 第一作者：马春红，女，研究员，主要从事作物抗逆生理及种质资源创新研究；E-mail：mch0609@126. com

JML 18、JML 29、JML 30、JML 31、JML 36）表现抗 MLN 病害，其中高抗材料 JML-30、JML-29 表现突出，2 年 3 次重复均无感病株。本实验中方提供的玉米杂交组合表现出抗 MLN，开发抗 MLN 耐性品种是防治 MLN 最具成本效益的方式。并通过分析 MLN 在蚜虫、甲虫和蓟马中的传播，来设计适当的策略应用于玉米病害防治中。

关键词：玉米种子；玉米褪绿斑驳病毒（MCMV）；玉米致死性“坏死病”（Maize lethal necrosis，MLN）；检测

玉米萜类合成酶基因 *tps6* 的功能及表达调控研究*

李圣彦** 陈忠良 王贵平 高洪江 汪 海 郎志宏***
（中国农业科学院生物技术研究所，北京 100081）

摘 要：植物次生代谢产物是植物在长期进化过程中植物与生物和非生物相互作用的结果，是对环境的一种适应，植物萜类化学物是一类重要的次生代谢物，在植物病虫害防御中起着重要作用。萜类合成酶（Terpene Synthase，TPS）催化不同萜类化合物的产生，玉米基因组含有 20 多个萜类合成酶基因，*tps*6 基因编码倍半萜合成酶，产物为 β-macrocarpene 和 β-bisabolene，当玉米受到病菌或者害虫为害时，*tps*6 基因会诱导上调表达，但 *tps*6 基因如何参与玉米的病虫害防御及调控机制还未见报道。首先通过拟南芥异源表达系统对 *tps*6 基因启动子进行缺失分析，发现 *tps*6 启动子缺失至-400bp 时仍然具有启动子功能，生物信息学分析发现该区段中含有 3 个 RY-repeat 元件，已有的研究表明该元件在抗病基因的启动子中高频出现。通过酵母单杂交筛选得到一个 ERF 转录因子与该区段结合，该 ERF 转录因子是否调控 *tps*6 基因的表达及如何调控正在做进一步的分析。*Tps*6 基因在玉米叶片和根中表达，并受病虫害诱导表达上调，已经获得 *tps*6 基因过表达和基因缺失的 CRISPR-Cas9 载体的转基因玉米植株，目前正在进行玉米黑粉菌抗性、抗虫性及次生代谢物的鉴定。Tps6 基因在不同的玉米自交系中表达有明显差异，完成了 106 个玉米自交系基因重测序，在 106 个自交系中有 44 个自交系在正常条件下和 ABA 处理条件下均不表达，其他自交系 *tps*6 基因的表达正常，进一步分析发现在不表达 *tps*6 基因的 44 个玉米自交系中 *tps*6 启动子都缺少 RY-repeat 元件，说明 RY-repeat 元件与 *tps*6 基因的表达存在相关性，也初步证明 *tps*6 基因在玉米的驯化中存在不同形式，*tps*6 基因的选择和驯化与环境因素相关性正在研究中。

关键词：萜类合成酶基因；抗病虫；转录调控；进化分析

---

* 基金资助：国家自然科学基金（31601702，31570272）和博士后基金（166721）

** 第一作者：李圣彦，从事玉米抗逆分子生物学研究；E-mail：cxfy61910@ 163. com

*** 通信作者：郎志宏；E-mail：langzhihong@ caas. cn

吡唑醚菌酯与霜脲氰不同混配组合对黄瓜霜霉病室内毒力测定

时春喜　王　清　曲子瑞　张　腾　赵佳振
（西北农林科技大学植保资源与病虫害治理教育部重点实验室，杨凌　712100）

摘　要：通过吡唑醚菌酯与霜脲氰不同混配组合对黄瓜霜霉病菌的室内毒力测定，明确这两种药剂混配对黄瓜霜霉病的作用效果，筛选出最合理的混配组合。本实验采用室内盆栽法。试验表明，98%霜脲氰原药对黄瓜霜霉病菌的抑制效果好于97.5%吡唑醚菌酯原药对该病菌的抑制效果，EC_{50}分别为13.36μg/ml和19.28μg/ml。在5个不同浓度的混配组合中，17.5%吡唑醚菌酯+32.5%霜脲氰混配对黄瓜霜霉病的抑制效果最好，EC_{50}为9.56μg/ml，增效系数为1.57，增效作用明显。此结果表明，二者混配对黄瓜霜霉病有较好的抑制效果，从安全性及成本等方面考虑，认为混配组合17.5%吡唑醚菌酯+32.5%霜脲氰可以作为防治黄瓜霜霉病的最合理组合。

关键词：吡唑醚菌酯；霜脲氰；黄瓜霜霉病；室内毒力

1　研究背景

黄瓜霜霉病是黄瓜生产中最为严重的一种世界性病害，俗称跑马干、黑毛或瘟病，在黄瓜的整个生育期均可发生，主要为害叶片和茎干[1]，其特点是来势猛、传播快、危害重。一般会造成黄瓜减产20%~30%，重者3~5天即可全部毁掉[2]，给黄瓜生产带来严重威胁。目前生产中防治黄瓜霜霉病主要采用化学方法，但由于化学药剂长期单一使用及不合理用药，造成化学药剂对黄瓜霜霉病产生抗药性。本试验旨在研究新型复配制剂，通过两种不同作用机制的药剂混配，确定合理混配组合，以缓解黄瓜生产中药剂单一、抗性大的问题。

吡唑醚菌酯是德国巴斯夫公司研究出来的一种新型杀菌剂品种，其作用机理与甲氧基丙烯酸甲酯类杀菌剂大体相似，具有较强的抑制病菌孢子萌发能力，对叶片内菌丝生长有很好的抑制作用，应用范围十分广泛，对多种病菌均有优异的药效活性，因此几乎适用于常用的农作物中。并且吡唑醚菌酯具有保护作用、治疗作用、内吸传导性和耐雨水冲刷性能，持效期较长，应用范围较广，能够保叶保果，低毒，对人及作物安全，且药剂能深入渗透叶片表层，附着力强、选择性高，是引领未来杀菌剂发展方向的指南针，具有极其巨大的潜力。目前该药剂广泛应用于西瓜炭疽病、黄瓜白粉病、黄瓜霜霉病、番茄晚疫病等病害的防治[4,5]。经试验表明，吡唑醚菌酯防治霜霉病效果良好、持效期长，是防治黄瓜、葡萄、番茄霜霉病的一种新型良好杀菌剂。

霜脲氰是20世纪70年代由美国杜邦公司研制的一种新型内吸治疗性杀菌剂，它对葡萄霜霉病及马铃薯、番茄的晚疫病等真菌病害有明显的防治效果。对作物具有局部内吸作用，且具使用安全、用药量少和毒性小等优点[6]。霜脲氰可同其他多种类型的农药及化肥混合施用，与保护性杀菌剂复配使用，防治效果尤佳。霜脲氰问世以来被世界各大农药生产厂商广泛使用。但又因其残留期短，持效期短的原因，多与其他持效期长的药剂进行混用[7]。

2 材料与方法

2.1 供试作物及品种

供试作物：黄瓜。

品种：博耐13，种植于温室花盆中，幼苗长至4~6张真叶待用。

2.2 供试菌种及使用器械

黄瓜霜霉病菌（*Pseudoperonospron cubensis*），采自陕西省杨凌示范区五泉镇绛南村15号大棚种植的黄瓜发病叶片。采集背面有霉层，发病严重的病叶。

电子天平（0.001g）；喷雾器械；锥形瓶；移液管；量筒。

2.3 供试药剂及单位（表1）

表1 供试药剂及单位

药剂名称	提供单位
97.5%吡唑醚菌酯原药	浙江禾本科技有限公司
98%霜脲氰原药	山东潍坊润丰化工股份有限公司

2.4 实验步骤

2.4.1 孢子悬浮液的制备

采病叶，用4℃蒸馏水洗下叶背面霜霉菌孢子，配制成悬浮液（浓度为每毫升$5.0\times10^{6}\sim1.0\times10^{7}$个孢子），在4℃下存放备用[7]。

2.4.2 药剂处理

将97.5%吡唑醚菌酯原药和98%霜脲氰原药，以及5个吡唑醚菌酯原药与霜脲氰原药混配组合，共7个处理，称好后按次序分别加入预先加好2ml丙酮的灭菌三角瓶中充分震荡使其溶解，然后加无菌水至1 000ml，分别制成97.5%吡唑醚菌酯原药160μg/ml试验母液、98%霜脲氰原药120μg/ml试验母液及5个混配组合160μg/ml试验母液各1 000 ml备用。

在预备试验的基础上，将配制好的吡唑醚菌酯原药母液依次稀释为160μg/ml、80μg/ml、40μg/ml、20μg/ml、10μg/ml等5个浓度梯度；将配制好的霜脲氰原药母液依次稀释为120μg/ml、60μg/ml、30μg/ml、15μg/ml、7.5μg/ml等5个浓度梯度；将配制好的不同混配组合母液依次稀释为160μg/ml、80μg/ml、40μg/ml、20μg/ml、10μg/ml等5个浓度梯度。

2.4.3 接种与培养

将新鲜孢子悬浮液喷施于接种叶片背面，人工接种24h后喷药。接种后在每天连续光照/黑暗各12h交替，温度为17~22℃，相对湿度为90%以上的条件下培养7天。待清水对照充分发病后调查药效。

2.5 施药方法

施药方法为喷雾法，施药器械为容量1kg、喷孔直径为1.0mm的小型喷雾器，用喷雾器将药剂均匀洒于黄瓜的叶面上（即叶面上出现一层水膜为宜）自然晾干。试验分别设不同混配组合5个处理和单剂2个处理，另设不含药剂的清水对照处理1个，共设8个处理，每盆2株，重复4次。

2.6 调查

2.6.1 调查方法

根据清水对照的发病情况对试验组所有叶片进行分级调查，采用如下分级方法：

0级：无病；

1级：病斑面积占整片叶面积的5%以下；

3级：病斑面积占整片叶面积的6%~10%；

5级：病斑面积占整片叶面积的11%~20%；

7级：病斑面积占整片叶面积的21%~40%；

9级：病斑面积占整片叶面积的40%以上。

2.6.2 计算方法

根据调查数据，计算各处理的病情指数和防治效果。

病情指数按公式（1）计算，计算结果保留小数点后2位：

$$X=\frac{\sum\ (N_i \times i)}{N \times 9} \times 100 \tag{1}$$

式中：X为病情指数；N_i为各级病叶数；i为相对级数值；N为调查总叶数。

防治效果按公式（2）计算，计算结果保留小数点后2位：

$$防效(\%)=\frac{CK-PT}{CK}\times 100 \tag{2}$$

式中：CK为清水对照病情指数；PT为药剂处理病情指数。

2.6.3 统计分析

进行药剂联合毒力测定时，本试验采用Wadley法计算混剂的增效系数（SR），评价混剂的联合作用类型。根据增效系数（SR）来评价药剂混用的增效作用，即SR<0.5为颉颃作用，0.5≤SR≤1.5为相加作用，SR>1.5为协同增效作用。增效系数（SR）按公式（3）、（4）计算：

$$X_1=\frac{P_A+P_B}{P_A/A+P_B/B}\times 100 \tag{3}$$

式中：X_1——混剂EC_{50}理论值，单位为微克每毫升（μg/ml）；

P_A——混剂中A的百分含量，单位为百分率（%）；

P_B——混剂中B的百分含量，单位为百分率（%）；

A——混剂中A的EC_{50}值，单位为微克每毫升（μg/ml）；

B——混剂中B的EC_{50}值，单位为微克每毫升（μg/ml）。

$$SR=\frac{X_1}{X_2} \tag{4}$$

式中：SR——混剂的增效系数；

X_1——混剂的 EC_{50}理论值，单位为微克每毫升（μg/ml）；

X_2——混剂的 EC_{50}实测值，单位为微克每毫升（μg/ml）。

3 结果与分析

（1）以药剂浓度的对数值（*X*）为自变量，以防治效果的机率值（*Y*）为因变量，采用最小二乘法求出各药剂的毒力回归方程、EC_{50}及 R^2值。97.5%吡唑醚菌酯原药毒力回归方程为 $Y=0.8844X+3.8634$，R^2值为 0.998 1，EC_{50}为 19.28μg/ml；98%霜脲氰原药毒力回归方程为 $Y=0.9503X+3.9302$，R^2值为 0.992 8，EC_{50}为 13.36μg/ml。

（2）试验结果（表 2）表明，5 个不同混配组合对黄瓜霜霉病菌均有较好的抑制效果，其中 17.5%吡唑醚菌酯+32.5%霜脲氰的混配组合增效作用显著，其毒力回归方程为 $Y=0.8183X+4.1976$，R^2值为 0.993 9，EC_{50}为 9.56μg/ml，增效系数（SR）为 1.57。因此，从生产成本和增效系数方面考虑，我们认为选用 17.5%吡唑醚菌酯+32.5%霜脲氰的混配组合是科学合理的。

表 2 吡唑醚菌酯与霜脲氰混配对黄瓜霜霉病室内毒力比较

药剂	毒力方程	R^2	EC_{50}（μg/ml）	SR
97.5%吡唑醚菌酯原药	$Y=0.8844X+3.8634$	0.998 1	19.28	—
98%霜脲氰原药	$Y=0.9503X+3.9302$	0.992 8	13.36	—
13.5%吡唑醚菌酯+36.5%霜脲氰	$Y=0.7361X+4.069$	0.999 4	18.40	0.79
15.5%吡唑醚菌酯+34.5%霜脲氰	$Y=0.7664X+4.1137$	0.988 4	14.34	1.03
17.5%吡唑醚菌酯+32.5%霜脲氰	$Y=0.8183X+4.1976$	0.993 9	9.56	1.57
19.5%吡唑醚菌酯+30.5%霜脲氰	$Y=0.7656X+4.0911$	0.980 5	15.39	0.99
21.5%吡唑醚菌酯+28.5%霜脲氰	$Y=0.876X+3.8524$	0.983 4	20.42	0.74

4 结论与讨论

通过室内毒力测定结果表明，混配组合 17.5%吡唑醚菌酯+32.5%霜脲氰对黄瓜霜霉病菌有显著的抑制作用，EC_{50}值为 9.56μg/ml，SR 值为 1.57。根据吡唑醚菌酯与霜脲氰不同的作用机理、综合防效、环保效益和安全性等几方面因素考虑，确定 17.5%吡唑醚菌酯+32.5%霜脲氰为防治黄瓜霜霉病的优势药剂。

参考文献

[1] 白成禄，赵彩芹．浅谈黄瓜霜霉病的防治［J］．农林科学，2008，10（45）：44-45.

[2] 罗剑文．黄瓜霜霉病的防治方法［J］．植保工程，2006（7）：40.

[3] 孔岩，刘治中．氨基酸类农药的研究与进展［J］．西南师范大学学报：自然科学版，1999，24（003）：362-369.

［4］ 张亦冰．新颖甲氨基丙烯酸酯类杀菌剂——唑菌氨酯［J］．农药：自然科学版，2007，41（6）：41-43.

［5］ 高楠，李李，赵立明，等．25%吡唑醚菌酯悬浮剂对番茄晚疫病防效的研究［J］．辽宁农业科学：自然科学版，2013（2）：65-66.

［6］ 于秀霞，杨建春，葛岩．霜脲氰合成方法改进［J］．江苏化工，1996（04）：21-22.

［7］ 王文桥．蔬菜常用杀菌剂的混用及混剂［J］．中国蔬菜，2011（7）：27-29.

海南冬季黄瓜病毒病综合防控技术研究*

车海彦** 曹学仁 刘培培 吴童童 罗大全***

(中国热带农业科学院环境与植物保护研究所/农业部热带作物有害生物综合治理重点实验室/海南省热带农业有害生物监测与控制重点实验，海口 571101)

摘 要：黄瓜是海南冬季重要的北运蔬菜，年种植面积大约在 20 万亩，主要种植在三亚、万宁、乐东等地。经 2013—2016 年连续 3 年的调查发现，病毒病在黄瓜上发生普遍，为害严重，在生长中后期田间平均发病率在 30%以上，个别田块达到 100%。为有效控制海南黄瓜病毒病的发生，在前期黄瓜病毒病流行规律调查、毒源种类鉴定、药剂筛选等试验研究的基础上，2014 年 10 月至 2015 年 1 月，在海南省三亚市崖州区保平村开展了黄瓜病毒病综合防控技术示范，该示范基地集中展现了以“种子消毒、病毒病田间监测、减少农事操作传毒、控制传毒介体、化学防治、加强田园管理”等为核心技术的黄瓜主要病毒病综合防控措施，示范区黄瓜病毒病的田间发病率为 1.5%，农民自防区为 20%以上，与农民自防区相比，降低了病毒病的田间发病率，相对防治效果达到 75%以上，防治方法科学合理，防治效果显著，示范效果良好。

关键词：海南；黄瓜病毒病；综合防控

---

* 基金项目：国家公益性行业（农业）科研专项（201303028）

** 第一作者：车海彦，副研究员，从事热带作物病毒与植原体病害研究；E-mail：chehaiyan2012@126. com

*** 通信作者：罗大全，研究员；E-mail：luodaquan@ 163. com

壳寡糖对草莓的采后保鲜作用及机制研究

何艳秋[*]　王文霞　尹　恒

（中国科学院大连化学物理所，大连　116023）

摘　要：壳寡糖是一种具有诱导子效应的天然产物，可有效增强植物对病原菌的抗性，目前已经得到了广泛的应用。本文以草莓果实为实验材料，进行了壳寡糖对采后草莓保鲜作用及机制的研究。研究结果表明，100mg/kg 的壳寡糖溶液浸泡处理采后草莓，对草莓贮藏期的生理代谢和营养品质有明显影响。壳寡糖处理可有效延长草莓贮藏时间，保持草莓贮藏期的感官品质，延缓果实品质的下降。采后处理 4 天后，壳寡糖处理后的草莓坏果率低于对照组 19.35%；可溶性糖高于对照组 15.15%；可滴定酸含量低于对照组 2.17%。壳寡糖处理采后草莓可有效延缓草莓贮藏过程中抗氧化性的降低，保持草莓贮藏期的抗氧化性，采后处理 4 天后，壳寡糖处理后的草莓维生素 C 含量、DPPH 清除能力、花青素含量、黄酮类含量和总酚含量分别为对照组的 1.15 倍、1.41 倍、1.31 倍、1.24 倍和 1.13 倍。通过 qRT-PCR 发现壳寡糖可能是通过抑制草莓细胞壁降解、乙烯合成、N-糖链加工相关酶，包括果胶裂解酶（PL），果胶酯酶（PE），内切葡萄糖酶（EG），乙烯氧化酶（ACO）和乙烯合成酶（ACS）、α-甘露糖苷酶（α-Man）和 β-氨基己糖胺酶（β-Hex）的基因表达来延缓水果的软化，进而发挥了保鲜的功效。

关键词：壳寡糖；草莓；采后保鲜；细胞壁降解

＊ 第一作者：何艳秋，主要从事寡糖诱导果实采后保鲜研究；E-mail：1172168972@qq.com

灰葡萄孢多重抗药性菌株的适合度和竞争力

陈淑宁[1*]　罗朝喜[2]　袁会珠[1**]
（1. 中国农业科学院植物保护研究所，北京　100193；2. 华中农业大学，武汉　430070）

摘　要：灰葡萄孢菌极易产生抗药性。尽管通过合理施肥、控制植株密度等耕种方法可以减少灰霉的发病率，但使用杀菌剂依然是控制灰霉病的重要手段。用于灰霉防治的单位点杀菌剂主要有 FRAC（杀菌剂抗性防治委员会）编号 1，2，7，9，11，12 和 17，依次代表了甲基苯并咪唑氨基甲酸酯（MBC）、二羧酰亚胺（DC）、琥珀酸脱氢酶抑制剂（SDHI）、苯胺基嘧啶（AP）、醌外部抑制剂（QoIs）、苯基吡咯（PPs）和甾醇生物合成抑制剂（SBIs）III 类杀真菌剂羟基苯胺。在灰葡萄孢菌抗性监测中显示，对所有 7 种单作用位点杀菌剂均产生抗性的菌株已经开始出现。

为了寻求多重抗性菌株的防治策略，本研究讨论了多重抗性菌株的适合度问题。试验比较了 8 株敏感菌株（S）；8 株对 5 种或 6 种杀菌剂均具有抗性，但对苯基吡咯敏感的菌株（5CCR）；8 株对包括苯基吡咯在内所有单作用位点杀菌剂均产生抗性的菌株（6CCR/MDR1h）之间的适合度及竞争力。后者的 MDR1h 表型主要由 *mrr*1 基因中 Δ497V/L 引起 *atrB* 的过量表达产生。6CCR/MDR1h 在 4℃ 的 PDA 培养基上生长较慢；和 S 菌株相比，5CCR 和 6CCR/MDR1h 均对渗透压更敏感。除此之外，在氧化压力敏感性、侵染力、活体产孢力、产菌核力、以及离体菌核存活力上，不同表型的菌株之间均无显著性差异。

竞争力方面，当不施加药剂选择压力时，5CCR 和 6CCR/MDR1h 均无法和 S 菌株竞争，6CCR/MDR1h 菌株无法和 5CCR 菌株竞争。但在增加咯菌腈/吡唑醚菌酯作为选择压力后，6CCR/MDR1h 则能竞争过 5CCR 及 S 菌株。由此说明，敏感菌株可能可以在竞争中，淘汰掉多重抗性菌株。

关键词：灰霉病；抗药性；适合度；多重抗性

* 第一作者：陈淑宁，博士后，研究方向为杀菌剂抗药性分子机理；E-mail：shuningchen89@gmail.com

** 通信作者：袁会珠，研究员，研究方向为农药使用技术

氟吡菌胺与烯酰吗啉不同混配对马铃薯晚疫病菌联合作用研究*

张　腾**　时春喜***　王　清　曲子瑞
（西北农林科技大学植保资源与病虫害治理教育部重点实验室，杨凌　712100）

摘　要：为了明确氟吡菌胺与烯酰吗啉混配的增效作用，本研究采用菌丝生长速率法测定了97%氟吡菌胺原药、97%烯酰吗啉原药以及5个氟吡菌胺与烯酰吗啉混配组合对马铃薯晚疫病菌的室内毒力。研究结果表明：97%氟吡菌胺原药、97%烯酰吗啉原药的抑菌活性较强，EC_{50}分别为0.31μg/ml，0.516μg/ml。5个混配组合均表现出较强的抑菌活性，且6%氟吡菌胺+36%烯酰吗啉混配组合的增效作用显著，增效系数（SR）为1.68。结果表明，二者混配后不仅有较强的抑菌效果，而且还可以减少化学农药的使用量，是开发环保，高效，安全杀菌剂的合理混配组合。

关键词：氟吡菌胺；烯酰吗啉；马铃薯晚疫病；混配；联合作用

在马铃薯生长过程中，病害是造成马铃薯产量降低、品质下降的主要因素之一[1]。马铃薯上的病害主要有早疫病、晚疫病、病毒病、青枯病等，其中又以马铃薯晚疫病的为害为重。马铃薯晚疫病由致病疫霉（*Phytophthora infestans*）引起，该病菌休止孢产生的芽管可以直接侵入马铃薯植株的表皮和气孔，对马铃薯的叶、茎及薯块产生危害。

目前，防治马铃薯晚疫病以化学防治为主，然而在长期的防治过程中，马铃薯晚疫病菌已在全球范围内对甲霜灵产生抗性，而对线粒体呼吸抑制剂（QoI）类、羧酸酰胺（CAAs）类杀菌剂存在较高的抗性风险[2]。因此采用复配制剂对该病害进行防治是延缓抗药性的一种有效途径。

氟吡菌胺是由德国拜耳作物科学有限公司开发的新型吡啶酰胺类杀菌剂，主要用于防治各类蔬菜和葡萄上的常见卵菌纲病害。氟吡菌胺主要作用于细胞膜和细胞骨架间的特异性蛋白—类血影蛋白，从而影响细胞的有丝分裂，对病原菌的各主要形态均有很好的抑菌活性，而且具有很好的持效性，在病菌生命周期的许多阶段都起作用，影响孢子的释放和芽孢的萌发。且在木质部具有很好的移动性，具有非常好的内吸活性和保护治疗作用[3]。氟吡菌胺的作用机制是新颖的，没有一类杀菌剂能够对类血影蛋白有类似的作用，因此与其他杀菌剂无交互抗性。

烯酰吗啉是一种新型内吸治疗性低毒杀菌剂，其作用机制是破坏病菌细胞壁膜的形成，引起孢子壁囊的分解，而使病菌死亡。除游动孢子形成及孢子游动期外，对卵菌生活史的各个阶段均有作用，对霜霉病、霜疫霉病、晚疫病、疫病、疫腐病、黑胫病等低等真

---

* 基金项目：农业部农药登记药效试验杀菌剂项目

** 第一作者：张腾，女，农药学硕士，从事杀菌剂室内生测技术；E-mail：1328383373@ qq. com

*** 通信作者：时春喜，男，研究员，从事农药研发及应用技术研究；E-mail：chunxi_ sh@ 163. com

菌性病害均有很好的防治效果[4]。

本研究通过测定氟吡菌胺与烯酰吗啉对马铃薯晚疫病菌联合毒力，筛选复配制剂的合理混配组合，旨在开发一种可以有效预防和防治马铃薯晚疫病的新型混配组合。将这两种药剂复配使用，对降低病菌对这两种杀菌剂的抗性风险，减少化学药剂使用，延长这两种药剂的使用寿命具有重要意义。

1 材料与方法

1.1 试验材料

1.1.1 供试病菌来源

马铃薯晚疫病［*Phytophthora infestans*（Mont.）de Bary］（病菌菌种经西北农林科技大学植物保护学院杀菌剂生测室分离纯化而得）。

1.1.2 供试药剂

97%氟吡菌胺原药由陕西标正作物科学有限公司提供；97%烯酰吗啉原药由陕西标正作物科学有限公司提供。

1.1.3 仪器设备

电子天平（0.001g）；生物培养箱；培养皿；移液枪；接种针；打孔器；游标卡尺等。

1.2 试验方法（生长速率法）

参照黄彰欣[5]等的方法采用生长速率法测定杀菌剂对病菌的抑制效果。在预实验的基础上将氟吡菌胺和烯酰吗啉设5个混配组合，每个处理设4个重复。将供试药剂配制成所需浓度的含药平板。在平板中央置一块直径为5mm的马铃薯晚疫病菌菌饼，带有菌丝一面接触培养基。置于20℃、黑暗条件下培养4天，用十字交叉法测量病菌菌落直径，计算抑制率，用DPS软件求出各药剂对病菌的毒力回归方程和抑制中浓度EC_{50}。

1.3 药剂配制

将97%氟吡菌胺和97%烯酰吗啉，以及5个氟吡菌胺原药与烯酰吗啉原药混配组合，共7个处理，称好后按次序分别加入预先加好2ml丙酮的灭菌三角瓶中充分振荡使其溶解，然后加无菌水至1 000ml，分别制成32μg/ml、48μg/ml、40μg/ml的97%氟吡菌胺母液、97%烯酰吗啉母液及5个混配组合母液各1 000ml备用。

在预备试验的基础上，将97%氟吡菌胺母液依次稀释为32μg/ml、16μg/ml、8μg/ml、4μg/ml、2μg/ml等5个浓度的药液备用；将97%烯酰吗啉母液依次稀释为48μg/ml、24μg/ml、12μg/ml、6μg/ml和3μg/ml 5个浓度的药液备用；将5个氟吡菌胺原药和烯酰吗啉原药的混配组合母液依次稀释为40μg/ml、20μg/ml、10μg/ml、5μg/ml、2.5μg/ml等5个浓度的药液备用。在无菌操作条件下，分别量取预先融化的灭菌培养基18ml与预先配制好的药液2ml加入无菌锥形瓶中（此时药液浓度将稀释10倍），从低浓度到高浓度依次定量吸取药液，分别加入上述锥形瓶中，充分摇匀。然后立即倒入直径9cm的培养皿中，制成相应浓度的含药培养基，另设不含药液的处理作空白对照，重复4次。

1.4 接种与培养

将培养好的病原菌，在无菌条件下用直径为5mm的打孔器，自菌落边缘切取菌饼，用接种针将菌饼接种于含药平板培养基中央，菌丝面靠培养基，盖上皿盖，置于25℃、黑暗条件下培养 4 天。

1.5 调查

采用游标卡尺测量菌落直径，单位为毫米（mm）。在供试菌落培养 4 天后，每个菌落采用十字交叉法垂直测量增长直径各一次，取其平均值。

1.6 计算方法

根据调查数据，计算各处理浓度对供试靶标菌的菌丝生长抑制率，单位为百分率（%），计算结果保留小数点后两位：

$$D=D_1-D_2$$

式中：D ——菌落增长直径；

D_1——菌落直径；

D_2——菌饼直径。

$$I=\frac{D_0-D_t}{D_0}\times 100$$

式中：I ——菌丝生长抑制率；

D_0——空白对照菌落增长直径；

D_t——药剂处理菌落增长直径。

1.7 统计分析

进行药剂联合毒力测定时，本试验采用 Wadley 法计算混剂的增效系数（SR），评价混剂的联合作用类型。

Wadley 法：根据增效系数（SR）来评价药剂混用的增效作用，即 SR<0.5 为颉颃作用，0.5≤SR≤1.5 为相加作用，SR>1.5 为协同增效作用。增效系数（SR）按公式（1）、（2）计算：

$$X_1=\frac{P_A+P_B}{P_A/A+P_B/B}\times 100 \tag{1}$$

式中：X_1 ——混剂 EC_{50}理论值，单位为毫克每升（mg/L）；

P_A——混剂中 A 的百分含量，单位为百分率（%）；

P_B——混剂中 B 的百分含量，单位为百分率（%）；

A ——混剂中 A 的 EC_{50}值，单位为毫克每升（mg/L）；

B ——混剂中 B 的 EC_{50}值，单位为毫克每升（mg/L）。

$$SR=\frac{X_1}{X_2} \tag{2}$$

式中：SR ——混剂的增效系数；

X_1 ——混剂的 EC_{50}理论值，单位为毫克每升（mg/L）；

X_2 ——混剂的 EC_{50}实测值，单位为毫克每升（mg/L）。

2 结果与分析

2.1 以药剂浓度的对数值（X）为自变量，以防治效果的机率值（Y）为因变量，采用最小二乘法求出各药剂的毒力回归方程和 EC_{50}及 R^2值，按 Wadley（1945，1967）求出各个混配增效系数 SR，以 SR 值来判断两种成分混配的增效作用。97%氟吡菌胺毒力回归方

程为 $Y=0.9679X+5.4967$，R^2值为0.9864，EC_{50}为0.31μg/ml；97%烯酰吗啉毒力回归方程为 $Y=0.9747X+5.2797$，R^2值为0.9884，EC_{50}为0.516μg/ml。各混配组合详见表1。

2.2 试验结果表明（表1），5个不同混配组合对马铃薯晚疫病菌均有较好的抑制效果，其中以6%氟吡菌胺+36%烯酰吗啉的混配组合增效作用显著，毒力回归方程为 $Y=0.9845X+5.5447$，R^2值为0.9920，EC_{50}为0.28μg/ml，增效系数（SR）为1.68。

表1 氟吡菌胺与烯酰吗啉不同配比对马铃薯晚疫病菌的室内毒力

药剂名称	毒力回归方程	相关系数（R）	EC_{50}（μg/ml）	SR
97%氟吡菌胺原药	$Y=0.9679X+5.4967$	0.9864	0.31	—
97%烯酰吗啉原药	$Y=0.9747X+5.2797$	0.9782	0.516	—
2%氟吡菌胺+40%烯酰吗啉	$Y=0.9371X+5.3433$	0.9855	0.43	1.16
4%氟吡菌胺+38%烯酰吗啉	$Y=0.9350X+5.4374$	0.9951	0.34	1.42
6%氟吡菌胺+36%烯酰吗啉	$Y=0.9845X+5.5447$	0.9920	0.28	1.68
8%氟吡菌胺+34%烯酰吗啉	$Y=1.0271X+5.4245$	0.9982	0.386	1.18
10%氟吡菌胺+32%烯酰吗啉	$Y=0.9247X+5.2219$	0.9783	0.58	0.77

3 结论与讨论

从室内毒力测定的结果来看，试验所设的7个处理对马铃薯晚疫病菌的菌丝生长均有一定的抑制作用。5个不同混配组合中以6%氟吡菌胺+36%烯酰吗啉混配组合的抑菌效果最为显著，EC_{50}值达到0.28μg/ml。另外，2%氟吡菌胺+40%烯酰吗啉、4%氟吡菌胺+38%烯酰吗啉、8%氟吡菌胺+34%烯酰吗啉、10%氟吡菌胺+32%烯酰吗啉4组混配组合的EC_{50}值分别为1.16μg/ml、1.42μg/ml、1.18μg/ml、0.77μg/ml，都表现出较好的抑菌效果。

由试验结果可知，6%氟吡菌胺+36%烯酰吗啉混配组合的EC_{50}值为0.28，增效系数（SR）最大，为1.68。因此选用6%氟吡菌胺+36%烯酰吗啉的混配组合是科学合理的。

本项研究结果表明，氟吡菌胺与烯酰吗啉混配后表现出明显的增效作用，因此可以降低应用成本，减少化学农药的使用量，有助于延缓病原菌抗药性的产生，延长化学杀菌剂的商品寿命。此外，本实验中的数据均为室内毒力测定结果，在大田的实际防治效果还需通过试验予以验证。

参考文献

[1] 杨雅伦，郭燕枝，孙君茂．我国马铃薯产业发展现状及未来展望［J］．中国农业科技导报，2017，19（1）：29-36.

[2] 吕佩珂，庞震，刘文珍，等．中国蔬菜病虫害原色图谱［M］．北京：华夏出版社，1993：4-5.

[3] 白晓红，赵蕊萍，雷新乐．大棚马铃薯晚疫病的发生及防治［J］．现代农村科技，2009，11（06）：34-38.

[4] LIU X L. Occurrence regularity and integrated control techniques of Potato Late Blight in Yulin［J］. Modern Agricultural Science and Technology，2011（4）：175-175.

[5] 黄彰欣，黄瑞平，郑仲，等．植物化学保护实验指导［M］．北京：农业出版社，1993：52-61.

冬储大白菜病虫害残余物种类及其对产品安全性的影响*

李　达[1**]　刘笑先[2]　田泽浩[1]　刘　勇[1***]

（1. 山东农业大学植物保护学院，2. 山东农业大学食品科学与工程学院，泰安　271018）

摘　要：大白菜是我国北部主要的冬储蔬菜，同时也是我国目前种植面积最大的蔬菜之一。本论文基于北方冬储大白菜的病虫残余物发生情况，开展了大白菜冬储期病虫残余物污染性调查和产品安全性评测，为大白菜的安全生产，也为我国的农业产品的质量安全监管提供一定的理论支持和决策性服务。通过量化不同种病虫残余物的风险值，构建了大白菜病虫残余物风险分析模型。由风险模型可知，大白菜病虫残余物对大白菜的品质存在不同程度的影响，其中大白菜软腐病病残体、大白菜黑斑病病残体、大白菜霜霉病病残体的风险值分别为0.68、1.26、0.24；蚜虫、菜青虫、小菜蛾残留物的风险值分别为：0.82、0.34、0.32。由以上数据初步可以得出，大白菜黑斑病病残体对储藏期大白菜品质影响最高。并提出了相应的应对措施。

关键词：大白菜；病虫残余物；模型构建；农产品安全性

为了适应城镇居民对农产品“鲜活、优质、营养和无病虫害”的消费要求，各地在生产中更加注重产品质量的提高，通过对农产品实行“从农田到餐桌”的全过程质量安全控制，特别是对生产环境、农药残留、重金属、加工以及市场化过程的监督和安全性评估，取得了明显成效[1-3]。

但是，对生物性危害因子特别是病虫残余物等的调查和安全性分析还缺乏相应研究。尤其是对我国北方冬季重要冬储蔬菜品种如大白菜，由于其收获期正值农田病虫害越冬，白菜棵是其理想的越冬场所[4]；白菜储藏场所温度往往偏高，有些越冬病虫害如蚜虫等可继续繁殖为害，留下粪便、分泌物等有害物质残留；白菜苞叶内也极易残存菜青虫及小菜蛾的粪便及病虫害残体等；更有一些病原菌会在窖藏白菜上继续为害。病虫残余物的存在及其对农产品安全性造成的为害的可能性会大大增加。白菜在收获及储藏过程中所可能携带的蚜虫、鳞翅目昆虫菜青虫、小菜蛾的粪便以及病害病残体等都可能会对产品安全性造成负面影响[5-7]。因此，开展冬储期大白菜病虫残余物污染性调查和安全性评测，可为食品安全监测及引领消费服务。

---

* 基金项目：农业部国家农产品质量安全风险评估重大专项（GJF201601301）

** 第一作者：李达，硕士生，从事植物保护领域病虫害残余物安全评测分析研究；E-mail：710178329@qq.com

*** 通信作者：刘勇；E-mail：liuyong@sdau.edu.cn

1 材料与方法

1.1 材料

试验所用大白菜植株于2015年7月在山东省济南市、青岛市、滨州市和泰安市分别种植。种植过程中未使用任何化学农药。品种为北京新四号。生长期为7—11月。采收后储存。

1.2 方法

1.2.1 大白菜储存期病虫残余物调查

对山东省4个地市采收的大白菜，冬季室温储存，温度10~22℃，每次调查样品数每点不少于30株。调查时间为2015年12月至2016年3月。每2周调查1次，每地调查次数不少于6次。

1.2.2 大白菜病虫害残余物风险分析模型的建立

通过分析储藏期病虫害残余物对大白菜食品质量安全的影响，筛选出了对大白菜品质影响程度的评价一级指标2个，然后通过分析影响各一级指标的主要因素，筛选确定二级指标；并根据各二级指标对一级指标的重要性，由国内外主要从事风险分析工作和食品质量安全鉴定工作的20位专家对各二级指标进行权重评估。为便于对二级指标的评判标准进行量化处理，按照风险极高、高、中、低4个级别进行划分[8]；然后研究分析各二级指标间的内在逻辑关系，确定数学关系式；最后，根据一级指标间的逻辑关系，设计大白菜病虫残余物风险值数学模型。

1.2.3 不同储存温度下大白菜病虫残余物对大白菜品质的影响

随机选取新采收大白菜30株，并对大白菜上的病虫残余物数量进行统计记录。每10棵为1组，重复3次。分别放置于5℃，15℃及25℃条件下储藏，基于感官检测，15天后观察大白菜品质情况[9]。

2 结果与分析

2.1 储藏期大白菜主要病虫害残余物种类

2.1.1 大白菜储藏期主要虫害残余物

冬储大白菜上发生数量最多的虫害残留物为蚜虫虫体及其蜕皮；菜青虫残体及粪便和小菜蛾残体及粪便也有一定量发生。从时间上看，随着储存时间的推移，越冬蚜虫及其蜕皮增加数量最多（表1）。

表1 储存期大白菜虫害残留物种类

调查次数	蚜虫		菜青虫		小菜蛾	
	虫体（头/百株）	蜕皮（个/百株）	残体（个/百株）	粪便（粒/百株）	残体（个/百株）	粪便（粒/百株）
1	180	60	3.3	5	1.4	2
2	240	130	4.6	15	2.4	3.5
3	270	800	4.6	17	3.6	5.5
4	640	4 000	5.2	19	8.2	8

（续表）

调查次数	蚜虫		菜青虫		小菜蛾	
	虫体（头/百株）	蜕皮（个/百株）	残体（个/百株）	粪便（粒/百株）	残体（个/百株）	粪便（粒/百株）
5	700	5 500	7.2	21	8.6	10.5
6	1 300	7 000	8.0	32	9.8	13.5

2.1.2　大白菜储藏期主要病害残余物种类

病害残留物主要有：黑斑病病残体、软腐病病残体和病毒病病残体等，而其中又以软腐病病残体数量最多。从时间上讲，随着储存时间的推移，病害残余物的数量上也有所增加，其中，又以大白菜软腐病扩散速度最快。以上病残体会在一定程度上危害大白菜质量安全，甚至威胁食用者健康（图 1）。

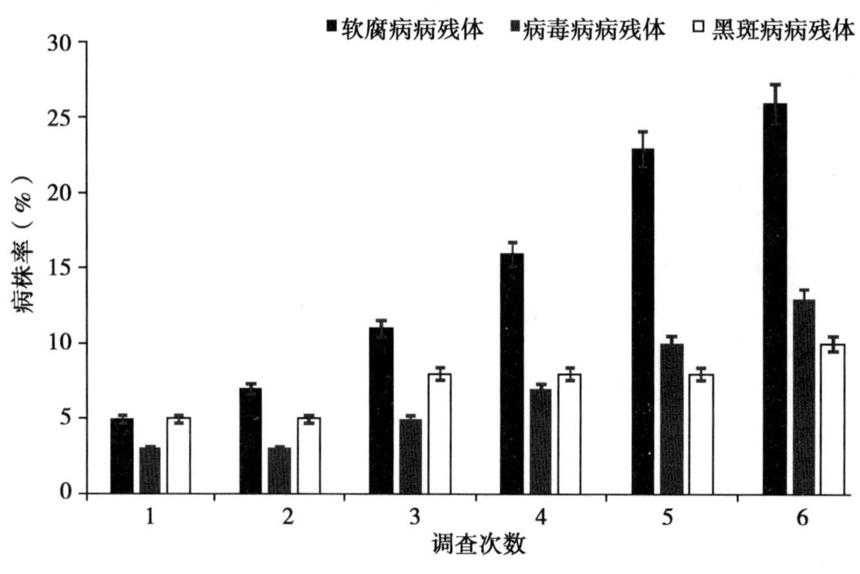

图 1　储存期大白菜病害残留物种类

2.2　主要病虫残余物对食品安全性的影响及其风险评测

2.2.1　大白菜病虫残余物风险评价指标筛选、评判标准与权重评估

两个一级指标即大白菜病虫残余物本身的因素 P_1 和大白菜病虫残余物带来的不利因素 P_2。其中，在一级指标大白菜病虫残余物本身的因素下，有发生部位 P_{11}、发现难度 P_{12} 和清理难度 P_{13} 共 3 个二级指标；在一级指标大白菜病虫残余物带来的不利因素下，有对经济价值的影响 P_{21}、对外观的影响 P_{22}、对口感的影响 P_{23}、对人体健康的威胁 P_{24} 共 4 个二级指标。对于病虫残余物风险按照风险极高、高、中、低 4 个级别进行划分，分别辅以 3.01~4.00、2.01~3.00、1.01~2.00 和 0.00~1.00 共 4 个赋值区间。经多位专家赋值的平均值即为该二级指标的评价值。经统计分析，确定大白菜病虫残余物本身的因素 P_1 指标下 3 个二级指标的权重分别为 0.2、0.3 和 0.5；大白菜病虫残余物带来的不利因素 P_2 指标下的 4 个二级指标的权重分别为 0.2、0.1、0.1 和 0.6（表 2）。

表 2 风险分析模型不同指标权重值

一级指标	二级指标	权重值
大白菜病虫残余物本身的因素 P_1	发生部位 P_{11}	0.2
	发现难度 P_{12}	0.3
	清理难度 P_{13}	0.5
大白菜病虫残余物带来的不利因素 P_2	对经济价值的影响 P_{21}	0.2
	对外观的影响 P_{22}	0.1
	对口感的影响 P_{23}	0.1
	对人体健康的威胁 P_{24}	0.6

2.2.2 风险分析模型的构建

通过分析各二级指标间的内在逻辑关系，认为一级指标评价值应由二级指标专家赋值和权重通过一定的数学关系式来确定。经分析，大白菜病虫残余物本身的因素 P_1 和大白菜病虫残余物带来的不利因素 P_2 指标下的各二级指标均能独立地对其上一级指标做出贡献。因此，确定各二级指标间的数学关系为迭加关系，它们的评价值之和，即为上一级指标的评价值。其数学公式为：$P=\sum P_i W_i / \sum W_i$

式中，P 为一级指标评价值，P_i 为二级指标的评价值，W_i 为二级指标权重。根据一级指标间的逻辑关系，设计数学模型计算大白菜病虫残余物风险综合评价值。由于 2 个一级指标大白菜病虫残余物本身的因素和大白菜病虫残余物带来的不利因素之间存在内在关联，共同对引种风险做出贡献。因此，二者的评价值之积的平方根即是大白菜病虫残余物风险值。其数学模型为：$R^2=P_1P_2$

式中，P_1 和 P_2 分别为 2 个一级指标的评价值，R 即为大白菜储藏期病虫残余物综合评价风险值。

综上所述，大白菜病虫残余物风险值计算模型为：

$$R^2=[(P_{11}*W_{11}+P_{12}*W_{12}+P_{13}*W_{13}\cdots+P_{1n}*W_{1n})/(W_{11}+W_{12}+W_{13}+\cdots+W_{1n})]*[(P_{21}*W_{21}+P_{22}*W_{22}+P_{23}*W_{23}\cdots+P_{2n}*W_{2n})/(W_{21}+W_{22}+W_{23}+\cdots+W_{2n})]$$

其中，P_{in} 为二级指标的评价值，W_{in} 为二级指标权重。

2.2.3 大白菜病虫残余物风险值

利用病虫残余物风险评价数学模型，计算大白菜软腐病病残体、大白菜黑斑病病残体、大白菜霜霉病病残体和蚜虫、菜青虫、小菜蛾的风险值分别为：0.68、1.26、0.24 和 0.82、0.34、0.32。初步确定大白菜黑斑病病残体为中等风险，而其他病虫残余物为低风险（图 2）。

2.2.4 不同储存温度下大白菜病虫残余物对大白菜品质的影响

根据良质白菜、次质白菜和劣质白菜的划分标准，不同温度处理下对大白菜品质的影响见图 3。

3 结论与讨论

冬储大白菜主要病害残留物有黑斑病病残体、软腐病病残体和病毒病病残体等，而其

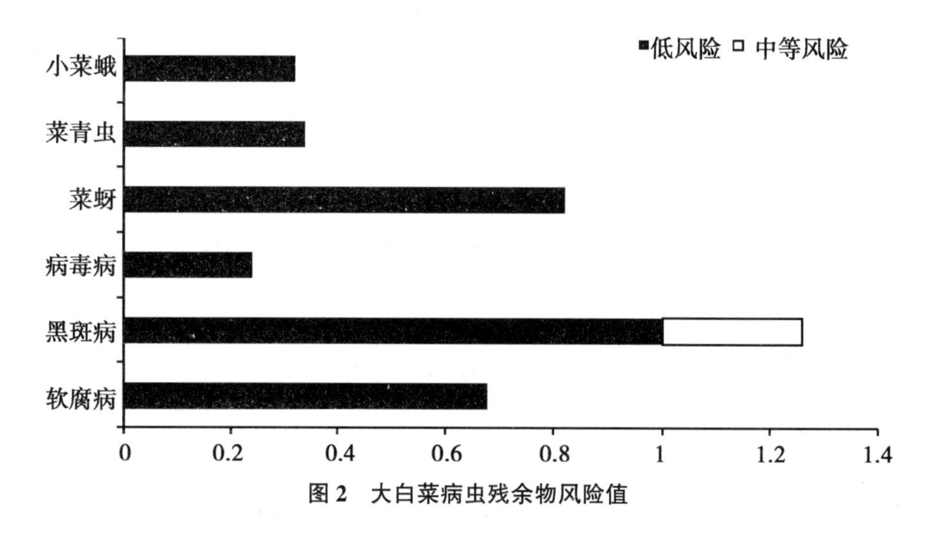

图 2　大白菜病虫残余物风险值

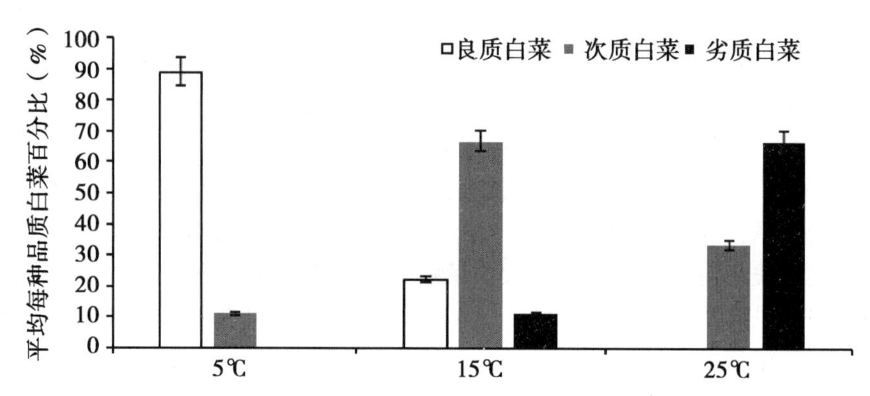

图 3　不同储存温度下病虫残余物对白菜品质的影响

中又以软腐病病残体数量最多；虫害残留物主要有蚜虫虫体、蜕皮和蜜露；菜青虫及小菜蛾残体和粪便。不同储存条件下大白菜病虫残余物对大白菜品质的影响有显著不同，5℃以上的温度病虫残余物对大白菜品质的影响较为严重，5℃以下的温度病虫残余物对大白菜品质的影响较轻。

利用病虫残余物风险评价数学模型，计算大白菜软腐病病残体、大白菜黑斑病病残体、大白菜煤污病病残体和蚜虫、菜青虫、小菜蛾的风险值分别为：0.68、1.26、0.24和0.82、0.34、0.32。大白菜黑斑病病残体为中等风险，而其他病虫残余物为低风险。

针对大白菜病虫害残余物对大白菜品质及食用者健康的风险隐患，提出以下几点建议：

（1）在采收，包装和储运过程中，避免人为和机械损伤，发现存在黑斑病及软腐病病残体的植株应及时剔除，发现存在其他病虫残余物的植株应彻底清理，避免影响后期的储藏和销售及储藏期病虫害的持续发展。

（2）对于购买的大白菜特别是有机大白菜要尽快食用；对于需要储存的大白菜，做到保持环境清洁，控制环境温湿度，减轻病虫残余物对白菜品质的影响，可以延长保鲜期。

（3）对感染黑斑病植株不要销售和食用；其他病虫残余物建议剔除感染及临近苞叶，仔细清洗。

参考文献

[1] Kumar V, Guleria P, Mehta SK. Nanosensors for food quality and safety assessment [J]. Environmental Chemistry Letters, 2017: 1-13.

[2] Bramlett MA, Harrison JA. Safe eats: an evaluation of the use of social media for food safety education [J]. Journal of Food Protection, 2012, 75 (8): 1453-1463.

[3] 平华，马智宏，王纪华，等．农产品的质量安全风险评估研究进展 [J]. 食品安全质量检测学报，2014，5（3）：647-680.

[4] 张凤兰，李建伟．我国大白菜生产现状及发展对策 [J]. 中国蔬菜，2011（3）：1-2.

[5] Ranjbarshamsi H, Najafabadi MO, Hosseini SJF. Factors influencing consumers attitudes toward organic agricultural products [J]. Journal of Agricultural & Food Information, 2016, 17 (2-3): 110-119.

[6] 付晓丽，丁玮，倪立同．秋白菜栽培及病虫害防治技术探究 [J]. 中国农业信息，2013（17）：100.

[7] 姜春敏，刘连喜，张国华，等．大白菜常见病虫害的发生与防治 [J]. 现代农业科技，2010（17）：184-185.

[8] 张晴晴，杨勤民，刘勇，等．山东省自荷兰引进植物种苗有害生物数据采集与风险分析 [J]. 山东农业大学学报（自然科学版），2015（06）：822-826.

[9] 周旭．保卫餐桌：食品安全鉴别手册 [M]. 北京：科学技术文献出版社，2009.

桃炭疽病菌对 DMI 杀菌剂的敏感性

陈淑宁[1*]　罗朝喜[2]　袁会珠[1**]

（1. 中国农业科学院植物保护研究所，北京　100193；2. 华中农业大学，武汉　430070）

摘　要：近几十年内，桃炭疽病在美国，尤其是其东南部地区，造成了越来越重的经济损失。2012 年、2013 年夏季，在美国南卡来罗纳州，桃炭疽造成了 50%以上的采后果实损害。在我国，该病也对江淮流域桃产区造成严重危害。现已上升成为了桃树的主要病害之一。

目前生产上能有效防控桃炭疽病的杀菌剂有限，随着桃炭疽抗性菌株越来越多地出现，寻找新的、高效的杀菌剂显得尤为重要。本试验从美国南卡罗来纳州和佐治亚州的商用桃园中采集了 *Colletotrichum acutatum* 复合种菌株，整合分析其 ITS、甘油醛-3-磷酸脱氢酶（*G3PDH*）、β-微管蛋白（*TUB2*）基因序列，将这些复合种菌株细分成了 *Colletotrichum nymphaeae* 和 *Colletotrichum fioriniae* 两个种。接着调查了这两个种，和另外 3 个采集自美国东南部地区的桃炭疽种（*Colletotrichum fructicola*，*Colletotrichum siamense* 和 *Colletotrichum truncatum*），对包括苯醚甲环唑，丙环唑，戊唑醇，叶菌唑，粉唑醇和腈苯唑在内的 6 种 DMI 类杀菌剂的敏感性。结果显示，*C. truncatum* 对戊唑醇，叶菌唑，粉唑醇和腈苯唑产生了抗性，*C. nymphaeae* 对粉唑醇和腈苯唑产生了抗性。*C. fructicola* 和 *C. siamense* 对所有的 6 种 DMI 类杀菌剂均敏感（EC_{50} 值分别为 0.2～13.1 μg/ml）。*C. fioriniae* 中的一个分支（命名为 *C. fioriniae*-subgroup 2）整体上比另一个分支（命名为 *C. fioriniae*-subgroup 1）对以上杀菌剂较为不敏感，其 EC_{50} 值分别为 0.5～6.2 μg/ml 及 0.03～2.1 μg/ml。对所有测定的 5 个种来说，苯醚甲环唑和丙环唑都具有最好的防效（EC_{50} 值为 0.2～2.7 μg/ml），戊唑醇和叶菌唑对除了 *C. truncatum* 以外，别的种有较好的防效。试验表明，苯醚甲环唑和丙环唑应作为防治桃炭疽病的首选 DMI 类杀菌剂。

关键词：桃炭疽病；抗药性；DMI 杀菌剂

---

* 第一作者：陈淑宁，博士后，研究方向为杀菌剂抗药性分子机理；E-mail：shuningchen89@gmail.com

** 通信作者：袁会珠，研究员，研究方向为农药使用技术

葡萄灰霉病菌对腐霉利、嘧霉胺和乙霉威的抗性检测*

徐　杰** 　张俊祥***

（中国农业科学院果树研究所，兴城　125100）

摘　要：葡萄灰霉病俗称“烂花穗”，病原菌为灰葡萄孢霉菌（*Botrytis cinerea*），它为害葡萄的花穗、果实、叶片和新梢，是我国南方露地和北方保护地葡萄生产中最为严重的病害之一。同时，葡萄灰霉病也是一种贮藏期病害，一旦发生会造成果实变质、腐烂，致使果实丧失商品性。目前对葡萄灰霉病的防治主要依靠化学药剂，国内外很多研究表明一些药剂对病菌的防治效果下降。因此，本研究定性检测了120株葡萄灰霉菌株对腐霉利、嘧霉胺和乙霉威的抗药性，为其防治提供依据和指导。试验采用菌丝生长法和区分剂量法检测120株采自3种不同葡萄产地的葡萄灰霉菌株。结果表明：葡萄灰霉菌对腐霉利的抗药性频率达到了14%；葡萄灰霉菌对嘧霉胺的最高抗性频率高达60%，且以高抗和中抗菌株为主，其中高抗菌株频率达到40%；120个供试菌株对乙霉威的抗药性频率为20%。因此，在生产上，应对当地葡萄灰霉菌抗药性进行监测，指导科学用药，避免单一药剂的长期使用，不同作用机理的杀菌剂交替使用，避免病原菌抗药性和耐药性的产生。

关键词：葡萄灰霉病菌；抗药性；腐霉利；嘧霉胺；乙霉威

---

* 基金项目：国家自然科学基金青年科学基金项目（31501596）；中央级公益性科研院所基本科研业务费专项（1610182016002）；中国农业科学院科技创新工程

** 第一作者：徐杰，女，硕士研究生，主要从事植物病原真菌抗性机制研究

*** 通信作者：张俊祥；E-mail：zhangjunxiang@ caas. cn

颉颃香蕉枯萎病菌的芽孢杆菌 H51 的鉴定及其对作物生长的促进作用*

郭立佳** 黄俊生***

（中国热带农业科学院 环境与植物保护研究所，海口 571101）

摘 要：芽孢杆菌 H51 是从香蕉根系分离的菌株。采用平板对峙培养法测定了其对香蕉枯萎病菌（*Fusarium oxysporum* f. sp. *cubense*）1 号和 4 号小种菌株生长的影响，发现 H51 菌株对香蕉枯萎病菌 2 个小种菌株均有较强的抑制效果，同时发现其对禾谷镰刀菌（*F. graminearum*）、尖孢镰刀菌棉花专化型（*F. oxysporum* f. sp. *vasinfectum*）、十字花科专化型（*F. oxysporum* f. sp. *conglutinans*）、豌豆专化型（*F. oxysporum* f. sp. *pisi*）、番茄专化型（*F. oxysporum* f. sp. *lycopersici*）、胡萝卜专化型（*F. oxysporum* f. sp. *raphani*）、番茄颈腐根腐专化型（*F. oxysporum* f. sp. *radicis-lycopersici*）、轮状镰刀菌（*F. verticillioides*）等具有较强的抑制作用。该菌株革兰氏染色阳性，细胞呈长杆状，排列成线状，芽孢圆形；可水解淀粉、明胶和纤维素；在含 5%～10%的氯化钠培养液中均可正常生长；VP 实验反应阳性，但甲基红（MR）染色、硝酸盐还原试验和柠檬酸盐利用试验结果均为阴性。测定其 16s rRNA 和 *gyb* 等基因序列，并进行系统发育分析，发现其与解淀粉芽孢杆菌（*Bacillus amyloliquefaciens* Fzb42）在系统发育关系上较近。香蕉盆栽实验结果表明，施用 H51 菌株，香蕉枯萎病平均防效达 72.1%。与对照相比，施用 H51 菌株的香蕉株高、茎粗、地上部分鲜重和叶面积显著增加。同时，施用 H51 菌株的玉米植株平均茎粗、株高和地上部分鲜重也显著高于对照处理，表明 H51 可促进香蕉、玉米等作物的生长。此外，该菌株可将难溶的无机磷水解为可溶的有效磷，并可产生吲哚乙酸。采用二代测序技术对该菌株的全基因组进行重测序，结果显示，其基因组大小为 3.87Mbp，GC 含量为 46.47%，预测编码 3 778 个蛋白基因。基因组中包含多个抗真菌抗生素基因簇，包括丰源菌素（Fengycin）、伊枯草菌素（IturinA）、芽孢菌霉素（Bacillomycin）、抗霉枯草菌素（Mycosubtilin）、表面活性素（Surfactin）等。这些研究结果表明解淀粉芽孢杆菌 H51 菌株具有良好的生防应用前景。

关键词：芽孢杆菌；颉颃；抗生素；基因组；促生长

---

* 基金项目：海南省农业厅 2016 年农业外来入侵有害生物防治项目（琼财农〔2016〕1347 号）；农业部农作物病虫鼠害疫情监测与防治项目

** 第一作者：郭立佳，从事热带作物病理学研究；E-mail：heartone@126.com

*** 通信作者：黄俊生；E-mail：h888111@126.com

戊唑醇与咪鲜胺混剂抑制香蕉黑星病菌增效作用的研究*

贺春萍** 李 锐 梁艳琼 吴伟怀 郑金龙 黄 兴 习金根 易克贤***
(中国热带农业科学院环境与植物保护研究所，农业部热带农林有害生物入侵检测与控制重点开放实验室，海南省热带农业有害生物检测监控重点实验室，海口 571101)

摘 要：香蕉黑星病（*Macrophoma musae*）是影响香蕉品质的主要病害之一，是香蕉上的重要病害，在我国香蕉产区分布普遍。目前用于防治该病的农药百菌清、腈菌唑、甲基托布津等长期使用易诱发病菌产生抗药性，为更好防治香蕉黑星病，筛选出对香蕉黑星病具有增效作用的咪鲜胺与戊唑醇的混配组合，通过菌落生长速率法对香蕉黑星病进行复配药剂配方的筛选，以期为该病害的大田防治提供参考。结果表明：戊唑醇与咪鲜胺原药（质量比分别为 1∶1、1∶2、1∶3、1∶6）复配的共毒系数（CTC）分别为 123.1、713.5、252.3 和 671.0，EC_{50} 值分别为 0.4806g/ml、0.0778g/ml、0.2113g/ml 和 0.0764g/ml，4 个配比均表现增效作用。综合增效作用和经济效果两方面考虑，戊唑醇与咪鲜胺 1∶2 配比最佳。

关键词：戊唑醇；咪鲜胺；香蕉黑星病；毒力；增效作用

---

* 基金项目：现代农业产业技术体系建设专项（CARS-34-BC1）

** 第一作者：贺春萍，女，硕士，研究员，研究方向：植物病理学；E-mail：hechunppp@163.com

*** 通信作者：易克贤，男，博士，研究员，研究方向：植物病理学；E-mail：yikexian@126.com

农业废弃物药肥防治香蕉根结线虫病田间试验*

刘志明[1**]　黄金玲[1]　张　禹[1]　陆秀红[1]　李秋捷[2]　杨尚瑧[1]

（1. 广西农业科学院植物保护研究所，南宁　530007；

2. 广西大学农学院，南宁　530005）

摘　要：香蕉根结线虫病是香蕉的重要病害，近年来在南方香蕉产区普遍发生，造成产量损失达10%～20%，严重的达50%以上。生产上防治香蕉根结线虫病以化学防治为主，长期使用化学农药导致线虫抗药性增强，用药量越来越大，成为香蕉生产迫切需要解决的问题之一。为了减少农药使用，利用农业废弃物有机肥改良根际环境，增强植株抗耐病能力，有效控制香蕉根结线虫病的发生为害。本项目在前期开展甘蔗叶渣、蘑菇渣、玉米秸秆、麸肥等农业废弃物肥化处理、对根结线虫的抑制作用、农业废弃物菌肥和药肥的配方筛选等研究基础上，选择其中对线虫防效较好的药肥配方在广西合浦香蕉生产基地做进一步的田间试验。

试验设5个处理：分别是废弃物肥（300kg/亩）、废弃物药肥1（300kg/亩）、废弃物药肥2（300kg/亩）、对照药阿维菌素1.8%乳油（600ml/亩）和空白对照。试验结果表明，各处理对香蕉根结线虫的平均虫口防效由高到低依次是：阿维菌素为81.22%、废弃物药肥2为78.00%、废弃物药肥1为74.89%、废弃物肥为66.76%。平均根结防效依次是：废弃物药肥2为74.08%、阿维菌素为73.39%、废弃物药肥1为70.90%、废弃物肥为53.82%。香蕉增产率依次是：废弃物药肥2为13.95%、废弃物药肥1为13.21%、废弃物肥为12.23%、阿维菌素为6.98%。本试验所用废弃物药肥中，农药用量均比常规用量少，不同配方药量减少的比例各有不同。综上结果，试验各处理对香蕉根结线虫病均有一定防效，废弃物药肥处理对香蕉增产率较单用阿维菌素处理高。

关键词：农业废弃物药肥；香蕉根结线虫病；田间防治

* 基金项目：广西攻关（桂科攻1598006-5-11）；广西农科院基金（桂农科2015YT43，2015YM17）

** 第一作者：刘志明，主要从事植物线虫病害综合防治技术研究；E-mail：liu0172@126.com

13 种杀菌剂对芒果炭疽病菌的毒力测定及田间防效*

陈　文[1**]　谭清群[1]　黄　海[2]　陈小均[1]　杨学辉[1***]
（1. 贵州省植物保护研究所，贵阳　550006；
2. 贵州省亚热带作物研究所，兴义　562400）

摘　要：由胶孢炭疽菌（*Colletotrichum gloeosporioides*）引起的炭疽病近年来在贵州芒果园发生普遍、危害极重，为了解芒果炭疽病菌对不同杀菌剂的敏感性及田间防治效果，为芒果炭疽病的防治提供技术支撑。采用生长速率法测定了 13 种杀菌剂对贵州芒果炭疽病菌的毒力，于田间芒果幼果期进行防治，1 次药后 13 天调查病情，计算防效及进行防治效果差异显著性分析。结果表明：13 种杀菌剂对芒果炭疽病菌的毒力存在明显差异且均具有一定田间防效。其中，43%咪鲜胺 EW 对芒果炭疽病菌菌丝生长抑制作用表现最好，平均 EC_{50}为 0. 002mg/L，其他杀菌剂抑制效果由高至低依次为 250g/L 吡唑醚菌酯 EC、50%氟啶胺 SC、50%多菌灵 WP、12. 5%氟环唑 SC、40%腈菌唑 SC、250g/L 嘧菌酯 SC、70%甲基硫菌灵 WP、10%多抗霉素 WP、30%肟菌酯 SC、70%代森锰锌 WP、1%申嗪霉素 SC 和 75%百菌清 WP，平均 EC_{50}分别为：0. 092mg/L、0. 153mg/L、0. 260mg/L、0. 281mg/L、 2. 424mg/L、 2. 809mg/L、 3. 325mg/L、 15. 614mg/L、 15. 820mg/L、36. 471mg/L、68. 033mg/L 和 263. 678mg/L；田间防治结果表明：43%咪鲜胺 EW 有效成分用量 322. 50g/hm²（简写为 322. 50g/hm²，以下相同）对芒果炭疽病田间防治效果最好，防效为 65. 57%，其次依次为 250g/L 吡唑醚菌酯 EC（187. 50g/hm²）、50%多菌灵 WP（375. 00g/hm²）、12. 5%氟环唑 SC（46. 86g/hm²）、250g/L 嘧菌酯 SC（150. 00g/hm²）、50%氟啶胺 SC（247. 50g/hm²）、70%甲基硫菌灵 WP（525. 00g/hm²）、40%腈菌唑 SC（75. 00g/hm²）、10%多抗霉素 WP（75. 00g/hm²）、70%代森锰锌 WP（1 500. 00g/hm²）、30%肟菌酯 SC（168. 75g/hm²）、1%申嗪霉素 SC（7. 50g/hm²）和 75%百菌清 WP（2 812. 50 g/hm²），防效分别为：63. 50%、63. 50%、60. 99%、59. 69%、59. 52%、58. 61%、57. 57%、52. 87%、50. 25%、50. 08%、49. 94%、49. 22%和 47. 22%。室内毒力测定及田间防治均表明 43%咪鲜胺 EW 有效成分用量 322. 50g/hm2、250g/L 吡唑醚菌酯 EC（187. 50g/hm²）、50%多菌灵 WP（375. 00g/hm²）、12. 5%氟环唑 SC（46. 86g/hm²）、250g/L 嘧菌酯 SC（150. 00g/hm²）、50%氟啶胺 SC（247. 50g/hm²）和 70%甲基硫菌灵 WP（525. 00g/hm²）对芒果炭疽病菌具有较好抑制和田间防治效果，且各药剂间防效无显著差异，可作为生产上芒果炭疽病防治药剂。

关键词：芒果；炭疽病菌；杀菌剂；毒力测定；田间防效

---

* 基金项目：贵州省科研机构服务企业行动计划（项目编号：黔科合服企〔2015〕4012 号）

** 第一作者：陈文，男，助理研究员，从事植物病害研究；E-mail：cw0708@ 163. com

*** 通信作者：杨学辉，女，研究员，从事植物病害研究；E-mail：yxuehui66@ 163. com

茶叶斑点病的药剂筛选及田间防治技术初步研究*

赵晓珍[1,2]** 段长流[3] 李冬雪[1] 包兴涛[1] 李向阳[1]
任亚峰[1] 杨 松[1] 胡德禹[1] 陈 卓[1]***
（1. 贵州大学绿色农药与农业生物工程国家重点实验室培育基地，贵阳 550025；
2. 贵州省果树科学研究所，贵阳 550006；3. 石阡县茶叶管理局，石阡 558000）

摘 要：由茎点霉（*Phoma* sp.）引起的茶叶斑点病多发于贵州省石阡县低温、高湿、高海拔茶区。该病害主要侵染茶树嫩芽及嫩叶，会导致茶叶的品质和产量严重下降。2016 年，贵州省石阡县茶园受倒春寒的影响，大面积发生茶叶斑点病。由于缺乏安全、高效和经济的防控措施，石阡县高海拔茶区春茶产量受严重影响。本研究针对病原菌—*Phoma* sp.，采用菌丝生长速率法测定了 1%申嗪霉素悬浮剂（SC）、10%多抗霉素可湿性粉剂（WP）、5%氨基寡糖素水剂（AS）、95%嘧菌酯原药、97%戊唑醇原药 5 种杀菌剂的抑菌活性。结果表明：申嗪霉素的抑菌活性最好，其 EC_{50}值为 0.74μg/ml；其次为嘧菌酯，EC_{50}值为 1.61μg/ml；戊唑醇、多抗霉素和氨基寡糖的 EC_{50} 值分别为 2.25μg/ml、52.96μg/ml 和 390.34μg/ml。基于长效和速效的结合、化学农药与生物农药的协同，将化学农药与生物农药进行 1∶1 混合，并测定其生物活性。结果表明：95%嘧菌酯∶1%申嗪霉素 SC、97%戊唑醇∶1%申嗪霉素 SC、10%多抗霉素 WP∶1%申嗪霉素 SC、95%嘧菌酯∶5%氨基寡糖素 AS、5%氨基寡糖素 AS∶1%申嗪霉素 SC、97%戊唑醇∶5%氨基寡糖素 AS、10%多抗霉素 WP∶5%氨基寡糖素 AS 的 EC_{50} 值为 0.61μg/ml、0.67μg/ml、1.11μg/ml、1.42μg/ml、1.47μg/ml、5.01μg/ml 和 177.43μg/ml。在此基础上，将 5%氨基寡糖素 AS、1%申嗪霉素 SC、10%多抗霉素 WP 等进行桶混，施药 3 次，每次间隔 10 天，3 次施药后 10 天进行田间调查。结果表明：5%氨基寡糖素 AS∶20%嘧菌酯 SC∶1%申嗪霉素 SC 药后病情指数为 9.52，相对防效为 86.48%。本研究为 *Phoma* sp. 所致茶叶斑点病的田间防控提供了技术参考。

关键词：茶叶斑点病；防控；抑菌活性

致谢：感谢贵州大学宋宝安院士对项目的整体设计与指导

---

* 基金项目：贵州省科技重大专项［黔科合重大专项（2012）6012 号］；贵州省优秀科技青年人才培养计划项目（201341）

** 第一作者：赵晓珍，硕士研究生，研究方向为植物病害研究；E-mail：xzzhao@ aliyun. com

*** 通信作者：陈卓，教授；E-mail：gychenzhuo@ aliyun. com

微生物杀菌剂防治两种中药材苗期立枯病的效果评价*

贾海民** 鹿秀云 李耀发***

（河北省农林科学院植物保护研究所，河北省农业有害生物综合防治工程技术研究中心，农业部华北北部作物有害生物综合治重点实验室，保定 071000）

摘　要：半夏［*Pinellia ternate*（Thunb.）Breit.］和白术（*Atractylodes macrocephala* Koidz.）是河北省两种重要的道地中药材，具有较高的药用价值和经济效益。近年来，由于药农栽培管理技术和苗期病害防治措施不到位，造成在半夏和白术幼苗期发生严重的死苗和弱苗现象，导致半夏和白术商品产量大幅降低，品质下降，制约了两种中药材的生产。笔者前期调查研究发现，造成半夏和白术死苗的病害主要是立枯丝核菌（*Rhizoctonia solanisolani* Kuhn）引起的立枯病。目前没有防治该病害的特效化学药剂，病害发生后，常造成点片死苗及快速蔓延危害，药农不得不频繁使用常规化学杀菌剂进行防治，造成了药材产品农药残留超标。为有效控制该病的危害，笔者分别于河北省博野县和安国市开展了利用微生物杀菌剂“10亿活芽孢/g枯草芽孢杆菌可湿性粉剂”防治半夏和白术苗期立枯病的田间防效评价试验。

在半夏和白术三叶一心期（2017年5月下旬），将微生物杀菌剂“10亿活芽孢/g枯草芽孢杆菌可湿性粉剂”用水稀释后，随浇水匀速冲施。每亩用药2kg，整个生育期用药一次。设置未冲施微生物杀菌剂的等量浇水为空白对照。当空白对照区立枯病发生较重时进行调查。调查单位面积健康植株数量，随机测量单位面积内100株植株的株高，用于计算保苗效果和生物量提高率，以保苗率和生物量提高率来代表防治效果。调查时间为7月28日。微生物杀菌剂“10亿活芽孢/g枯草芽孢杆菌可湿性粉剂”防治白术立枯病试验结果表明，处理具有很好的保苗效果，保苗率比对照平均增加32.53%，处理地上部分生物量比对照提高72.2%。微生物杀菌剂“10亿活芽孢/g枯草芽孢杆菌可湿性粉剂”防治半夏立枯病试验结果表明，处理田苗数明显多于对照田，保苗率平均提高58.23%。

本试验结果表明，微生物杀菌剂“10亿活芽孢/g枯草芽孢杆菌可湿性粉剂”对白术和半夏苗期立枯病具有良好的预防效果，可显著提高处理植株的苗率和地上部分生物量。

关键词：半夏；白术；苗病；枯草芽孢杆菌；生物防治

---

* 基金项目：河北省财政项目：河北道地药材安全生产、质量控制关键技术研究与示范（项目编号：F17R06）

** 第一作者：贾海民，男，研究员，研究方向：中药材害虫综合治理；E-mail：jiahaimin168@163.com

*** 通信作者：李耀发，男，副研究员，研究方向：害虫综合治理；E-mail：liyaofa@126.com

种衣剂包衣对小麦穗期蚜虫的防治效果*

祁　凯[1**]　王　恒[2]　马立国[1]　张悦丽[1]　张　博[1]　李长松[1]　齐军山[1***]

(1. 山东省农业科学院植物保护研究所/山东省植物病毒学重点实验室，济南　250100；
2. 山东师范大学生命科学学院，济南　250014)

摘　要：蚜虫是小麦生产上最重要的害虫，对小麦生产危害极大。生产上常以喷雾防治。由于蚜虫繁殖快、世代多、易产生抗药性，导致用药次数多。种衣剂包衣种子防治病虫害是最经济有效的方法。种子包衣等隐蔽施药技术不仅节省人工，还可避免喷雾导致的误杀天敌、农药飘散等不足。

本研究选取5种种衣剂，研究了其秋播期种子包衣对小麦穗期蚜虫的防治效果。品种为济麦22。小区面积26m^2，随机区组排列，重复4次。2016年10月10日播种，调查出苗率、分蘖。于2017年5月18日调查，小区5点取样，每点调查20株，调查全株活蚜虫数。计算百株虫口数和防治效果。这5种种衣剂对小麦穗期蚜虫的防治效果依次为：23%吡虫啉·咯菌腈·苯醚甲环唑悬浮种衣剂500ml/100kg种子的防效为89.21%，31.9%吡虫啉·戊唑醇悬浮种衣剂500ml/100kg种子的防效为86.44%，21%吡虫啉·戊唑醇悬浮种衣剂500ml/100kg种子的防效为81.15%，27%噻虫嗪·咯菌腈·苯醚甲环唑悬浮种衣剂300ml/100kg种子的防效为77.51%，23%吡虫啉·咯菌腈·苯醚甲环唑300ml/100kg种子的防效为77.05%。由以上结果看出，吡虫啉、噻虫嗪包衣对小麦蚜虫的控制直到穗期仍有较好的效果。考虑到上述种衣剂中的杀菌剂对土传病害也有控制作用，建议用上述种衣剂包衣防治小麦病虫害。

关键词：种衣剂；包衣；蚜虫

---

* 基金项目：山东省现代农业产业技术体系小麦创新团队（SDAIT-01-10）；山东省重点研发计划（2016ZDJS08A02）；山东省农业重大应用技术创新项目“基于生物防治的粮食作物病虫害安全防控技术模式研究与示范”；国家重点研发计划（2016YFD0300705）；山东省农业科学院农业科技创新工程（CXGC2016B12）

** 第一作者：祁凯，男，助理研究员，研究方向：植物保护

*** 通信作者：齐军山；E-mail：qi999@163.com

噻虫胺等药剂对暗黑鳃金龟幼虫的致毒作用和对花生苗期保护效果的研究*

渠　成** 赵海朋 祝国栋 纪桂霞 薛　明***

（山东农业大学植物保护学院昆虫系，泰安 271018）

摘　要：蛴螬是世界范围内为害多种农作物的重要地下害虫。中国是主要的花生生产大国，蛴螬发生为害严重。暗黑鳃金龟幼虫是山东花生产区地下害虫的优势种，对花生生产威胁大。目前防治花生蛴螬主要使用有机磷类药剂和氨基甲酸酯类药剂，因长期使用，防治效果下降，亟须筛选高效替代药剂。新烟碱类为新型仿生杀虫剂，其作用方式独特，对人、畜安全，环境友好，主要用于防治小型刺吸式口器害虫。本研究系统比较了新烟碱类杀虫剂和对比药剂对暗黑鳃金龟幼虫的杀虫作用方式，并采用盆栽和田间药效试验，测定和评价了新烟碱类等药剂对暗黑鳃金龟幼虫的杀虫保苗效果。

丁硫克百威对暗黑鳃金龟幼虫的触杀毒力最高，LC_{50}为12.033mg/L，氟虫腈触杀毒力最低，LC_{50}为139.696mg/L；6种药剂触杀毒力大小依次为丁硫克百威 > 辛硫磷 > 噻虫胺 > 噻虫嗪 > 吡虫啉 > 氟虫腈。辛硫磷的胃毒毒力最高，LC_{50}为20.684mg/L，氟虫腈胃毒毒力最低，LC_{50}为327.488mg/L；6种药剂胃毒毒力大小依次为辛硫磷 > 噻虫胺 > 丁硫克百威 > 噻虫嗪 > 吡虫啉 > 氟虫腈。取食抑食性试验表明，新烟碱类药剂抑食作用显著高于其他类型药剂，各处理取食抑制率在78.15%~96.95%，其中噻虫胺抑食作用最强，取食抑制率均在89%以上。新烟碱类药剂噻虫胺的内吸杀虫毒力最高，氟虫腈内吸杀虫毒力最低；5种药剂内吸毒力大小依次为噻虫胺（77.822mg/L）> 噻虫嗪（145.112mg/L）> 吡虫啉（154.081mg/L）> 丁硫克百威（362.930mg/L）> 氟虫腈（2 217.626mg/L）。同时，噻虫胺、噻虫嗪和吡虫啉具有很强的内吸保苗效果，各处理花生幼苗的被害株率和被害指数均显著低于对照药剂辛硫磷和清水对照处理，其中以噻虫胺60g/亩处理的内吸保苗效果最好。盆栽试验表明，噻虫胺、噻虫嗪和吡虫啉的处理，其幼虫死亡率虽然低于辛硫磷的处理，但对花生的保苗效果却优于辛硫磷；其中噻虫胺30g/亩处理的保苗效果最好，被害指数仅为5%。田间药剂拌种试验表明，噻虫胺24g/10kg种子处理对蛴螬的防效最高，达84.16%，其次为噻虫嗪24g/10kg种子处理，防效为69.23%，吡虫啉24g/10kg种子和毒死蜱60g/10kg种子处理防效最低，分别为52.02%和50.87%。

新烟碱类药剂噻虫胺对暗黑鳃金龟幼虫具有较强的触杀、胃毒活性，还具有卓越的内吸杀虫活性，并能很好的保护花生免受蛴螬的为害，在花生生产上应大力推广。

关键词：新烟碱类药剂；暗黑鳃金龟；作用方式；保苗效果

---

* 基金项目：山东省现代农业产业技术体系花生创新团队建设（SDAIT-04-08）

** 第一作者：渠成，男，硕士研究生，研究方向为昆虫生态与害虫综合治理；E-mail：abcdef98765432@sina.com

*** 通信作者：薛明；E-mail：xueming@sdau.edu.cn

常用杀虫剂对宁夏温室番茄烟粉虱成虫的毒力测定*

高　凯** 贾彦霞　王新谱*** 洪　波***

（宁夏大学农学院，银川　750021）

摘　要：烟粉虱是设施蔬菜上的重要害虫之一，给广大的农户造成了严重的经济损失。近几年，烟粉虱在宁夏部分地区发生为害严重。为了合理有效的防治烟粉虱，本文采用琼脂保湿浸叶法测定了7种常用杀虫剂对宁夏地区温室番茄烟粉虱成虫的毒力。研究结果表明，7种供试药剂48h对烟粉虱成虫的毒力以阿维菌素为最高，LC_{50}为0.16mg/L。其次为噻虫胺和苦参碱，LC_{50}分别为5.47mg/L和6.69mg/L。再次为吡蚜酮和螺虫乙酯，LC_{50}分别为9.47mg/L和12.26mg/L。而吡虫啉的毒力相对较低，LC_{50}为51.94mg/L。毒力最低的为噻嗪酮，LC_{50}为1279.65mg/L。因此，阿维菌素是目前防治宁夏地区温室烟粉虱的首选药剂，但要注意合理使用。而噻虫胺、苦参碱、吡蚜酮和螺虫乙酯可以作为防治烟粉虱成虫的备选药剂。

关键词：烟粉虱；阿维菌素；噻虫胺；毒力

---

* 基金项目：宁夏“十三五”重点研发计划重大项目（2016BZ0903）

** 第一作者：高凯，研究方向：农业昆虫与害虫防治；E-mail：821159869@qq.com

*** 通信作者：王新谱；E-mail：meloidae@126.com

洪波；E-mail：498487577@qq.com

辛硫磷对 Cry1Ca 防治甜菜夜蛾的毒力增效作用*

李　倩** 　任相亮　胡红岩　姜伟丽　马亚杰　马　艳***
（中国农业科学院棉花研究所/棉花生物学国家重点实验室，安阳　455000）

摘　要：甜菜夜蛾（*Spodoptera exigua*）是一种世界性分布的多食性害虫，其寄主种类多达 170 种，对田间作物危害严重，生产中主要依赖化学防治，并且已经发现其对多种化学杀虫剂及生物农药如苏云金芽孢杆菌产生了不同程度的抗性。将农药进行科学合理的复配并应用是解决其抗性问题的途径，不仅能提高药效、延缓抗性、扩大防治谱，而且还可降低成本及减少化学农药使用时的毒性、药害和残留。本实验通过药膜法研究辛硫磷与 Cry1Ca 混用对甜菜夜蛾的毒杀效果及增效作用，以期为有效防治甜菜夜蛾和延缓其抗药性提供理论依据。

试验采用人工饲料药膜法进行室内生测，所选药剂为辛硫磷和 Cry1Ca。具体方法为，在预备试验基础上将浓度为 4210.53ng/cm^{2}辛硫磷农药单剂按照 1.5 倍梯度进行稀释，共配制 7 个浓度，然后将稀释药剂均匀涂布到底部平铺甜菜夜蛾人工饲料的 24 孔培养板表面，之后挑选 2 龄甜菜夜蛾幼虫饥饿 4h 后，接入 24 孔板，每个处理设 2 次重复，共计处理 48 头虫，药后 1~3 天调查试虫的死亡率；同时将配制浓度为 316.00ng/cm^{2}的 Cry1Ca 依次以 2 倍梯度进行稀释，共配制 5 个浓度，每个处理也设 2 次重复，共计 48 头虫，调查每个处理药后 1~7 天试虫的死亡率；最后统计分析得到辛硫磷、Cry1Ca 单剂对 2 龄甜菜夜蛾的毒力回归方程和亚致死剂量。将亚致死剂量的辛硫磷（526.32ng/cm^2）与 Cry1Ca（110.00ng/cm^2）混配喂食 2 龄甜菜夜蛾幼虫，调查统计其药后 3 天和 5 天死亡率和幼虫体重；并于 5 天后将试虫转至正常人工饲料饲养直至化蛹，调查统计 2~5 龄幼虫发育期及化蛹率。

结果表明：药后 3 天，辛硫磷和 Cry1Ca 单剂对甜菜夜蛾的致死率分别为 34.72%和 0.00%，而辛硫磷与 Cry1Ca 复配对甜菜夜蛾的致死率提高到 46.30%，增效系数为 3.86；药后 5 天，辛硫磷和 Cry1Ca 单剂对甜菜夜蛾的致死率分别为 52.00%和 16.90%，复配药剂对甜菜夜蛾的致死率提高到 91.90%，增效系数为 16.80。与空白对照相比，辛硫磷和 Cry1Ca 单剂饲喂甜菜夜蛾后，致使 2~5 龄幼虫期延长，分别达到 10 天和 8 天，比空白对照分别延长了 4 天和 2 天；同样，与两个单剂相比，甜菜夜蛾取食辛硫磷与 Cry1Ca 复配药剂后，2~5 龄幼虫期延长至 12 天，其中复配药剂使 2 龄幼虫期延长至 7 天，显著高于两单剂处理。试验还发现，辛硫磷、Cry1Ca 单用及二者复配处理后，试虫的平均化蛹率

---

* 基金项目：“十三五”国家棉花产业技术体系岗位科学家经费（CARS-18-13）；“十三五”国家重点研发计划：地面与航空高工效施药技术及智能化装备（2016YFD0200707）

** 第一作者：李倩，女，硕士研究生；E-mail：944259323@qq.com

*** 通信作者：马艳；E-mail：aymayan@126.com

分别为 79.60%、82.00%和 80.00%，差异不显著。

由此可得，辛硫磷与 Cry1Ca 复配对甜菜夜蛾具有明显的毒力增效作用，与辛硫磷和 Cry1Ca 单剂相比，甜菜夜蛾取食复配药剂可显著延长其 2~5 龄幼虫历期，但对甜菜夜蛾的化蛹率的影响较小。本研究结果为化学农药与生物源农药复配防治甜菜夜蛾提供重要参考和理论依据。

关键词：辛硫磷；Cry1Ca；甜菜夜蛾；毒力；增效作用

70%噻虫嗪种子处理可分散粉剂对甘蔗绵蚜和蓟马防控效果评价*

李文凤** 张荣跃 仓晓燕 尹 炯 罗志明 王晓燕 单红丽 黄应昆***
（云南省农业科学院甘蔗研究所，云南省甘蔗遗传改良重点实验室，开远 661699）

摘 要：为筛选防控甘蔗绵蚜和蓟马的长效低毒新缓释药剂，探寻轻简高效施药技术，选用70%噻虫嗪种子处理可分散粉剂根施进行田间药效试验。结果表明：70%噻虫嗪种子处理可分散粉剂对甘蔗绵蚜和蓟马均具有良好的防控效果，是防控甘蔗绵蚜和蓟马理想的缓释长效低毒新药剂，与其他药剂轮换使用，可延缓抗药性产生和发展。70%噻虫嗪种子处理可分散粉剂最适宜用量为450g/hm^2（有效成分315 g），可在2—6月结合甘蔗种植管理或大培土，按每公顷用药量与每公顷施肥量混匀一次性施用，对甘蔗绵蚜的防效可达98.4%以上，对甘蔗蓟马的防效可达82.9%以上。甘蔗实测产量较对照增加34 290kg/hm^{2}以上，甘蔗糖分较对照增加6.8%以上。缓释长效强内吸性农药与底肥追肥混匀一次性根施，施用方便，轻简高效，省工省时，环境友好，可在蔗区大面积推广应用。

关键词：70%噻虫嗪种子处理可分散粉剂；轻简高效施药；甘蔗害虫；防效评价

---

* 基金项目：国家现代农业产业技术体系建设专项（CARS-20-2-2）；云南省现代农业产业技术体系建设专项

** 第一作者：李文凤，女，研究员，主要从事甘蔗病虫害研究；E-mail：ynlwf@ 163. com

*** 通信作者：黄应昆，研究员，从事甘蔗病虫害防控研究；E-mail：huangyk64@ 163. com

甘蔗螟虫绿色防控技术研究*

李文凤** 尹 炯 罗志明 单红丽 张荣跃 王晓燕 仓晓燕 黄应昆***
（云南省农业科学院甘蔗研究所，云南省甘蔗遗传改良重点实验室，开远 661699）

摘 要：为探索和寻求高效安全的甘蔗螟虫绿色防控技术，推进甘蔗病虫绿色防控，构建资源节约型、环境友好型甘蔗病虫可持续治理体系，选用螟虫性诱剂新型诱捕器、阿维菌素·苏云金杆菌和虫酰肼等生物制剂进行田间试验研究。结果表明：螟虫性诱剂新型诱捕器与生物制剂阿维菌素·苏云金杆菌或虫酰肼结合使用是防控甘蔗螟虫理想的绿色防控技术模式，与其他技术轮换或协调使用，可延缓抗药性产生和发展，值得在蔗区大面积推广应用。在甘蔗生产上，以螟虫性诱剂新型诱捕器 6 个/hm^2+0.05%阿维菌素·100 亿活芽孢/g 苏云金杆菌（Bt）可湿性粉剂 1 800g/hm^2或螟虫性诱剂新型诱捕器 6 个/hm^2+200 g/L 虫酰肼悬浮剂 1 500mL/hm^2结合使用最佳，宜在 3 月初安装螟虫性诱剂新型诱捕器，4 月初按每公顷生物制剂用量对水 900kg 稀释后均匀喷洒蔗株，对螟害枯心率和螟害株率的防效分别达 69.98%和 49.09%以上，显著优于对照农药 3%杀虫双颗粒剂 90kg/hm^2的防效。

关键词：甘蔗螟虫；螟虫性诱剂新型诱捕器+生物制剂；绿色防控；防效评价

---

* 基金项目：国家现代农业产业技术体系建设专项（CARS-20-2-2）；云南省现代农业产业技术体系建设专项

** 第一作者：李文凤，女，研究员，主要从事甘蔗病虫害研究；E-mail：ynlwf@ 163. com

*** 通信作者：黄应昆，研究员，从事甘蔗病虫害防控研究；E-mail：huangyk64@ 163. com

缓释长效新药剂及轻简高效施药技术对甘蔗害虫防控效果评价*

李文凤** 张荣跃 尹 炯 罗志明 单红丽 王晓燕 仓晓燕 黄应昆***
（云南省农业科学院甘蔗研究所，云南省甘蔗遗传改良重点实验室，开远 661699）

摘 要：为筛选防控甘蔗绵蚜和蓟马的理想缓释长效低毒新药剂及轻简高效施药技术，选用2%吡虫啉 GR 根施进行田间药效试验。田间试验结果表明：2%吡虫啉 GR 对甘蔗绵蚜和蓟马均具有良好的防控效果，是防控甘蔗绵蚜和蓟马理想的缓释长效低毒新药剂，与其他药剂轮换使用，可延缓抗药性产生和发展。2%吡虫啉 GR 最适宜用量为 30kg/hm^2（有效成分 600 g），可在 2—6 月结合甘蔗种植管理或大培土，按公顷用药量与公顷施肥量混匀一次性施用，对甘蔗绵蚜的防效可达 98.2%以上，对甘蔗蓟马的防效可达 81.1%以上；甘蔗实测产量较对照增加 33390kg/hm^{2}以上，甘蔗糖分较对照增加 6.6%以上。缓释长效强内吸性农药与底肥追肥混匀一次性根施，施用方便，轻简高效，省工省时，环境友好，应在蔗区大面积推广应用。

关键词：缓释长效药剂；轻简高效施药；甘蔗害虫；防效评价

---

* 基金项目：国家现代农业产业技术体系建设专项（CARS-20-2-2）；云南省现代农业产业技术体系建设专项

** 第一作者：李文凤，女，研究员，主要从事甘蔗病虫害研究；E-mail：ynlwf@ 163. com

*** 通信作者：黄应昆，研究员，从事甘蔗病虫害防控研究；E-mail：huangyk64@ 163. com

四川攀西地区石榴病虫害综合防治技术*

何　平[1**]　余　爽[1]　巫登峰[1]　陈建雄[1]　刘大章[1]
（四川省凉山州亚热带作物研究所，西昌　615000）

摘　要：本文描述了四川攀西石榴产区病虫害发生为害种类及发生特点，提出了植物检疫、生态调控、物理防治、生物防治、科学用药等，石榴病虫害绿色防控技术，以期达到生产绿色、生态、安全的石榴商品果。

关键词：四川攀西；石榴；病虫害；绿色防控

1　病虫害的种类及发生特点

1.1　病虫害种类

通过田间调查和室内鉴定，四川石榴病虫害共有47种，其中侵染性病害14种，虫害29种，生理性病害4种（表1，表2）。

表1　四川石榴主要病害

病害名称	严重程度
1. 石榴枯萎病（*Ceratocystis fimbriata*）	+++
2. 麻皮病（*Sphaceloma punicae*）	++
3. 干腐病（*Coniella granati*）	++
4. 褐斑病（*Pseudocercospora punicae*）	++
5. “太阳果”病（*Alternaria alternata*）	++
6. 叶霉病（*Cladosporiun tenuissimum*）	+
7. 石榴根结线虫病（*Meloidogyne incognita*）	++
8. 枯枝病（*Phomopsis punicicola*）	++
9. 木腐病（*Trametes versicolor*）	+
10. 地衣寄生（真菌病害）	+
11. 膏药病（*Septobasidium sichuanense*）	+
12. 煤烟病（*Fumago vagans*）	+
13. 根腐病（*Pythium* sp.）	++
14. 青霉病（*Penicillium purpurogenum*）	+
15. 裂果病（生理性病害）	++
16. 药害（生理性病害）	+
17. 二氧化硫毒害（生理性病害）	+
18. 冻害（生理性病害）	+

* 基金项目：四川攀西特色水果创新团队项目基金（四川省）

** 第一作者：何平，男，高级农艺师，研究方向为亚热带植物引试种及植物保护；E-mail：Heping1973@ 126.com

表 2　四川石榴主要虫害

害虫名称	为害程度
1. 桃蛀螟（*Conogethes punctiferalis*）	++
2. 棉蚜（*Aphis gossypii*）	+
3. 黄蓟马（ *Thrips flavus*）	+
4. 西花蓟马（*Frankliniella occidentalis*）	+
5. 石榴绒蚧（ *Eriococcus lagerostroemiae*）	+
6. 康氏粉蚧（*Pseudococcus comstocki*）	++
7. 日本龟蜡蚧（*Ceroplastes japonica*）	++
8. 扁平球坚蚧（ *Parthenolecanium corno*）	++
9. 茶并盾蚧（*Pinnaspis theae*）	+
10. 长白盾蚧（*Lopholeucaspis japonica*）	++
11. 蛎盾蚧（ *Lepidosaphes* sp. ）	+
12. 褐软蜡蚧（*Coccus hesperidum*）	+
13. 草履蚧（ *Drosicha corpulenta*）	+
14. 咖啡木蠹蛾（*Zeuzera coffeae*）	++
15. 黄刺蛾（*Cnidocampa flavescens*）	+
16. 龟形小刺蛾（*Narosa nigrisigna*）	+
17. 棉铃虫（*Heliothis armgera*）	++
18. 茶袋蛾（*Clania minuscula*）	+
19. 大袋蛾（*Cloania variegata*）	+
20. 桉树大毛虫（*Suana divisav*）	+
21. 日本黄脊蝗（*Patanga japonica*）	+
22. 柑橘小实蝇（*Bactrocera Porsalis*）	++
23. 瘤缘蝽（*Acanthocoris scaber*）	+
24. 石榴巾夜蛾（*Parallelia stuposa*）	+
25. 铜绿丽金龟（*Anomala carpulenta*）	++
26. 苹毒蛾（*Dasychira pudibunda*）	+
27. 棉古毒蛾（*Orgyia postica*）	+
28. 卵形短须螨（*Brevipalpus obovatus*）	+
29. 石榴瘤瘿螨（*Aceria granati*）	+

注：“+”表示发生程度轻，“++”表示发生程度中，“+++”发生程度重

1.2　发生特点

因四川攀西地区地理、气候条件和植被等因素差异，石榴病虫害的发生具有区域性、

季节性和波动性的特点。西花蓟马、介壳虫和褐斑病是整个石榴产区的普发性病虫害，石榴花期（3—5月）遇高温干旱气候，西花蓟马发生严重；石榴果实期（6—8月）遇高温高湿条件，介壳虫和褐斑病发生普遍且严重。石榴枯萎病虽然仅在会理县竹箐乡小米地村石榴产区零星发生，但是危害性大，传染性强。石榴金龟子在西昌石榴产区发生较重，但是其他产区却为害较轻；石榴根腐病在土壤黏重的果园发生较严重，膏药病、蛎盾蚧、长白盾蚧等病虫害在管理粗放的果园发生较重，毗邻松树林的果园，咖啡木蠹蛾发生较重。

在石榴的生长季节，病虫为害也不尽相同。石榴休眠期（11月至翌年1月）主要以蛎盾蚧、康氏粉蚧、长白盾蚧等介壳虫和膏药病发生较普遍；抽梢期主要以棉蚜发生较重，花期棉蚜、西花蓟马、棉铃虫、根腐病、枯萎病及介壳虫发生较普遍；幼果期则是桃蛀螟、铜绿丽金龟、裂果、枯萎病以及介壳虫发生较重；果实期褐斑病、“太阳果”病、麻皮病、介壳虫发生较重。

2　绿色防控主要技术

2.1　加强植物检疫

石榴枯萎病（*Ceratocystis fimbriata*）是一种为害严重的病害，发病迅速，死亡率高，传播途径多，感染能力强，该病可以通过枝条、嫁接、修剪工具、昆虫、雨水等方式传播，危险性强。该病于2009年首次在四川石榴产区发现并报道，目前已经控制在局部产区发生，但是必须控制其扩展蔓延。因此应加强宣传，提高认识，建立检测站，禁止到病害发生区域引进苗木或枝条，同时修剪工具也要及时彻底消毒，防止病害的大面积传播。

2.2　生态调控技术

2.2.1　强化冬季管理

冬季管理是石榴病虫害绿色防控技术的重要环节。在石榴采果落叶后（11—12月），应及时清除烧毁果园内的僵果、落果、病残枝、落叶和果园周围的杂草野花，深翻果园土壤30~40cm，刨开树盘、露出树颈，刮除树干上的粗皮、翘皮，树干涂布石灰浆（生石灰：水=1：5~10）或“五合剂”（生石灰10份，细硫磺粉1份，食盐1份，动（植）物油0.1份，水20份充分混和调制而成），喷施1~2次3~5波美度石硫合剂或20%松酯酸钠100倍液，减少麻皮病、褐斑病、干腐病、太阳果病等病害的初侵染源，同时消灭蓟马、介壳虫等虫害的越冬虫源，有效降低越冬病虫基数。

2.2.2　平衡施肥

在不同的石榴产区，根据不同的土壤肥力、植株营养需求，合理确定氮磷钾肥和微肥的施用量，施用有机肥，增加土壤有机质。果实采收后施用基肥要足，花前、花后和果实膨大期的追肥要及时，可以配合使用生物菌肥，改善土壤微生物，减少土传病害的发生。

2.2.3　节水灌溉

四川攀西石榴产区干湿季分明，降水严重分布不均，对石榴的生产影响较大，同时蓟马、褐斑病等病虫害为害和裂果较严重。因此，在果园中应建立滴灌、微灌、喷灌节水设施，集成水肥药一体化新技术，不仅节约水资源的使用，而且也能达到精准施肥、有效控制病虫为害的目的。

2.2.4　果园生草

果园生草能控制病虫害的发生和杂草危害，优化果园小气候，改善果园土壤环境，促进果园生态平衡，同时发展“草+畜+沼+果”循环农业模式，可以提高综合效益。主要采取“树盘覆膜（草）、行间种草”的栽培模式，种植黑麦草、美国菊苣、紫花苜蓿、光叶紫花苕、三叶草等草种，采用机械割鲜草饲养牲畜，也可腐熟后施用在果园中，增加土壤有机质。

2.3 物理防控技术

物理防控技术是石榴害虫绿色防控的关键技术之一，主要包括灯光诱杀、性信息素诱杀、色板诱杀、糖醋酒液诱杀等技术。

2.3.1 灯光诱杀技术

每2~3hm^{2}果园安装1台太阳能双光波（波长320~680nm）杀虫灯，3—8月能有效诱杀桃蛀螟、咖啡木蠹蛾、金龟子、棉铃虫等鳞翅目、鞘翅目害虫；同时根据不同害虫对不同波长光源的趋性，在成虫高峰期采用专用波长的光源，增加靶标害虫的诱杀效果，保护天敌。目前在生产上，我们主要采用400~500nm的光源诱杀西花蓟马，配合其他防控措施，能有效控制西花蓟马为害。

2.3.2 色板诱杀技术

石榴开花期和幼果期（3—5月），针对西花蓟马和棉蚜的为害，在果园石榴树1.5m高处挂置蓝色和黄色粘板（比例为3：1或4：1）进行诱杀，每1hm^{2}挂置500~600张；同时在蓝色粘板上配合使用西花蓟马性信息素，可以增加诱杀量，效果显著。

2.3.3 性信息素诱杀技术

针对石榴桃蛀螟、西花蓟马和橘小实蝇的为害，在石榴开花期（3—5月），应用西花蓟马性信息素诱芯挂置在蓝板上诱杀西花蓟马；在5—8月，每1hm^{2}安装70~100个桃蛀螟性信息素诱捕器、橘小食蝇诱捕器分别诱杀桃蛀螟和小实蝇的成虫。也可以采用黄板加性信息素诱杀橘小食蝇，每1hm^{2}挂置黄板500张左右。

2.3.4 食物诱剂诱杀技术

每年4—8月，采用澳宝丽食物诱剂（夜蛾利它素饵剂+10%灭多威）诱杀桃蛀螟、咖啡木蠹蛾等鳞翅目害虫，每1hm^{2}挂置70~100个诱捕器，每15天更换一次诱剂。

2.3.5 糖醋酒液诱杀技术

糖醋酒液诱杀是一种简单易行的物理防控方法，可以诱捕金龟子、桃蛀螟、咖啡木蠹蛾等鳞翅目、鞘翅目、双翅目的成虫。糖醋酒液的配制比例为糖：醋：酒：水=6：3：1：10，用1 250ml饮料瓶制作诱捕器，每500ml液体滴20%氰戊菊酯乳油或敌百虫1ml；每亩1hm^{2}挂置200~300个诱捕器，15天后更换一次药液。

2.3.6 物理阻隔技术

根据石榴康氏粉蚧、草履蚧在土壤中越冬的习性，每年2月中旬和11月中旬在石榴树干基部离地面30cm处环绕树干缠粘虫胶带或刷粘虫胶，可以有效阻隔康氏粉蚧、草履蚧上树为害和下树越冬，便于集中防治。

2.3.7 果实套袋技术

在5月中下旬和6月初，采用白色单层纸袋或双层复合袋套果，不仅能改善果实外观色泽，提高优质果率和商品果率；同时能减少蓟马、桃蛀螟、介壳虫、太阳果、裂果等石榴病虫害的发生为害，减少农药施用，降低果实农药残留，提高果品质量和安全水平。

2.4 生物防控技术

2.4.1 以虫治虫

目前在生产上主要采取“以虫治虫”方式在田间释放东方钝绥螨等天敌捕食螨防治石榴叶螨、西花蓟马；保护和释放瓢虫、蚜茧蜂、小花蝽等天敌昆虫，控制石榴蚜虫、蓟马和介壳虫的发生为害，以减少化学农药的使用，保护害虫天敌。

2.4.2 以菌治虫

应用Bt乳剂、球孢白僵菌、金龟子绿僵菌等微生物制剂喷雾和灌根，可以防治桃蛀螟、黄刺蛾、棉铃虫、日本黄脊蝗、铜绿丽金龟等鳞翅目和鞘翅目害虫；应用淡紫拟青霉菌剂灌根防治石榴根结线虫，防效较好。

2.4.3 以菌治菌

应用枯草芽孢杆菌、地衣芽孢杆菌、荧光假单胞杆菌、哈茨木霉菌等有益微生物制剂喷雾和灌根，在石榴叶际和根际产生抗生素，抑制致病菌的生长繁殖，减轻石榴枯萎病、根腐病、褐斑病等病害的发生，从而达到以菌治菌的目的。

2.5 科学用药技术

科学用药技术也叫化学防控技术，是石榴病虫害防治的关键技术之一。目前主要采取优先选用生物农药，推广应用高效、低毒、低残、环境友好型农药。优化集成农药的交替使用、精准使用、安全使用等技术，禁止使用高毒高残留农药。

2.5.1 优先选用生物农药

在石榴生产中根据不同病虫害种类，可以选用阿维菌素、多杀菌素、球孢白僵菌、金龟子绿僵菌、苏云金杆菌等微生物源农药；除虫菊素、鱼藤酮、烟碱、苦参碱、印楝素等植物源农药；石硫合剂、波尔多液等矿物源农药，防治石榴害虫。选用多抗霉素、枯草芽孢杆菌、木霉素等防治石榴病害。

2.5.2 高效精准的化学防治技术

根据四川攀西石榴产区病虫害发生规律结合石榴生长发育期进行高效精准防治。休眠至发芽前期（11月至翌年1月），全园喷施3~5度的石硫合剂，树干涂白，有效控制越冬病虫源。石榴开花至果实生长期（3—8月），选用2.5%多杀霉素悬浮剂1 500~2 000倍液、60g/L乙基多杀菌素4 000倍液、0.5%苦参碱1 500倍液、0.5%的烟碱·苦参碱水剂1 500倍液、3%甲维盐微乳剂2 000倍液、0.3%印楝素乳油2 000倍液、10%烟碱水剂1 500倍液、0.5%藜芦碱可溶液剂2 000倍液等药剂防治蓟马、蚜虫、介壳虫等虫害；选用“多利维生·寡雄腐霉”7 500倍液、2%氨基寡糖素水剂1 500倍液、3 000亿个/g荧光假单胞菌1 000~1 500倍液、5%多抗霉素水剂1 500倍液等生物农药和43%戊唑醇悬浮剂1 500~2 000倍液、50%甲基硫菌灵悬浮剂1 500倍液、25%苯醚甲环唑乳油1 500倍液、250g/L嘧菌酯1 500倍液、70%代森锰锌1 000~1 500倍液等药剂防治石榴褐斑病、石榴麻皮病、石榴干腐病、石榴根腐病等病害。

2.5.3 减量、控害与增效技术

农药增效助剂与农药混用，可减少农药使用量，明显降低农药在作物和土壤中的残留。在石榴病虫害药剂防治中，推荐使用“激健”、有机硅等农药增效助剂，能达到减量、控害与增效的目的。

参考文献

[1] 郑晓慧，何平．石榴病虫害原色图志［M］．北京：科学出版社，2013.

[2] 何平，王友富，陈建雄，等．石榴花期西花蓟马防治试验初报［J］．现代农业科技，2010（22）.

[3] 何平，余爽，王友富，等．石榴金龟子幼虫的田间防治试验［J］．西昌学院学报自然科学版，2011（3）.

[4] 何平，余爽，王友富，等．西花蓟马在石榴上的空间分布型及理论抽样数［J］．植物保护，2012（38）.

几种除草剂对盆栽燕麦效果比较*

冷廷瑞[1**]　毕洪涛[1]　金哲宇[1]　高新梅[1]　卜　瑞[1]　白文彬[2]
（1. 吉林省白城市农业科学院，白城　137000；
2. 吉林省白城市洮北区农广校，白城　137000）

摘　要：为了了解并验证几种除草剂在燕麦除草中的效果，以田间无杂草土壤和燕麦为试验材料进行盆栽实验，共选用8种除草剂进行梯度处理，结果表明正常剂量下可以放心用于燕麦苗后控制田间杂草的除草剂有4种，需要谨慎用于燕麦苗后的除草剂有2种，明确不能用于燕麦苗后的除草剂有2种。

关键词：燕麦；除草剂

在日常食用的各种粮食中，燕麦的营养价值越来越受到重视，燕麦的种植面积也因此逐年提高，田间除草也成了很现实的问题[1]。本试验针对不同除草剂对盆栽燕麦除草效果进行对比和筛选，目的在于进一步探讨不同除草剂对燕麦生产上产生的作用效果和影响，提供一定理论依据，为以后的燕麦除草实验打下深厚基础。

1　材料和方法

1.1　试验材料

供试燕麦品种：白燕2号。

供试药剂[1-2]：30%莎稗磷；15%乙羧氟醚；48%氟乐灵；50%乙草胺乳油；32%苄嘧磺隆；25%氟磺胺草醚；72%异丙甲草胺；4%烟嘧磺隆。

供试用土：取田边无除草剂土壤。

1.2　试验方法

实验设8个处理，每处理4盆，3个浓度，1个对照。均在燕麦出苗后，禾本科杂草3叶期之前进行土壤和茎叶同时处理。在进行除草剂处理的前1天开始拍照，除草剂处理后，每日拍照1次，连拍7次；之后每2~7天拍照1次，直到收获。记录实验出苗后对各处理的反应。记录方法以恰当及时准确拍照为主，同时结合对某些重要结果的文字记述。

2　结果分析

实验播种日期是5月28日，出苗日期是6月1日，药剂处理日期是6月13日，此时燕麦早的已经有1个分蘖，个别盆内禾本科杂草已经出现，但均不超过3片叶，非禾本科

* 基金项目：现代农业产业（燕麦）技术体系项目（编号：CARS-08-C-1）

** 第一作者：冷廷瑞，男，研究员，研究方向是燕麦虫害草害防治；E-mail：ltrei@163. com

杂草均不超过6片叶。调查日期是7月14日。在燕麦有1个分蘖时喷施各处理除草剂后燕麦情况表现的结果照片见图1~图8，简单文字记述和分析如下。

图1　莎稗磷处理

图2　乙羧氟草醚处理

图3　氟乐灵处理

2.1　莎稗磷

正常剂量处理苗正常，禾本科杂草1株，高度近齐苗。灰菜、茵陈蒿等3种非禾本科草10株以上，2株灰菜较高，高度近齐苗；5倍计量处理苗正常，虎尾草1株，高大齐苗，已抽穗，底部有灰菜3株；10倍计量处理 苗畸形，略弯曲，有苋菜、灰菜等3种非禾本科杂草5株；空白对照处理苗正常，已抽穗，有灰菜、龙葵、马齿苋、茵陈蒿等5种非禾本科草，禾本科杂草1株。莎稗磷10倍剂量时燕麦出现畸形，虽然未见禾本科杂草，但对非禾本科杂草效果不明显；对已出土的灰菜有一定抑制作用。表明莎稗磷可以在燕麦田间用同样的方法安全使用。

2.2　乙羧氟草醚

正常剂量处理苗矮，色深，无杂草；5倍计量处理苗矮，色深，个别苗外叶蜷缩，内叶伸展受阻，无杂草；10倍计量处理苗矮色深，弱小，畸形苗较多，外叶蜷缩，内叶伸展受阻；空白对照处理苗正常，禾本科杂草1株，灰菜等3种非禾本科草5株。可知乙羧氟草醚前期对燕麦产生一定影响，使用时需要慎重。

2.3　氟乐灵

正常剂量处理苗正常，近抽穗，无杂草；5倍计量处理苗部分存活，近抽穗，无禾本科杂草，1株非禾本科草；10倍计量处理苗存活2株，近抽穗，无杂草；空白对照处理苗正常，禾草1株，较高大，灰菜、马齿苋等非禾本科草10株以上。可见氟乐灵苗后用量过大会对燕麦产生药害。表明燕麦苗后草前用氟乐灵正常剂量可以起到安全有效控制杂草危害的作用；而在较高剂量下应用对燕麦不适合。

2.4　乙草胺

正常剂量处理苗略矮，色深，近抽穗，禾本科杂草1株，灰菜1株；5倍计量处理苗部分存活，明显矮小，无禾本科杂草，有灰菜等3株非禾本科杂草；10倍计量处理苗活4株，矮小，色深，有分蘖，无禾本科杂草，1 株灰菜；空白对照处理苗正常，在抽穗，无禾本科杂草，有马齿苋等 3 种非禾本科杂草 10 株。可知正常剂量乙草胺在苗后草前应用，对燕麦生长略有影响，且对非禾本科杂草除草效果不理想，还表明乙草胺较高剂量对燕麦苗后草前应用不适合。

图 4　乙草胺处理

2.5　苄嘧磺隆

正常剂量处理苗正常，近抽穗，下部有禾本科杂草 3 株，有灰菜 2 株；5 倍计量处理苗正常，在抽穗，1 株稗草较高大，高度近齐苗，灰菜 1 株，也有红色药斑，表现见效；10 倍计量处理苗正常，在抽穗，无杂草；空白对照处理苗正常，在抽穗，禾本科杂草 1 株，较高大，高度近齐苗，有灰菜、马齿苋等 3 种非禾本科草 10 株以上。未见苄嘧磺隆对燕麦有伤害，对杂草的抑制作用随着剂量增加而增强。表明在燕麦苗后草前应用苄嘧磺隆可以达到安全有效杀灭和抑制非禾本科杂草的目的，适合燕麦苗后除草应用。

图 5　苄嘧磺隆处理

2.6　氟磺胺草醚

正常剂量处理苗活 5 株，无杂草；5 倍计量处理苗死亡，1 株灰菜，表现药害；10 倍计量处理无苗，无草；空白对照处理苗正常，在抽穗，禾本科杂草 1 株，灰菜、马齿苋等 2 种非禾本科草共 4 株。氟磺胺草醚正常剂量使用对燕麦产生严重伤害，不适合在燕麦田应用。

图 6　氟磺胺草醚处理

2.7　异丙甲草胺

正常剂量处理苗略矮，近抽穗，禾本科杂草 1 株在底部，弱小，有灰菜、马齿苋等 3 种非禾本科草 6 株；5 倍计量处理苗偏矮，倾斜或弯曲，个别畸形，无禾本科杂草，有灰菜等 2 种非禾本科杂草 3 株；10 倍计量处理苗明显偏矮，倾斜或弯曲，畸形明显，无杂草；空白对照处理苗正常，在抽穗，无禾本科杂草，有灰菜，马齿苋等 3 种非禾本科杂草 10 株以上。可知异丙甲草胺正常剂量使用对燕麦伤害不明显，但对禾本科杂草和部分非禾本科杂草防治效果较好。还表明在较高剂量下苗后草前应用异丙甲草胺，随着梯度上升对燕麦生长逐渐加重。

2.8　烟嘧磺隆

正常剂量处理无苗，1 株矮小稗草；5 倍计量处理无苗，无草；10 倍计量处理无苗，无草；空白对照处理苗部分存活，稗草高大过苗，生长旺盛，共4株，非禾本科草芽10株以上非禾本科在底部。可知苗后草前应用正常剂量烟嘧磺隆对燕麦有杀灭作用，对多数杂草有杀灭作用或强烈抑制作用，不适合燕麦苗后草前应用。

图7　异丙甲草胺处理

图8　烟嘧磺隆处理

3　结论和讨论

3.1　结论

通过本次除草剂喷雾处理的盆栽实验可知，正常剂量下可以放心用于燕麦苗后控制田间杂草的除草剂有莎稗磷、氟乐灵、苄嘧磺隆、异丙甲草胺等4种除草剂。

需要谨慎用于燕麦苗后的除草剂有乙草胺、乙羧氟草醚2种除草剂。明确不能用于燕麦苗后的除草剂有氟磺胺草醚、烟嘧磺隆2种除草剂。

3.2　讨论

经过多年的燕麦草害防治研究可知，本次实验所选出的可放心使用的除草剂中有些除草剂对禾本科杂草防治效果不是很理想，其使用剂量应该在今后的研究中根据实验结果加以调整。还有一些未提到的可安全用于燕麦苗后的除草剂如苯达松、氯氟吡氧乙酸异辛酯等非禾本科杂草除草剂，是在以前的实验中或别人的实验中证明安全有效的除草剂。另外2，4-D丁酯也是可用于燕麦田防治非禾本科杂草的除草剂，但是由于其过强的挥发性十分容易对周边的非禾本科作物产生显著药害，又由于过多使用容易产生抗药性而导致使用剂量呈现增加趋势，已经不再建议继续用于燕麦除草。

在谨慎用于燕麦的除草剂中乙草胺需要继续探讨，此药在用于燕麦苗前除草时对燕麦产生了显著药害，但在苗后实验中有很好表现，有必要在其他燕麦除草实验中增加此药用于更多的对比实验。氟乐灵在以往的燕麦苗前除草实验中正常剂量表现全盆无燕麦出苗，不适合燕麦播后苗前土壤处理。

参考文献

[1]　冷廷瑞，杨君，郭来春，等．几种除草剂在燕麦田的应用效果［J］．杂草科学，2011，29（1）：70-71.

[2]　冷廷瑞，刘伟，苏云凤，等．不同配比除草剂燕麦除草研究初探［J］．杂草科学，2013，31（4）：46-49.

熏蒸类药剂对蚯蚓急性毒性评价方法的建立*

毛连纲[1,2]** 张 兰[1,2] 张燕宁[1,2] 蒋红云[1,2]***

(1. 中国农业科学院植物保护研究所，北京 100193；
2. 农业部农药应用评价监督检验测试中心（北京），北京 100193)

摘 要：在农业生产中，熏蒸剂一般用于作物种植前土壤处理，用于防治土传的病原真菌、细菌、线虫及杂草种子等，可以有效解决土壤的重茬难题。近年来，熏蒸剂在我国保护地蔬菜和高附加值作物上得到了大面积的推广和应用。但是，熏蒸剂作为易挥发性或能够产生易挥发性物质的一类特殊农药，其对土壤环境生物的生态毒理效应以及可能引发的环境风险问题正逐渐成为人们关注的热点。

蚯蚓是土壤生态环境中普遍存在的环节动物，作为一种常规性的土壤环境指示生物，其对外源物质的毒性反应已成为 OECD、ISO 和 EEC 等国际组织推荐的判定污染物危害土壤环境质量的重要参考因素。吴声敢等（2011）尝试采用现有的试验方法评价熏蒸剂氯化苦（Pic）对赤子爱胜蚯蚓的急性毒性，初步评估 Pic 对其存在急性毒性风险，建议田间应用时采取适当的风险降低措施。但由于现有的评价方法采用的试验装置均为非密闭的，不适用于易挥发性物质。因此，为了更加科学合理的评价熏蒸剂对蚯蚓的毒性效应，有必要对现有的评价方法进行改进。

本研究以赤子爱胜蚯蚓为模式指示生物，在密闭干燥器中分别以人工土壤和自然土壤为培养介质，通过研究蚯蚓存活与土壤湿度的关系，从而建立一套适于评价熏蒸剂对蚯蚓急性毒性的评价方法。人工土壤参照 GB/T 31270.15—2014 规定的组方配制，分别为10%泥炭藓、20%高岭土、68%石英砂、2%碳酸钙；自然土壤采集自北京昌平唐家岭一处非耕地块，此地块已连续多年未施用过农药或化肥，采集的土壤剔除大的石块和杂物，过2mm 筛后风干备用。

人工土壤试验具体操作为：在容积为 2.5L 的干燥器中放入干重为 500g 的人工土壤，按照不同湿度梯度依次设置 100%、80.0%、64.0%、51.2%、41.0%、32.8% 和 26.2% 的最大田间持水量（WHC）的系列试验处理，每个湿度处理重复 4 次，每个处理放入蚯蚓 10 条（每条重量为 300～600mg）；然后设定环境条件为光照强度 400～800 lx，温度(20±1)℃；之后分别于处理 2W、4W、6W 和 8W 后调查蚯蚓的存活情况；最后将蚯蚓存活率与土壤相对湿度的数据进行曲线拟合，得到处理一定时间后蚯蚓密闭条件下正常存活

---

* 基金项目：国家重点研发计划项目（2016YFD0200500、2016YFD0200200）

** 第一作者：毛连纲，男，博士，助理研究员，主要从事农药生态毒理及应用技术研究；E-mail：maoliangang@ 126. com

*** 通信作者：蒋红云，女，研究员，博士生导师，主要研究方向为植物源农药研发、农药环境毒理学以及食品安全研究；E-mail：hyjiang@ ippcaas. cn

(死亡率低于10%)的适宜湿度范围。自然土壤试验采用类似试验处理进行。本研究目前的主要结果为:①在室内试验条件下,人工土壤和自然土壤在4W时保证蚯蚓正常存活(死亡率低于10%)需要的土壤湿度范围分别为26.9%~86.4%WHC和66.2%~84.3%WHC;②人工土壤和自然土壤保证蚯蚓正常存活的最佳土壤湿度分别为75%WHC和55%WHC。由于熏蒸剂的挥发性,建议药剂处理后只在2W时开启密闭装置对蚯蚓的存活情况进行调查。下一步,我们将选择现有的熏蒸剂品种对上述两种改进的方法进行应用和验证,以期将来可以为评价熏蒸类药剂对蚯蚓毒性效应提供一套科学合理而又准确可靠的标准方法。

关键词:熏蒸剂;蚯蚓;毒性效应;标准评价方法

岛津 LCMS-8060 液质联用仪同时测定人参中 129 种农药残留

孙 亮* 高 慧 李长坤 任 彪 李月琪 黄涛宏

(岛津企业管理(中国)有限公司，北京 100020)

摘 要：本文建立了一种使用岛津 LCMS-8060 三重四极杆液质联用仪同时测定人参中 129 种农药残留的方法。人参样品经乙腈溶解，匀浆提取后，经 Shim-pack XR-ODSIII 色谱柱分离，采用 MRM 采集方式进行多级质谱检测。该方法在 17 min 内完成 129 种农药的分离，校准曲线相关系数大多大于 0.9956 针峰面积 RSD 在 1.0%~7.7%；仪器检出限在 0.001~1.099 μg/L，定量限在 0.003~3.664 μg/L，回收率在 45.8%~139.7%。该方法前处理简单、分析速度快、重复性好、灵敏度高，适合人参中农药残留的高灵敏度快速检测。

关键词：岛津 LCMS-8060 三重四极杆液质联用仪；人参；农药残留

* 第一作者：孙亮；E-mail：spksl@ shimadzu. com. cn

山地茶园草害控制技术研究*

吴全聪[1**] 陈利民[1] 缪叶旻子[1] 刘惠平[2]
(1. 浙江省丽水市农业科学研究院，丽水 323000；
2. 浙江奇尔茶业有限公司，景宁 323500)

摘 要：为探索高效、安全的山地茶园草害控制技术，开展了茶园放养山羊与电动割草机割草以及化学除草对比试验，结果表明：茶园放养山羊控草技术是一项安全有效、经济实惠的生态控草措施。对草害控制效果达 90%~95%，与充电式电动割草机除草相当，比化学除草高 5%~10%；放养山羊成本虽比充电式电动割草机割草及化学除草都高，但其产生额外收益，扣除成本后茶园每年尚有收益 105 元/亩，比割草机割草区和化学除草区分别增加效益 500 元和 348 元；未发现山羊吃茶叶，也未发现山羊毛、排泄物等污染茶叶，对茶叶安全。

关键词：山地；茶园；草害；控制

我国茶园多分布于南方山岭地区，温暖湿润的气候为茶园杂草的快速生长和繁殖提供了有利的条件，它们与茶树争夺营养和阳光，严重影响茶树的正常生长和高品质茶叶的产出。因此，草害的合理控制技术是茶园管理的重要环节。以往一般茶园常用草甘膦、百草枯、草铵膦等化学除草剂解决杂草问题，有机茶园则选择人工除草。化学除草不仅存在安全隐患，并且在南方多雨的梅雨季节，化学除草效果一般。杂草的生长繁殖旺期大多与茶叶的采收和制作季节重合，由于劳动力紧张易于疏忽茶园杂草的管理，且山岭地区地形复杂，故人工除草成本高昂。前人对自走式茶园除草机除草[1]，果茶园放养肉鸡除草除虫[2]和茶园化学农药除草[3]做了较多研究，针对山地茶园高效、生态、安全的草害控制技术鲜有报道。为进一步探索山地茶园草害控制技术，笔者在浙江省景宁畲族自治县金奖惠明茶产区，利用山羊不取食茶叶的习性[4]，开展了茶园放养山羊与电动割草机割草及化学除草技术对茶园杂草控制效果的比较和研究。

1 材料与方法

1.1 材料

本地山羊，成年羊体重约 25kg；20%草铵膦 AS、30%草甘膦 AS；充电式电动割草机。

1.2 茶园及杂草概况

茶园位于浙江省景宁畲族自治县澄照乡天堂湖，海拔 500~540m，面积 5.33hm^2，是国际金奖惠明茶的主要产区。茶树品种主要有：树龄 4~5 年的乌牛早，树龄 11~16 年的

---

* 基金项目：浙江省丽水市院地合作项目（Ls20140011）

** 第一作者：吴全聪，女，研究员，主要从事农作物病虫草害生态控制技术研究；E-mail：lsqcw@163.com

景白1号和景白2号。

茶园按生态茶园要求建设和管理。在茶园周围有自然生长的树种，如松树、梧桐树、杉树、映山红等本地树种；在园内及道路旁，有板栗、桂花、柿子、玉兰、樱花、杜英、山苍子等。茶园周围及茶园内的杂草（含种植的）有：紫云英、白三叶、看麦娘、鼠曲草、蒲公英、卷耳、雀舌草、早熟禾、荠菜、大婆婆纳、繁缕、菝葜、龙葵、革命菜、碎米莎草、铁苋菜、马齿苋、鲤肠、酢浆草、通泉草、一年蓬、小飞蓬、辣蓼、天胡荽、紫花地丁、马唐、荩草、鸭跖草、杠板归、白茅、蓬蘽、蕨菜等。其中紫云英和白三叶为人工种植草类，作为蜜源植物和培肥土壤之用，紫云英同时作为冬季羊群的主要饲料来源。

1.3 试验设计

在浙江省景宁畲族自治县澄照乡浙江奇尔茶业有限公司茶园，设3个处理，分别为：①放养山羊控草；②充电式电动割草机割草；③20%草铵膦AS化学除草。大区试验，面积分别为5.33hm²、1hm²和1亩。

山羊控草区：在茶园交通中心地带建羊舍；茶园分区块，边界围1.5m高围栏；按区块轮流放羊，每区块连续放养5~6天；上午9:00~10:00放出，傍晚时分吹哨子召回。召回时羊舍内放适量盐水，供羊饮用；放养密度667~867m²/头。

人工割草区：面积1根据杂草生长情况，在5—8月，每20~30天割草1次，全年共计5次。

化学除草区：在杂草生长旺盛期，用20%草铵膦AS 150倍液喷雾2次，30%草甘膦AS 150倍液喷雾1次，全年共计3次。

1.4 调查方法

采取目测法调查杂草控制效果，跟踪羊群记录山羊取食习性，建台账记录各处理的投入产出情况。周期为1年。

2 结果与分析

2.1 对杂草的控制效果

为便于统计，本试验把山地茶园杂草分为两大类：A低矮盖度小类杂草和B高大盖度大类杂草。低矮盖度小类杂草主要有：紫云英、白三叶、看麦娘、鼠曲草、蒲公英、卷耳、雀舌草、早熟禾、荠菜、大婆婆纳、繁缕、龙葵、革命菜、碎米莎草、铁苋菜、马齿苋、鲤肠、酢浆草、通泉草、一年蓬、小飞蓬、辣蓼、天胡荽、紫花地丁、马唐、荩草、鸭跖草等。高大盖度大类杂草主要有：蕨菜、蓬蘽、杠板归、菝葜、小竹叶、白茅等大型禾本科杂草。

据跟踪调查，山羊爱吃白三叶、辣蓼外的A类所有杂草和B类的所有杂草，尤其是蕨菜、蓬蘽、杠板归、菝葜、小竹叶、白茅等大型禾本科杂草，但是它们不是一次吃完，而是分批一截一截的吃，吃的时候同时将杂草拔一下，也对杂草进一步生长有一定影响，目测其对杂草的总体控制效果为90%~95%。对人工割草区，采用充电式电动割草机割草，人工控制，只有小量操作不便处杂草存留，目测防效95%。化学除草区，20%草铵膦AS与30%草甘膦AS轮换使用，尚有小竹叶、菝葜、杠板归、蓬蘽、白茅等效果不太理想，总体防效80%~90%。

如表1所示，以上3种措施对比，以人工割草控草效果最好，放养山羊次之，化学除草效果位于第三。鉴于茶园内白三叶草不是防除对象，因此，放养山羊只有辣蓼的防效差，接近人工割草的效果。

表 1　不同除草措施的控草效果　(%)

处理	A 类	B 类	总体	防效差的杂草
放养山羊	90~95	90~95	90~95	白三叶、辣蓼
割草机割草	95	95	95	无
化学除草	90	80	80~90	小竹叶、菝葜、杠板归、蓬蘽、白茅

2.2　成本与效益

根据记录的台账，3 种山地茶园控草措施每亩每年成本与额外的收益见表 2。山羊放养区，扣除成本，每亩每年茶园尚有收益 105 元，人工割草区和化学除草区则分别需除草成本 395 元和 243 元，即收益分别为-395 元和-243 元。山羊放养区，每亩每年比割草机割草区和化学除草区分别增加效益 500 元和 348 元。

除此之外，山羊放养区一直有羊粪自然施入茶园，人工割草区割下的草覆盖于茶园，两者在提高土壤肥力上有一定作用，而化学除草区没有。

表 2　不同除草措施的成本与额外效益　(元/亩/年)

处理	成　本	额外收益	投入与额外收益说明
放养山羊	694 (①羊舍 150 000/20/80=94 ②围栏 60 000/10/80=75 ③放羊工资 42 000/80=525)	797 (51×25×50/80)	①羊舍、围栏使用年限分别按 20 年、10 年计算； ②5.33hm^2 放养区全年增加 51 头羊，平均每头 25kg，每 50 元/kg； ③种羊继续存活，固不计成本
割草机割草	395 (①工资 5×150/2=375 ②机器折旧 20)	0	①每人 1 天可割草 2 亩； ②割草工资 150 元/天
化学除草	243 (①草甘膦 1×4×3.5=14 ②草铵膦 2×4×8=64 ③工资 3×1/4×200=150 ④机器折旧 15)	0	1. 每人 1 天可打药 4 亩； 2. 打药工资 200 元/天

3　小结与讨论

在山地茶园，放养山羊是一项有效、经济实惠、安全、生态的控草措施。对草害控制效果达 90%~95%，与充电式电动割草机相当，比化学除草高 5%~10%；放养山羊成本虽比充电式电动割草机及化学除草都高，但其产生额外收益，扣除成本后每亩每年茶园尚有收益 105 元，比割草机割草区和化学除草区分别增加效益 500 元和 348 元；未发现山羊吃茶叶，也未发现山羊毛、排泄物等污染茶叶，对茶叶生产安全。

不仅如此，与割草机割草区相比，放养山羊茶园内有更多种类的植物和蜜源存在，能够为寄生蜂、蜘蛛、草蛉、瓢虫、捕食螨等天敌节肢动物提供更为广阔稳定的生境和食物来源[5]。化学除草区整体除草效果虽然劣于山羊控草区，茶园内有更多数量的杂草存在，但是除草剂长期使用易于引起多杂草群落样性下降，以及除草剂对天敌的杀伤作用，必然引起天敌群落数量和多样性在化学除草剂施用过程中的急剧下降[6]。因此，放养山羊不仅可以有效防控草害的发生，同时更有利于提高茶园天敌群落的种类和数量以及群落的稳定性，并对茶园害虫的发生发挥重要的控制作用。

除此之外，羊粪是家畜类有机肥中营养成分最为全面，且氮、磷、钾含量最高的基肥之一[7]。一只山羊每年可排粪便 800kg 左右，其中总含氮量约 9kg[8]，可保障约 700m^2茶园一年茶树的需肥量[9]。羊舍中积攒的羊粪，经腐熟后可作为基肥直接施用茶园内。同时，山羊控草区在山羊取食杂草过程中，一直有氮素含量较高的羊尿和羊粪自然施入茶园，能够有效保障茶园氮素等养分的周年供应。茶园放养山羊不仅可以有效减少化肥的使用，同时可以节省茶园管理过程中的施肥成本。因此，进一步研究和明确放养山羊对茶园的化肥农药的减量增效作用，也同样具有十分重要的价值和意义。

参考文献

[1] 曾晨，李兵，李尚庆，等．自走式茶园除草机的设计与试验［J］．农机化研究，2016（12）：101-106.

[2] 顿耀元，王小丽，孙琦，等．肉鸡与果茶园共生技术研究［J］．现代园艺，2012（13）：21-23.

[3] 孙丹，陈文品．茶园除草剂使用概况［J］．蚕桑茶叶通讯，2016（2）：27-29.

[4] 罗立政．羊能为茶园除草［J］．农村百事通，1997（08）：13.

[5] 吴全聪，陈方景，尹仁福，等．茶-林-草-塘生态模式及其对茶园病虫发生的影响［C］//中国植物保护学会 2016 年学术年会．2016：216-221.

[6] 黄顶成，尤民生，侯有明，等．化学除草剂对农田生物群落的影响［J］．生态学报，2005，25（6）：1451-1458.

[7] 程治良，全学军，代黎，等．羊粪好氧堆肥处理研究进展［J］．重庆理工大学学报，2013，27（11）：36-41.

[8] 陈伯华，王会金．羊粪的开发与利用［J］．山西农业：致富科技，2001（7）：21-22.

[9] 屈海波，何青元．有机茶园施肥技术探讨［J］．茶叶学报，2002（4）：12-14.

盐都区粮蔬作物绿色防控与农药减控策略

许怀萍[1*]　袁玉付[2]　仇学平[2]　宋巧凤[2]　谷莉莉[2]
（1. 江苏盐城盐都台湾农民创业园管理委员会，盐城　224000；
2. 盐城市盐都区植保植检站，盐城　224002）

摘　要：2016 年，盐都区将绿色防控和农药使用量零增长贯穿植保工作始终，全方位采取“推广绿色技术，发挥生态作用；加强监测预警，确保精准用药；推广高效药剂，开展统防统治”的策略，精心组织、统筹兼顾，绿色防控与农药减控工作取得实效，高效低毒农药使用覆盖率达 89.8%，化学农药使用量比 2015 年减少 3.6%。

关键词：绿色防控；农药减控；策略；农药使用量零增长

盐都区地处江苏省中部偏东、苏北平原中部，紧靠盐城市区，辖 19 个镇（区、街道、中心社区），257 个村（居），总人口 74.75 万人，其中农业人口 40.96 万人，耕地面积 5.26 万 hm^2，种植业以粮食和蔬菜作物为主，为落实“创新、协调、绿色、开放、共享”的发展理念，实现到 2020 年农药使用量零增长目标，2015 年制定了“盐都区 2015—2020 年农药使用量零增长实施方案”，进行宣传、布置、落实。2016 年，将绿色防控和农药使用量零增长贯穿植保工作全过程，大力推广绿色综防技术，狠抓重大病虫害监测预报，积极推进植保专业化统防统治，精心组织、统筹兼顾、严格督导、注重实效，绿色防控与农药减控工作取得显著成效，高效低毒农药使用覆盖率达 89.8%，化学农药使用量比 2015 年减少 3.6%。

1　策略及成效

1.1　推广绿色技术，发挥生态作用

因地制宜制定粮蔬作物绿色综合防控技术方案，大力推广健身栽培技术，发挥生态自然调控作用，提高作物健康水平和自身抗病能力。

1.1.1　制定绿色防控技术方案

2016 年 3 月 21 日盐都区农委印发小麦、水稻、蔬菜 3 个作物绿色防控技术意见，3 月 10 日盐都区植保植检站制定《盐都区 2016 年粮蔬病虫绿色防控技术方案》，7 月 6 日制定《盐都区 2016 年农作物病虫害绿色防控与专业化统防统治融合示范方案》，通过多种途径广泛宣传培训，为绿色防控和化学农药减量使用工作开展提供技术支撑。

1.1.2　推广高效绿色防控技术

在小麦绿色防控上推广“种植抗耐病虫品种+合理施用基肥+适期精量播种+及时清沟

* 第一作者：许怀萍，女，高级农艺师，主要从事农业技术推广工作；E-mail：yyf-829001@163.com

理墒+春季药剂防治（生物农药）+穗期“一喷三防”（添加助剂）+植物免疫诱抗+统防统治+深翻灭茬”技术模式，选用宁麦 13、扬麦 20 等抗耐赤霉病小麦品种；推广联耕联种，统一品种布局；推广大型旋耕机深旋条播，减少散播和稻套麦种植面积，减少病虫草发生基数；增施基肥、磷钾肥和后期叶面喷肥，减少后期施肥和氮肥用量。在水稻上推广“选用抗病品种+种子处理+秧田覆盖无纺布+栽后科学肥水管理+杀虫灯+性诱剂+稻鸭共作+使用生物农药、高效低毒农药+统防统治+深翻灭茬”的技术模式，选用南粳 9108、连粳 9 号等抗耐病品种，在秧田覆盖防虫网，麦收后快灭茬，适期移栽等，示范硅肥、稻鸭共作、性诱剂、杀虫灯诱杀等综合技术；示范植物免疫诱抗技术，在拔节期、抽穗期喷施 6%低聚糖素 600~800 倍液，提高水稻抗病、抗逆、抗倒能力，增加产量。在蔬菜上按照“生态调控+抗性品种+土壤消毒+种子处理+防虫网+杀虫灯+性诱剂+色板+生物农药、高效低毒农药”技术路线，根据不同蔬菜作物特点，推广适应的绿色防控措施，减少化学农药使用。

1.1.3 建立绿色防控示范区

盐都区 2016 年建立 23 个粮食、蔬菜绿色防控、农药减量控害、科学用药示范区，示范面积 2 333hm^2，辐射 1 万 hm^2。其中在盐都七星现代化农场建立麦稻万亩绿色防控与专业化统防统治融合示范区，制定技术方案，设立展示牌，示范区面积 367hm^2，辐射秦南、楼王、大冈、郭猛等地 6 667hm^2，示范区每 1.34~2hm^{2}安置太阳能杀虫灯一盏，水稻品种选用南粳 9108、淮稻 5 号等综合性状较好的品种，秧田覆盖无纺布，统一进行育秧机插，合理密植，均衡施肥，合理水浆管理和搁田，由盐都区艾津植保专业合作社进行专业化统防统治，防治药剂优先选用高效低毒品种，防治纹枯病采用嘧菌酯·己唑醇、井冈霉素，防治稻瘟病采用三环唑、咪鲜胺，防治稻飞虱选用烯啶·噻嗪酮、吡蚜酮，防治稻纵卷叶螟、大螟采用阿维·甲虫肼、阿维·抑食肼、甲维·茚虫威、杀虫双，7 月不用杀虫剂保护自然天敌，8 月 13—17 日、25—28 日、9 月 2—5 日、8—10 日、12—15 日用药 5 次，比大面积减少用药 1.5 次，9 月 27 日调查，稻飞虱百穴平均 28 头，稻纵卷叶螟卷叶率 0.3%，大螟枯心率 0.1%，纹枯病病枝率 1.4%，稻曲病、稻瘟病基本查不到，总体防效 92%，病虫危害损失率 1%以下，农药使用量减少 23%。其中核心区面积 73.34hm^2，按有机水稻生产标准组织生产，重点推广秧池覆盖防虫网、人工移栽或机插、人工除草、稻鸭共作除草防治纹枯病稻飞虱、杀虫灯诱杀稻纵卷叶螟稻飞虱、性诱剂诱杀稻纵卷叶螟、分蘖期施用硅肥提高植株抗病抗倒能力、拔节期抽穗期使用植物免疫诱抗剂——低聚糖素防治稻瘟病稻曲病纹枯病、井冈霉素防治纹枯病、追施沼液等绿色防控、生态调控技术，不用化学农药、化肥。在楼王镇文昌居委会建立蔬菜千亩绿色防控示范基地，制定蔬菜绿色防控技术方案，设立展示牌，示范区面积 72.2hm^2，由盐城市鼎绿蔬菜生产专业合作社负责具体实施，重点推广轮作换茬、使用抗性品种、种子处理、高畦窄垄、高温闷棚、节水灌溉、覆盖防虫网、杀虫灯杀虫、黄板诱杀、短稳杆菌防治甜菜夜蛾、菜青虫等，高效低毒农药使用率 95%以上，用药区设置安全警示牌，严格按照农药使用规程用药，蔬菜产品全部销售到上海市场。

1.2 加强监测预警，确保精准用药

1.2.1 规范开展测报

精确预报是精准用药、提高防效、减少盲目用药的重要前提。盐都区根据病虫发生为

害特点及变化情况，做到测报规范化，抓住重点，明确分工，团结协作，责任到人，认真落实“三查三结合”工作机制，应查尽查，应报必报，不迟报、不漏报、不瞒报、不错报，当年发布病虫预报 27 期，预报准确率 95%以上。

1.2.2　及时发布信息

植保信息全部纸质化、可视化、网络化，确保第一时间将重大病虫防治信息传递到防治决策指挥者和农民手中，指导农民精准防治、科学防治。2016 年印发小麦赤霉病、油菜菌核病、水稻病毒病、纹枯病、稻瘟病、两迁害虫、蔬菜烟粉虱等粮、蔬病虫情报、防治警报 28 期 4 万余份，在盐城电视台、盐都电视台黄金时段发布重大病虫发生防治电视预报 12 期计 86 天，农作物病虫害电视预报节目成为农民必看节目；在盐都现代农业网（撰本稿时已经融入中国盐都网）、盐城市盐都区植保植检站网页及时发布病虫情报与防治动态信息各 50 多期次。在盐都电视台播出病虫防治新闻 16 次、《植保专栏》38 期，通过 12316 平台、手机短信发布病虫防治信息 17 次，计 51 000条。同时印发防治公告、防治处方、技术明白纸 32 万余份。

1.2.3　加强培训指导

盐都区植保植检站单独举办或与区农干校合办粮蔬病虫草高效绿色防控技术、植保专业化统防统治技术培训 12 个场次，培训公益性服务人员、植保合作社负责人、机防队员、村居干部、新型职业农民、农资经销户代表等 600 多人次。安排植保专家到镇村讲课 20 多场次，培训农民 2 000多人次。12 月 6 日组织蔬菜病虫绿色防控观摩培训活动，先后观摩大冈镇野陆芳地蔬菜家庭农场、郭猛镇国胜家庭农场、楼王镇鼎绿蔬菜专业合作社绿色防控现场，重点介绍了苦参碱、短稳杆菌两个生物农药产品特点和使用技术及性诱剂、黄板使用方法，请盐城市植保站陈永明推广研究员进行蔬菜绿色防控及农药安全使用技术专题辅导，各农业中心主任及规模蔬菜生产基地负责人共 40 多人参加活动。在小麦赤霉病防治和水稻后期病虫防治期，组织区、镇 140 名农技人员“挂镇进村”开展技术指导和督查活动 2 次，每一次挂钩和督查的时间都在 30 天以上，为科学全面打胜小麦赤霉病和水稻后期病虫害防治硬仗起到了有力的指导和促进作用。

1.3　推广高效药剂，开展统防统治

1.3.1　推广生物农药、高效低毒及高活性农药

通过技术推荐、培训引导、广泛宣传、项目带动，积极推广使用短稳杆菌、苦参碱、低聚糖素、茚虫威、氯虫苯甲酰胺、甲氧虫酰肼、烯啶虫胺、噻呋酰胺、拿敌稳、啶磺草胺、甲基二磺隆等生物农药、高效低毒低残留农药、高活性农药 40 万 hm^2次，其中生物农药 10 万 hm^2次，高活性农药 8 万 hm^2次。通过 30 个农户、10 个农药经销商抽样点调查，高效低毒农药使用覆盖率平均达 89. 8%，化学农药使用量比 2015 年减少 3. 6%。

1.3.2　推进植保专业化统防统治

盐都区政府出台推进专业化统防统治奖补政策，对购置大型植保机械和无人植保机的合作组织分别补助 1 万元和 30%购机款，对全承包面积达到 66. 7hm^2、200hm^2、333. 3hm^2的服务组织，分别奖励 1 万元、3 万元、5 万元，推动全区植保社会化服务的发展。区农委 4 月 6 日制定出台了《2016 年植保社会化工作推进意见》，通过小麦“一喷三防”项目、水稻全承包统防统治用工补贴项目、农企合作项目、绿色防控示范区建设项目，支持植保专业化防治组织开展专业化防治服务，新发展植保专业化防治组织 3 个，培植了秦

南、好兄弟、飞鹰、艾津、红太阳、大地丰收、田欢、汉和等一批各具特色的植保专业化防治组织，特别是植保无人机飞防取得较快发展。2016 年植保专业化统防统治面积 15.13 万 hm^2次，占防治面积的 59%，其中水稻占 60.07%。水稻全承包面积达到 2 333.3hm^2，比上年增长 60%。水稻全承包专业化防治区域平均用药 5.3 次，比大面积减少 1.2 次，减少 18.5%，防效 92%以上。植保专业化防治组织粮蔬病虫防治工作中发挥了示范引领作用，防治效果明显好于农民自主防治田。

2 问题与建议

2.1 存在的主要问题

绿色防控、生态恢复投入大、技术繁、见效慢，农民一时难以接受；绿色防控措施需要在足够大的区域范围内实施才能发挥作用，在分散农户多的地方操作比较困难；高效低毒农药成本高，农产品优质没有优价，农民不愿意多投入；农药经销单位多，进货渠道混乱，农药质量问题多。

2.2 建议

加大宣传和技术研究整合力度，通过培训推广，让农民了解绿色防控的好处和简便易行的措施，鼓励、引导农民主动投身到农药零增长行动中；加大财政投入，对愿意开展绿色防控的生产经营主体和农户，免费发放绿色防控物资，对购置绿色防控设施的农户进行财政补贴；加大力度推进土地流转，把分散的土地尽快集中到大户手中，进行规模种植，有利于绿色防控措施的落实；政府对使用高效低毒农药进行补助，进行高效低毒农药政府采购试点工作，实行零差价供应，提高高效低毒农药、高活性农药使用覆盖率。

参考文献（略）

蔬菜绿色防控示范区的建立与技术集成*

袁玉付 仇学平 宋巧凤 曹方元 谷莉莉
(江苏省盐城市盐都区植保植检站，盐城 224002)

摘 要：为探索蔬菜绿色防控技术体系，2014—2016年，江苏省盐城市盐都区通过建立蔬菜绿色防控示范区，从源头上控制“禁限用农药”进入生产前沿，通过组织开展不同蔬菜种类病虫害发生情况调查分析，制定科学合理的绿色防控策略，总结形成了“轮作换茬控病、选用抗耐品种、遮挡阻隔技术、诱杀迷向技术、健身栽培技术、选用生物农药”绿色防控技术集成体系，控制蔬菜病虫为害。

关键词：绿色防控；示范区；技术；集成

蔬菜病虫防治存在过度依赖化学农药，造成蔬菜生产环境破坏严重、蔬菜农药残留量高、蔬菜质量不安全等现象，毒青菜、毒豇豆等“毒”字事件是蔬菜生产中的悲哀与疵点。创建蔬菜病虫绿色防控技术示范区可以从源头上控制“禁限用农药”进入生产前沿，通过组织开展不同蔬菜种类病虫害发生情况调查分析，制定科学合理的绿色防控策略，优化农业、物理、生物防治技术和科学使用高效低毒低残留对环境友好的农药，集成绿色防控技术，控制蔬菜病虫为害。

1 建立蔬菜绿色防控示范区的目标

1.1 明显提升蔬菜质量

最大可能地减少使用化学农药，防治蔬菜严重发生的小菜蛾、菜青虫、蚜虫等主要病虫害，绿色防控技术到位率90%以上，防控效果95%以上，蔬菜中的化学农药残留量明显降低，蔬菜农药残留检测不超标，产品质量检验合格。

1.2 有效控制病虫为害

重抓农业、物理、生物防治，结合科学选用高效、低毒、低残留的环保型农药，提高总体控制效果，蔬菜作物病虫为害损失率在5%以内。

1.3 有效改善生产环境

通过推广蔬菜病虫绿色防控综合配套技术，有效改善蔬菜生产环境，实现蔬菜产业可持续发展。

1.4 蔬菜增产增效明显

通过蔬菜绿色防控示范区建设，辐射带动全区蔬菜病虫害绿色防控面积1.345万hm^2

---

* 第一作者：袁玉付，男，推广研究员，主要从事植保技术推广工作；E-mail：yyf-829001@163.com

次以上，蔬菜产品优质优价，同时每亩减少化学防治 3. 31 次以上，减少防虫防病农药成本及劳资，亩增收节支约 300 元以上，年增收节支达 6 000万元以上。

2 盐都区蔬菜绿色防控示范区的创建

2.1 地址及蔬菜品种

2014 年起盐都区创建蔬菜绿色防控示范区，示范区核心区选择在盐都区楼王镇文昌居委会，盐城市盐都区鼎绿蔬菜专业合作社蔬菜基地，面积 72. 2hm^2，示范作物主要有叶菜类、茄果类、瓜类蔬菜。品种有：芝麻菜、苦叶菜（苦菊）、红叶生菜、玻璃生菜、紫金九层塔、西兰花（青）、有机花菜（白）、广东菜心、芥蓝、奶白菜、芥菜、西瓜等。广东菜心，不同生育期：分别有 28 天、50 天、80 天等；直生型芥蓝，水芥蓝，生育期 42~45 天。利用分枝型芥蓝，品种有：翠宝、绿宝、奇宝，早期易抽薹开花，需打头，利用分枝上市。

2.2 示范区目标任务

绿色防控技术应用覆盖率 100%，核心示范区农残检测合格率 100%，蔬菜产品质量检验合格率 100%，各项指标达到绿色蔬菜生产标准。

2.3 示范区主推技术

加强病虫调查监测，综合运用农业、物理、生物、化学等防控措施，在示范区蔬菜上推广“防虫网防虫+TFC 太阳能灭虫器诱杀蛾类害虫和甲壳类害虫+黄蓝板诱杀蚜虫、潜叶蝇、蓟马+生物性杀菌剂”的绿色防控模式，严格控制化学农药用量，实行病虫害专业化统防统治。

3 蔬菜绿色防控的技术集成

蔬菜病虫绿色防控的总策略是：坚持“预防为主、综合防治”的植保方针，树立“科学植保、公共植保、绿色植保”理念，从蔬菜生态系统的总体出发，本着安全、经济、有效的原则，以农业防治措施为基础，协调运用物理防治和生物防治措施，科学搞好化学防治，大力推广应用生物农药和高效、低毒、低残留、对环境友好的农药，减少化学农药使用量，根据不同药种掌握好用药安全间隔期，以达到高产、优质、低成本、农业生产安全、农产品质量安全和减少污染的目的，保障蔬菜生产足量供应和质量安全。

3.1 轮作换茬控病

针对土传病害，如：枯萎病、黄萎病、根腐病、根结线虫等和连作障碍返碱严重的设施蔬菜和露地蔬菜，推广水旱轮作换茬控病技术，可有效控制土传病害，对灰霉病、霜霉病、白粉病、轮纹病也有较好的控制效果。或与其他种类蔬菜或作物轮作三年以上，以减轻病虫害发生的程度，同时还可解决土壤盐渍化、返碱等连作障碍，实现蔬菜可持续发展。种植模式如水稻-叶菜、水芹-瓜类等。

3.2 选用抗耐品种

选用生产上抗耐病虫、高产、优质、适应性强的抗抽薹的品种，广东菜心主要有：不同生育期，分别有 28 天、50 天、80 天等。广东芥蓝主要有：直生型芥蓝，水芥蓝，生育期 42~45 天。利用分枝型芥蓝，品种有：翠宝、绿宝、奇宝，早期易抽薹开花，需打头，利用分枝上市。大白菜选用绿宝、鲁白 11、津东中青 1 号等抗病品种，花椰菜选用丰乐、农乐等抗病品种。

3.3 遮挡阻隔技术

春季气温回升后，保留大棚棚膜和裙膜，平时将裙膜卷起，棚门打开，下雨时放下裙膜，关上棚门，用以避雨降湿，预防茄果类、瓜类疫病及青枯病等土传病害。蔬菜生长期内，在棚架上覆盖50目防虫网，把网棚的四周压紧，不留缝隙，防止小菜蛾、斜纹夜蛾、甜菜夜蛾、瓜绢螟、豆荚螟等害虫进入棚内为害。在棚室通风口设置防虫网，阻隔秋季烟粉虱在菜苗上的产卵；防虫网覆盖培育无虫苗，压低越冬基数。

3.4 诱杀迷向技术

针对鳞翅目害虫采用专用性诱剂、性信息素、食诱剂诱杀和性迷向剂迷向技术。在蚜虫、粉虱、美洲斑潜蝇成虫发生期，用黄板或信息素黄板诱杀成虫；用蓝板诱杀蓟马、种蝇等害虫。每亩均匀插挂20cm×30cm的色板20块，色板高出蔬菜30cm，每月更换一次。使用频振杀虫灯、新型飞蛾诱捕器诱杀成虫。每$2hm^2$菜地安装太阳能杀虫灯一盏，杀虫灯底部距地面1.5m。每年4—10月，每晚天黑开灯，天亮关灯。诱杀斜纹夜蛾、甜菜夜蛾、豆荚螟、小菜蛾、瓜绢螟等蔬菜害虫的成虫。利用昆虫性信息素仿生、释放和传递，诱杀成虫或干扰昆虫交配行为控制为害。性诱杀技术主要用于斜纹夜蛾、甜菜夜蛾、甘蓝夜蛾、小菜蛾等鳞翅目害虫，通过诱杀大量雄成虫，控制子代种群数量。而且可结合测报进行性诱杀。性迷向技术主要通过性信息素缓慢释放，用于防治小菜蛾、实心虫等，田间浓度长时间维持较高水平，进而减少雌虫与雄虫相遇交配机率，控制害虫发生和为害。

3.5 健身栽培技术

优化蔬菜作物布局、及时清理田间杂物和杂草，尤其是上茬植株病残体和残病叶，深耕细耙、高垄窄畦、土壤消毒、高温闷棚、合理配方、平衡施肥、节水灌溉、通风降湿、整枝打叉，摘除老叶，捏杀虫卵，增强蔬菜抗病虫能力、减少病、虫发生基数，减少病害初侵染来源。增施腐熟的有机肥，每亩施腐熟有机肥3 000~4 000kg，培育健康种苗，并结合农田生态工程、作物间套种、天敌诱集带等生物多样性调控与自然天敌保护利用等技术，改造病虫害发生源头及孳生环境，人为增强自然控害能力和作物抗病虫能力。土壤撒施石灰，防治枯萎病、根腐病、根结线虫病等土传病害。

3.6 选用生物农药

首先必须保护利用天敌，主要是保护利用田间瓢虫、食蚜蝇等自然天敌或释放天敌昆虫，以虫治虫，治虫防病。其次是优先选用生物农药，以菌治虫、以菌治菌，对环境污染小，对农产品质量安全，对蔬菜特别是上市前最后1~2次防治使用生物农药，控制为害，减少农药残留。通过使用病原细菌、真菌、病毒以及植物源农药防治病虫害，如推广细菌性的短稳杆菌、多杀菌素、苏云金杆菌微生物杀虫剂（BT）、乙基多杀菌素、斜纹夜蛾多角体病毒、甜菜夜蛾多角体病毒、植物源农药印楝素和苦参碱等生物农药防治小菜蛾、菜青虫、蓟马、斜纹夜蛾、甜菜夜蛾、二十八星瓢虫等，推广应用枯草芽孢杆菌防治甜瓜枯萎病、番茄青枯病，推广宁南霉素防治多种蔬菜病毒病。再次，立足推广应用高效、低毒、低残留、环境友好型农药，优化集成农药的交替使用、精准使用、安全使用等技术。

参考文献（略）

不同药剂处理对黄芪毛蕊异黄酮葡萄糖苷的影响*

周泽璇** 史 娟***
（宁夏大学农学院，银川 750021）

摘 要：为了明确不同化学药剂对黄芪有效成分的影响，为生产当中合理使用化学药剂提供依据。本试验对不同化学药剂处理的黄芪进行了黄芪质量指标性成分毛蕊异黄酮葡萄糖苷的含量测定。结果表明：供试的12种化学药剂，对毛蕊异黄酮葡萄糖苷的含量均有一定的影响，其中以防治蚜虫的高浓度120.1ml/hm^{2}的高效氯氰菊酯对毛蕊异黄酮葡萄糖苷的影响较大，其有效成分含量为0.045 6%；其次是防治白粉病的高浓度600.6ml/hm^{2}的卡拉生对毛蕊异黄酮葡萄糖苷的影响较大，其有效成分含量为0.071 3%；防治霜霉病的低浓度660.7g/hm^{2}的霜霉威对毛蕊异黄酮葡萄糖苷的影响较大，其有效成分含量为0.062 4%。药剂的使用会使其含量下降，影响黄芪的品质。

关键词：黄芪；病虫害；药剂处理；毛蕊异黄酮葡萄糖苷

1 引言

黄芪为豆科植物蒙古黄芪 *Astragalus membranaceus*（Fisch.）Bge. var. *mongholicus*（Bge.）Hsiao或膜荚黄芪 *Astragalus membranaceus*（Fisch.）Bge. 的干燥根，具有补气固表、利水退肿、托毒排脓、生肌等功效，是我国常用的传统中药材之一，也是补中益气的良药[1]。在我国的黑龙江、吉林、内蒙古、河北、山西、宁夏和甘肃等地广泛种植[2]，主产于内蒙古、山西、甘肃、黑龙江、宁夏等地[3]，目前被广泛地利用于医药行业，具有极高的经济和药用价值。近年来，随着人们的肆意采挖，野生黄芪的数量逐渐减少，而市场的需求大不能被满足，因此人工栽培黄芪成为药材的主要来源。伴随人工栽培黄芪种植面积的不断扩大，病虫草鼠害为害日渐突出，成为黄芪优质安全生产的重要限制因素之一。尤其是防治病虫害过程中大量使用化学农药对黄芪质量和安全性造成的影响成为中药材规范化种植的问题。

黄芪的生物活性成分与其药用价值关系密切，是黄芪质量评价的重要标准之一。化学药剂是否对中药材药效成分产生影响，我们不清楚。为了阐明这一问题，通过不同化学药剂对黄芪进行处理，比较其有效成分含量的变化，探究药剂的使用对黄芪药有效成分含量的影响，进而评价黄芪的质量，为选择适合的药剂、保证药材的有效性和质量控制的科学性，提高黄芪药材的质量控制水平，为黄芪的规范化种植提供数据支持，使其能够更好地服务于中药材产业。

---

* 基金项目：宁夏科技支撑计划（2014106）宁夏六盘山区中药材病虫害绿色防控关键技术研究
** 第一作者：周泽璇，女，在读硕士；E-mail：943506719@ qq. com
*** 通信作者：史娟；E-mail：shi_ j@ nxu. edu. cn

2 材料与方法

2.1 试验时间和地点

田间试验于2016年4—10月进行，试验地点设在国家中药材种植基地的宁夏回族自治区隆德县联财镇宁夏国隆中药材科技有限公司的黄芪规范化种植基地。试验区地处105°51.684′E 35°33.712′N，海拔1 845m。属温带大陆性气候，前茬种植作物为党参，土壤类型为砂壤土。

2.2 试验材料

2.2.1 供试化学药剂

选择药剂列于表1。

表1 供试化学药剂

病虫害	药剂
白粉病	多菌灵
	苯醚甲环唑
	卡拉生
	菌立停
	甲基硫菌灵
霜霉病	精甲霜锰锌
	波尔多液
	百菌清
	霜霉威
蚜虫	吡虫啉
	苦参碱
	高效氯氰菊酯

2.2.2 供试药材

二年生蒙古黄芪（*Radix astagali*）药材。2016年11月采挖。

2.3 试验设计

2.3.1 不同药剂处理设计

药剂处理分3个浓度梯度见表2。

表2 不同药剂浓度处理表

药剂	小区用量（/L）			亩用量（/hm^2）		
	低浓度	中浓度	高浓度	低浓度	中浓度	高浓度
多菌灵	11.9g	16.7g	21.5g	714.7g	1 003.0g	1 291.3g
苯醚甲环唑	2.5g	3.5g	4.5g	150.2g	210.2g	270.3g

（续表）

药剂	小区用量（/L）			亩用量（/hm²）		
	低浓度	中浓度	高浓度	低浓度	中浓度	高浓度
卡拉生	5. 0ml	7. 5ml	10. 0ml	300. 3ml	450. 5ml	600. 6ml
甲基硫菌灵	5. 3g	14. 5g	23. 8g	330. 3g	870. 9g	1 429. 4g
菌立停	30. 0ml	36. 0ml	42. 0ml	1 801. 8ml	2 162. 2ml	2 522. 5ml
精甲霜锰锌	16. 9g	19. 2g	21. 8g	1 009. 0g	1 153. 2g	1 309. 3g
波尔多液	12. 0ml	14. 0ml	16. 0ml	720. 7ml	840. 8ml	961. 0ml
百菌清	9. 0g	12. 5g	16. 0g	540. 5g	750. 8g	961. 0g
霜霉威	11. 0g	13. 0g	15. 0g	660. 7g	780. 8g	900. 9g
吡虫啉	0. 2g	0. 3g	0. 4g	12. 0g	18. 0g	24. 0g
苦参碱	2. 3ml	2. 7ml	3. 0ml	138. 1ml	162. 2ml	180. 2ml
高效氯氰菊酯	1. 0ml	1. 5ml	2. 0ml	60. 1ml	90. 1ml	120. 1ml

2. 3. 2　田间小区设计及种植管理

试验小区面积为 $3m \times 3.7m = 11.1m^2$，共有小区 $12 \times 3 \times 3 = 108$ 块，随机区组排列。移栽时间为 2016 年 4 月 25—28 日，移栽苗均为产自甘肃省陇西县的一年生蒙古黄芪种苗，根长 15~30cm，根头粗 6mm 以上，均由隆德县国隆中药材有限公司提供。种植方式：开沟斜栽，按常规进行田间管理。

每种药剂 3 个处理，每个处理 3 个重复，常规喷雾，另设 3 个小区作对照。喷药两次，分别为 7 月 26 日和 7 月 31 日，喷施药剂时应注意防止雾滴飘移，喷药时喷雾器具每次用后清洗干净，每个小区喷药均匀，每 10L 水喷施 3 块实验小区。

2. 4　试验方法

2. 4. 1　取样及样品的处理

田间每一个药剂、每一个浓度、每一个重复小区均取 3~5 株样品，带回实验室后将同一药剂同一浓度 3 个重复小区的样品混匀，除去泥土截成小截，用微型植物试样粉碎机粉碎，过 4 号筛，装入自封袋放入干燥器里保存。

2. 4. 2　试验试剂

分析纯甲醇、色谱纯甲醇、纯净水、色谱纯乙腈、色谱纯甲酸。

2. 4. 3　试验仪器

十万分之一电子分析天平，安捷伦 1260 高效液相色谱仪配有 DAD 检测器，索氏提取器，旋转蒸发仪。

2. 4. 4　毛蕊异黄酮葡萄糖苷对照品溶液的制备

取毛蕊异黄酮葡萄糖苷对照品适量，精密称定，加甲醇制成每 1ml 含 50μg 的溶液，即得。

2. 4. 5　供试品溶液的制备

取本品粉末（过 4 号筛）约 1g，精密称定，置圆底烧瓶中，精密加入甲醇 50ml，称定重量，加热回流 4h，放冷，再称定重量，用甲醇补足减失的重量，摇匀，滤过，精密量取续滤液 25ml，回收溶剂至干，残渣加甲醇溶解，转移至 5ml 量瓶中，加甲醇至刻度，摇匀，即得。

2.4.6　色谱条件与系统适用性试验

以十八烷基硅烷键合硅胶为填充剂；以乙腈为流动相 A，以 0.2%甲酸溶液为流动相 B，按照梯度洗脱：0～20min，20% A～40% A；20～30min，40% A～40% A。检测波长为 260nm。理论板数按毛蕊异黄酮葡萄糖苷峰计算应不低于 3 000。

2.4.7　毛蕊异黄酮葡萄糖苷含量的测定

分别精密吸取对照品溶液与供试品溶液各 10μl，注入液相色谱仪，测定，即得。

2.5　数据处理

使用 Microsoft office2007 软件进行数据统计，以及 DPS 软件进行方差分析处理。

3　结果与讨论

3.1　防治蚜虫用药剂处理对毛蕊异黄酮葡萄糖苷含量的影响

由表 3 可知，防治蚜虫的不同药剂对毛蕊异黄酮葡萄糖苷的含量均有影响。供试药剂使用后毛蕊异黄酮葡萄糖苷的含量均显著下降（$P<0.01$）。经吡虫啉处理后，随给药浓度的增加毛蕊异黄酮葡萄糖苷含量也明显增加（$P<0.05$）；经高效氯氰菊酯和苦参碱处理后，在低浓度时毛蕊异黄酮葡萄糖苷含量明显高于高、中浓度。

表 3　防治蚜虫为害的不同药剂对毛蕊异黄酮葡萄糖苷含量的影响

处理	剂量	含量（%）	RSD（%）
CK		0.131 1±0.001 7A	1.35
吡虫啉	24.0g	0.085 4±0.001 5D	1.82
	18.0g	0.076 2±0.000 7Ef	1.03
	12.0g	0.078 6±0.001 9E	2.46
高效氯氰菊酯	120.1ml	0.045 6±0.000 3Hi	0.66
	90.1ml	0.050 1±0.001 0Gh	2.03
	60.1ml	0.078 9±0.001 8E	2.39
苦参碱	180.2ml	0.089 4±0.002 6C	2.96
	162.2ml	0.070 8±0.001 2Fg	1.75
	138.1ml	0.095 8±0.001 3B	1.35

注：同列不同小写字母表示差异显著（$P<0.05$），不同大写字母表示差异极显著（$P<0.01$）。下同

3.2　防治白粉病用药剂处理对毛蕊异黄酮葡萄糖苷含量的影响

由表 4 可知，除低浓度的甲基硫菌灵外其他供试药剂使用后毛蕊异黄酮葡萄糖苷的含量均显著下降（$P<0.01$）。苯醚甲环唑和菌立停在高浓度时，黄芪中毛蕊异黄酮葡萄糖苷含量较高，而多菌灵和卡拉生在中等浓度时，黄芪中毛蕊异黄酮葡萄糖苷含量较高，当浓度增大时可能抑制毛蕊异黄酮葡萄糖苷含量的累积。

表 4　防治白粉病为害的不同药剂对毛蕊异黄酮葡萄糖苷含量的影响

处理	剂量	含量	RSD（%）
CK		0.131 1±0.001 7B	1.35
多菌灵	1 291.3g	0.072 0±0.002 1Hij	2.91
	1 003.0g	0.090 9±0.001 3E	1.49
	714.7g	0.074 1±0.001 5GHi	2.13
苯醚甲环唑	270.3g	0.094 2±0.000 8D	0.94
	210.2g	0.072 9±0.001 5Hij	2.09
	150.2g	0.081 8±0.001 3EFg	1.65
卡拉生	600.6ml	0.071 3±0.001 2 Hj	1.71
	450.5ml	0.082 9±0.002 0EFg	2.49
	300.3ml	0.076 7±0.001 9Gh	2.57
菌立停	2 522.5ml	0.098 0±0.002 1C	2.17
	2 162.2ml	0.085 3±0.000 5Ef	0.68
	1 801.8ml	0.072 3±0.001 6 Hij	2.31
甲基硫菌灵	1 429.4g	0.080 5±0.002 2Fg	2.75
	870.9g	0.072 6±0.001 3 Hij	1.79
	330.3g	0.135 4±0.003 7A	2.76

注：同列不同小写字母表示差异显著（$P<0.05$），不同大写字母表示差异极显著（$P<0.01$）。下同

3.3　防治霜霉病用药剂处理对毛蕊异黄酮葡萄糖苷含量的影响

由表5可知，防治霜霉病的不同药剂对毛蕊异黄酮葡萄糖苷的含量均有影响。供试药剂使用后毛蕊异黄酮葡萄糖苷的含量均显著下降（$P<0.01$），经精甲霜锰锌处理后，随着药剂浓度的增加毛蕊异黄酮葡萄糖苷含量也明显增加（$P<0.01$）；波尔多液和霜霉威在中等浓度时，黄芪中毛蕊异黄酮葡萄糖苷含量较高，当药剂浓度增大时可能抑制毛蕊异黄酮葡萄糖苷含量的累积。

表 5　防治霜霉病为害的不同药剂对毛蕊异黄酮葡萄糖苷含量的影响

处理	剂量	含量	RSD（%）
CK		0.131 1±0.001 7Aa	1.35
精甲霜锰锌	1 309.3g	0.094 0±0.002 3Cc	2.46
	1 153.2g	0.092 1±0.000 9CDcd	1.00
	1 009.0g	0.065 0±0.001 8Ii	2.84

（续表）

处理	剂量	含量	RSD（%）
波尔多液	961.0ml	0.080 5±0.001 3Gg	1.73
	840.8ml	0.090 2±0.000 8Dde	0.93
	720.7ml	0.089 7±0.002 1DEe	2.40
百菌清	961.0g	0.105 0±0.001 2Bb	1.18
	750.8g	0.075 9±0.000 6Hh	0.84
	540.5g	0.086 9±0.001 7EFf	2.04
霜霉威	900.9g	0.077 2±0.000 8Hh	1.07
	780.8g	0.085 9±0.001 6Ff	1.86
	660.7g	0.062 4±0.001 2Ij	1.99

注：同列不同小写字母表示差异显著（$P<0.05$），不同大写字母表示差异极显著（$P<0.01$）。下同

4 讨论与结论

中药材作为配方制剂的原材料，它的药效及质量关乎着药品的安全有效与人类的身体健康。然而在生长发育过程中病虫害的发生是不可避免的，人们常常使用化学药剂来防治病虫害的发生，在生产中如何做到既防控病虫害的发生又能减少农药残留，同时不影响药材内在品质成为我们关注的问题。本试验通过研究不同药剂处理对黄芪中的有效成分毛蕊异黄酮葡萄糖苷的影响，探究化学药剂对黄芪内在品质的影响，筛选出对黄芪内在品质影响程度最小可以防治病虫害的最佳药剂，保证黄芪药材的质量和有效性，提高黄芪药材的质量控制水平，为人工栽培黄芪的规范化种植提供数据支持。

前人对于药用植物化学药剂施用的研究，通常在药剂对于植物病虫害的防治效果以及药剂使用后对植物进行药剂残留的检测，但是忽略了化学药剂对药用植物内在品质的影响。本实验研究发现防治病害的化学药剂对黄芪有效成分毛蕊异黄酮葡萄糖苷具有一定的影响，研究结果显示防治蚜虫的高浓度的高效氯氰菊酯对毛蕊异黄酮葡萄糖苷的影响较大；防治白粉病的高浓度的卡拉生对毛蕊异黄酮葡萄糖苷的影响较大；防治霜霉病的低浓度的霜霉威对毛蕊异黄酮葡萄糖苷的影响较大。

在试用的不同浓度的化学药剂中，除低浓度的甲基硫菌灵之外，其他不同浓度的化学药剂在施用后有效成分的含量均显著降低，低浓度的甲基硫菌灵施用后有效成分的含量高于没有施用药剂的对照组，所以在有效的防治白粉病的同时可以保障黄芪的品质，是防治白粉病的最佳防治药剂；低浓度的苦参碱是防治蚜虫影响黄芪品质程度最小的最佳防治药剂；高浓度的百菌清是防治霜霉病影响黄芪品质程度最小的最佳防治药剂。由于有效成分是黄芪质量的指标性成分从而黄芪品质的下降，黄芪的品质和有效性无法得到保障。因此，在黄芪的人工栽培过程中应合理的规范化栽植，尽量避免化学药剂的使用，以保证药材的品质和安全。

参考文献（略）

湖北省花生主产区花生田杂草种类与群落特征*

李儒海[1**]　褚世海[1]　黄启超[1]　陶　江[2]　徐福乐[2]　宫　振[3]　谢支勇[4]

（1. 湖北省农业科学院植保土肥研究所，农业部华中作物有害生物综合治理重点实验室，农作物重大病虫草害防控湖北省重点实验室，武汉　430064；2. 湖北省红安县植保植检站，红安　438400；3. 湖北省襄阳市植物保护站，襄阳　441021；4. 湖北省荆门市植物保护检疫站，荆门　448000）

摘　要：为了明确湖北省花生主产区花生田杂草的发生危害现状和群落组成特征，运用倒置"W"9点取样法对花生田杂草群落进行了调查。湖北省花生主产区包括鄂东北地区的黄冈市团风县、麻城市、红安县，孝感市大悟县；鄂北地区的襄阳市宜城市、襄城区、襄州区；其他地区零星种植。本次调查涵盖了以上花生主产地区，共调查了有代表性的120块花生田。结果表明，该省花生主产区花生田杂草有76种，隶属于24科。其中菊科杂草最多，有16种，占21.1%；禾本科杂草有14种，占18.4%；莎草科杂草有6种，占7.9%；大戟科杂草有5种，占6.6%；玄参科与苋科杂草均有4种，均占5.3%；锦葵科、鸭跖草科和茄科杂草均有3种，均占3.9%；木贼科、蓼科和唇形科杂草均有2种，均占2.6%；藜科、马齿苋科、梧桐科、商陆科、防己科、番杏科、葡萄科、酢浆草科、旋花科、柳叶菜科、豆科和爵床科杂草均有1种，均占1.3%。

在鄂东北地区花生田调查到的70种杂草中，鳢肠、马唐和火柴头等3种的相对多度大于45，为优势种类，它们对当前鄂东北地区花生的危害最重，应作为防除重点；铁苋菜、球柱草、青葙、胜红蓟、香附子和牛筋草等6种的相对多度介于15~45，为局部优势种类，它们在有些田块的危害重，也应作为防除重点；相对多度为5~15的包括旱稗、糠稷、母草、马齿苋、碎米莎草、空心莲子草、小飞蓬、粟米草、藜、水虱草和合萌等11种，为次要杂草，它们有可能上升为主要杂草，在防除中也应予以关注；其他50种杂草的相对多度小于5，为一般性杂草，这些杂草发生危害程度轻或偶见。

在鄂北地区花生田调查到的41种杂草中，马唐、铁苋菜、火柴头和鳢肠等4种的相对多度大于45，为优势种类，它们对当前鄂北地区花生的危害最重，应作为防除重点；旱稗、千金子、牛筋草、青葙和碎米莎草等5种的相对多度介于15~45，为局部优势种类，它们在有些田块的危害重，也应作为防除重点；相对多度为5~15的有马齿苋、苘麻、苦蘵、刺儿菜、香附子和粟米草等6种，为次要杂草，它们有可能上升为主要杂草，在防除中也应予以关注；其他26种杂草的相对多度小于5，为一般性杂草，这些杂草发生危害程度轻或偶见。与鄂北地区相比，鄂东北地区花生田杂草群落的物种丰富度、Shannon-Wiener指数、Pielou均匀度指数较高，而Simpson优势度指数较低。

关键词：花生；杂草种类；群落特征；相对多度；杂草多样性；湖北省

---

* 基金项目：湖北省农业科技创新中心资助项目（2016-620-000-001-018）

** 第一作者：李儒海，男，博士，研究员，主要从事杂草生物生态学及综合治理研究；E-mail：ruhaili73@163.com

玉米种子对噻虫胺和噻虫嗪种衣剂吸收的研究*

栗增然** 袁会珠 杨代斌***

（中国农业科学院植物保护研究所，农业部农药化学与应用重点开放实验室，北京 100193）

摘 要：为探明噻虫胺和噻虫嗪种衣剂在玉米中的传导吸收和持效性，给其在玉米包衣上的合理应用提供参考，对玉米种子经噻虫胺和噻虫嗪包衣后对其的吸收传导情况进行了研究。实验采用自制的25%噻虫胺和25%噻虫嗪悬浮种衣剂，对玉米分别进行1：500（a）和1：1 000（b）包衣并在温室中培养，在玉米不同生长时期分别取玉米的种子（去皮）、根和茎叶样品，经改进的QuEChERS方法对样品进行提取和净化等处理后，用超高效液相色谱（WatersAcquity UPLC BEH C18柱，应用软件为Empower3）进行检测分析。本研究通过优化样品前处理条件和色谱分析的条件，噻虫胺和噻虫嗪在玉米种子、根和茎苗中的回收率均在95%～115%，相对标准偏差（RSD）均小于20%，均能达到农药登记检测试验的要求。通过对玉米发芽前噻虫胺包衣玉米的种子和种皮的检测分析发现，包衣一天后大约有一半的药量进入到了种子内。试验结果表明，在玉米的生长初期，经噻虫胺1：500和1：1 000包衣后，其根和苗中噻虫胺的含量平均在21.0mg/kg、9.6mg/kg和17.8mg/kg、8.9mg/kg；噻虫嗪1：500和1：1 000包衣后，生长初期根和苗中的平均含量在16.5mg/kg、7.8mg/kg和12.5mg/kg、6.8mg/kg。另外，由于噻虫嗪可以被代谢成为噻虫胺，用噻虫嗪处理玉米种子后，有一部分被代谢成了噻虫胺，通过检测发现，随着玉米的生长，噻虫胺的含量并有略微的增加，说明在玉米幼苗生长过程中噻虫嗪包衣中噻虫嗪和噻虫胺一起作用而发挥着防治田间病虫害的作用。对玉米生长周期的三次不同时间的取样进行检测分析发现，玉米种子里的药剂含量随着玉米的生长而不断减小，而玉米根和苗中的噻虫胺和噻虫嗪含量却呈现出略微增长的态势，说明噻虫胺和噻虫嗪在玉米中可能有蓄积现象的发生，即随着玉米的生长，种子里或土壤中存留的噻虫胺会向根或茎叶中迁移，这需要进一步的研究。总之，本试验采用的前处理及分析测定方法，具有良好的选择性，灵敏度高，且能够降低基质的干扰并满足分析的要求，可为噻虫胺和噻虫嗪在不同环境介质及作物的检测提供依据和参考。实验中无药害发生，且处理组长势要好于对照，包衣后玉米幼苗生长阶段各部分含药量都很高，可有效地防除生长期间的各种害虫。

关键词：玉米；噻虫胺；噻虫嗪；种衣剂

---

* 基金项目：公益性行业（农业）科研专项（201303026）

** 第一作者：栗增然，男，硕士研究生；E-mail：lizengran@foxmail.com

*** 通信作者：杨代斌，男，副研究员，从事农药应用工艺学研究；E-mail：yangdaibin@caas.cn

基于机器视觉的温室害虫自动监测设备研究*

刘蒙蒙[1,2]** 赵 丽[1] 许建平[3] 陈梅香[1] 纪 涛[1,4] 刘 冉[1,4]
温冬梅[1] 柳 瑞[1] 陈 明[2] 杨信廷[1,2] 李 明[1]***
(1. 北京农业信息技术研究中心，国家农业信息化工程技术研究中心，农产品质量安全追溯技术及应用国家工程实验室，农业部农业信息技术重点实验室，北京 100097；
2. 上海海洋大学信息学院，上海 201306；3. 北京市丰台区植保植检站，北京 100070；
4 石河子大学农学院，石河子 832003)

摘 要：植物病虫灾害是中国三大自然灾害之一，其识别、监测、预警是防控工作的决策信息源头。害虫种类及其动态数量变化的获取是精准防治的重要基础之一，传统人工监测方法费时费力易受主观影响，难以满足农业生产实际需求。为了监测温室黄瓜虫害种类、数量变化情况以预测虫害发展趋势，本研究设计了基于机器视觉的温室害虫田间自动监测设备，并开发了基于边缘检测分割和支持向量机的粘虫板图像识别算法。田间自动监测设备自上而下分别是太阳能板、诱虫板与安卓手机拍照盒、20 000mAh 的蓄电池箱，发了基于手机系统的害虫监测软件。监测软件可实现定时（单位为分）拍照，利用 GPRS/2G/3G/4G 移动无线网络，定时采集现场图像，自动上传到远端的物联网监控服务平台，可随时远程了解田间虫情情况与变化，记录每天采集数据，形成虫害数据库。图像识别算法首先增强害虫目标与背景的对比性，利用 prewitt 边缘检测算子和 canny 边缘检测算子提取害虫目标区域，再进行特征提取、特征值归一化，最后利用支持向量机训练与识别。将该设备置于北京小汤山国家精准农业研究示范基地进行温室黄瓜粉虱和蓟马害虫监测试验，从获取的害虫图像中选取 30 幅作为建立训练与测试模型，利用图像识别算法计数准确率为 93. 3%，平均识别准确率达到了 93. 5%，单种害虫识别率分别是 96. 0%和 91. 0%，试验结果表明所提方法能实现自动监测设备的诱虫板害虫图像计数与识别，这为综合害虫管理系统提供了数据支持。

关键词：机器视觉；粘虫板；自动监测；图像识别；支持向量机

---

* 基金项目：北京市自然科学基金青年项目（6164034）；国家自然科学基金青年科学基金项目（31401683）；欧盟 FP7 项目（PIRSES-GA-2013-612659）

** 第一作者：刘蒙蒙，主要从事农业病虫害监测预警研究；E-mail：mmliu_ shou@ 163. com
*** 通信作者：李明；E-mail：lim@ nercita. org. cn

植保无人机低空低容量喷雾在茶园的雾滴沉积分布探讨及对茶小绿叶蝉的防效研究*

王 明[1**] 王 希[2**] 何 玲[1] 罗勤川[1]
范劲松[2] 史建苗[2] 钟 玲[2] 袁会珠[1***]
（1. 中国农业科学院植物保护研究所，北京 100193；
2. 江西省植保植检局，南昌 330096）

摘 要：茶小绿叶蝉（*Empoasca pirisuga* Matumura），发生普遍，全国各产茶省、自治区均有发生，是主要茶叶害虫之一。此虫一年发生 8~12 代，且世代交替。严重为害夏秋茶，受害茶树芽叶蜷缩、硬化、叶尖和叶缘红褐枯焦，芽梢生长缓慢，对茶叶产量和品质影响很大。本文就植保无人机低空低容量喷雾和传统的大容量喷雾在茶园喷施红袖（10%吡虫啉可湿性粉剂）12g/666.7m² 来防治茶小绿叶蝉，以诱惑红作为喷雾质量检测的示踪剂，用量为 30 g/666.7m²。结果表明：4 种植保无人机中，单旋翼植保无人机 1 喷雾雾滴在茶树上部、中部、下部的雾滴密度分别为 110.5 个/cm²、58.2 个/cm²、24.1 个/cm²，沉积量分别为 12.75μg/cm²、4.54μg/cm²、2.42μg/cm²；单旋翼植保无人机 2 喷雾雾滴在茶树上部、中部、下部的雾滴密度分别为 127.4 个/cm²、88.3 个/cm²、61.9 个/cm²，沉积量分别为 10.86μg/cm²、2.35μg/cm²、1.83μg/cm²；六旋翼植保无人机 1 喷雾雾滴在茶树上部、中部、下部的雾滴密度分别为 18.5 个/cm²、10.2 个/cm²、9.2 个/cm²，沉积量分别为 5.90μg/cm²、1.24μg/cm²、0.06μg/cm²；六旋翼植保无人机 2 喷雾雾滴在茶树上部、中部、下部的雾滴密度分别为 80.4 个/cm²、47.1 个/cm²、15.0 个/cm²，沉积量分别为 12.85μg/cm²、3.32μg/cm²、1.05μg/cm²，4 种植保无人机低空低容量喷雾的雾滴有效沉积率在 50%~60%。3 种传统的大容量喷雾器械中背负式手动喷雾器喷雾雾滴在茶树上部、中部、下部的沉积量分别为 4.22μg/cm²、1.10μg/cm²、0.50μg/cm²，背负式电动喷雾器喷雾雾滴在茶树上部、中部、下部的沉积量分别为 5.10μg/cm²、2.97μg/cm²、1.80μg/cm²，担架式动力喷雾机喷雾雾滴在茶树上部、中部、下部的沉积量分别为 2.92μg/cm²、1.01μg/cm²、0.68μg/cm²，3 种传统喷雾器械的大容量喷雾的雾滴有效沉积率在 30%~40%。药后 4 天，单旋翼植保无人机 1 和 2 对茶小绿叶蝉防治效果分别达到 83.3%±8.6%、86.8%±5.4%；六旋翼植保无人机 1 和 2 对茶小绿叶蝉防治效果分别达到 90.4%±6.2%、89.2%±7.6%；背负式手动喷雾器、背负式电动喷雾

---

* 基金项目：国家重点研发计划（2016YFD0201305）农药减施增效技术效果监测与评估研究

** 第一作者，王明，男，硕士研究生；E-mail：460719269@ qq. com
王希，女，副主任科员；E-mail：jxnysy@ 163. com

*** 通信作者：袁会珠，男，博士，研究员；E-mail：hzhyuan@ ippcaas. cn
钟玲，女，江西省植保植检局局长；E-mail：zhonglingjx@ hotmail. com

器和担架式动力喷雾机的防治效果分别达到93.2%±6.4%、91.8%±5.9%和92.8%±4.6%。可以看出单旋翼植保无人机与多旋翼植保无人机喷雾防治茶小绿叶蝉的效果差异不显著。植保无人机低空低容量喷雾与传统的大容量喷雾防治茶小绿叶蝉的效果差异也不显著。植保无人机低空低容量喷雾在茶园喷雾，药液的流失很少，更多的药液都沉积在茶叶上，农药的利用率较传统的大容量喷雾高，且对茶小绿叶蝉的防效的差异也不显著，为茶园的农药减量提供了可能性。另外植保无人机的作业效率更高，节省大量的劳动力，是高功效、省力化的植保机械。

关键词：植保无人机；沉积量；有效沉积率；茶小绿叶蝉；防治效果

植物根系分泌物的分离鉴定*

马艳华** 李 雪 李建一 王超群 热孜宛古丽·阿卜杜克热木
曹雅忠 尹 姣 张 帅 李克斌***
(中国农业科学院植物保护研究所，北京 100193)

摘 要：近年来，国内外学者对根系分泌物的成分、基本特性、释放机制等进行了相应报道。本文结合国内外关于根系分泌物研究的文献，对根系分泌物的组成、作用、对根际微生物的影响，以及根系分泌物的提取方法、分离纯化方法、检测鉴定方法进行了综述。为研究者找到合适的根系分泌物的分离提取研究方法提供参考。

关键词：根系分泌物；根际微生物；收集；分离纯化；检测

根系分泌物是指植物在生长过程中，通过根系向生长基质中释放的各类物质，包括低相对分子质量的有机物质、根细胞脱落物及其分解产物、高相对分子质量的黏胶物质、气体、质子和养分离子等[1]。根系分泌物在土壤结构形成、土壤养分活化、植物养分吸收、环境胁迫缓解等方面都具有重要作用[2]，对根系分泌物的研究是植物营养、化感作用、生物污染胁迫、环境污染修复等研究领域的重要内容，受到国内外学者的普遍关注。但是，由于土壤中微生物对根系分泌物的吸收、利用以及根系分泌物本身组分复杂、含量低，种类和数量随植物类型、根际环境而异等特点，使得根系分泌物难以有效提取[3]。

目前植物根系分泌物的分离、鉴定、纯化方法多样，不够统一，限制了植物根系分泌物研究领域的发展。本文将现阶段根系分泌物研究中应用较多的收集、分离和鉴定手段进行了介绍和评价，希望有助于找到高效、可信、可行的根系分泌物研究方法和技术，供相关研究者参考。

1 根分泌物的组成、数量及作用

根分泌物是根产物的总称，是由多组分构成的复杂的非均一体系，根释放的低分子量有机物质、高分子量黏胶物质和根细胞脱落物构成了根分泌物的主要部分。研究表明，根分泌物的释放量相当可观，一年生植物净光合产物 30%~60%被释放到根部，其中 4%~70%以有机碳的形式被释放到根际中。生长在土壤中的植物，整个生育期释放到根际中的有机碳总量甚至比收获时根中储存的有机碳总量还高一倍。从根分泌物的总量来看，细胞脱落物占根分泌物总量的 90%左右，分泌的黏液占根分泌物释放量的 2%~5%，可溶性物质占 1%~10%，在低分子量可溶性物质中，糖类占 65%、有机酸占 33%、氨基酸占 2%，

* 基金项目：国家自然科学基金（31371997）

** 第一作者：马艳华，硕士研究生，主要从事昆虫生态学研究；E-mail：996576150@qq.com

*** 通信作者：李克斌，研究员；E-mail：kbli@ippcaas.cn

可见根分泌不可溶物质的量远远大于可溶性物质的量。根分泌物是根际微生物的主要碳源和能源，同时也是植物与根际微生物、植物与土壤和环境因素相互作用信息物质和决定因素。

根系分泌物的种类和数量决定了根际生物的种类和数量，某些特定的根系分泌物还能够刺激真菌孢子的萌发，而且还决定着根际有益或有害生物的种群分布[4]。根系释放的有机物质不仅为根际微生物提供了丰富的碳源而且极大的改变了根际微区的物理和化学环境，进而对根系的养分状况产生重大的影响。尤其是低分子量可溶性有机物，含量少却能明确的改变根际的土壤化学过程，促进难溶性养分的溶解[5]。根分泌的高分子黏液可明显改善根际土壤结构，并能参与重金属钝化，防止食物链的污染。除此之外，根系释放有机物质进入根际也是化感物质进入环境的一个重要通道[6]。

1.1　根系分泌物的组成

根系分泌物成分大概有以下 3 个部分：①渗出物。由根细胞中扩散或泄露出的物质，如糖类、氨基酸、维生素等；②主动分泌物。由根细胞主动分泌的代谢产物，如黏胶物质、酶类、激素、酚类、有机酸、质子等。③分解物。植物残体脱落物在细菌的作用下分解产生的物质[7]。

根系分泌物的种类和数量受物种、生长阶段、营养状况、光照及温度等因素影响，不同植物根系分泌的成分差异较大；生长在土壤中的植物根系分泌物还受到各种外界作用如土壤机械阻力、土壤微生物、植物病虫害等的影响[8]。

1.2　根系分泌物的作用

根系分泌物中的氨基酸和有机酸等能促进土壤中难溶态物质活化为有效态；糖类、维生素、核苷类、酶类等可为根际微生物提供能源；根系还能分泌具有化感作用的物质，如黄酮类、酚类及酚酸类化合物等[9]。在养分胁迫条件下，根系会主动或被动地分泌有机酸、酸性磷酸酯酶等物质，促进土壤根际固化的营养元素活化以利于植物利用，克服或缓解养分缺乏[10]。根系分泌物是一种具有化感作用的物质。化感作用是指植物之间通过释放的化学物质相互作用，影响其他植物的生存[11]。这种影响作用包括互相抑制和互相促进。许多学者从土壤养分贫乏、土壤理化性质变差、土壤微生物种群的改变等不同角度研究连作障碍的机制。根系分泌物中自毒成分的积累可能是引起连作障碍的重要因素[12]。根系分泌物在根际与周围微生物的相互作用中具有重要作用，植物连作后的土壤微生物种群明显变化，细菌数量减少，真菌数量增加[13]。

2　根际分泌物对根际微生物的影响

持续 100 年的大量报道表明，根分泌物能显著影响根际中的微生物群体，根际沉积碳的 9%~25%能转化成微生物碳，根际微生物数量比原土高 5~50 倍。其中细菌数量大于真菌数量。表示根基数量通常用根际与非根际微生物数量（R/S）来表示，细菌的 R/S 值为（10~50）：1，真菌的为（5~10）：1。根际中细菌与真菌的生物量之比为 0.13~1.5，而非根际中为 1.5~9，可见非根际中以真菌为主。根际中碳素和营养状况都可影响微生物的生长和繁殖。当细菌群体密度达到一定程度后，碳素缺乏可能成为细菌繁殖的主要限制因子。当碳素充足时，矿物营养的缺乏可能是细菌繁殖的限制因子。在碳素和养分状况充足的情况下，根际沉积碳转化成微生物的量迅速增加。对特定根段来说，微生物的快速繁殖仅限于最初的几天。研究表明，在小麦生长的最初5天内，细菌增长了100倍，而在后面的5天，细菌增长2倍[14]。

根际分泌物对微生物的影响既有特异性又有非特异性，大多数情况下，根际分泌物对根际微生物的影响是松散的，非特异的，主要是促进革兰氏阴性无芽孢杆菌在根际聚集。根际细菌的趋化性研究表明，同类细菌可能具有不同的趋化行为。豆科植物根系分泌物中存在诱导结瘤的信号物质，这种物质促进根瘤菌产生信号因子，从而诱导根瘤菌对豆科植物根系产生识别，侵染，定殖和结瘤。这意味着在植物和微生物中存在着某种专一性。这种关系一方面可用来调控豆科植物的固氮系统，提高氮素营养状况，而且也可以用来防治有害生物对植物根系的影响。在农学和植物病理学方面具有重要作用[15]。

3 植物根系分泌物的收集方法

对于根系分泌物收集方法还没有进行系统划分。根据是否在原位条件下可分为原位收集和扰位收集；根据是否在灭菌条件下进行可分为无菌体系收集和开放系统收集；根据是否动态收集分为实时动态收集和静态收集。还有根据植株根系所在的培养系统，将根系分泌物收集方法分为溶液培收集、土培收集和基质培（蛭石培、砂培、琼脂培）收集等，本文围绕这一分类方法进行评述。

3.1 溶液培收集法

利用相似相容原理，挥发性物质能溶于有机溶剂的特点，使用有机溶剂洗涤或浸泡植物组织，并将洗脱过滤液浓缩得到植物粗提物[16]。常用的有机溶剂有乙醇、甲醇、正己烷、二氯甲烷和丙酮等，如用戊烷做溶剂，对小叶榆（*Umus pumila* Lnni）和白桦（*Betula platyophlla* Suk）的韧皮部的主要挥发性物质进行提取和成分鉴定（孙晓玲，2006）。不同溶剂对挥发物的提取效果也是不同的。在实际应用中，不光要考虑到提取物的活性，而要综合考虑。如董道青等用正己烷、乙醇、甲醇、氯仿、乙酸乙酯5种溶剂对夹竹桃叶进行提取时，虽然发现正己烷提取物的毒杀活性最强，但考虑了提取效率、成本、毒性等因素，最后确认乙醇是一种较为理想的有机溶剂[17]。

3.2 基质培收集法

基质培收集和土培收集基本类似，只是植物的生长介质不同。基质培养收集根系分泌物常用的基质有石英砂、琼脂、蛭石和人造营养土等。石英砂培收集方法是在实验处理下将植株在石英砂中进行培养一段时间后，然后用蒸馏水或是有机溶剂短时间浸泡石英砂，收集其浸泡液，再浓缩过滤即为根系分泌物。在砂培条件下，植物的通气状况较好，有利于植物根的生长，其根系分泌物量比水培的多[18]。琼脂培养收集方法是将植株幼苗置于琼脂介质中，生长一段时间后，收集根系周围以及附着在根系上的琼脂，加热溶解，过滤，收集其过滤液即为根系分泌物。除了石英砂和琼脂外，也有研究应用蛭石或人造营养土作为基质。

3.3 土培收集法

土培收集根系分泌物比溶液培收集麻烦，传统的方法是将植物种植于土壤中，生长一段时间后直接获取根系土壤，将其与无菌水按一定比例混合、振荡、离心或过滤，所得滤液即为根系分泌物[19]。将生长在特定土壤基质一段时间后的植株根系直接用蒸馏水淋洗，所得根系淋洗物即为根系淋洗法。土培接近植物自然生长下的实际状况，相比于溶液培养法，这种方法最大的优点是更能反映植株在土壤中的实际分泌情况，而且由于土壤存在机械阻力，根系分泌作用比较旺盛，土壤条件下单位植株干重产生根系分泌物的量要高于溶液培养收集的根系分泌物的量。另外，根系淋洗法是将根系挖出后淋洗，根系已受损伤，收集的根系分泌物中更多的是根系本身的内含物和伤流液[20]。

4 根系分泌物的分离、纯化方法

根系分泌物成分复杂，直接收集的根系分泌物不能直接用于分析，必须经过预处理后才能做定性和定量分析。如果不能对根系分泌物进行有效分离，就会影响未知组分的结构鉴定和成分分析。因此，在分离纯化过程中要根据待测组分的物理、化学及生物学性质，选择合理的分离纯化方法。根系分泌物的具体分离过程包括干扰物质的分离、样品浓缩、萃取、离析及避免微生物的降解等。

4.1 树脂法

根据分离机理的不同，树脂法可分为交换法和吸附法。交换法是利用根系分泌物待测组分与杂质的极性差异，采用特定的填料作固定相上的交换能力不同，达到与杂质分离的目的。吸附法则是使用吸附树脂，吸附和富集根系分泌物内的一些有机化合物，进行分离和纯化[21]。树脂大都是苯乙烯和二乙烯苯聚合而成的、具有三向空间网架结构的多孔海绵状高分子化合物，适合分离混合物中的有机物、阴阳离子或极性分子；硅胶属微酸性吸附剂，适合分离鉴定酸性、中性物质；氧化铝单体属微碱性吸附剂，适合分离鉴定碱性、中性物质[22]。

4.2 衍生化与萃取法

衍生化是根系分泌物分离纯化过程中常用的方法，其原理主要是利用特定的化学试剂与根系分泌物中待测组分发生衍生化反应，使待测组分理化性质部分改变，转化为易分离或易检测的衍生化合物[23]。

萃取法是根据待测物质和杂质在 2 个不相溶或部分互溶的溶剂中的分配不同而达到分离纯化的目的。常用的有机溶剂有乙醚、乙酸乙酯和二氯甲烷等[24]。

4.3 层析法

利用根系分泌物中各组分在固定相和流动相中分配平衡常数的差异，通过多次反复平衡过程，使各组分在平衡相中得到分离。一般常用的有纸层析，薄层层析和柱层析等方法。纸层析是指用滤纸做液体的载体，点样后，用流动相展开，以达到分离鉴定的目的（蒋桂芳，2006）；薄层层析是将适当粒度的吸附剂在玻璃板上铺成薄层，把欲分离的样品点到薄层上，然后用合适的展开剂展开，达到分离的目的[25]；柱层析是将固定相装于柱内，使样品沿一个方向移动而达到分离[26]。

5 根系分泌物的检测和鉴定方法

常用的根系分泌物鉴定技术主要有生物活性测定方法和仪器分析方法。一般来说，根系分泌物对根际微生物具有选择性。生物活性测定方法就是根据根际特异菌类的群落分布、生物量或活性对根系分泌物进行测定或定量研究。另外也可利用某些细菌、真菌和植物幼苗等对分泌物特定成分的敏感性来确定根系分泌物成分，是根系分泌物定性、半定量的测定方法。仪器分析法则是通过现代分析技术的不断发展，利用各种检测设备确定复杂微量的根系分泌物成分和含量。

常用于鉴定根系分泌物中有机组分的仪器有红外光谱仪（IR）、紫外-可见光谱仪（UV-VIS）、质谱仪（MS）、核磁共振仪（NMR）、毛细管电泳（HPCE）[27]、气相色谱仪（GC）、液相色谱仪（HPLC）、离子色谱（HPIC）、氨基酸自动分析仪等[28]。

6 展望

根系分泌物是植物与土壤进行物质、能量和信息交流的重要媒介，也是构成植物根际不同微生态特征的最根本原因。因此研究根系分泌物，有助于进一步了解植物根—土壤界面的生理生化过程及其调控的机制，为协调植物和环境之间的关系提供理论依据和实践指导。众所周知，有效的研究方法是理论突破的重要前提。

根系分泌物的收集一直是困扰根系分泌物相关研究的重大问题，目前广泛采用的水培、土培或是基质培养等方法，一方面，培养条件与自然环境存在较大差别，但忽视了土壤微生物、动物以及土壤温度等的影响；另一方面，极易对根造成伤害，导致试验结果可能与植物根系正常分泌结果有较大差异。与此同时，也有学者自行设计并应用了动态的、实时的根系分泌物收集方法，但是由于技术欠成熟、装置复杂等原因应用还不广泛。同时，目前根系分泌物研究中还存在研究范围局限的问题。根系分泌物种类繁多，不仅包括低分子量的有机酸、糖类、酚类和各种氨基酸，还包括高分子的粘胶、酶类，而现在开展的研究主要针对的是有机酸、糖类、酚类和氨基酸，对黏胶的研究开展较少，可能是今后的研究热点之一。

参考文献

[1] 张福锁.根分泌物及其在植物营养中的作用［J］. 北京农业大学学报，1992，18（4）：353-356.

[2] 谢明吉，严重玲，叶菁.菲对黑麦草根系几种低分子量分泌物的影响［J］. 生态环境，2008，17（2）：576-579.

[3] 涂书新，孙锦荷，郭智芬，等.植物根系分泌物与根际营养关系评述［J］. 土壤与环境，2000，9（1）：64-67.

[4] 王敬国.微生物与根际中物质的循环［J］. 北京农业大学学报，1993，19（4）：98-105.

[5] Uren，N.C.and Reisenauer，H.M.The role of root exudates in Nutrient aequisition.In：Tinker，B. and Lauehli，A.（eds.）. York.1988，79-114.

[6] Chou，C.H.and Waller.G.R.Phytochemical eology：allelo-ehemieals. myeotoxins. Andinseet Pheromones and allmones，Institute of Botany，Aeademia Siniea，Taipei，1989，504.

[7] 魏俊岭，丁士明，张自立，等.研究植物根系分泌物的方法［J］. 植物生理学通讯，2003，39（1）：56-60.

[8] 吴凤芝，赵凤艳.根系分泌物与连作障碍［J］. 东北农业大学学报，2003，34（1）：114-118.

[9] 郑良永，胡剑非，林昌华，等.作物连作障碍的产生及防治［J］. 热带农业科学，2005，25（2）：58-62.

[10] Zhang F S，Shen J，Li L，et al.An overview of rhizosphere processes under major cropping systems in China［J］. Plant Soil，2004，260（1-2）：89-99.

[11] Bertin C，Yang X，Weston L A.The role of root exudatesand allelochemicals in the rhizosphere［J］. Plant Soil，2003，256（1）：67-83.

[12] 刘军，温学森，郎爱东.植物根系分泌物成分及其作用的研究进展［J］. 食品与药品，2007（03）：63-65.

[13] Bais H P，Walker T S，Schweizer H P，et al.Root specificelicitation and antimicrobial activity of rosmarinic acid inhairy root cultures of Ocimum basilicum［J］. Plant PhysiolBiochem，2002，40（11）：983-995.

[14] 申建波，张福锁.根分泌物的生态效应［J］. 中国农业科技导报，1999（04）：21-27.

[15] Curl.E.A.and Truelove，B.Therhizosphere.In：Waisel.Y.And Eshel，A.（eds.）. Plantroots：the hidden half.Marcel Dekker，Israel.1996，641-669.

[16] Shaver TN，Lingren PD，Marshall HF.Nighttime variation in volatile contention of flowers the night bloom plant Gaura drummondii［J］. Journal of Chemical Ecology，1997，23（12）：2673-2683.

[17] 董道青，陈建明，俞晓平，等.夹竹桃不同溶剂提取物对福寿螺的毒杀作用评价［J］. 浙江农业学报，2009，21（2）：154-158.

[18] 周艳丽.大蒜（*Allium sativum* L.）根系分泌物的化感作用研究及化感物质鉴定［D］. 陕西：西北农林科技大学，2007.

[19] 徐卫红，王宏信，刘怀，等.Zn，Cd 单一及复合污染对黑麦草根分泌物及根际 Zn，Cd 形态的影响［J］. 环境科学，2007，28（9）：2089-2095.

[20] 郜红建，常江，张自立，等. 研究植物根系分泌物的方法［J］. 植物生理学通讯，2003，39（1）：56-60.

[21] 程智慧，耿广东，张素勤，等.辣椒对莴苣的化感作用及其成分分析［J］. 园艺学报，2005，32（1）：100.

[22] 涂书新，吴佳.植物根系分泌物研究方法评述［J］. 生态环境学报，2010，19（9）：2493-2500.

[23] 张汝民，张丹，陈宏伟，等.梭梭幼苗根系分泌物提取方法的研究［J］. 干旱区资源与环境，2007，21（3）：153-157.

[24] 胡元森，李翠香，杜国营，等.黄瓜根分泌物中化感物质的鉴定及其化感效应［J］. 生态环境，2007，16（3）：954-957.

[25] 白洁，刘洁，孙迎中.川产五加属植物的薄层层析研究［J］. 四川大学学报：自然科学版，2000，37（4）：624-628.

[26] 王水良，王平，王趁义.铝胁迫下马尾松幼苗有机酸分泌和根际 pH 值的变化［J］. 生态与农村环境学报，2010，26（1）：87-91.

[27] 胡学玉，李学垣，谢振翅.不同青菜品种吸锌能力差异及与根系分泌物的关系［J］. 植物营养与肥料学报，2002，8（2）：234-238.

[28] KIM S，LIM H，LEE I.Enhanced heavy metal phytoextraction by Echinochloa crus-galli using root exudates［J］. Journal of Bioscience and Bioengineering，2010，109（1）：47-50.

溴敌隆在土壤中的残留分析

姜路帆[1,2]　王　勇[1,2]　张美文[1]　周训军[1]　李　波[1]
（1. 中国科学院亚热带农业生态研究所，亚热带农业生态过程重点实验室，
洞庭湖湿地生态系统研究站，长沙　410125；2 中国科学院大学，北京　100049）

摘　要：溴敌隆是香豆素类化合物，为第二代抗凝血杀鼠剂，能够破坏老鼠体内的凝血酶原，造成各个脏器及粘膜大面积出血而死亡，是减少啮齿动物种群数量的有效工具。但越来越多的证据表明抗凝血剂可能残留在活体动物，或在环境中转移。同时人类大量使用抗凝剂的情况下可造成一些非靶动物死亡和环境污染。土壤作为人类生态系统的主要载体，担负着环境中物质与能量交换的重要作用，杀鼠剂施入土壤后可以转移到其他的环境介质中，因此溴敌隆在土壤中的残留分析对抗凝血灭鼠剂造成环境污染的评估有重要的作用。配制浓度为 0.005%溴敌隆稻谷毒饵，放置于装有土壤的 PVC 管（直径为 16cm，高度 20cm）中，在放置后的第 1 天、3 天、6 天、10 天、15 天、21 天、28 天、43 天、48 天、88 天分别采取土壤深度为 0~5cm、5~10cm、10~15cm 的 3 个土层，并将取得的样品烘干磨碎，用高效液相色谱法测定土壤中溴敌隆的残留量。结果显示：不同的土层中溴敌隆的含量在不用采样时间的变化不同，0~5cm 土层中溴敌隆的含量从第 1 天到第 21 天是逐渐增加的，在第 21 天时浓度达到最大 0.293μg/g，之后开始下降；5~10cm 土层中溴敌隆的含量从第 1 天到第 43 天逐渐增加，而且增加的速率变快，最大浓度为 0.511μg/g，之后开始下降；10~15cm 土层从第 1 天到第 48 天也是逐渐增加的，最大浓度为 0.32μg/g，但在第 28 天时增加的速率减缓；三层土壤在第 88 天时溴敌隆含量较低，10~15cm 土层其含量 0.002μg/g。将采样的时间和土层进行双因素分析时（$F=240.714$，$df=18$，$P<0.05$），说明不同的土层在不同的采样的时间溴敌隆的含量的波动是显著的。同时对三层土壤溴敌隆含量的总和进行分析，Kruskal-Wallis H 检验，（$\chi^2=28.742$，$df=9$，$P=0.001$），在第 43 天时浓度最大为 0.98μg/g，在第 88 天时溴敌隆的浓度仅有 0.071μg/g，结果表明溴敌隆在土壤中的降解趋势随土层的深度和时间的变化而变化。

关键词：溴敌隆；土壤；残留分析

光周期相位改变对布氏田鼠性腺发育及下丘脑相关基因表达的影响

李争光[1]　李　宁[1]　刘　岚[1,2]　陈　燕[1,2]　田　林[1]　王大伟[1*]　刘晓辉[1*]

（1. 中国农业科学院植物保护研究所，植物病虫害生物学国家重点实验室，北京　100193；
2. 四川大学生命科学学院，成都　610064）

摘　要：布氏田鼠是我国内蒙古典型草原区的重要害鼠之一，短而规律的季节性繁殖造成种群数量的迅速增长是其成灾的重要原因之一，但是目前仍未阐明其季节性繁殖的调控机制。光周期是影响季节性繁殖的主要环境因子，因此，本研究采用改变光周期相位的方法，在春分点设置渐短光照（-3min/day）和渐长光照（+3min/day）两组相反变化的光周期，处理成体和幼体两个年龄组，幼体从孕期开始处理以期达到最大处理效果；在出生4、6、8、12周时监测性腺器官重量，并利用实时荧光定量PCR方法测定光周期响应基因（*Dio*2、*Dio*3）和下丘脑内繁殖调控相关基因（*GnRH*、*Rfrp*-3、*Kiss*-1）的表达量。结果表明，成体的繁殖器官和相关基因对不同光周期相位处理未表现出明显差异；但是渐短光照处理组的雄性幼体的睾丸重和储精囊重均受到明显的抑制，而且4周时*Dio*3表达上调而*Kiss*-1基因下调；雌鼠的子宫重和卵巢重在渐短光周期中也受到一定程度的抑制。本研究表明，光周期是影响布氏田鼠幼体繁殖发育的重要环境因子，*Dio*3和*Kiss*-1可能在其季节性繁殖调控中起到重要的调控作用。

关键词：布氏田鼠；光周期；繁殖；基因表达

* 通信作者：王大伟；E-mail：dwwang@ippcaas.cn
刘晓辉；E-mail：lxiaohui2000@163.com

我国褐家鼠对抗凝血灭鼠剂抗性频率低

马晓慧[1] 王大伟[1] 李 宁[1] 刘岚[1,2] 田 林[1] 刘晓辉[1*] 宋 英[1*]
（1. 中国农业科学院植物保护研究所，植物病虫害生物学国家重点实验室，北京 100193；
2. 四川大学生命科学学院，成都 610064）

摘 要：抗凝血类灭鼠剂是目前世界上使用最广泛的一类化学灭鼠剂。维生素 K 环氧化物还原酶亚基 1 基因（*Vkorc*1）是抗凝血类灭鼠剂的靶基因，该基因上的突变可以导致鼠类产生抗药性。褐家鼠是我国最常见的家栖鼠类之一，抗凝血灭鼠剂在我国已有 30 多年的使用历史，并且部分种群已出现抗药性，然而对我国褐家鼠的抗药性遗传基础还缺乏了解。我们在湛江和哈尔滨的褐家鼠种群中，分别分析了两地连续 8 年（2008—2015 年）收集的 298 只和 343 只褐家鼠的 *Vkorc*1 基因多态性，发现了 1 种非同义突变 AlA140Thr 和 3 种同义突变 His68His、Ile82Ile、Leu05Leu，除了 Ile82Ile 外，其余三种都是首次在褐家鼠中发现。其中 Ala140Thr 很可能与褐家鼠抗性相关的，但该突变在种群中的频率非常低，为 0%~3. 8%。实验室生理抗性检测的表明湛江和哈尔滨地区的褐家鼠对杀鼠灵的抗性率分别为 4. 9%和 0%。抗性相关性分析表明 His68His 和 Leu105Leu 与褐家鼠的抗药性无关。多态性分析和生理抗性检测的结果都支持湛江和哈尔滨地区褐家鼠的抗性程度比较低，表明第一代抗凝血类灭鼠剂对两个地区褐家鼠的防治仍然比较有效。

关键词：褐家鼠；抗凝血灭鼠剂；抗药性；*Vkorc*1；多态性

* 通信作者：宋英；E-mail：ysong@ ippcaas. cn
刘晓辉；E-mail：lxiaohui2000@ 163. com

炔雌醚对内蒙古农牧交错带长爪沙鼠种群繁殖的影响*

杨进荣[1,2]　张美文[1]　姜路帆[1]　刘志霄[2]　师　军[3]　刘　锦[4]
哈斯宝力道[4]　王　勇[1**]
（1. 中国科学院亚热带农业生态研究所，长沙　410125；
2. 吉首大学生物资源与环境科学学院，吉首　416000；
3. 内蒙古锡林郭勒盟自然保护区，锡林郭勒　026000；
4. 内蒙古锡林郭勒盟林业局，锡林郭勒　026000）

摘　要：鼠害的防控在于降低鼠类的种群密度，炔雌醚对一些鼠类种群具有良好的控制效果。为探究炔雌醚对长爪沙鼠种群繁殖的影响，作者于2006年5—8月在内蒙古锡林郭勒盟白音锡勒牧场的农牧交错带开展了炔雌醚对野外长爪沙鼠种群繁殖的控制实验。在样地内选取270hm^{2}的实验区和等面积的对照区，将炔雌醚与小麦以1∶10 000的重量配比配置均匀作为实验药饵，在5月投撒药饵之前，采用夹线调查法对实验样地中的长爪沙鼠种群资料进行本底调查，随后6、7、8月逐月对实验区和对照区同时进行一次夹线调查，为了避免连续在同一样地连续夹捕对鼠类种群带来的干扰，调查样线每月都轮换到新的区域。在本实验持续的4个月内，共捕获雌性成年长爪沙鼠样本576只，其中实验区捕获262只，对照区捕获314只。对夹捕获取的鼠类样本进行常规解剖，记录雌性个体的体长、体重、胴体重以及繁殖数据。实验结果显示：①在6、7月，投药区成鼠的子宫坏死率分别高达75.3%和61.5%，与对照区相比差异及其显著（$P<0.01$）。就解剖情况来看，子宫囊肿很明显，色泽上明显发黑。而在8月，投药区成鼠子宫囊肿程度较之前已显著下降，色泽也由黑色逐渐变淡。距离投药时间越长，投药区成鼠的子宫坏死率越低。②在5月，投药区和对照区的成鼠怀孕率均处于一个较高值，投药之后，投药区成鼠的怀孕率骤降，而对照区成鼠怀孕率只有略微的下降，两者之间的差异显著（$P<0.05$），可见投放一次数量浓度的炔雌醚饵剂，对长爪沙鼠的种群繁殖作用成效可以维持到繁殖期末。③ 6—8月这段时间内，投药区的长爪沙鼠胎仔数明显低于对照区，尤其在6月，投药区长爪沙鼠胎仔数平均值达到最低值，仅相当于对照区的1/3，两者间的差异及其显著（$P<0.01$）。随着时间推移，投药区长爪沙鼠平均胎仔数有所回升，但仍显著低于对照区（$P<0.05$）。这表明，在炔雌醚的影响下，长爪沙鼠即使成功怀孕，其平均胎仔数也显著低于正常值。这表明：炔雌醚对农牧交错带长爪沙鼠种群繁殖的控制具有良好的效果。

*　基金项目：本项目得到国家科技支撑项目资金的资助
**　通信作者：王勇；E-mail：wangy@ isa. ac. cn

贝奥不育剂和溴敌隆抗凝血杀鼠剂对布氏田鼠种群控制作用的试验研究

郑普阳[1,2] 彭 真[1,2] 王 勇[1] 徐云虎[3] 贺 兵[3] 王玉梅[4] 赵景瑞[5]

（1. 中国科学院亚热带农业生态研究所，亚热带农业生态过程重点实验室，长沙 410125；2. 中国科学院大学，北京 100049；3. 内蒙古锡林郭勒盟镶黄旗草原工作站，内蒙古镶黄旗 013250；4. 内蒙古锡林郭勒盟太仆寺旗气象局，内蒙古太仆寺旗 027000；5. 内蒙古锡林郭勒盟太仆寺旗土壤肥料工作站，内蒙古太仆寺旗 027000）

摘 要：布氏田鼠（*Lasiopodomys brandtii*）又名草原田鼠。一方面，它啃食植物，有挖仓储草的习性，是内蒙古草原主要害鼠之一，大量繁殖会导致草原的恶性退化，不仅严重影响畜牧业的生产和发展，而且会引起沙尘暴等自然灾害，对环境质量产生很大的影响；另一方面，小型哺乳类啮齿动物是生态系统不可或缺的环节，能够为很多鸟类提供食物和栖息的巢穴。草原生态系统中的布氏田鼠在能量流动、物质循环上发挥着非常重要的作用。开展对该鼠种综合治理的研究，具有重要意义。

贝奥不育剂作为鼠类的不育剂，是植物雷公藤（*Tripterygium wilfordii*）粗提物雷公藤多甙（multi-glycosides of *Tripterygium wilfordii*）的制成品，该不育剂不仅有不育作用，而且有一定毒力，多应用在林区。溴敌隆杀鼠剂是一种广谱性香豆素类（coumarin）杀鼠剂，具有胃毒作用，属第二代抗凝血型杀鼠剂，鼠类中毒有内出血和呛血的现象。

内蒙古锡林郭勒盟东乌珠穆沁旗乌里雅斯太镇北部草场（N 45°33′；E 116°57′）。优势植被有多根葱（*Allium polyrhizum*）、羊草［*Leymus chinensis*（Trin.）Tzvel.］、糙隐子草（*Cleistogenes squarrosa*）、大针茅（*Stipa grandis*）等。主要鼠种包括布氏田鼠、黑线仓鼠（*Cricetulus barabensis*）、黑线毛足鼠（*Phodopus sungorus*）、五趾跳鼠（*Allactaga sibirica*）等。

2013 年 5—9 月，作者在该草场研究贝奥不育剂、溴敌隆灭鼠剂对草原主要害鼠布氏田鼠的控制作用。通过早春一次性足量投饵（贝奥不育剂野外有效期 30~60 天；溴敌隆灭鼠剂野外有效期 30 天），按月铗捕调查的方法研究贝奥不育剂和溴敌隆杀鼠剂对该地布氏田鼠种群增长的控制效果。结果表明，贝奥不育剂和溴敌隆杀鼠剂早春一次性投药，都降低了东乌珠穆沁旗地区布氏田鼠种群数量。5—6 月贝奥不育剂组种群增长速度较溴敌隆杀鼠剂慢，6 月溴敌隆杀鼠剂组的繁殖系数最高为 1.327，因此其幼体数量占种群比率也最高，达到 27.1%。5 月份不育剂组家系大小与杀鼠剂组差异显著（$P<0.05$），6 月差异不显著，杀鼠剂组布氏田鼠种群恢复速度较不育剂组快。另外，从对照组布氏田鼠种群雄性比率来看，布氏田鼠种群大部分时间的性别比为偏雌性，溴敌隆组雄性比的变化趋势与对照组一致。而不育剂组的雄性比全年维持在 0.5 左右，能够更好地维持布氏田鼠的种群稳定。同时，还发现不育剂组全年的幼鼠比例都比较低，而杀鼠剂组的幼体所占比率较不育剂组高。这些结果都表明贝奥不育剂对布氏田鼠有更好的防治效果。

关键词：贝奥不育剂；布氏田鼠；溴敌隆；种群控制